1000
Véhicules de pompiers

1000 Véhicules de pompiers

Terres Bleues

Auteur : Udo Paulitz

Traduction de l'allemand : Jean-Michel Cailly (p.117-131, 144-182), Frédéric Charréron (p.183-195, 273-328),
Rémy Fankhauser (p.1-55, 132-143, 196-272), Edouard Kumps (p.56-116)

Réalisation complète : Naumann & Göbel Verlagsgesellschaft mbH, Cologne
Imprimé en Chine

Achevé d'imprimé : novembre 2006

ISBN : 2-35271-010-3

Sommaire

F
AG·7283

Introduction

Les véhicules de pompiers font définitivement partie de nos sociétés modernes et technicisées et doivent répondre aux exigences et aux tâches les plus diverses. Où que ce soit dans le monde, dès que des accidents se produisent, que des vies humaines, des biens ou le milieu environnant sont menacés, les soldats du feu sont à l'œuvre. Leurs véhicules, ne fût-ce qu'à cause de leur couleur voyante, de leurs gyrophares et de leurs sirènes, ont toujours fasciné le public.

Si l'on considère l'incroyable complexité de ces voitures et de leurs équipements, que ce soit en termes d'électronique, d'ordinateurs embarqués ou de puissance des moteurs, il n'est plus concevable d'imaginer un monde sans leur présence. Ces perfectionnements techniques n'ont cependant pas toujours existé, et l'époque où les pompiers devaient combattre le feu sans grands moyens, en comptant sur leurs propres forces et celle de leurs chevaux, n'est pas si lointaine.

Les débuts de la lutte contre le feu

Au Moyen-Âge, mais aussi jusqu'au XIXe siècle, le tocsin signifiait généralement une catastrophe pour des centaines de personnes, pour des villages et des villes entières. Seuls des équipements tels que seaux en cuirs, pompes à eau actionnées à la main, battes, crochets et échelles portables étaient disponibles pour contenir la propagation du feu. Ces moyens présentaient le grand défaut de dépendre complètement de la force et de l'endurance des hommes qui les utilisaient. Les chaînes humaines qui se formaient rapidement pour acheminer de l'eau dans des seaux constituaient la façon la plus répandue, bien que pas très efficace, d'amener de l'eau vers les foyers d'incendie. Une lance actionnée à la main, le dispositif le plus performant à l'époque, nécessitait entre 16 et 24 personnes, aussi bien ceux qui l'actionnaient que les hommes qui les relayaient et, malgré cet engagement humain si lourd selon les critères actuels, seul un débit de 150 à 300 litres d'eau par minute pouvait être atteint.

Pompiers volontaires d'un village danois à l'exercice, avec leur engin-pompe actionné à la main.

Les capacités de lutte contre le feu étaient donc bien limitées, si bien que même de petits incendies ne pouvaient souvent être circonscrits et que les troupes de pompiers restaient trop fréquemment impuissantes devant la propagation des sinistres. Tout départ de feu, aussi modeste fût-il, pouvait se muer en un grand brasier dévastant de vastes étendues au gré de la force du vent et impossible à contenir. De nombreux facteurs favorisaient la rapide extension d'un incendie dans les communautés d'alors : les maisons des agglomérations et des villes étaient ainsi construites très proches les unes des autres, avec des structures en bois ou à colombages ; le feu était utilisé sans grandes précautions et sans se préoccuper de ses effets dévastateurs, et si l'on ajoute à ces négligences la mauvaise organisation des services d'incendie, les moyens rudimentaires et insuffisants dont ils disposaient et les méthodes peu performantes pour donner l'alarme, il est facile de comprendre pourquoi le feu devenait si vite incontrôlable.

La situation était identique dans les villes de l'Europe médiévale et dans les zones d'urbanisation rapide de la côte est des États-Unis : les départs d'incendie étaient quotidiens et causaient à intervalles plus ou moins réguliers des dommages aux quartiers d'habitation. Ainsi, en Allemagne, un des incendies les plus spectaculaires fut celui qui dévasta Hambourg du 5 au 8 mai 1842. Le feu réduisit à néant plusieurs milliers d'habitations dans un périmètre de 1 200 mètres sur 400, causant des dégâts incalculables. Aux États-Unis, la ville de Boston, fondée en 1630, détient le triste record d'avoir été partiellement ou totalement la proie des flammes à dix reprises, entre 1631 et 1889, avec à chaque fois la destruction de centaines de maisons et de marchandises de valeur. La ville coloniale de New York, qui se limitait à l'époque au périmètre de l'actuelle presqu'île de Manhattan, a connu à ses débuts six gros incendies. Un des plus importants fut celui qui éclata le 16 décembre 1835 dans le quartier de Wallstreet, détruisant pas moins de 674 bâtiments et causant 20 millions de dollars de dégâts. Il n'existait pas encore de

Pompiers posant devant leurs échelles coulissantes à Londres-Greenwich (cliché pris vers 1880).

pompes à vapeur permettant de combattre efficacement le feu dans les immeubles élevés, et les pompes de l'époque, actionnées manuellement (hand operated pumps), ne pouvaient être utilisées à grande hauteur. Rétrospectivement, c'est la ville de Philadelphie qui détient les statistiques d'incendie les plus favorables, avec seulement trois grands incendies de 1730 à 1865. L'urbanisation moins dense, la forte proportion de maisons en briques et la meilleure organisation des sapeurs-pompiers locaux y étaient assurément pour beaucoup.

L'organisation de la lutte contre le feu était encore bien déficiente et méritait maintes améliorations des deux côtés de l'Atlantique. Comme personne ne s'en sentait vraiment responsable, les tâches d'extinction étaient trop fréquemment laissées à la bonne volonté des passants et des habitants. Les sauveteurs sachant manier avec dextérité et méthode les pompes d'incendie hippomobiles ou tirées par des hommes faisaient le plus souvent défaut. L'organisation, la technique et la tactique nécessaires pour combattre de grands incendies manquaient généralement à cette époque. Le remède ne vint qu'avec la création de corps de pompiers volontaires dans la seconde moitié du XIXe siècle : en Allemagne, ce sont avant tout des hommes comme Carl Metz ou Conrad Dietrich Magirus qui contribuèrent de façon décisive à leur organisation. La devise choisie par Carl Metz – « Au secours du prochain en l'honneur de Dieu » – marqua fortement l'esprit des premiers membres de ces corps de sapeurs-pompiers, qui considérèrent l'assistance à son prochain comme un devoir civique supérieur et volontaire. Après de premières tentatives menées à Boston dès 1717, c'est à Philadelphie que fut créée la première

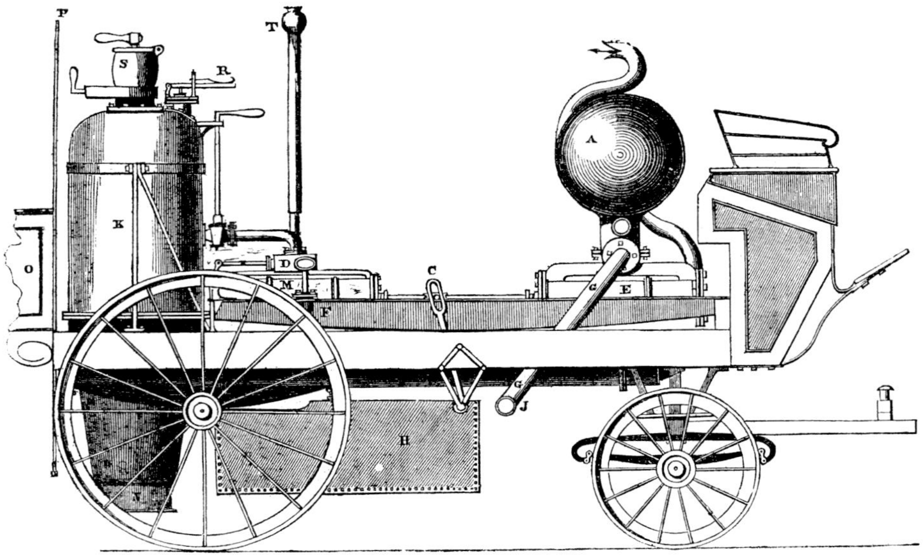

Représentation de la pompe d'incendie à vapeur inventée en 1928 par l'ingénieur suédois John Ericsson (gravure sur bois tirée du Mechanics Magazine, n° 340 de 1830)

« Union Fire Company » sous le commandement de Benjamin Franklin. Elle servit de modèle et fit si bien école qu'en 1776, année de la Révolution américaine, il n'y avait pas moins de 22 « fires companies » à Philadelphie, qui comptait alors 40 000 habitants. Le premier président des États-Unis librement élu, George Washington, était l'une des personnalités en vue soutenant les corps de pompiers volontaires. Ces « volunteers » jouirent durant des années de la plus haute considération sociale. Avec l'avènement de moyens techniques plus sophistiqués et plus puissants, comme les lances à vapeur, le temps des pompiers volontaires se trouva révolu dans les grandes villes, où ils furent remplacés par des professionnels. Le premier de ces corps vit le jour à Cincinnati le 10 mars 1853, avec la création d'une brigade de pompiers municipaux rétribués par la ville.

Progrès amenés par les pompes à vapeur

L'avènement de la vapeur, à partir du début du XIXe siècle, ouvrit de nouvelles perspectives techniques. Grâce à la machine à vapeur développée par James Watt en 1770, le travail effectué par l'homme et l'animal pouvait avantageusement être remplacé par la force mécanique. C'est sa diffusion qui, en Amérique du Nord et en Europe, permit une extension rapide de la révolution industrielle jusque dans les transports. La vapeur trouva de nouveaux champs d'application dans les dispositifs d'extinction à eau. L'ingénieur suédois John Ericsson développa en 1828 la première pompe d'incendie à vapeur. La fabrique de machines renommée John Braithwaite, à Londres, construisit selon ce principe la première lance à vapeur, laquelle pouvait être utilisée pour de gros incendies. Il fallait compter 13 minutes depuis la mise en chauffe jusqu'à la production de vapeur ; une fois en action, cette lance pouvait envoyer 680 litres d'eau par minute à une hauteur de 27 m, et ce durant des heures !

Aux États-Unis, c'est l'ingénieur Paul Rapsey Hodge, un émigré anglais, qui construisit cinq ans après le terrible incendie qui ravagea Wallstreet, la première pompe vapeur autopropulsée des États-Unis. Cet engin de 7 tonnes avait, avec son débit d'environ 800 litres d'eau par minute, assurément un rôle de précurseur, mais était dans la pratique beaucoup trop lourd et peu maniable pour pouvoir être utilisé dans de bonnes conditions. L'appareil appelé « steam

Pompiers en tenue de feu de l'époque, avec une ancienne lance

Reconstitution de l'extinction d'un feu avec une authentique pompe d'incendie attelée

fire engine» – une machine à vapeur stationnaire installée dans un caisson – était à cet égard beaucoup plus efficace, et mit fin à la brève carrière de la pompe Hodge. Le gouvernement berlinois fut, en 1832, l'un des premiers acquéreurs d'une pompe à vapeur de construction anglaise, destinée à améliorer la sécurité du château des rois de Prusse; mais il fallut attendre après les années 1870 pour que la plupart des corps de pompiers de métier allemands soient enfin équipés d'un grand nombre de lances à vapeur.

Alors que les entreprises de construction mécanique anglaises parvenaient à amener la pompe d'incendie à vapeur à un haut niveau de développement technique, c'est en 1853 que les premiers engins opérationnels de ce type virent le jour aux États-Unis, construits par la fabrique de locomotives Latta et Shawk à Cincinnati. Malgré son poids de près de 10 tonnes, ce «steam fire engine» avait un fonctionnement si convaincant qu'il fut immédiatement acheté par les autorités de la ville. Ce véhicule fut le premier des plus de 5000 pompes à vapeur construites aux États-Unis jusqu'en 1917 pour les pompiers américains, chiffre inimaginable en Europe. Leur production industrielle fut dans les premiers temps assurée par cinq grands constructeurs et une multitude de moyennes et petites entreprises. Le Fire Department de New York (FDNY) disposait à lui seul de 173 unités en 1904, tandis qu'on en dénombrait 102 au Chicago Fire Department (CFD). Ces engins robustes et dotés d'une bonne longévité furent par la suite montés sur des remorques tractées par des véhicules à moteurs, et utilisés comme unités de réserve. À New York, la dernière lance à vapeur ne fut retirée du service qu'en 1933.

Le 18 avril 1906, un tremblement de terre à San Francisco provoqua le plus grand incendie de toute l'histoire des États-Unis. Cette ville construite sur plusieurs collines avait un tissu urbain dense et comptait déjà 410000 habitants.

Une pompe d'incendie à vapeur de 1906 tirée par deux chevaux, lors d'un défilé de véhicules à Munich (Allemagne)

Comme 90 % des maisons étaient en bois, de nombreux foyers secondaires se développèrent rapidement, causés en particulier par la chute des lampes à pétrole, et l'incendie se généralisa. Les pompiers de métier locaux disposaient encore de 38 pompes à vapeur attelées, 12 véhicules de réserve et d'un effectif de 575 hommes. L'intervention de ce service plutôt bien équipé fut dès le début compliquée par la rupture de la plupart des conduites d'alimentation, provoquée par les mouvements de terrain ; la plupart des bouches d'incendie furent inutilisables du fait des baisses de pression d'eau. Pour couronner le tout, le commandant du service du feu, Dennis Sullivan, fut enseveli par l'effondrement du mur d'un bâtiment. Dans ces circonstances et malgré l'intervention, nuit et jour, de l'armée, de la marine et d'autres services de secours ainsi que l'utilisation d'un nombre incalculable de lances à vapeur, il devenait impossible de contrôler le sinistre. En dernier recours, il fallut dynamiter des blocs de maisons entiers, ce qui, en empêchant l'alimentation des flammes, se révéla très efficace. L'incendie fut maîtrisé en seulement 3 jours ; il s'éteignit pratiquement de lui-même, par manque de matériaux combustibles. Le bilan était très lourd : on dénombra 674 morts, 3 500 blessés, 28 000 bâtiments détruits et 300 000 sans-abri.

Cette pompe automobile à vapeur, construite en 1914 par l'entreprise Busch de Bautzen (Saxe orientale), est la dernière de ce type en Allemagne (photo prise dans les locaux de la Collection technique de la ville de Dresde (Allemagne)).

En Europe, la première pompe à vapeur allemande fut construite en 1863 par Georg Egestorff, fabricant de machines à Linden, près de Hanovre. La dernière fut livrée par Magirus en 1914. Jusqu'au début du xxe siècle, la pompe à vapeur hippomobile fut le véhicule par excellence des pompiers des villes allemandes. Le prix d'achat de ce matériel et la complexité de son maniement étaient cependant tels, que seuls de grands services d'incendie, à même d'engager des machinistes spécialisés, pouvaient s'en doter. Les petites communes étaient, comme par le passé, obligées d'utiliser les lances manuelles.

La chaudière d'une lance actionnée à la vapeur devait constamment être maintenue sous pression, afin d'être immédiatement opérationnelle en cas d'urgence. Les foyers sous la chaudière contenaient du pétrole allumé au moment de l'intervention. Par la suite, ce fut un système d'anneaux chauffés au gaz qui maintenait l'eau à haute température dans la chaudière, afin de produire ensuite rapidement de la vapeur si nécessaire. Le succès de la lutte contre l'incendie dépendait en grande partie du travail effectué par le machiniste. Les pompes à pistons alimentant les lances débitaient jusqu'à 2 000 litres d'eau par minute ; pratiquement inusables, elles ne cessèrent de se perfectionner au fil des années. Les pompes à vapeur autopropulsées étaient en revanche rares en Allemagne, car elles étaient compliquées et nécessitaient deux machines à vapeur séparées, l'une pour l'extinction et l'autre pour entraîner le véhicule. Le premier véhicule de ce type, construit en 1901 par l'entreprise Busch de Bautzen, fut destiné aux sapeurs-pompiers de Hanovre.

Les pompes à vapeur hippomobiles restèrent donc durant des années l'équipement ordinaire des grands corps de pompiers. Mais l'accroissement du poids de ces engins toujours plus robustes et performants, et embarquant de nouveaux équipements, laissa bientôt entrevoir les limites des véhicules attelés. À ceci s'ajoutaient les distances toujours plus grandes jusqu'aux lieux d'intervention, dues à l'extension des villes et des zones urbanisées. Il devenait évident qu'il allait falloir recourir à un entraînement mécanique des véhicules – un système rapide, permettant de s'affranchir de la force animale ou de celle des hommes pour acheminer les pompes et autres engins d'extinction sur les lieux des sinistres.

L'avènement du moteur à explosion

Au tout début du xxe siècle, outre la vapeur et l'électricité, existaient les premiers moteurs à explosion. Gottlieb Daimler avait mis au point et testé avec succès un moteur de ce type dès 1885. Il présenta en 1888 la première pompe d'incendie au monde actionnée par un moteur à essence, un monocylindre développant une puissance d'environ un cheval. Les perfectionnements qui suivirent permirent d'augmenter continuellement la puissance : une pompe présentée par Magirus en 1901 atteignait déjà 12 chevaux pour un débit de 850 l/mn. Cette pompe, aisément manipulable par un seul homme, ne nécessitait que 17 secondes pour être prête à l'usage.

La question de l'entraînement du véhicule n'était pas résolue pour autant. La raison fondamentale pour laquelle les pompiers souhaitaient renoncer à la traction hippomobile ne résidait pas tant dans la faible vitesse des chevaux, que dans leur coût d'entretien. En effet, le renforcement des moyens de lutte contre l'incendie allait de pair avec celui de l'effectif des chevaux, dont les coûts d'entretien tendaient à devenir astronomiques. Alors que les frais d'un véhicule à moteur sont essentiellement liés à son usage, les animaux devaient être nourris tous les jours ; d'autres problèmes, tels que maladies équines et risque de contamination des pompiers par celles-ci, ou encore nuisances auditives et olfactives dans les postes d'intervention, démontrèrent le caractère suranné de la traction hippomobile.

Alors que cette dernière était encore à son apogée, quelques entreprises développèrent des camions dotés de moteurs électriques entraînés par batteries, un système déjà bien au point. Ce sont à nouveau les pompiers de Hanovre (Allemagne), sous la direction du chef du service du feu Maximilian Reichel, qui acquirent en 1902 les trois premiers véhicules dotés d'un moteur électrique. Bien que cette solution fît l'objet de nombreux commentaires réprobateurs dans les milieux spécialisés, les résultats positifs ne se firent pas attendre. Au début de la Première Guerre mondiale, la plupart des pompiers des grandes villes étaient déjà équipés de véhicules à moteur électrique, considérés comme bien plus fiables que les moteurs à explosion de l'époque.

À côté de ce système d'entraînement électrique par batterie, existait aussi le mode dit mixte, combinant essence et électricité. Dans ce dernier, c'est une génératrice couplée à un moteur à explosion qui fournissait le courant aux moteurs électriques logés au niveau des moyeux des roues. Cette technique combinée était sûre et très appréciée : non seulement elle pouvait alimenter les pompes, mais encore entraîner les échelles pivotantes, ce qui, avec les véhicules à batteries, n'était réalisable qu'à l'aide d'équipements supplémentaires. Au cours de la première décennie du xxe siècle, les experts d'Europe et du Nouveau Monde débattirent de manière parfois très vive des avantages et inconvénients de ces systèmes. Il fallut attendre l'usage probant du moteur à essence dans le civil pour que les pompiers s'y intéressent sérieusement, et qu'il commence lentement à s'imposer. Ainsi, en Allemagne, le nombre de voitures d'incendie dotées d'un moteur à essence passa de trois en 1909 à 143 en 1913. Même la Première Guerre mondiale n'interrompit que temporairement la vague de motorisation au sein des services d'incendie. À la fin des années 1920, les corps de pompiers allemands étaient, tout au moins dans les grandes villes, entièrement motorisés.

Aux États-Unis, aucun autre entrepreneur pionnier de l'histoire de l'automobile n'a autant contribué à équiper les soldats du feu en véhicules motorisés qu'Henry Ford. En 1908, il mit sur le marché le célèbre modèle T, un véhicule particulièrement avantageux, d'une sobriété et d'une robustesse légendaires, qualités qui firent que sa production se poursuivit jusqu'en 1929. Le modèle A, qui lui succéda, bénéficia du succès de son prédécesseur. De manière générale, les véhicules américains se distinguaient de leurs homologues européens par leur forte puissance et la solidité de leurs châssis. Leur vitesse était comparativement beaucoup plus élevée, permettant un déplacement très rapide sur les lieux de l'intervention.

Naissance des véhicules d'incendie modernes

Les véhicules construits dans les années qui suivirent étaient dans leur principe comparables à ceux d'aujourd'hui, même si beaucoup d'améliorations de détail ont été apportées, les solutions techniques optimisées et la puissance nettement accrue. L'évolution des fourgons d'incendie a bénéficié des progrès de l'automobile en général, notamment dans le domaine des véhicules lourds. On peut citer ainsi le passage de la position du volant du côté droit au côté gauche, l'adoption du levier de vitesses au centre de la cabine de conduite, l'usage de pneumatiques à basse pression en lieu et place de pneus en caoutchouc dur ou à bandage de caoutchouc, le remplacement de la transmission à chaînes par celle à cardans, la pose de démarreurs et de systèmes d'éclairage électriques et le remplacement des freins mécaniques par des freins hydrauliques ou à air comprimé. Pour les porteurs d'échelles pivotantes, dont l'entraînement se faisait grâce au moteur du véhicule, les pneus pleins à bandage de caoutchouc restèrent un temps privilégiés pour des raisons de stabilité. Dès le milieu des années 1920, le développement en Allemagne, pour les utilitaires, de moteurs diesel sans compresseur arriva à son apogée. Après 1930, les ventes et l'offre de véhicules lourds avec moteur

Les pneus pleins à bandages de caoutchouc de ce fourgon d'incendie Daimler-Benz de 1920 furent remplacés par des pneumatiques à air dès 1922 (photo prise en 1957).

à essence se raréfièrent, leurs inconvénients économiques étant évidents. Les pompiers se montrèrent au début très sceptiques face au moteur diesel, en dépit de sa plus grande sobriété ; mais le nombre de châssis proposés avec moteur à carburateur ne cessant de s'amenuiser, ils durent s'adapter au progrès. Alors qu'en Allemagne, par exemple, l'équipement des voitures d'incendie avec un moteur diesel était devenu obligatoire dès 1935, l'abondance de pétrole aux États-Unis fit que cette tendance y resta très longtemps ignorée : on y développait des moteurs à essence toujours plus imposants, à même de fournir une énergie suffisante aux pompes d'extinction toujours plus puissantes qu'exigeait la hauteur des buildings. Si le premier véhicule diesel livré à un service d'incendie américain le fut en 1939, les pompiers de New York ne réceptionnèrent le leur qu'en 1962. Tous les fourgons d'incendie ou autopompes mis en service de par le monde jusque vers le milieu des années 1920 étaient de construction très semblable. Entièrement ouverts, ils étaient dotés pour l'équipage de banquettes longitudinales avec un haut centre de gravité, ce qui présentait d'évidents risques d'accidents lors de déplacements d'urgence. En outre, différents matériels de grande taille tels qu'échelles ou crochets étaient fixés au-dessus de la tête des sapeurs. La pompe se trouvait à l'arrière du véhicule, tandis que les dévidoirs étaient souvent placés sur les côtés ; des coffres de rangement pour les matériels étaient disposés sous les marchepieds. Ce n'est qu'au début des années 1930 que des véhicules à carrosseries fermées commencèrent à être mis en service en Europe. La rigueur de l'hiver 1928-1929, où la température descendit par exemple jusqu'à -30 °C en Allemagne, causant des engelures à de nombreux pompiers, conduisit à l'emploi généralisé de véhicules à cabines fermées, tant il devenait évident que même le sapeur le plus endurci ne pouvait supporter de telles conditions.

Aux États-Unis, les premières cabines d'équipage fermées furent construites par Mack en 1935, bientôt imité par d'autres constructeurs. Les pompiers new-yorkais reçurent leur premier véhicule du type « closed cab » (à cabine fermée) en 1937. Le passage à des véhicules à carrosserie entièrement fermée fut cependant beaucoup plus lent que sur le vieux continent. L'appareillage fut aussi dorénavant placé dans des compartiments de charge : les véhicules de pompiers prirent ainsi un aspect qui n'a pas fondamentalement changé depuis.

Échelle pivotante à nacelle de type DLK 23-12, Mercedes-Benz Econic 1828 L, construite en 1998

Un autre progrès important résida dans la standardisation des véhicules et des équipements. Par le passé surgissaient toujours des problèmes, lors de grands incendies, quand les pompiers des communes environnantes, appelés en renfort, constataient par exemple qu'ils n'avaient pas de raccords de tuyaux de même dimension, ce qui compromettait l'efficacité de l'intervention. Toutes ces difficultés furent résolues vers la fin des années 1930. L'obligation d'unification des types et séries de véhicules de pompiers durant la Seconde Guerre mondiale entraîna aussi, du moins en Allemagne, un niveau de standardisation des équipements jusqu'alors inconnu.

Outre les autopompes, les échelles pivotantes ou les camions dévidoirs, les véhicules destinés au transport des sapeurs et ceux servant au sauvetage d'animaux, un nombre considérable de véhicules spéciaux, affectés à des tâches bien précises, furent mis en service. Les missions assumées par les pompiers s'étaient en effet largement diversifiées, et ne se limitaient plus à la seule lutte contre le feu : ils se virent confier des tâches d'assistance technique de plus en plus nombreuses, lors d'accidents de la circulation par exemple. Ces derniers, au nombre s'accroissant avec le développement du trafic routier, entraînèrent rapidement l'achat de camions-grues et de véhicules de levage ou de transport de matériel spécifique. À ceci s'ajoutaient aussi des opérations en relation avec le transport aérien, en pleine expansion. Cet élargissement des missions confiées aux sapeurs-pompiers n'a cessé de se poursuivre, à tel point que les interventions techniques, de secours, de protection de l'environnement ou autres sont de loin les plus nombreuses : les pompiers sont devenus des sauveteurs polyvalents, qui doivent constamment relever de nouveaux défis dans la maîtrise des dangers et des risques.

Les pompiers d'aujourd'hui

La dernière génération de véhicules se caractérise à travers le monde par une multitude d'engins généralistes ou spécialisés. Les fourgons classiques à capot-moteur ont pratiquement disparu dans ce paysage composé de modèles puissants et ultra-performants, dont l'aspect extérieur obéit à des considérations strictement rationnelles. L'esthétique actuelle se résume à des cabines ou superstructures légères en aluminium, de forme plus ou moins rectangulaire, résistantes à la corrosion et autoportantes ou recourant à une technique de construction mixte aluminium/acier. L'aspect des nouveaux véhicules est parfois à ce point uniforme que les modèles et les marques ne se différencient plus guère et ne peuvent être identifiés avec certitude que par le sigle du fabriquant ou un connaisseur. Au niveau des superstructures, les rideaux à lamelles coulissants ont définitivement supplanté les volets rabattables ou les portes à tambour. Dans la construction des échelles pivotantes, la commande par ordinateur et les plates formes surbaissées sont venues s'ajouter aux commandes électro-hydrauliques depuis longtemps utilisées. En 1955, une échelle pivotante Magirus a été montée pour la première fois sur un châssis de camion à 3 essieux, dont un essieu arrière orientable doté d'une suspension pneumatique ; son rayon de braquage n'était que de 15 m. Ce véhicule fut acquis par un service d'incendie allemand.

Des équipements depuis longtemps utilisés pour les voitures de tourisme, tels que direction assistée, antiblocage des freins (ABS), contrôle anti-patinage des roues (ASR) ou transmission automatique ont été adaptés sur les véhicules de pompiers, car ils facilitent la tâche du chauffeur lors des interventions. Afin de sécuriser les déplacements d'urgence dans un trafic toujours plus intense, les véhicules de secours ont été rendus plus visibles grâce à l'emploi d'habillages particulièrement voyants, couleurs luminescentes, bandes réfléchissantes ou films autocollants multicolores.

Une série innovante de véhicules répondant aux nouvelles conditions d'utilisation et à des exigences en constante évolution a vu le jour. On peut tout d'abord mentionner les fourgons mixtes d'incendie et de secours, équipés d'équipe-

Les pompiers de Stuttgart ont fêté leur 150e anniversaire le 8 juin 2002, en réunissant sur la place du Château de Stuttgart des voitures d'incendie historiques en provenance de toute l'Allemagne. Au premier plan : un Magirus de 1922.

ments supplémentaires tels que mât d'éclairage ou treuil. Le matériel qu'ils embarquent se compose d'un groupe électrogène fixe ou portatif, de cisailles et d'outils de désincarcération. Les pompiers utilisent de plus en plus des véhicules porte-cellules, chargés de containers adaptés au type d'intervention. Outre les TLF 24/50, dénomination allemande des FPT intervenant sur les autoroutes et les routes principales, le nombre de fourgons pompes-tonnes a fortement augmenté. Capables d'embarquer un volume d'eau considérable, ils sont particulièrement adaptés pour combattre les sinistres de grande importance. Les progrès ont été particulièrement impressionnants sur les véhicules d'incendie aéroportuaires, dont la citerne peut contenir jusqu'à 18 000 litres d'eau. Les coûts de maintenance élevés et le manque d'agilité de ces géants ont cependant favorisé, dès le milieu de années 1980, le retour à de engins plus petits, plus maniables et beaucoup plus rapides.

L'apparition de nouveaux risques a exigé de concevoir des moyens de protection appropriés. Pour minimiser les risques d'accidents, d'incendies ou de pollution, les pompiers sont en permanence contraints de s'adapter au développement technologique et économique et à ses impacts sur l'environnement. Ces changements se retrouvent dans la constante redéfinition des véhicules et de leur équipement. Les difficultés financières des collectivités publiques se répercutent de manière toujours plus aiguë sur l'achat de ces engins très coûteux et sophistiqués. Le défi à venir en matière de construction de véhicules d'incendie va résider dans la recherche d'un équilibre entre ces contraintes opposées, et une normalisation accrue au niveau international.

Au sujet de cet ouvrage

Ce livre présente un large assortiment de plus de 1000 véhicules de pompiers du monde entier, généralement illustrés par un cliché en couleur. Il passe en revue aussi bien des voitures historiques méticuleusement restaurées que les modèles de dernière génération. Les engins présentés sont ou ont été pour la plupart mis en service en Europe, mais aussi outre-mer et surtout aux États-Unis. Malgré le nombre considérable de véhicules passés en revue, il était impossible de les retenir tous. Le choix des illustrations s'est donc porté sur les châssis et équipements les plus typiques ou spécifiques de chaque pays. Il a fallu d'autre part renoncer à inclure les véhicules de plusieurs pays pour lesquels nous ne disposions d'aucune documentation ni photographie. Cela ne signifie pas que ces pays sont dépourvus de services d'incendie – mais quel photographe amateur aura eu l'occasion d'aller dans des régions aussi lointaines que la Bolivie, le Paraguay, la Mongolie ou la Corée du Nord dans le seul but de fixer sur la pellicule des voitures de pompiers ? Sans compter la barrière de la langue, les interdictions de photographier et les restrictions en matière de collecte de données – les services du feu, subordonnés à l'armée ou à la police dans un certain nombre de pays, y étant considérés comme relevant du secret d'État ! Aussi, chère lectrice et cher lecteur, fais-je appel à votre indulgence pour toute lacune ou erreur que vous détecteriez, et vous prie le cas échéant de bien vouloir vous mettre en contact avec la maison d'édition. Je vous serais reconnaissant d'agir de même si vous étiez en possession de photos, documentation ou autres informations relatives à des véhicules de pompiers, quelle que soit leur provenance ou leur année de construction.

Je tiens à exprimer ici toute ma reconnaissance à l'ensemble des Services d'Incendie et à toutes les entreprises et les personnes qui ont contribué à l'élaboration de ce livre. J'aimerais remercier tout particulièrement Dirk Wieczorek pour avoir mis à disposition ses très nombreux clichés, pour ses informations et ses conseils ainsi que pour les contacts qu'il m'a permis d'établir avec d'autres photographes. Cette gratitude s'adresse aussi à tous les pompiers, qui ont pris la peine, souvent sur leur temps libre, de présenter les fourgons sous leur angle le plus « photogénique ». Qu'ils en soient ici vivement remerciés.

L'éditeur et l'auteur vous souhaitent à présent plaisir, joie et détente au cours de ce voyage à travers l'univers fascinant des véhicules de pompiers.

Quint, American LaFrance Eagle, construit en 1999

SERVICE DÉPARTEMENTAL
D'INCENDIE
BAS-RHIN
WISSEMBOURG

berliet
460 KZ67

Europe

L'Europe est sans nul doute l'un des continents où les services d'incendie sont le plus en avance en matière d'organisation, de matériel, de formation des sapeurs et d'équipement de leurs véhicules. Cette constatation s'applique particulièrement à la Scandinavie et la Grande-Bretagne, au Benelux, à la France, l'Espagne, la Suisse, l'Autriche, l'Italie et l'Allemagne. De même, certains pays de l'Est, en particulier la République tchèque et la Pologne, sont dotés d'engins et d'équipements généralement performants et modernes. En revanche, dans certains pays de l'Europe du Sud, dans l'ex-Yougoslavie dévastée par la guerre comme dans nombre de pays issus de l'ex-URSS, existe un véritable besoin de rattrapage en matière de véhicules d'intervention et d'équipements d'extinction. Ceci est surtout vrai dans les campagnes, dans les villages et petites villes, où l'achat de nouveaux matériels a été la plupart du temps différé faute de moyens financiers. Il n'est pas rare de rencontrer dans ces régions des engins dont l'entretien laisse à désirer, et qui seraient catalogués véhicules historiques en Europe occidentale – mais on y voit aussi des fourgons usagés remis par l'Europe de l'Ouest au titre de l'aide au développement économique. L'ouverture croissante des frontières, mais aussi les conditions régissant le marché intérieur de l'Union européenne joueront dans le futur un rôle majeur dans la standardisation et la normalisation des principaux véhicules et équipements de pompiers.

Beaucoup de pays européens disposent d'une industrie spécialisée dans la construction de voitures d'incendie et utilitaires, extrêmement performante et tournée vers l'exportation. Ainsi l'Allemagne compte-t-elle, à côté des fabricants d'équipements de lutte contre l'incendie et d'échelles pivotantes mondialement connus Magirus et Metz, une entreprise comme Ziegler ou de petits constructeurs tels que Schlingmann. L'entreprise autrichienne Rosenbauer n'est pas seulement le principal fournisseur de véhicules de pompiers du pays ; elle s'est imposée sur les marchés extérieurs et a même acquis une réputation de leader mondial, à côté des marques Oshkosh et E-One, dans le domaine des véhicules d'incendie aéroportuaires. En Grande-Bretagne, des constructeurs comme Angloco, Dennis et Carmichael sont réputés pour leur expérience et leur savoir-faire dans ce secteur, alors que ce sont des

entreprises comme Camiva, Sides et Riffaud qui bénéficient de cette réputation en France. En Suisse et en Italie, en revanche, ce sont de petits équipementiers comme Vogt, Brändle, Silvani et BBA qui occupent ce créneau. Beaucoup de véhicules spéciaux produits en Europe sont utilisés dans le monde entier. Dans les États euro-

péens à peu près dépourvus de fournisseurs de matériels d'incendie ou d'utilitaires, on rencontre des engins de toutes provenances. Il serait superflu de s'étendre sur tous les constructeurs européens de poids lourds mondialement connus, dont les châssis sont utilisés pour réaliser des fourgons d'incendie. Des véhicules de pompiers montés sur châssis Daimler-Chrysler (anciennement Daimler-Benz SA), Iveco, MAN, Renault, Scania, DAF et Volvo, mais aussi Tatra et Liaz en République tchèque ou KamAZ et ZIL en Russie ont été livrés bien au-delà des frontières de leur pays d'origine.

Catégorie de véhicule :	*fourgon-pompe*
Type de châssis :	*Pirsch*
Année de construction :	*1936*
Débit de la pompe :	*1 900 l/mn*
Capacité de la citerne :	–

Ce véhicule de la marque américaine Pirsch, magnifiquement restauré et parfaitement opérationnel, est conservé par le Service d'Incendie de Stavanger (Stavanger Brannvesen). Sa conception ouverte correspond au modèle d'autopompe de série Pirsch 20, largement répandu aux États-Unis et équipé d'une pompe centrale débitant 500 gallons/mn. Bien que les premiers fourgons-pompes dotés de cabines de conduite fermées aient été produits dès 1927, ce modèle ouvert expose le chauffeur comme les sapeurs l'accompagnant aux intempéries, ce qui, dans un pays aux conditions climatiques aussi rigoureuses, n'était pas vraiment idéal.

Norvège

Ce pays situé à l'extrémité septentrionale de l'Europe est connu tant pour la beauté de ses paysages – longue bande côtière rocheuse et dénudée, profonds fjords, immenses forêts – que pour ses régions marécageuses et montagneuses inaccessibles. Les véhicules de pompiers doivent être adaptés à ces conditions, tout comme aux longs et rudes hivers et à la faible densité du réseau routier. La Norvège comptant peu de grandes villes, les services de lutte contre l'incendie s'y développèrent relativement tard. Si les premiers moyens motorisés apparurent dès les années 1920, c'est seulement après la Seconde Guerre mondiale que les services d'incendie évoluèrent réellement. Lors de l'acquisition des véhicules, une attention particulière était apportée à la puissance du moteur, à la capacité de la tonne et au débit de la pompe ; la transmission intégrale était de règle du fait des nombreuses interventions hors chemins. Dans ces vastes étendues inhabitées, le fourgon pompe-tonne se révéla d'une importance cruciale. C'est en 1964 que le premier FPT normalisé (TLF 16) fut mis en service. Outre les échelles pivotantes classiques, les centres de secours norvégiens basés dans des localités d'une certaine importance sont souvent équipés de bras élévateurs articulés pour les opérations de sauvetage à grande hauteur.

Étant donné le faible nombre d'équipementiers et l'absence de constructeurs automobiles, tous les châssis doivent être importés. Par le passé existaient, à côté des marques suédoises Volvo et Scania, de nombreux véhicules d'origine américaine – sans oublier les équipements de lutte contre l'incendie des fabricants d'Europe occidentale comme Metz ou Magirus, toujours bien représentés, notamment dans le domaine des échelles pivotantes. Une partie des superstructures fabriquées dans le pays est réalisée depuis 1950 par l'entreprise O. C. A. de Flekkefjord, qui appartient depuis le début des années 1990 au groupe Rosenbauer.

Catégorie de véhicule :	*échelle pivotante EP 26 + 2*
Type de châssis :	*Magirus M 40 L*
Année de construction :	*1931*
Débit de la pompe :	–
Capacité de la citerne :	–

C'est en 1931 que les sapeurs-pompiers de Bergen mirent en service ce porte-échelle Magirus-Stige livré par le constructeur allemand Magirus, et lui attribuèrent le numéro 6. Il s'agissait d'un ancien modèle d'échelle en bois, prévu à l'origine pour être remorqué par des chevaux. Renforcée par des montants en acier, l'échelle atteignait un déploiement de 26 m et pouvait être manuellement rallongée de 2 m. Ce véhicule mi-lourd fut l'un des tout premiers en Scandinavie à être équipé d'une cabine de conduite fermée. Il était doté d'un moteur à carburateur six cylindres de 70 ch et d'un châssis Magirus M 40 L monté sur pneumatiques, et atteignait les 50 km/h pour une consommation de 34 l/100 km. Les échelles aériennes de ce type ont été utilisées pendant 49 ans jusqu'en 1956.

Catégorie de véhicule :	*fourgon pompe-tonne*
Type de châssis :	*Magirus-Deutz (KHD) F 192 D 11 F*
Année de construction :	*1979*
Débit de la pompe :	*3 200 l/mn*
Capacité de la citerne :	*2 400 l*

Ce FPT (TLF 1) du Service d'Incendie de Bodø, monté sur un châssis Magirus-Deutz (KHD) construit à Ulm (Allemagne) et conforme aux normes allemandes DIN, est le véhicule de base des pompiers professionnels norvégiens. Il est doté d'un moteur diesel six cylindres en V à injection directe refroidi par air, développant 192 chevaux pour une cylindrée de 8 492 cm³. Exception faite de la puissance supérieure de la pompe et de certains détails de l'équipement, ce modèle à propulsion est très semblable au FPT (TLF) 16, très répandu en Allemagne à partir des années 1970.

Catégorie de véhicule :	*fourgon pompe-tonne*
Type de châssis :	*Scania 113 M 320*
Année de construction :	*1992*
Débit de la pompe :	*2 400 l/mn*
Capacité de la citerne :	*3 000 l*

Les pompiers de Stavanger acquirent sous le nom de FPT (TLF) 121 ce véhicule monté sur un châssis Scania à cabine avancée, qui devait peu à peu remplacer les anciens camions à cabine avancée Magirus. La superstructure provient de l'entreprise Rosenbauer Norge AS, à Flekkefjord, qui a pris le relais, voici quelques années, de l'équipementier norvégien O. C. A. Ce fourgon dispose d'une cabine de conduite et d'équipage de série et, de chaque côté, de trois compartiments de rangement du matériel obturables avec des rideaux coulissants. Il est équipé d'un 6 cylindres diesel de 320 ch, d'une citerne d'eau, et d'une réserve de 300 l de concentré de mousse. Contrairement à leurs homologues allemands, les sapeurs-pompiers norvégiens ont toute latitude au niveau du choix des types de véhicules et d'équipements.

Catégorie de véhicule :	*porteur d'eau*
Type de châssis :	*MAN 16.192 FA*
Année de construction :	*1981*
Débit de la pompe :	–
Capacité de la citerne :	*7 000 l*

Les pompiers de Bodø ont eux-mêmes transformé un camion semi-lourd MAN à cabine avancée, utilisé à l'origine pour le transport de carburant, en camion-citerne porteur d'eau. Ce véhicule toutes roues motrices portant le numéro 8 et muni des barres anti-encastrement latérales réglementaires, est mû par un diesel cinq cylindres à injection directe de 9 204 cm³ et 192 chevaux. Il dispose d'un raccord d'alimentation de pompe de lance TS 8/8 non visible sur le cliché. Indispensables sur le terrain, ces camions permettant une alimentation supplémentaire en eau sont nombreux en Norvège.

Catégorie de véhicule :	*bras élévateur articulé BEA 22*
Type de châssis :	*Mercedes-Benz 2228 K*
Année de construction :	*1986*
Débit de la pompe :	–
Capacité de la citerne :	–

C'est en 1986 que les pompiers de Stavanger réceptionnèrent ce camion à bras élévateur articulé de type Simon Snorkel SS 220. La plate-forme Mercedes-Benz à 3 essieux, possédant une charge utile de 12,5 tonnes, est équipée d'un diesel V8 à injection directe de 14 620 cm³ qui permet de développer 280 chevaux à 2 300 tr/mn. La nacelle de sauvetage peut être élevée jusqu'à 22 m. Cet équipement a été entre-temps monté sur un nouveau châssis MAN.

Catégorie de véhicule :	*échelle pivotante automatique à nacelle EPAN 30*
Type de châssis :	*Scania 93 M 280*
Année de construction :	*1993*
Débit de la pompe :	–
Capacité de la citerne :	–

Les sapeurs-pompiers de métier d'Oslo (Oslo Brannvesen) reçurent en 1993 un véhicule portant le numéro 13 et doté d'une échelle Magirus DLK 30 déployable à 30 m. Le support d'échelle et la superstructure proviennent de l'entreprise suédoise Sala Kaross. La nacelle détachable loge à droite de la base de l'échelle ; devant cette dernière se trouve un groupe électrogène. L'échelle peut aussi servir de grue et soulever jusqu'à 3 tonnes. Ce camion Scania à cabine avancée est équipé d'un diesel six cylindres de 280 chevaux.

Catégorie de véhicule :	*bras élévateur articulé BEA 30*
Type de châssis :	*Scania P113 M 360*
Année de construction :	*1993*
Débit de la pompe :	–
Capacité de la citerne :	–

En 1993, les sapeurs-pompiers d'Oslo achetèrent aussi ce bras élévateur articulé de type Bronto Skylift 30 HDT F portant le numéro 33 permettant d'accéder jusqu'à 30 m au-dessus du sol. Le support du bras et la superstructure proviennent de l'entreprise norvégienne Braco et sont montés sur un châssis de camion Scania à 3 essieux et cabine avancée, doté d'un turbodiesel six cylindres de 363 chevaux. Le bras articulé, construit en Finlande, emporte projecteurs, raccordements de caméras et coussins de sauvetage.

Suède

Comme dans les autres pays scandinaves, les conditions d'intervention des pompiers suédois sont dictées par les conditions locales. La topographie de ce pays, peu peuplé à l'exception du Sud, se caractérise par d'immenses surfaces de forêts ininterrompues. Les véhicules et les équipements doivent, en particulier dans le Nord, pouvoir supporter des écarts extrêmes de température. Le ravitaillement en eau étant souvent impossible du fait de l'absence de bornes d'incendie, fourgons pompes-tonnes de grande capacité et porteurs d'eau sont omniprésents. Il en est de même pour les véhicules de secours et d'assistance technique, équipés de puissants dispositifs d'extinction et de treuillage ainsi que pour les camions-citernes tout terrain destinés à combattre les incendies de forêt. Les fourgons d'incendie sont habituellement équipés de puissantes pompes à moyenne ou haute pression, parfois montées à l'avant des véhicules. Si les véhicules d'intervention des grandes villes sont généralement à propulsion, ceux qui équipent les zones rurales sont à transmission intégrale.

La Suède possède, avec les marques Volvo et Scania, deux constructeurs de poids lourds présents de longue date et extrêmement performants. La plupart des véhicules de pompiers suédois sont montés sur des châssis de ces fabricants, presque incontournables dans le pays. Ces deux fournisseurs, très largement tournés vers l'exportation, sont parvenus au cours des 30 dernières années, en dépit d'une concurrence acharnée, à conquérir de nouveaux marchés dans le monde entier. Leurs lourds camions de fret international mais aussi les fourgons d'incendie spéciaux montés sur des châssis de la marque sont reconnus partout. Scania a particulièrement bien réussi sa percée au niveau mondial. Les pompiers suédois sont aussi équipés d'échelles aériennes allemandes Metz ou Magirus, ou de châssis Mercedes-Benz sur lesquels sont montés différents équipements spéciaux.

Catégorie de véhicule :	***échelle pivotante EP 30***
Type de châssis :	***Volvo LV 293***
Année de construction :	***1950***
Débit de la pompe :	–
Capacité de la citerne :	–

C'est en 1950 que fut livré aux pompiers de la ville de Linköping ce véhicule à châssis Volvo supportant une échelle 30 m à entraînement mécanique du constructeur allemand Carl Metz de Karlsruhe. D'un poids à vide de 9,5 tonnes (13 à pleine charge), il est équipé d'un moteur de 130 chevaux. Deux béquilles d'appui de chaque côté du parc de cette échelle à quatre pans lui permettent de servir de grue. Le véhicule dispose d'une vaste cabine permettant d'emmener six sapeurs.

Catégorie de véhicule :	***échelle pivotante EP 30***
Type de châssis :	***Scania-Vabis L 65***
Année de construction :	***1953***
Débit de la pompe :	–
Capacité de la citerne :	–

Cette échelle mécanique EP 30 dotée de 2 m de rallonge manuelle, construite par Magirus à Ulm (Allemagne), fut livrée aux pompiers de Västerås. Elle disposait d'un équipement rare à l'époque, une nacelle rabattable de deux personnes fixée en bout d'échelle. Ce système d'« ascenseur », généralement monté sur des échelles pivotantes de plus de 37 m, était plutôt inhabituel sur une EP 30 – en l'occurrence d'un type ancien à quatre pans, avec entretoises verticales. Ce service d'incendie arrêta son choix sur un châssis 12 tonnes du constructeur suédois Scania-Vabis, caractérisé par 5 000 mm d'empattement et un six cylindres de 135 chevaux.

Catégorie de véhicule :	***porteur d'eau***
Type de châssis :	***Volvo N 88***
Année de construction :	***1969***
Débit de la pompe :	***2 000 l/mn***
Capacité de la citerne :	***10 000 l***

Ce porteur d'eau fut transformé, par les pompiers de Tomelilla (Tomelilla Räddningstjänsten), à partir d'un camion-citerne utilisé à l'époque pour acheminer de l'essence et monté sur un classique châssis Volvo à capot-moteur de type N 88. Il fut doté d'une pompe puissante à l'avant, une disposition typique en Suède. Le châssis Volvo est équipé d'un moteur diesel six cylindres de 9 600 cm³ pour 200 chevaux.

Catégorie de véhicule :	*camion-grue de sauvetage 10*
Type de châssis :	*Mercedes-Benz LA 331/46*
Année de construction :	*1958*
Débit de la pompe :	–
Capacité de la citerne :	–

Une série de camions-grues de sauvetage de divers types et puissances fut construite dans les années 1950 par l'entreprise Metz de Karlsruhe. Un de ces véhicules, équipé d'une grue électrique Demag de 10 tonnes, fut livré en 1958 à un acheteur suédois. Il emportait en outre une installation d'extinction à poudre de 750 kg et un treuil frontal Heros de 5 tonnes. L'infrastructure était un châssis de camion Mercedes-Benz tout terrain destiné à l'exportation et entraîné par un diesel six cylindres OM 326 IV de 10 910 cm³ et 172 chevaux. Le compartiment de charge abrite le système d'extinction, les accessoires et le système de commande de la grue, ainsi que l'outillage. La flèche de la grue est posée dans un réceptacle situé au-dessus de la cabine de conduite.

Catégorie de véhicule :	*véhicule aérodrome 25-C 4*
Type de châssis :	*Magirus-Deutz (KHD) F Jupiter 170 A*
Année de construction :	*1962*
Débit de la pompe :	*2 500 l/mn*
Capacité de la citerne :	*5 000 l*

Ce camion lourd Magirus tout terrain à 3 essieux et capot carré, destiné à des tâches d'extinction sur les aérodromes, faisait partie d'une série de véhicules commandée par l'aviation militaire suédoise à l'entreprise Magirus. Son aspect frappe par sa signalétique et ses arceaux destinés à écarter les branches. Ce véhicule pouvait emporter, outre 6 sapeurs et une citerne à eau, un dispositif d'extinction comportant 750 kg de poudre, 4 bouteilles de 26 kg de CO_2, deux équipements d'attaque rapide des flammes ainsi qu'une lance à CO_2 avec 40 m de tuyaux à haute pression. La pompe d'aspiration était disposée sous le banc de l'équipage, devant le réservoir d'eau. Le système de raccords d'aspiration et de mise sous pression se trouvait en bout de châssis. Ce véhicule massif était entraîné par un diesel huit cylindres en V du type F8L 614 de KHD, avec une cylindrée de 10 644 cm³ pour 170 chevaux.

Catégorie de véhicule :	*fourgon pompe-tonne FPT*
Type de châssis :	*Scania LB 80 S*
Année de construction :	*1974*
Débit de la pompe :	*2 000 l/mn*
Capacité de la citerne :	*3 000 l*

Ce pompe-tonne Scania se trouvait au service des pompiers de Simrishamn (Simrishamn Brandförsvar) sous l'appellation SDL 401. Ce véhicule à cabine avancée, doté d'un moteur turbodiesel six cylindres de 190 chevaux, d'une cabine double pour six personnes et d'une pompe à l'avant, correspondait à un type de fourgon largement répandu en Suède dès les années 1970. Les véhicules d'intervention suédois étaient souvent, comme ce modèle, équipés à l'avant de feux clignotants bleus, appelés « ouvreurs de route ».

Catégorie de véhicule :	*fourgon pompe-tonne grande puissance FPTGP 9*
Type de châssis :	*Scania LBS 82 (6 x 2)*
Année de construction :	*1973*
Débit de la pompe :	*1 800 l/mn*
Capacité de la citerne :	*9 000 l*

Les pompiers d'Uddevalla (Uddevalla Räddningstjänsten) sont les fiers détenteurs de ce fourgon pompe-tonne grande puissance Scania 82 à cabine avancée et 3 essieux. En très bon état, il a été carrossé par l'entreprise suédoise Sala Kaross sans carénage autour de la citerne ; d'un poids total de 24 tonnes, il est mû par un moteur diesel six cylindres à injection directe d'une puissance de 205 chevaux. Grâce à la lance orientable et la pompe d'extinction Ruberg installées derrière la cabine de conduite, il peut opérer seul sur le terrain.

Suède

Catégorie de véhicule :	***fourgon pompe-tonne grande puissance FPTGP 10***
Type de châssis :	***Scania LB 81 (6 x 2)***
Année de construction :	***1980***
Débit de la pompe :	***2 000 l/mn***
Capacité de la citerne :	***10 000 l***

Ce pompe-tonne grande puissance des pompiers d'Örebro (Örebro Brandförsvar) portant le numéro 105 fut également monté sur un châssis Scania à 3 essieux et cabine avancée. Il dispose d'un moteur diesel six cylindres de 205 chevaux et peut, grâce à sa pompe frontale Ruberg et sa lance orientable, intervenir sans équipements sur les feux. Un projecteur facilite le travail la nuit ou en cas de mauvaise visibilité.

Catégorie de véhicule :	***véhic. mousse aérodrome VMA 40/90***
Type de châssis :	***Volvo F 89 (6 x 6)***
Année de construction :	***1975***
Débit de la pompe :	***4 000 l/mn***
Capacité de la citerne :	***9 000 l***

Ce véhicule construit par le carrossier norvégien Fjeldhus pour les pompiers de l'aéroport de Göteborg-Torslande et portant le numéro 594 fut monté sur un châssis de camion Volvo à 3 essieux et cabine avancée. Le moteur était un turbodiesel TD 120 12 cylindres d'une puissance de 330 chevaux. Outre une grande réserve d'eau, le véhicule disposait au centre d'une citerne à mousse de 1 000 litres. La lance Monitor sur le toit pouvait délivrer aussi bien de la mousse que de l'eau.

Catégorie de véhicule :	***échelle pivotante EP 30 à nacelle***
Type de châssis :	***Scania L 81***
Année de construction :	***1976***
Débit de la pompe :	–
Capacité de la citerne :	–

Cette échelle 30 m à nacelle construite par Metz faisait partie de toute une série de véhicules destinés aux services d'incendie suédois. Cet engin livré en 1976 aux pompiers de Trollhättan (Trollhättan Räddningstjänst) disposait de stabilisateurs horizontaux et verticaux et était construit sur un châssis Scania L 81 à capot-moteur équipé d'un moteur diesel six cylindres de 155 chevaux. L'échelle pouvait aussi être utilisée comme grue.

Catégorie de véhicule :	***bras élévateur articulé BEA 22***
Type de châssis :	***Scania P 93 M 280***
Année de construction :	***1994***
Débit de la pompe :	–
Capacité de la citerne :	–

Comme la plupart des grands services de secours scandinaves, les pompiers de Trollhättan disposent d'un camion à bras élévateur articulé. Il s'agit ici d'un Bronto-Skylift type 22-2 T1, dont la plate-forme de travail peut s'élever jusqu'à 22 m. Le châssis Scania 93 M 280, avec cabine de camion avancée de série, est doté d'un turbodiesel DSC 9 de 283 chevaux.

Catégorie de véhicule :	***échelle pivotante EP 32 à nacelle***
Type de châssis :	***Scania P 114 GB (4 x 2) NB 340***
Année de construction :	***2002***
Débit de la pompe :	–
Capacité de la citerne :	–

Les pompiers de Karlstad reçurent en 2002 un véhicule de série 4 dont la présentation, sur un châssis Scania NB, avait eu lieu en septembre 1996. Il s'agit ici d'une échelle

Metz 32 sur châssis Scania P 114 GB 4x2 NB, équipée d'une spacieuse cabine CP-19, d'un moteur de 342 chevaux répondant aux normes Euro-3 et d'une transmission automatique Allison. La nacelle peut se déployer jusqu'à 32 m de hauteur. Ce camion, d'une longueur de 10 m pour une largeur de 2,50 m et une hauteur de 3,40 m, présente un empattement de 4 900 mm et est équipé d'une caméra de recul.

Finlande

La Finlande, le troisième et le plus oriental des États scandinaves, est connue sous le nom de « pays aux 1 000 lacs ». Ce nombre, largement sous-estimé, est en réalité de l'ordre de 30 000 ! Les conditions d'intervention des services de secours dans ces régions de forêts, de vastes tourbières et de zones inhabitées sont les mêmes que partout en Scandinavie. Le parc de véhicules est essentiellement constitué de fourgons pompes-tonnes dotés de puissantes pompes à l'avant et de camions porteurs d'eau de grande capacité, ainsi que de véhicules de secours et de treuillage, sans oublier, dans les plus grandes villes, les bras élévateurs articulés. La plupart des engins d'intervention sont équipés de la transmission intégrale, afin de permettre le déplacement hors des rares voies praticables.

La Finlande, disposant par ailleurs d'une industrie performante dans le domaine des véhicules et équipements de lutte contre le feu, ne recourt que peu aux importations ; il en va de même en ce qui concerne la plupart des superstructures de fourgons d'incendie. Il faut spécialement mentionner l'entreprise Bronto Skylift à Tampere, dont les produits, du fait de leur excellence, ont été peu à peu diffusés dans le monde entier. L'entreprise Nummela à Turku fournissait également des bras articulés. Citons aussi, dans le domaine des utilitaires, l'entreprise Sisu, installée depuis 1931 à Helsinki, et depuis étatisée ; malgré sa petite taille, elle a su se maintenir avec succès. On trouve par ailleurs dans l'ensemble du pays des véhicules montés sur châssis Volvo ou Scania ; les véhicules spéciaux ou les échelles pivotantes restent, comme par le passé, majoritairement commandés auprès d'entreprises allemandes telles que Metz, Magirus ou Ziegler. Mercedes-Benz joue pour sa part un rôle prépondérant dans l'importation de châssis d'origine étrangère.

Catégorie de véhicule :	*autopompe*
Type de châssis :	*Daimler DC 3 dF*
Année de construction :	*1921*
Débit de la pompe :	*1 550 l/mn*
Capacité de la citerne :	–

Cette autopompe, construite sur un châssis Daimler produit à Berlin-Marienfelde, fut livrée en 1921 aux pompiers de Turku (Åbo). Ce joli véhicule, que l'on voit ici avec son matériel et son équipage au complet, appartient depuis bien longtemps à l'histoire. Il dut être l'un des premiers fourgons motorisés du pays à être importé, faute d'un constructeur national. Équipé de pneus à bandages de caoutchouc, il disposait d'un moteur de 5 494 cm³ développant 40 chevaux. Selon l'habitude de l'époque, il était entièrement ouvert, avec volant à droite et changement de vitesse à l'extérieur. La pompe Ehrhardt & Sehmer était montée en bout de châssis.

Catégorie de véhicule :	*camion-grue de sauvetage 10*
Type de châssis :	*Magirus-Deutz (KHD) F 7500 Jupiter A*
Année de construction :	*1958*
Débit de la pompe :	–
Capacité de la citerne :	–

Les camions-grues de sauvetage Magirus de type 7, puis 10 à partir de 1957, étaient à l'époque très demandés par les services d'incendie européens, et extrêmement utiles dans le cadre de missions de sauvetage et de treuillage. Les pompiers d'Helsinki achetèrent un véhicule Magirus de type 10, doté d'une grue électrique Demag de 10 tonnes pouvant pivoter sur 360 degrés, et d'un treuil 5 t à l'avant. D'une puissance de 170 ch, cet engin de 14,6 t dépassait à peine les 70 km/h pour une consommation de 22 l aux 100 km. Celui-ci transportait en outre un groupe électrogène et toute une série d'agrès de secours. Les galets d'attelage placés à l'arrière du véhicule permettaient aussi de déplacer de lourdes charges.

Catégorie de véhicule :	*échelle pivotante à nacelle EPAN 23-12*
Type de châssis :	*Sisu SK 150 VAH*
Année de construction :	*1982*
Débit de la pompe :	–
Capacité de la citerne :	–

Cette échelle Metz type EPAN 23-12, montée sur un châssis de camion finnois à cabine avancée Sisu de type SK 150 VAH, fut livrée en 1982. Équipé d'une boîte automatique et d'un moteur Cummins six cylindres de 214 ch, ce porte-échelle a un empattement de 4 400 mm. Très compact, il possède des stabilisateurs horizontaux et verticaux et peut aussi servir de grue, avec une capacité de levage maximale de 3 tonnes.

Danemark

Les services du feu du Danemark, État le plus méridional de la Scandinavie, sont placés sous l'autorité du Ministère de la justice. Les villes et les communes peuvent créer un centre de secours communal, ou bien passer un contrat soit avec une commune voisine déjà bien pourvue en la matière, soit avec un groupe de pompiers volontaires ou un corps de sapeurs relevant de la protection civile, soit enfin avec une organisation privée d'incendie et de secours. Cette organisation privée, dite « Service de sauvetage Falck », existe depuis 1906 et se charge, dans des centaines de communes et de villes, de la protection contre le feu, du sauvetage, du transport des malades et d'autres tâches d'assistance technique, telles que remorquage et dépannage. Falck n'entre nullement en concurrence avec les corps de pompiers municipaux, mais vient en renfort des structures existantes. Les véhicules sont pour la plupart normalisés et correspondent à de nombreux égards aux modèles courants en Allemagne. Outre les fourgons pompes-tonnes, les fourgons-pompes et les échelles aériennes, existent des camions-citernes de ravitaillement. Jusqu'au début de la Seconde Guerre mondiale travaillait à Roskilde un petit producteur d'utilitaires, Triangel, dont les châssis servirent pour maints fourgons d'incendie danois. À la fin de la guerre, cette entreprise ne reprit pas sa production et se consacra durant une brève période à l'importation de véhicules originaires de Grande-Bretagne. Le Danemark, ne disposant depuis d'aucun constructeur automobile, doit importer tous ses matériels. Les engins de pompiers actuels sont essentiellement construits sur des châssis allemands (Mercedes-Benz, MAN, Magirus et Volkswagen), mais aussi suédois (Scania et Volvo). Jusque dans les années 1960, et parfois au-delà, les pompiers danois utilisèrent des véhicules anglais ou américains de marque Bedford, Commer, Dodge, International Harvester et Chevrolet. Hormis Nielsen, Meiner-Jensen fut le seul fabricant danois d'équipements de lutte contre l'incendie d'envergure.

Catégorie de véhicule :	***autopompe (automobilsprøjte)***
Type de châssis :	***Ford V 8-51***
Année de construction :	***1936***
Débit de la pompe :	***1 200 l/mn***
Capacité de la citerne :	–

Cette autopompe de collection montée sur châssis Ford, restaurée et en parfait état de marche, appartient aux pompiers de Tondern. Ford (États-Unis) mit en vente le premier camion de type V-8-51 en 1932 ; de 1937 à 1939, celui-ci fut aussi construit en Allemagne en version 3 tonnes. Ce véhicule, doté d'un moteur V8 à essence de 3 583 cm³, développait une puissance de 90 ch à 3 800 tr/mn. Il pouvait atteindre une vitesse de 86 km/h pour une consommation de 26 litres aux 100 km. Ce modèle, réalisé en 1936 aux États-Unis par les usines Ford, était équipé d'une pompe à l'avant et de bancs longitudinaux pour l'équipage.

Catégorie de véhicule :	***autopompe (automobilsprøjte)***
Type de châssis :	***Bedford OLB***
Année de construction :	***1938***
Débit de la pompe :	***1 200 l/mn***
Capacité de la citerne :	–

Le Falck Redningskorps de Femø possède un fourgon d'incendie de collection doté d'une pompe à l'avant et carrossé par l'entreprise Meisner-Jensen. Monté sur un châssis anglais Bedford de 3,5 tonnes et d'un poids total autorisé de 5,7 tonnes, il est équipé d'une superstructure fermée et pouvait emporter 7 sapeurs ; sa seule concession à la modernité était une échelle en aluminium placée sur le toit. On peut remarquer le petit dévidoir sur l'aile avant droite.

Catégorie de véhicule :	***échelle pivotante EP 25***
Type de châssis :	***Bedford OLB***
Année de construction :	***1951***
Débit de la pompe :	–
Capacité de la citerne :	–

Cette échelle Magirus EP 25, montée également sur un châssis Bedford de 3 tonnes, était encore récemment affectée comme véhicule de réserve auprès du Falck Redningskorps de Esbjerg. L'échelle mécanique Magirus à quatre pans a conservé un profil ancien dû à ses entretoises verticales. Ce camion faisait partie d'une série de trois véhicules identiques achetés par Falck entre 1951 et 1953. La carrosserie de la cabine provient de Meisner-Jensen. Ce Bedford est entraîné par un diesel General Motors de 72 chevaux.

Catégorie de véhicule :	*porteur d'eau*
Type de châssis :	*Scania L 81*
Année de construction :	*1970*
Débit de la pompe :	–
Capacité de la citerne :	*8 000 l*

Les pompiers volontaires de Frederiksværk (Frederiksværk Brandvæsen) surent intelligemment modifier en porteur d'eau cet ancien camion-citerne Scania L 81 à capot-moteur, destiné au transport de carburant. Seules furent nécessaires quelques petites adaptations, consistant essentiellement dans l'habillage rouge du véhicule, une motopompe de 800 l/mn ainsi que des dispositifs de signalisation réglementaires, tels les deux feux clignotants bleus sur le pare-chocs avant.

Catégorie de véhicule :	*porteur d'eau*
Type de châssis :	*Scania 80-Super*
Année de construction :	*1971*
Débit de la pompe :	–
Capacité de la citerne :	*10 000 l*

Ce véhicule Scania 80-Super à cabine avancée, à l'origine un camion-citerne à carburant, peut emporter 10 000 litres d'eau et est en service au sein du corps des pompiers de Hundested (Hundersted Brandvæsen). Ce camion, équipé d'un diesel six cylindres de 190 chevaux, n'a eu besoin que de quelques modifications. On installa comme pour le précédent une motopompe débitant 800 l/mn ; un projecteur a été placé à droite du poste de conduite.

Catégorie de véhicule :	*porteur d'eau*
Type de châssis :	*Mercedes-Benz L 1113 B*
Année de construction :	*1971*
Débit de la pompe :	*1 200 l/mn*
Capacité de la citerne :	*6 000 l*

Les pompiers municipaux de Hundested (Hundested Kommunes Brandvæsen) possèdent un porteur d'eau pouvant servir de fourgon d'appui grâce à sa pompe à l'avant, capable de débiter 1 200 l/mn. Ce véhicule a été transformé sans grands frais par les soins des pompiers. En plus de sa réserve d'eau, il emporte des aspiraux sur le toit, et dans ses coffres divers agrès lui permettant d'assumer des tâches d'extinction en toute autonomie. Son châssis Mercedes-Benz à capot-moteur court est équipé d'un diesel six cylindres à injection directe OM 352 de 5 675 cm³, développant 130 chevaux à 2 800 tr/mn.

Catégorie de véhicule :	*fourgon-pompe mousse FPM*
Type de châssis :	*Volvo N 1017*
Année de construction :	*1981*
Débit de la pompe :	*6 000 l/mn*
Capacité de la citerne :	–

Ce véhicule d'extinction à mousse est typique des services d'incendie des raffineries. Basé sur un lourd châssis de camion Volvo à capot-moteur et entraînement sur les roues arrière, il a été équipé par l'entreprise Nielsen. Il est en service auprès des pompiers de la raffinerie de Kalundborg. Doté d'un turbodiesel six cylindres développant 170 chevaux, il peut emporter 5 000 litres de mousse. La puissante pompe Ruberg à basse pression est placée à l'arrière du véhicule. L'entreprise Nielsen possède aussi un camion-citerne mousse Ford, avec une réserve de 8 000 litres.

Catégorie de véhicule :	*fourgon pompe-tonne spécial*
Type de châssis :	*Scania 81*
Année de construction :	*1978*
Débit de la pompe :	*4 800 l/mn*
Capacité de la citerne :	*4 500 l*

Les pompiers de la raffinerie Shell de Fredericia réceptionnèrent en 1978 ce véhicule provenant des usines belges de Rosenbauer (Rosenbauer Belgium N.V., Ostende). Il s'agit d'un véhicule d'incendie spécial construit sur un châssis de camion Scania 81. La puissante pompe centrifuge est située à l'arrière, les raccords pour les tuyaux d'alimentation de la pompe se trouvant de part et d'autre de l'essieu arrière. Les aspiraux sont placés sur le toit du compartiment à matériel. Ce véhicule a déjà été retiré du service.

Catégorie de véhicule :	*camion-grue CG 10*
Type de châssis :	*Mercedes-Benz L 2226 (6 x 4)*
Année de construction :	*1976*
Débit de la pompe :	–
Capacité de la citerne :	–

Ce camion-grue de remorquage à 3 essieux était encore voici peu au service des pompiers professionnels de Copenhague (Københavns Brandvæsen). La grue hydraulique de type HST 10 (10 tonnes), construite par l'entreprise Falck-Schmidt, avait été montée sur un châssis Mercedes-Benz L 2226 équipé d'un diesel huit cylindres en V à injection directe de 12 760 cm³ et 256 chevaux. Ce véhicule de 22 tonnes pouvait atteindre 95 km/h et fut modernisé en 1988. Il disposait d'un treuil frontal de 5 tonnes et d'un enrouleur arrière de 10 tonnes, tous deux livrés par l'entreprise Rotzler.

Catégorie de véhicule :	*camion dévidoir CD 500*
Type de châssis :	*Toyota Landcruiser*
Année de construction :	*1976*
Débit de la pompe :	–
Capacité de la citerne :	–

Cette Jeep Toyota Landcruiser est utilisée par les pompiers volontaires de Holbæk (Holbæk Brandvæsen) comme camion dévidoir (Slangetender). Ce véhicule de 3 250 kg doté d'un treuil frontal a été équipé par les pompiers eux-mêmes. Il transporte 500 m de tuyaux de type A et B stockés dans des coffres et pouvant être déployés depuis le véhicule avançant à faible vitesse.

Catégorie de véhicule :	*véhic. mousse aérodrome VMA 40/90*
Type de châssis :	*Volvo F 89 (6 x 6)*
Année de construction :	*1973*
Débit de la pompe :	*4 000 l/mn*
Capacité de la citerne :	*9 000 l*

Les pompiers de l'aéroport de Copenhague Kastrup mirent en service en 1973 ce véhicule mousse (skumtender) portant le numéro 1 et construit par l'entreprise Skuteng. Il repose sur un châssis de camion lourd Volvo F89 à cabine avancée et transmission intégrale sur les 3 essieux. Ce fourgon massif est pourvu d'un turbodiesel 12 cylindres développant une puissance de 365 chevaux ; il emmenait, en plus de sa citerne à eau, un réservoir de plus de 1 000 litres de mousse. Ce fourgon, remis à l'aéroport de Roskilde en 1988, n'est plus en service.

Catégorie de véhicule :	*véhic. mousse aérodrome VMA 55/10*
Type de châssis :	*Volvo N 12 Intercooler (6 x 4)*
Année de construction :	*1984*
Débit de la pompe :	*5 500 l/mn*
Capacité de la citerne :	*10 000 l*

Ce fourgon monté en 1984 par l'entreprise norvégienne Fjeldhus sur un châssis de camion Volvo lourd à 3 essieux (avec transmission sur les deux essieux arrière), et livré aux pompiers de l'aéroport de Copenhague, est un exemplaire unique. Ce puissant camion à cabine avancée était équipé d'un turbodiesel six cylindres de 385 chevaux lui assurant de bonnes accélérations. Outre le volume d'eau embarqué précisé ci-dessus, il disposait de 1 000 litres de mousse d'extinction et d'une puissante lance Monitor sur le toit. Ce véhicule n'est plus en service de nos jours.

Catégorie de véhicule :	*véhic. mousse aérodrome VMA 55/10*
Type de châssis :	*Volvo F 1227 Intercooler (6 x 6)*
Année de construction :	*1982*
Débit de la pompe :	*5 500 l/mn*
Capacité de la citerne :	*10 000 l*

Ce fourgon d'incendie, livré en 1982 par Fjeldhus à l'aéroport de Copenhague-Kastrup, se base sur un châssis Volvo lourd à 3 essieux et transmission intégrale. Son diesel turbocompressé six cylindres peut délivrer brièvement jusqu'à 440 chevaux. Peint en jaune, couleur traditionnelle des véhicules de lutte contre le feu des aéroports danois, cet engin dispose aussi d'un réservoir central de 1 000 litres de mousse et d'un mélangeur permettant à la lance Monitor, sur le toit, de délivrer indifféremment de la mousse ou de l'eau.

Catégorie de véhicule :	*échelle pivotante EP 25 h*
Type de châssis :	*Mercedes-Benz LF 1113 B*
Année de construction :	*1967*
Débit de la pompe :	–
Capacité de la citerne :	–

Cette échelle à commande hydraulique Metz 25 h (Metz-Stige) de 1967 était encore au service des pompiers volontaires de Roskilde (Roskilde Brandvæsen) en 1996. 4 vérins à commande manuelle assurent la stabilité du véhicule. Un tableau de contrôle, fixé sur la partie inférieure de l'échelle, informe le machiniste au poste de commande de l'inclinaison, de la hauteur de déploiement et des limites de charge. Le châssis de ce véhicule, un Mercedes-Benz de 4 200 mm d'empattement, dispose déjà d'un diesel six cylindres à injection directe de 130 chevaux.

Catégorie de véhicule :	*échelle pivotante à nacelle EPAN 30*
Type de châssis :	*MAN 13.168 H-DL*
Année de construction :	*1976*
Débit de la pompe :	–
Capacité de la citerne :	–

Le Service Falck, mais aussi les pompiers communaux danois avaient, dans le cadre de leur programme d'achat de véhicules en 1970, en partie porté leur choix sur des véhicules MAN à capot-moteur. Ils avaient ainsi commandé, outre des fourgons pompes-tonnes et des véhicules de remorquage, des porte-échelles. L'un de ceux-ci fut livré en 1976 aux pompiers professionnels indépendants du quartier de Frederiksberg, à Copenhague. Équipé d'une échelle Metz 30 avec une cabine double pour six sapeurs, il disposait d'une nacelle amovible placée sous le parc d'échelle. Le châssis MAN, spécialement adapté, était entraîné par un diesel cinq cylindres à injection directe délivrant 168 ch à 2 300 tr/mn.

Catégorie de véhicule :	*échelle pivotante à nacelle EPAN 30-12*
Type de châssis :	*Magirus-Deutz 256 M 13*
Année de construction :	*1981*
Débit de la pompe :	–
Capacité de la citerne :	–

Les pompiers de métier de Copenhague furent parmi les premiers à commander, en 1981, trois camions Magirus 30 à châssis surbaissé. Ces véhicules modernes reposaient sur un châssis renforcé de type Magirus-Deutz 256 M 13, pouvant supporter une charge maximale de 13 tonnes. La cabine de conduite, surbaissée, était placée devant l'essieu avant ; le moteur diesel développait 256 chevaux. Ce véhicule était pour la première fois équipé de vérins à commande différenciée. L'échelle, composée de quatre éléments en acier, disposait d'une commande hydraulique ainsi que d'une nacelle rabattable. Grâce à ses caractéristiques, ce véhicule était environ 2,85 m plus bas que les échelles pivotantes traditionnelles. Le camion ici illustré a été retiré du service en 2000.

Catégorie de véhicule :	*camion dévidoir CD 1000*
Type de châssis :	*Dodge T 214 WC 52 (4 x 4)*
Année de construction :	*1944*
Débit de la pompe :	–
Capacité de la citerne :	–

Cet ancien camion Dodge WC 52 3/4-t de l'armée américaine fut produit par différentes usines à plus de 250 000 unités. Doté d'un moteur à essence six cylindres de 3 772 cm³ développant 92 chevaux, ce modèle robuste et unanimement apprécié était assez puissant pour venir à bout des terrains les plus difficiles. Les pompiers d'Akureyri (Slökkvistöd Akureyrar) l'équipèrent eux-mêmes en camion dévidoir à la fin de la Seconde Guerre mondiale. Sa superstructure comportait différents coffres permettant d'emporter 1 000 m de tuyaux.

Islande

Les pompiers islandais de jadis étaient essentiellement équipés de véhicules d'origine américaine, mais aussi anglaise ou allemande. Actuellement, c'est le constructeur allemand MAN qui occupe une position dominante. Sur cette île inhospitalière, dont l'intérieur, constitué en quasi totalité de rochers, de terres incultes et de glaciers, n'est que peu habité, les services de pompiers et leurs véhicules sont presque exclusivement concentrés le long des régions côtières. Outre des véhicules modernes, les services d'incendie islandais possédaient encore voici une vingtaine d'années des fourgons des années 1940-1950 bien entretenus et en parfait état de marche. La puissance d'aspiration des pompes ainsi que la capacité des réservoirs d'eau ou de mousse sont indiquées soit en gallons US, soit en litres.

Catégorie de véhicule :	*fourgon-pompe*
Type de châssis :	*Ford V-8-1 1/2-t*
Année de construction :	*1946*
Débit de la pompe :	*2 000 l/mn*
Capacité de la citerne :	*750 l*

Ce vétéran des pompiers de Reykjavik a rendu bien des services mais est resté parfaitement entretenu. Il s'agit d'un fourgon d'incendie réalisé en 1946 sur un châssis de camion Ford de 1½ tonne construit durant la Seconde Guerre mondiale et très largement utilisé à des fins militaires. Sa version civile était munie d'un V8 à essence de 110 chevaux, soit une puissance légèrement supérieure à celle du modèle produit par les usines Ford de Cologne (Allemagne). Doté d'une superstructure semi-ouverte, selon la tendance des véhicules d'incendie américains de l'époque, il est équipé de deux dispositifs d'intervention rapide et d'une puissante pompe.

Catégorie de véhicule :	*échelle pivotante EP 20*
Type de châssis :	*Fordson V 8*
Année de construction :	*1932/1934*
Débit de la pompe :	–
Capacité de la citerne :	–

Ce camion livré en 1934 et pourvu d'une échelle mécanique pivotante Magirus 20 m à trois pans en acier, a servi jusqu'en 1984 comme véhicule de réserve des pompiers professionnels de la capitale, Reykjavik. Selon une autre source, ce véhicule aurait été construit deux ans plus tôt et proviendrait d'un service d'incendie danois. Peu importe finalement : ce qui est sûr, c'est que cette échelle montée sur châssis Fordson équipé d'un V8 à essence est la seule de l'île à provenir d'Allemagne. La structure entièrement ouverte de ce véhicule, avec sa sirène électrique placée sur l'aile gauche, était dans tous les cas peu adaptée au climat du pays. Vers la fin des années 1960, l'échelle fut remplacée par un bras articulé à nacelle d'origine américaine.

Catégorie de véhicule :	***fourgon-pompe, pumper***
Type de châssis :	***Mack type 80***
Année de construction :	***1942***
Débit de la pompe :	***1 900 l/mn***
Capacité de la citerne :	***1 200 l***

Ce fourgon d'incendie des pompiers de métier de Reykjavik, en fait une ancienne autopompe de l'armée américaine construite sur un châssis Mack de type 80, était encore utilisé au début des années 1980. Doté d'une cabine de camion de série et d'une superstructure ouverte, ce véhicule à propulsion possède au centre une pompe de type Hale GSS de 500 gallons (ce qui correspond à un débit d'environ 1 900 l/mn), et un moteur à essence de 72 chevaux. Ces camions 1,5 tonne, également produits par Ford et Chevrolet, étaient très répandus durant la Seconde Guerre mondiale.

Catégorie de véhicule :	***fourgon-pompe, pumper***
Type de châssis :	***Ford F 600***
Année de construction :	***1954***
Débit de la pompe :	***1 900 l/mn***
Capacité de la citerne :	***2 000 l***

Ce fourgon Ford F 600 des pompiers de Hafnarfjördur, aux environs de Reykjavik, est de construction un peu plus récente. Il est aussi équipé, selon les standards américains de l'époque, d'une pompe de 500 gallons placée au centre du véhicule. Le compartiment de stockage du matériel ainsi que le système de commande de la pompe sont découverts. Par sa taille, ce camion doté d'un moteur à essence à huit cylindres en V correspond à une autopompe américaine légère.

Catégorie de véhicule :	***fourgon-pompe, pumper***
Type de châssis :	***Ford F 750***
Année de construction :	***1972***
Débit de la pompe :	***2 800 l/mn***
Capacité de la citerne :	***2 000 l***

Ce véhicule, monté à la façon des autopompes américaines sur un châssis Ford F 750, et l'un des fourgons d'incendie les plus récents d'Islande, est le camion d'intervention numéro 5 des pompiers de métier de Reykjavik. Son aspect est celui des modèles américains de l'époque. Doté d'un moteur diesel et d'une cabine de conduite et d'équipage Custom Cab, il dispose d'une pompe Darley débitant 750 gallons/mn.

Catégorie de véhicule :	***véhic. mousse aérodrome VMA 20/35***
Type de châssis :	***Mercedes-Benz LAF 1113***
Année de construction :	***1964***
Débit de la pompe :	***2 000 l/mn***
Capacité de la citerne :	***3 500 l***

Ce fourgon construit sur châssis Mercedes-Benz à capot court et transmission intégrale fut livré aux pompiers de l'aéroport de Reykjavik (Reykjavikur Flugvöllur) par l'entreprise Metz de Karlsruhe (Allemagne). Il emporte un équipage de 3 personnes, 350 litres de mousse, deux dispositifs d'intervention rapide sur chaque flanc du véhicule, une lance orientable et deux dispositifs d'aspersion et d'autoprotection placés sous le pare-chocs. Entre-temps transféré à l'aéroport d'Akureyri, il a été repeint en jaune.

Catégorie de véhicule :	*Watertender-Ladder WrL*
Type de châssis :	*Scania P 93 M 220*
Année de construction :	*1994*
Débit de la pompe :	*2 250 l/mn*
Capacité de la citerne :	*1 800 l*

Ces fourgons pompes-tonnes dotés d'une échelle (Watertender-Ladder) sont très répandus en Grande-Bretagne. Il s'agit d'un véhicule d'extinction pourvu d'une citerne à eau, d'une pompe fixe accessible par l'arrière, et d'une échelle coulissante de 13,5 m placée sur le toit. La cabine permet de transporter 6 sapeurs. La superstructure, dotée d'un compartiment de charge à rideaux coulissants, a été montée par l'entreprise britannique Emergency-One sur un châssis Scania à propulsion arrière. Ce véhicule est au service de la brigade anti-incendie de Dumfries & Galloway.

Grande-Bretagne

La protection contre l'incendie a été très tôt organisée en Grande-Bretagne. Les premiers édits visant à la prévention des sinistres dans les villes datent du haut Moyen-Âge avec, par exemple, l'obligation de couvrir son feu pour la nuit, ou de remplacer la paille des toitures par des tuiles ou des ardoises. Ces instructions n'étaient cependant guère respectées et la négligence de la population entraînait d'effroyables incendies. La situation était d'ailleurs la même dans tous les États européens. La lutte contre l'incendie, ne pouvant s'appuyer sur aucune structure véritablement organisée, relevait en grande partie de l'improvisation. Si dans quelques communes particulièrement progressistes, une poignée de volontaires s'étaient engagés à assurer la protection de la communauté et la maintenance des lances actionnées à la main, on comptait ailleurs sur des hommes valeureux acceptant de se détacher de la foule des curieux pour aller au feu.

Le grand incendie de Londres eut un impact décisif en matière de prévention et de lutte. Cette catastrophe, appelée ensuite « Great Fire » par la population, se déclara le 2 septembre 1666 dans une boulangerie et s'étendit très rapidement sur une surface de presque 10 km². Les flammes firent rage durant quatre nuits et quatre jours, détruisant 13 000 maisons et faisant 100 000 sans-abri. Même si le nombre des victimes resta minime, les dégâts matériels étaient immenses.

À la suite de cet événement, on s'employa énergiquement, à Londres et dans le reste du pays, à créer des services professionnels de protection contre l'incendie. On mit en place des observatoires de surveillance du feu, on fit l'acquisition d'équipements et de matériel, et la formation fut considérablement améliorée. Les premières lances d'incendie à vapeur furent mises en service vers 1830, et les pompiers britanniques furent parmi les premiers, au début du XXe siècle, à se motoriser.

Une industrie spécialisée dans la production de véhicules et d'équipements de lutte contre le feu se développa très précocement ; performante, elle a su se maintenir jusqu'à nos jours, ce qui explique que l'on ait très peu recours à l'importation, hormis pour les échelles aériennes, construites généralement par Magirus ou Metz, ou pour quelques fourgons spéciaux. Le paysage est dominé par des châssis fournis par Bedford, Dennis, Renault-Dodge, ERF, Ford ou DAF/Leyland, avec des superstructures HCB-Angus ou Merryweather. Parmi les constructeurs de châssis étrangers, seuls Mercedes-Benz, Scania et Volvo ont réussi ces dernières années à s'implanter sur l'île. Les principaux producteurs de superstructures sont de nos jours Emergency-One (UK), JDC, Carmichael, Angloco, Excalibur et TVAC.

Superstructures et équipements techniques des véhicules d'intervention sont largement normalisés en Grande-Bretagne, ce qui présente des avantages financiers et facilite aussi la formation des sapeurs, le maniement des appareils et l'approvisionnement en pièces de rechange. Ces dispositions restent toutefois suffisamment souples pour autoriser la conception de véhicules plus spécifiques.

Catégorie de véhicule :	*Water Foam-Tender W/FoT*
Type de châssis :	*Renault-Dodge G 13*
Année de construction :	*1986*
Débit de la pompe :	*1 300 l/mn*
Capacité de la citerne :	*1 350 l*

Ce fourgon pompe-tonne eau et mousse, appartenant au Service d'Incendie (Fire Service) de l'usine Rhône Poulenc-Rover à Dagenham, dispose d'une superstructure construite par HCB Angus. Contrairement aux modèles de série, ce véhicule spécial monté sur châssis Renault-Dodge n'est pas équipé, derrière la cabine, d'armoires à matériel fermées par rideaux coulissants. Les usines Dodge de Grande-Bretagne ayant été reprises par Renault en 1981, leur production porta durant longtemps le nom des deux marques ; depuis 1990, seul figure sur les véhicules le nom de Renault. En plus de la citerne à eau, ce modèle dispose d'une réserve de 1 800 litres de mousse et d'une échelle coulissante.

Catégorie de véhicule :	*Water Foam-tender W/FoT*
Type de châssis :	*Dennis DF 135*
Année de construction :	*1989*
Débit de la pompe :	*5 000 l/mn*
Capacité de la citerne :	*1 800 l*

Les pompiers de la raffinerie Shell (Shell Oil UK Shellhaven Refinery), sise à Stanford-le-Hope, à l'est de Londres, disposent aussi d'un véhicule d'extinction spécial conçu pour l'industrie pétrochimique. Il a été construit par l'important fournisseur britannique d'équipements et superstructures Carmichael, de Worcester. Le châssis est un Dennis à cabine avancée et la superstructure n'a pas été peinte. Ce véhicule dispose, outre sa citerne à eau, d'un réservoir de 1 800 litres de mousse, d'une lance Monitor sur le toit et d'une pompe centrifuge extrêmement puissante installée à l'arrière. L'entreprise Dennis est restée l'un des fournisseurs favoris des services d'incendie britanniques.

Catégorie de véhicule :	*Watertender Wrt*
Type de châssis :	*Bedford TK*
Année de construction :	*1973*
Débit de la pompe :	*2 250 l/mn*
Capacité de la citerne :	*2 250 l*

Ce pompe-tonne était au service des pompiers de l'entreprise d'additifs pour carburants The Associated Octel Co Ltd., à Ellesmere Port. Construit par HCB Angus sur un châssis Bedford à cabine avancée six places, il fut repris par la brigade anti-incendie d'un comté. Les armoires à matériels fermées par rideaux coulissants donnent une ligne agréable et régulière à ce véhicule désormais hors service.

Catégorie de véhicule :	*Pump-Ladder PL*
Type de châssis :	*Leyland-DAF 60-210-TI*
Année de construction :	*1992*
Débit de la pompe :	*2 250 l/mn*
Capacité de la citerne :	*1 000 l*

La brigade anti-incendie du comté de Lancashire reçut en 1992 ce fourgon pompe-tonne avec échelle monté sur châssis Leyland-DA. Ce véhicule, construit conjointement par l'entreprise Fulton & Wylie et la firme écossaise Emergency-One (UK) Ltd, dispose d'une vaste cabine d'équipage, d'une longue échelle coulissante reposant par la tranche sur le toit du véhicule, et d'armoires à matériel non vernies obturées par rideaux coulissants. La marque Leyland a été reprise par DAF en 1987 ; les véhicules destinés au marché britannique continuent à porter le nom Leyland-DAF, tandis que sur les modèles exportés ne figure que le sigle DAF.

Catégorie de véhicule :	*Watertender Wrt*
Type de châssis :	*Reynolds Boughton*
Année de construction :	*1980*
Débit de la pompe :	*2 250 l/mn*
Capacité de la citerne :	*1 800 l*

L'entreprise Reynolds Boughton, dans le Devon, est un autre constructeur britannique spécialisé, depuis 1978, dans la construction de véhicules d'incendie – notamment aéroportuaires. Elle construit aussi, en séries limitées, des fourgons pompes-tonnes ou des véhicules spéciaux. Ce pompe-tonne du Service Incendie (Fire and Rescue Services) de la raffinerie Mobil (Mobil Oil Co Ltd Coryton Refinery) à Stanford-le-Hope en est un exemple. La cabine de conduite et d'équipage est équipée de portes automatiques modernes. Le châssis surbaissé et la superstructure proviennent du même constructeur.

Catégorie de véhicule :	*Dual Purpose-Ladder DPL*
Type de châssis :	*Renault-Dodge G 13*
Année de construction :	*1987*
Débit de la pompe :	*4 500 l/mn*
Capacité de la citerne :	*1 350 l*

Ce fourgon pompe-tonne avec échelle (Pump-Ladder), affecté au Service de piquet de la brigade des pompiers londoniens (London Fire Brigade) depuis 1987, est un produit de l'équipementier britannique Locomotors. Ce modèle de série, jadis largement répandu chez les pompiers londoniens sous l'appellation de « véhicule à fonction duale » (Dual Purpose-Ladder) n'existe plus, la série ayant été remplacée dans les années 1990 d'abord par des véhicules Volvo, puis par des unités montées sur châssis Mercedes-Benz.

Catégorie de véhicule :	*Foam-Watertender F/WrC*
Type de châssis :	*Mercedes-Benz 2531 (6 x 4)*
Année de construction :	*1994*
Débit de la pompe :	*2 250 l/mn*
Capacité de la citerne :	*9 000 l*

Ce pompe-tonne eau et mousse, doté d'une superstructure Carmichael montée sur un châssis Mercedes-Benz à 3 essieux d'un P.T.A. de 25 t, est en service auprès du Service d'Incendie et de Sauvetage du Cambridgeshire. Ce véhicule massif à transmission automatique dispose d'une grande citerne d'eau, doublée de part et d'autre jusqu'à mi-hauteur d'armoires à matériel obturées par rideaux coulissants. Outre sa pompe placée à l'arrière, ce véhicule est doté d'un réservoir à mousse de 220 litres. Une lance Monitor mixte (eau et mousse) est disposée derrière le poste de conduite. Sous le pare-chocs se trouve un dispositif d'aspersion assurant l'autoprotection du véhicule.

Catégorie de véhicule :	*Watertender-Ladder WrL*
Type de châssis :	*Dennis DS 155*
Année de construction :	*1994*
Débit de la pompe :	*2 250 l/mn*
Capacité de la citerne :	*1 800 l*

Ce fourgon pompe-tonne avec échelle, construit par Carmichael sur un châssis Dennis et doté d'un moteur diesel Perkins de 202 chevaux, a une allure typiquement britannique. Il est affecté au Service du feu de l'île anglo-normande de Jersey (States of Jersey Fire Service). Ce véhicule se caractérise par sa largeur réduite, adapté à l'étroitesse des rues et autres voies de circulation. Il a ainsi été amputé d'un phare de chaque côté et ses garde-boue sont aussi plus étroits. Les rideaux coulissants métalliques des armoires de rangement n'ont pas été vernis.

Catégorie de véhicule :	*Watertender-Ladder WrL*
Type de châssis :	*Volvo FL 614*
Année de construction :	*1989*
Débit de la pompe :	*2 250 l/mn*
Capacité de la citerne :	*1 800 l*

Les fourgons pompes-tonnes sont très courants dans les services d'incendie britanniques. La dimension de leur citerne à eau et les pompes qui les équipent obéissent à des normes nationales. Ces véhicules sont dotés d'une échelle coulissante à 3 pans également standardisée. Le choix de la marque du châssis et du constructeur de la superstructure étant du ressort des brigades anti-incendie (Fire Brigades), ces camions sont de conceptions différentes. Le Service du feu du Yorkshire occidental (West Yorkshire Fire Service) fit ainsi construire ce véhicule par Angus sur la base d'un châssis à cabine avancée Volvo-FL 614 doté d'un moteur de 180 chevaux. Le fourgon est équipé de deux gyrophares à l'avant, très utiles en cas de départs rapides pour le feu.

Catégorie de véhicule :	*Foam-Tender FoT*
Type de châssis :	*Emergency One Cyclone*
Année de construction :	*1996*
Débit de la pompe :	*11 350 l/mn*
Capacité de la citerne :	–

Ce fourgon pompe-tonne mousse au service d'une raffinerie provient de l'important fabricant américain de véhicules et d'équipements de lutte contre l'incendie Emergency One Inc. Il est utilisé depuis 1996 par le Service de piquet nord des pompiers de l'entreprise ICI Chemicals & Polymers à Billingham Site, Middlesbrough. Ce modèle hors du commun est un véhicule d'extinction mixte, doté d'une pompe centrifuge avec mélangeur extrêmement puissante, d'un réservoir de 4 500 litres de mousse et de 70 kg de poudre. L'eau nécessaire à une intervention est obtenue à partir du réseau de bornes d'incendie du site industriel. Au centre du véhicule, au-dessus du tableau de commande situé, à l'extérieur, se trouve une lance Monitor Hydrochem ; très utilisées par E-One, ces lances délivrent un jet de poudre central entouré au besoin de jets d'eau ou de mousse.

Catégorie de véhicule :	***Foam-Tender FoT***
Type de châssis :	***Volvo FL 617***
Année de construction :	***1991***
Débit de la pompe :	***5 300 l/mn***
Capacité de la citerne :	***450 l***

Ce camion Volvo à cabine avancée construit en 1991 et développant une puissance de 210 chevaux a été équipé d'une superstructure provenant de l'entreprise HCB-Angus. Classé véhicule spécial, ce fourgon pompe-tonne a été construit à deux exemplaires pour les Services de piquet nord et sud des pompiers de l'usine ICI Chemical & Polymers à Billingham Site. Son chargement comprend surtout une citerne de 4 500 litres de mousse, une petite réserve d'eau, une installation de 750 kg de poudre et enfin 500 kg de BCF, agent d'extinction à base de halon. La pompe centrifuge avec mélangeur se trouve à l'arrière du véhicule.

Catégorie de véhicule :	***Foam-Tender FoT***
Type de châssis :	***Scania G 93 ML 280***
Année de construction :	***1992***
Débit de la pompe :	***6 000 l/mn***
Capacité de la citerne :	***900 l***

Ce fourgon pompe-tonne est au service des pompiers (Fire Service) de la raffinerie BP (BP Oil Refinery) de Grangemouth en Écosse. Il peut transporter 3 600 litres de mousse et est équipé d'une pompe avec mélangeur. La superstructure provient de l'équipementier Angloco dans le Yorkshire et le châssis est un Scania à cabine avancée G 93 ML 280, équipé d'un diesel turbocompressé de 282 chevaux. Ce véhicule conçu spécialement pour cette raffinerie est équipé d'une cabine de camion de série à trois places, mais ne dispose pas de lance Monitor à poste fixe.

Catégorie de véhicule :	***Foam-Tender FoT***
Type de châssis :	***Mercedes-Benz 1926/45 AK***
Année de construction :	***1978***
Débit de la pompe :	***4 500 l/mn***
Capacité de la citerne :	–

Ce camion construit conjointement par les entreprises Angloco et Sides possède une superstructure vraiment peu commune en Grande-Bretagne. Il s'agit d'un fourgon pompe-tonne du Service d'Incendie de la raffinerie Mobil (Mobil Oil Co Ltd Coryton Refinery) à Stanford-le-Hope. Il est monté sur un châssis lourd de camion tout terrain Mercedes-Benz à deux essieux et de 4 500 mm d'empattement. La cabine de conduite est celle d'un camion classique, et son moteur un V8 diesel à injection directe de 12 760 cm³ et 256 chevaux. Il peut emporter 280 kg de poudre, est équipé d'une lance Monitor sur le toit et de deux dispositifs d'intervention rapide.

Catégorie de véhicule :	***Foam-Carrier FoC***
Type de châssis :	***Ford A 0510***
Année de construction :	***1982***
Débit de la pompe :	–
Capacité de la citerne :	–

Il s'agit ici d'un véhicule de ravitaillement en mousse, construit par Ford (Ford Motor Co. Ltd) à Southampton sur un châssis de 3 700 mm d'empattement. Les rideaux coulissants abritent une citerne de 1 000 litres de mousse. Ce petit fourgon maniable est utilisé par le Service d'Incendie de la compagnie Phillips Petroleum, à Seal Sand (Middlesbrough).

Grande-Bretagne

Catégorie de véhicule :	*Foam-Tender FoT*
Type de châssis :	*Leyland Mastiff*
Année de construction :	*1977*
Débit de la pompe :	*4 500 l/mn*
Capacité de la citerne :	*4 500 l*

Ce fourgon pompe-tonne mousse transformé par le Service d'Incendie de la raffinerie Shell (Oil Refinery) de Stanlow avait été construit sur la base d'un châssis à cabine avancée Leyland Mastiff. Il s'agissait d'un modèle unique pouvant emmener 4 500 litres de mousse dans la citerne placée au centre du véhicule. La puissante pompe était située à l'arrière ; au-dessus de celle-ci se trouvait le poste de commande du canon à mousse. Des coffres ouverts, contenant des couronnes de tuyaux, se trouvaient sous la citerne de forme ovale. Ce camion n'est plus en service à l'heure actuelle.

Catégorie de véhicule :	*Foam-Carrier*
Type de châssis :	*Leyland Super Comet*
Année de construction :	*1976*
Débit de la pompe :	–
Capacité de la citerne :	–

Ce porteur de mousse fut transformé par le Service d'Incendie de la raffinerie Lindsey (Lindsey Oil/Conoco Refinery) de Killingholme. Il s'agissait d'un ancien camion de transport de mazout doté d'un châssis Leyland à cabine avancée. Équipé d'une citerne de 13 500 litres, ce camion ne demanda que peu de travaux pour être reconverti en véhicule de pompiers.

Catégorie de véhicule :	*Foam-Tender FoT*
Type de châssis :	*Dennis R 133*
Année de construction :	*1979*
Débit de la pompe :	*4 500 l/mn*
Capacité de la citerne :	*4 500 l*

Le Service d'Incendie et de Secours (Fire and Emergency Service) de l'entreprise BASF de Seal Sands près de Middlesbrough, centre industriel du nord-est de l'Angleterre, mit en service ce fourgon pompe-tonne mousse monté par John Dennis Coach-Builder sur un châssis de cette firme. La cabine de ce camion surbaissé pouvait emporter six sapeurs, et la citerne 4 500 litres de mousse. À l'arrière, se trouvait de chaque côté un dispositif d'intervention rapide avec une lance haute pression sur dévidoir. Ce véhicule a également été retiré du service.

Catégorie de véhicule :	*Rescue Unit RU*
Type de châssis :	*Dodge G 1100*
Année de construction :	*1984*
Débit de la pompe :	–
Capacité de la citerne :	–

Ce véhicule de secours monté par le fournisseur de superstructures Ecrolite sur châssis Dodge à cabine avancée était affecté au Service du feu de Cockermouth (Cumbria). La plate-forme Dodge G 12 était très souvent utilisée pour réaliser des fourgons d'incendie. Le compartiment de charge fermé par des rideaux coulissants contenait des matériels permettant d'assumer différentes tâches d'assistance technique. Cet exemplaire n'est plus en service.

Catégorie de véhicule :	*Rapid Intervention Vehicle RIV*
Type de châssis :	*Range Rover (6 x 4)*
Année de construction :	*1988*
Débit de la pompe :	*2 250 l/mn*
Capacité de la citerne :	*855 l*

Ce Range Rover 3,5 V8 à trois essieux (dont le dernier à l'arrière orientable), doté d'une superstructure HCB Angus, est engagé comme véhicule d'intervention rapide auprès des pompiers de l'Imperial War Museum, ainsi qu'au Service d'Incendie et de Sauvetage de l'aérodrome de Duxford (Duxford Airfield Fire & Rescue Service) à Cambridge. Il avait été auparavant utilisé comme véhicule de première intervention par les Services du feu du Ministère de la Défense britannique. Il est équipé d'une puissante pompe rotative et peut accueillir cinq sapeurs dans sa spacieuse cabine.

Catégorie de véhicule :	*Rapid Intervention Vehicle RIV*
Type de châssis :	*Land Rover 100 (6 x 4)*
Année de construction :	*1987*
Débit de la pompe :	–
Capacité de la citerne :	–

Ce véhicule d'intervention rapide monté sur un châssis de Land Rover à trois essieux est au service des pompiers de la raffinerie Lindsey Oil/Conoco à Killingsholme. Il est équipé d'un système d'extinction à mousse de 350 kg fourni par Ansul ainsi que d'une lance d'intervention rapide se déroulant depuis l'arrière du fourgon. Le plus petit réservoir situé tout à l'arrière contient 100 litres d'AFFF (Aqueous Film forming Foam), un agent d'extinction formant film, également connu sous l'appellation « eau légère ».

Catégorie de véhicule :	*Fire Rescue Unit FRU*
Type de châssis :	*Volvo FL 614*
Année de construction :	*1992*
Débit de la pompe :	–
Capacité de la citerne :	–

Ce véhicule de sauvetage fut construit par l'entreprise Carmichael à six exemplaires, affectés à cinq brigades d'incendie (Fire Brigade) de Londres, le sixième restant en véhicule de réserve. Ces imposants fourgons, construits sur des châssis poids lourd Volvo de série à cabine avancée, étaient équipés d'un diesel de 180 chevaux. Des sapeurs pouvaient prendre place à l'avant du vaste compartiment de charge. La diversité de l'équipement technique embarqué leur permettait d'accomplir d'importantes tâches de sauvetage. Tous ces camions ont été retirés du service en 2005 et remplacés par des véhicules du même type montés sur châssis Mercedes-Benz.

Catégorie de véhicule :	*Prime Mover PM*
Type de châssis :	*Volvo FL 10*
Année de construction :	*1996*
Débit de la pompe :	–
Capacité de la citerne :	–

Ce puissant camion de première intervention, monté sur un châssis de camion Volvo turbodiesel à cabine avancée et quatre essieux (dont les deux essieux avant directionnels), est au service des pompiers de la raffinerie Lindsey Oil/Conoco à Killingsholme. Ce véhicule porte-cellule amovible a été construit par Angloco, en collaboration avec l'entreprise Powell Duffrin Multilift. La cellule mousse se déplace sur roulettes et contient 3 000 litres d'« eau légère » AFFF.

Catégorie de véhicule :	*Prime Mover PM*
Type de châssis :	*Volvo FL 617*
Année de construction :	*1994*
Débit de la pompe :	–
Capacité de la citerne :	–

Véhicule de première intervention, ce camion porte-cellule amovible, monté par l'entreprise Gladwins sur un châssis à deux essieux Volvo FL 617 à cabine avancée, est équipé d'un diesel turbocompressé de 210 chevaux. Il est affecté depuis 1994 au Service d'Incendie et de Sauvetage du comté de Cambridgeshire. Réalisée en 1989 et déplaçable sur roulettes, la cellule visible sur le cliché abrite un poste de commandement des opérations de secours. Le porteur est équipé d'un bras articulé pouvant lever jusqu'à 6 tonnes.

Catégorie de véhicule :	***Heavy Recovery Unit HRU***
Type de châssis :	***Scania P 93 M 250***
Année de construction :	***1991***
Débit de la pompe :	–
Capacité de la citerne :	–

Ce véhicule de remorquage lourd, construit sur un châssis Scania doté d'une cabine avancée de type P 93 M 250 et d'un diesel turbocompressé DS 9 de 252 chevaux, sert aux besoins internes des Services du feu « Mid and West » (Mid and West Fire Service). L'équipement de remorquage/halage comprend un treuil lourd et provient de l'entreprise Boniface.

Catégorie de véhicule :	***Turntable Ladder TL***
Type de châssis :	***Dennis DF 133***
Année de construction :	***1984***
Débit de la pompe :	–
Capacité de la citerne :	–

Les pompiers de Hull, poste principal des Services d'Incendie du Humberside, reçurent en 1984 une échelle pivotante 30 à commande hydraulique livrée par la firme Magirus d'Ulm (Allemagne) et montée sur un nouveau châssis de camion à cabine avancée, le Dennis DF 133. Cette échelle sur porteur, avec sa nacelle suspendue sur le côté droit, correspondait à la EPAN 30 (DLK 30) construite en Allemagne. La cabine de camion de série pouvait accueillir trois sapeurs. Le plateau non laqué doté de coffres de rangement à stores coulissants provient du constructeur britannique d'équipements de lutte contre l'incendie Carmichael. À partir du début des années 1970, les pompiers de Grande-Bretagne préférèrent les bras élévateurs articulés à nacelle aux échelles pivotantes classiques.

Catégorie de véhicule :	***Turntable Ladder TL***
Type de châssis :	***Dennis DF 131***
Année de construction :	***1983***
Débit de la pompe :	–
Capacité de la citerne :	–

La brigade du feu du comté de Lancashire reçut aussi en 1983 une échelle pivotante automatique à nacelle Magirus 30, aujourd'hui retirée du service. Équipée d'une cabine avancée pour trois personnes, elle était montée sur un châssis Dennis DF 131 doté d'un diesel Cummins six cylindres de 211 chevaux. Dennis est le seul constructeur de camions européen à livrer uniquement les services d'incendie, auxquels il fournit des fourgons spéciaux. Ce châssis correspond à une série entièrement nouvelle, mise sur le marché par ce fabriquant au début des années 1980.

Catégorie de véhicule :	***Hydraulic Platform HP***
Type de châssis :	***Dodge G 13***
Année de construction :	***1984***
Débit de la pompe :	–
Capacité de la citerne :	–

La Grande-Bretagne fut au nombre des pays où les bras élévateurs articulés à nacelles se répandirent le plus à partir des années 1970, supplantant les échelles pivotantes classiques. Plusieurs de ces plates-formes élévatrices Simon Snorkel SS 220, désignées par l'abréviation HP, furent mises simultanément en service, dans les années 1980, par la brigade des pompiers de Londres. Ces bras articulés peuvent se déployer jusqu'à une hauteur de 22 m. Le châssis était un Dodge G 13 doté d'une cabine avancée de série, et le plateau était dû au fournisseur d'utilitaires Saxon Sanbec de Sandbach, dans le Cheshire, dont les superstructures spéciales rencontraient un franc succès. Ce véhicule affichait un poids total autorisé de 14 780 kg. Les châssis Dodge à cabine avancée eurent, avec les marques Dennis et Bedford, la faveur des pompiers britanniques dans les années 1970 et 1980.

Catégorie de véhicule :	***Hydraulic Platform HP***
Type de châssis :	***Shelvoke & Drewry WT (6 x 4)***
Année de construction :	***1979***
Débit de la pompe :	***2 250 l/mn***
Capacité de la citerne :	–

L'entreprise Shelvoke & Drewry, à Letchworth, s'engagea tout d'abord avec succès dans la production de véhicules destinés aux services communaux, avant de se consacrer à la construction de fourgons de pompiers. Elle développa un secteur d'activité autonome dans le domaine des véhicules spéciaux, pour lesquels elle commença à produire des châssis adaptés dès la fin de années 1970. Malgré des modèles de conception moderne, cette entreprise de taille plutôt modeste ne parvint pas à survivre. Magirus et Metz utilisèrent eux aussi ces plates-formes pour différentes échelles pivotantes destinées aux pompiers britanniques.

C'est justement sur un châssis à trois essieux Shelvoke & Drewry WT qu'a été construit ce véhicule spécial destiné au Service d'Incendie de la raffinerie Elf de Milford Haven. Il s'agit d'un bras élévateur articulé à nacelle de type Simon Snorkel SS-300 pouvant s'élever à 30 m. Ce véhicule d'allure massive est en outre équipé d'une pompe d'incendie et d'un réservoir contenant 900 l de mousse. Le poste de commande se situe dans la partie antérieure de la superstructure.

Catégorie de véhicule :	***Aerial Ladder Platform ALP***
Type de châssis :	***Scania 93 M 280***
Année de construction :	***1990***
Débit de la pompe :	–
Capacité de la citerne :	–

Les bras élévateurs à nacelles de l'entreprise Bronto Skylift à Tampere, en Finlande, sont les plus vendus au monde ; très répandus chez les pompiers britanniques, on les rencontre dans plus de 100 pays. Le véhicule 28-2 T 1 présenté ici, équipé d'un mât télescopique Bronto pouvant s'élever à 28 m, est presque un classique sur les îles britanniques. Formé d'une superstructure Angloco montée sur châssis Scania 93-M-280 à trois essieux, il se trouve au service de la brigade du feu de Dumfries & Galloway.

Catégorie de véhicule :	***Hydraulic Platform HP***
Type de châssis :	***Scania P 92 M***
Année de construction :	***1988***
Débit de la pompe :	–
Capacité de la citerne :	–

Les pompiers de Grampian, à Aberdeen, firent en 1988 l'acquisition de cette plate-forme élévatrice hydraulique Simon Snorkel SS 263. L'entreprise Simon Engineering, à Dudley, avait débuté ses activités en 1963 avec la fabrication d'un bras élévateur à nacelle comportant trois éléments, alors que les modèles construits auparavant n'en avaient que deux. Le succès commercial ne se fit pas attendre, car ce concept novateur de mât télescopique constitué de bras courts améliorait grandement la manœuvrabilité. Nombreux furent aussi les services d'incendie à l'étranger à prendre conscience de cet avantage et commander des bras articulés

de ce type. Le modèle représenté, monté sur un châssis Scania P 92 M, est doté d'une vaste superstructure Saxon Sanbec et peut se déployer jusqu'à une hauteur de 26 m.

Catégorie de véhicule :	***Aerial Ladder Platform ALP***
Type de châssis :	***Scania P 113 H 320 (6 x 4)***
Année de construction :	***1991***
Débit de la pompe :	–
Capacité de la citerne :	–

Ce modèle de bras élévateur à nacelle de type Simon Snorkel ST 300-S, monté sur un châssis à trois essieux et cabine avancée Scania 113 H 320, a été livré aux pompiers du comté d'Essex. La plate-forme, qui peut s'élever à 30 m, a une charge utile maximale de 400 kg. Le plateau de l'engin, en métal non laqué, provenait de l'entreprise Saxon Sanbec. Ce véhicule était entraîné par un diesel turbocompressé six cylindres de 11 021 cm³ et 320 chevaux.

Catégorie de véhicule :	***Aerial Ladder Platform ALP***
Type de châssis :	***Volvo FL 10 (8 x 4)***
Année de construction :	***1990***
Débit de la pompe :	–
Capacité de la citerne :	–

Cet imposant véhicule réalisé par les entreprises Angloco/Bronto pour les pompiers de Londres est sans doute l'un des bras télescopiques avec nacelle capable d'atteindre la plus grande hauteur en Grande-Bretagne : le modèle Bronto 33-2 T1 présenté ici s'élève jusqu'à 33 m. Monté sur un lourd châssis de camion Volvo à quatre essieux (avec entraînement sur les deux essieux arrière) et cabine avancée, il est doté d'un moteur de type Intercooler.

Catégorie de véhicule :	***Aerial Ladder Platform ALP***
Type de châssis :	***Volvo FL 10***
Année de construction :	***1995***
Débit de la pompe :	–
Capacité de la citerne :	–

Ce bras articulé à nacelle Bronto-Skylift de type F 32 HDT est monté sur un châssis FL-10-Intercooler ; la superstructure provient du carrossier Angloco, spécialisé en véhicules de pompiers. Il dispose d'une cabine de conduite surbaissée à trois places et permet de travailler jusqu'à une hauteur de 32 m. Acquis par le Service d'Incendie et de Sauvetage du Surrey (Surrey Fire & Rescue Service), il est affecté à la base d'intervention de Chertsey.

Catégorie de véhicule :	***Foam-Tender FoT***
Type de châssis :	***Thornycroft Nubian Major (6 x 6)***
Année de construction :	***1976***
Débit de la pompe :	***4 950 l/mn***
Capacité de la citerne :	***6 750 l***

L'entreprise Thornycroft vit le jour en 1896 à Londres et produisit tout d'abord des bateaux à vapeur avant de se spécialiser dans la construction de camions à vapeur. Les premiers véhicules de pompiers sortirent d'atelier dans les années 1930. Après la guerre, cette firme dut surtout sa notoriété à sa production de fourgons d'incendie aéroportuaires. L'entreprise fut reprise par Scammell en 1968, et le nom de Thornycroft disparut à jamais en 1979. Le modèle Nubian Major était un véhicule très répandu, dans ses versions à deux ou trois essieux, non seulement sur les aéroports civils britanniques ou des pays du Commonwealth, mais aussi dans les forces armées. On voit ici un fourgon pompe-tonne avec lance Monitor sur le toit, encore affecté, en 1996, au Service d'Incendie de l'aéroport de Carlisle. Équipé par Carmichael et reposant sur un châssis à trois essieux, il pouvait emporter, outre une grande réserve d'eau, 1 125 litres de mousse et 100 litres de halon. Un moteur à essence Rolls Royce à huit cylindres en V développant 140 chevaux lui permettait d'atteindre 95 km/h. Les véhicules de cette génération ont été depuis longtemps remplacés sur les aéroports internationaux, mais restent adaptés aux besoins de plus petits aérodromes.

Catégorie de véhicule :	***Rapid Intervention Vehicle RIV***
Type de châssis :	***Unipower Invader (4 x 4)***
Année de construction :	***1979***
Débit de la pompe :	***4 500 l/mn***
Capacité de la citerne :	***4 500 l***

La petite entreprise Unipower Vehicles Ltd. qui existe depuis 1974, installée dans les environs de Londres, construit des engins de chantier tout-terrain équipés de moteurs diesel Perkins, Rolls-Royce et Cummins. Certains de ces châssis sont utilisés pour construire des véhicules d'incendie aéroportuaires, comme ce fourgon pompe-tonne mousse monté par Angloco sur un châssis Invader 16 tonnes. Ce camion maniable à quatre roues motrices est utilisé par le Service d'Incendie de l'aéroport de Humberside comme véhicule d'intervention rapide et d'incendies aéroportuaires. Le réservoir à mousse de 630 litres, placé au centre du véhicule, est équipé d'un mélangeur eau et mousse ; l'émulsion obtenue est projetée par la lance Monitor et le dispositif d'intervention rapide situé à l'arrière du fourgon.

Grande-Bretagne

Catégorie de véhicule :	***Light Foam-Tender LFoT***
Type de châssis :	***Kronenburg MAC 08***
Année de construction :	***1996***
Débit de la pompe :	***4 500 l/mn***
Capacité de la citerne :	***6 000 l***

Ce véhicule mousse aéroport, un pompe-tonne léger doté de deux essieux moteurs, a été construit par l'entreprise néerlandaise Kronenburg BV à Hedel. Il est utilisé par les pompiers de l'aéroport de Stansted, à Londres. Il emporte avant tout de l'eau, mais aussi 600 litres de mousse concentrée, 100 kg de poudre et 100 litres de BCF, un agent d'extinction spécial. L'entreprise Kronenburg, spécialisée depuis des années dans les fourgons d'incendie aéroportuaires, s'est chargée de la superstructure et des équipements de lutte contre le feu.

Catégorie de véhicule :	***Foam-Tender FoT***
Type de châssis :	***Gloster Saro Javelin (6 x 6)***
Année de construction :	***1981***
Débit de la pompe :	***4 500 l/mn***
Capacité de la citerne :	***10 000 l***

La Gloster Saro Ltd. appartient au groupe britannique Hawker-Siddeley, constructeur d'avions bien connu. Cette compagnie a livré un grand nombre de véhicules d'incendie aéroportuaires de moyen et fort tonnage, destinés en particulier aux aérodromes militaires britanniques. Le modèle à trois essieux Javelin, équipé d'un moteur 16 cylindres en V développant 600 chevaux et d'une transmission automatique, existe depuis 1979 et équipe de nombreux aéroports britanniques. Tel est le cas de ce fourgon pompe-tonne tri-extincteur du Service d'Incendie de l'aéroport londonien de Luton, disposant d'une grande réserve d'eau, de 1 300 litres de mousse et de 100 litres de BCF, un gaz du type halon. La puissante lance Monitor sur le toit est utilisée en priorité pour l'attaque rapide des flammes.

Catégorie de véhicule :	***Foam-Tender FoT***
Type de châssis :	***Unipower RE 6 P (6 x 6)***
Année de construction :	***1990***
Débit de la pompe :	***5 400 l/mn***
Capacité de la citerne :	***9 100 l***

En 1990, l'aéroport international de Southampton, encore autonome en ce temps-là, fit l'acquisition de deux fourgons grande puissance aéroport (Crash-Tender) identiques au modèle Jetranger produit par Carmichael, et montés sur un châssis à trois essieux moteurs Unipower RE 6 P. Outre la citerne à eau, ces véhicules disposaient de 1 100 litres de mousse et de 50 kg de poudre. Sur ce cliché pris en 1996, on voit le véhicule nº 2 portant l'inscription BAA après que cet aéroport fut repris, vers la fin des années 1990, par l'organe de gestion de l'aviation britannique (British Aircraft Authority).

Catégorie de véhicule :	***Foam-Tender FoT***
Type de châssis :	***Kronenburg MAC 11 (6 x 6)***
Année de construction :	***1996***
Débit de la pompe :	***4 500 l/mn***
Capacité de la citerne :	***11 000 l***

L'organe de gestion de l'aviation britannique (British Aircraft Authority, BAA) acquit au milieu des années 1990 un grand nombre (on parle de 17 unités) de fourgons mousse grande puissance ou Crash-Tender modernes ; construits par Kronenburg BV, ils étaient destinés aux Services d'Incendie des aéroports. Le véhicule représenté ici porte le nº 5 et est affecté au Service d'Incendie de l'aéroport international de Londres-Heathrow. Il dispose, en plus de sa réserve d'eau, de 1 500 litres de mousse concentrée et de 235 kg de poudre. Kronenburg est l'un des rares fabricants à construire intégralement de tels véhicules, que ce soit au niveau du châssis, de la superstructure, de la pompe ou des installations d'extinction elles-mêmes. Seul le moteur, un Detroit Diesel de 548 chevaux propulsant le véhicule de 0 à 80 km/h en 31 secondes, n'est pas un produit « maison ». Ce constructeur a lui aussi été repris par le groupe Rosenbauer.

Catégorie de véhicule :	*Foam-Tender FoT*
Type de châssis :	*Timoney (8 x 8)*
Année de construction :	*1992*
Débit de la pompe :	*4 500 l/mn*
Capacité de la citerne :	*12 500 l*

Ce fourgon pompe-tonne mousse n° 4 est un exemplaire unique, affecté au Service d'Incendie de l'aéroport de Stansted près de Londres. Doté d'une superstructure Carmichael montée sur châssis toutes roues motrices Timoney, ce véhicule grande puissance à quatre essieux peut emporter 1 500 litres de mousse, 100 litres de BCF et 50 kg de poudre d'extinction.

Catégorie de véhicule :	*Foam-Tender FoT*
Type de châssis :	*Reynolds Boughton Barracuda (6 x 6)*
Année de construction :	*1992*
Débit de la pompe :	*5 625 l/mn*
Capacité de la citerne :	*10 000 l*

Reynolds Boughton Ltd. livra en 1992 ce fourgon pompe-tonne mousse modèle Barracuda aux pompiers de l'aéroport de Humberside. Ce véhicule d'incendie aéroportuaire (Crash-Tender) emporte, outre sa réserve d'eau, 1 200 litres de mousse et 100 litres de BCF. Ces véhicules grande puissance furent largement utilisés sur les aéroports internationaux à partir des années 1990.

Catégorie de véhicule :	*Foam-Tender FoT*
Type de châssis :	*Chubb Protector (Reynolds Boughton)*
Année de construction :	*1984*
Débit de la pompe :	*9 000 l/mn*
Capacité de la citerne :	*9 000 l*

Ce fourgon mousse grande puissance équipé par Chubb Protector, comportant trois essieux moteurs, est un autre véhicule d'intervention (portant le n° 3) des pompiers de l'aéroport international de Manchester. Datant de 1984, il est muni d'une plate-forme d'extinction et de sauvetage à commande hydraulique. Outre sa citerne à eau, il peut emporter 1 100 litres de mousse et 100 litres de halon, et est doté d'une lance Monitor haute pression sur le toit.

Catégorie de véhicule :	*Foam-Tender FoT*
Type de châssis :	*Chubb Pathfinder (Reynolds Boughton)*
Année de construction :	*1972*
Débit de la pompe :	*9 000 l/mn*
Capacité de la citerne :	*13 500 l*

La société britannique Chubb Fire Society Ltd. commença à se faire connaître dans les années 1970 avec la construction des premiers véhicules d'incendie aéroportuaires lourds. Le modèle Pathfinder, présenté pour la première fois en 1972, était un fourgon grande puissance présent sur nombre d'aéroports internationaux, comme l'aéroport Kennedy, appartenant à l'autorité portuaire de New York et du New Jersey (Port Authority of New York and New Jersey). Ce Crash-Tender de 635 chevaux, entraîné par un diesel à six cylindres en V, était construit sur un châssis Reynolds Boughton toutes roues motrices et atteignait des valeurs d'accélération remarquables pour l'époque. La puissance très élevée de la pompe permettait à la lance Monitor placée sur le toit de projeter plus de 6 000 litres/mn d'un mélange d'eau et de mousse à une distance de 75 m.

Catégorie de véhicule :	*autopompe*
Type de châssis :	*Ahrens-Fox*
Année de construction :	*1927*
Débit de la pompe :	*3 800 l/mn*
Capacité de la citerne :	–

Les sept autopompes construites à partir de 1927 par la société américaine Ahrens-Fox et vendues aux pompiers de métier de Rotterdam firent grand effet, car il n'y avait nulle part en Europe de véhicules pouvant rivaliser en puissance. Ces camions peu ordinaires furent bientôt connus à l'étranger, dans les milieux spécialisés, sous le nom de « canons à eau de Rotterdam ». Ces véhicules se caractérisaient par leurs pompes double action et quatre cylindres placées sur l'essieu avant, surmontées d'un réservoir d'air sphérique et capables de débiter 3 800 litres d'eau par minute, ce qui était tout à fait inhabituel en Europe. Ces puissants engins de 7 tonnes étaient dotés d'un moteur six cylindres à essence de 16 500 cm³, développant 110 chevaux à 1 100 tr/mn. Les autres équipements contre le feu étaient l'œuvre de l'entreprise locale Bikkers & Zoon. Certaines de ces autopompes, à l'origine ouvertes, ont été par la suite équipées d'une cabine fermée. C'est en 1972 que les derniers de ces véhicules, affectés au service de réserve, ont été réformés. Six d'entre eux sont encore conservés de nos jours.

Pays-Bas

Les Services d'Incendie néerlandais comptent sans doute parmi les plus modernes d'Europe, tant en termes de tactique d'intervention que de technique et/ou de formation des sapeurs, sans compter leur parc de véhicules des plus modernes. La protection contre l'incendie existe de longue date dans ce pays, puisque son organisation remonte au XVIe siècle. Les Pays-Bas ne furent pour autant pas épargnés par les grands sinistres, tel l'incendie dévastateur d'Amsterdam en 1870. Des catastrophes de cette ampleur contribuèrent à améliorer les techniques, la formation, les équipements et les mesures préventives. Les premiers véhicules motorisés furent acquis au début du XXe siècle.

Il existe aux Pays-Bas des corps de pompiers volontaires ou de métier, les grandes entreprises ayant pour leur part leurs propres services d'incendie. Une industrie performante, composée de constructeurs de véhicules d'incendie et d'équipementiers spécialisés, favorise l'équipement des pompiers en véhicules d'intervention modernes et bien adaptés. Il faut à cet égard mentionner la reprise par le groupe autrichien Rosenbauer de l'entreprise Saval-Kronenburg, un fabricant offrant une large gamme de véhicules d'incendie aéroportuaires et de superstructures ou fourgons spéciaux.

Dans le passé, et jusque dans les années 1970, les fourgons de pompiers hollandais présentaient un aspect très caractéristique. Seul le constructeur de véhicules utilitaires DAF ayant subsisté aux Pays-Bas, une part relativement importante des châssis doit être importée. Beaucoup provenaient autrefois de Grande-Bretagne et des États-Unis. De nos jours, ce sont les constructeurs allemands et scandinaves (en particulier Mercedes-Benz et Scania) qui occupent l'avant-scène. Il est rare que des voitures de pompiers soient importées entièrement équipées, et si c'est le cas, ce sont essentiellement des véhicules spéciaux ou des échelles pivotantes.

Catégorie de véhicule :	*autopompe*
Type de châssis :	*Ford G 917 T*
Année de construction :	*1938*
Débit de la pompe :	*1 500 l/mn*
Capacité de la citerne :	–

Cette autopompe du Service d'Incendie de la commune de Zeeland fut construite en 1938 par Kronenburg sur un châssis Ford. Elle était équipée d'un moteur à essence à huit cylindres en V de 90 chevaux, d'une cabine de conduite fermée et d'un compartiment à matériel en bois surmonté de banquettes longitudinales pour les hommes d'équipage. La pompe se situe à l'arrière du châssis.

Catégorie de véhicule :	*autopompe*
Type de châssis :	*Ford AA*
Année de construction :	*1932*
Débit de la pompe :	*1 200 l/mn*
Capacité de la citerne :	–

Cette autopompe est soigneusement conservée par les pompiers (Brandweer) de Meppel, dans la province de Drenthe. Ce véhicule historique muni d'un compartiment-fourgon pour le matériel a été construit par Bikkers & Zoon sur un châssis Ford 1,5 tonne de type AA, disponible dès 1931 et connu sous l'appellation « châssis pour camion rapide ». Il est doté d'un moteur à essence quatre cylindres de 3 285 cm³ et 40 chevaux, et supporte sur la toiture une charge conséquente, composée entre autres d'échelles en bois et d'aspiraux.

Catégorie de véhicule :	*autopompe*
Type de châssis :	*Ford FK 3500*
Année de construction :	*1952*
Débit de la pompe :	*2 500 l/mn*
Capacité de la citerne :	–

Cette autopompe Ford de couleur blanche, dotée d'une superstructure Kronenburg, était jusqu'en 1972 au service des pompiers de Hedel. Ce véhicule disposait d'un compartiment ouvert pour le transport de l'équipage et d'une pompe fixée à l'arrière. Le châssis Ford 3,5 tonnes supportait un moteur à essence à huit cylindres en V de 3 920 cm³ de cylindrée pour 100 chevaux.

Catégorie de véhicule :	*autopompe*
Type de châssis :	*Chevrolet 3642*
Année de construction :	*1946*
Débit de la pompe :	*2 500 l/mn*
Capacité de la citerne :	–

La brigade Schoonrewoerd du Service d'Incendie de Leerdam, province de Hollande-Méridionale, possède un véhicule traditionnel très intéressant. Il s'agit d'une autopompe carrossée par l'entreprise Den Hartog sur un châssis à cabine avancée Chevrolet, et disposant d'une puissante pompe Bikkers à l'arrière. La partie arrière, ouverte, possède des bancs longitudinaux pour le transport de l'équipage.

Catégorie de véhicule :	*autopompe*
Type de châssis :	*Austin K 2*
Année de construction :	*1954*
Débit de la pompe :	*2 400 l/mn*
Capacité de la citerne :	–

Cette autopompe ouverte montée sur un châssis anglais Austin et appartenant à la brigade Soesterberg du Service d'Incendie de Soest, province d'Utrecht, n'est plus utilisée que pour des défilés de véhicules historiques ou lors d'occasions spéciales. Ce véhicule de musée doté d'une pompe à l'avant, parfaitement restauré et entretenu, avait été construit par l'entreprise Boudewijn & Zoon et possède l'esthétique caractéristique des carrossiers néerlandais.

Catégorie de véhicule :	*fourgon pompe-tonne FPT*
Type de châssis :	*GMC CCKW 353 (6 x 6)*
Année de construction :	*1945*
Débit de la pompe :	*1 500 l/mn*
Capacité de la citerne :	*3 000 l*

C'est sur un châssis à trois essieux de camion militaire américain GMC 2,5 tonnes que Boudewijn & Zoon monta ce pompe-tonne conservé comme pièce de musée par les pompiers de la commune de Helden, province du Limbourg. Ce véhicule dispose d'une vaste cabine pour six personnes et de bancs à l'air libre placés longitudinalement au-dessus du double essieu arrière.

Pays-Bas

Catégorie de véhicule :	*fourgon pompe-tonne FPT*
Type de châssis :	*International BC 180*
Année de construction :	*1957*
Débit de la pompe :	*1 800 l/mn*
Capacité de la citerne :	*2 500 l*

L'entreprise van Bergen, l'un des plus petits fournisseurs néerlandais de superstructures pour véhicules de pompiers, est active dans ce domaine depuis les années 1920. Elle livra l'élégante carrosserie arrondie de ce pompe-tonne, montée sur un châssis International à capot court importé des États-Unis. Ce véhicule restauré, doté d'une pompe placée à l'avant, avait été acheté par les pompiers de Lienden, auprès desquels il est conservé en parfait état de marche.

Catégorie de véhicule :	*fourgon pompe-tonne FPT*
Type de châssis :	*Chevrolet 5400*
Année de construction :	*1954*
Débit de la pompe :	*1 200 l/mn*
Capacité de la citerne :	*800 l*

En 1995, ce pompe-tonne historique de plus de 40 ans d'âge était encore en état de marche et utilisé par les pompiers de l'entreprise ZBB à Zaanstad, province de Hollande-Septentrionale. Ce véhicule, carrossé sur toute sa longueur sur un châssis américain Chevrolet, dispose d'une grande cabine de conduite et d'équipage, d'une pompe à l'avant et d'une petite citerne d'eau à l'arrière.

Catégorie de véhicule :	*porteur d'eau*
Type de châssis :	*Ford Thames Trader type 55*
Année de construction :	*1963*
Débit de la pompe :	–
Capacité de la citerne :	*7 000 l*

Ce porteur d'eau fut construit par les pompiers de la commune de Didam, dans la province de Gueldre, sur la base d'un châssis anglais Ford Thames-Trader. Ce véhicule peu commun, pourvu d'une cabine double, servait à amener l'eau dans des zones où le réseau public de bouches d'incendie était inexistant ou inaccessible. Il ne disposait pas d'une pompe fixe, mais d'une motopompe portable à l'arrière.

Catégorie de véhicule :	*camion-citerne forêts CCF*
Type de châssis :	*DAF V 1600 BB 358 (4 x 4)*
Année de construction :	*1967*
Débit de la pompe :	*1 600 l/mn*
Capacité de la citerne :	*3 000 l*

Ce véhicule, désigné en néerlandais sous l'appellation « Tankautospuit-Bos-Terrein TS-BT », était affecté, dans la province de Gueldre, au champ de tir de Barneveld des troupes terrestres royales. Ce camion, doté d'une superstructure Motorkracht et monté sur châssis DAF toutes roues motrices, était de loin le véhicule le plus utilisé par les pompiers militaires hollandais sur les champs d'exercice. On notera la grille pare-chocs protégeant la calandre. Motorkracht représentant la marque Magirus aux Pays-Bas, la pompe provenait aussi de ce constructeur. La génération de véhicules suivants fut équipée de superstructures Ajax-Ziegler.

Catégorie de véhicule :	*fourgon pompe-tonne FPT*
Type de châssis :	*DAF FF 1600 DT 360*
Année de construction :	*1976*
Débit de la pompe :	*2 800 l/mn*
Capacité de la citerne :	*1 500 l*

Ce fourgon pompe-tonne des pompiers de Spijkenisse, province de Hollande-Méridionale, était monté sur un châssis à cabine avancée DAF. Ce camion équipé par le spécialiste en véhicules de pompiers Den Hartog disposait d'un habitacle de camion de série et d'un compartiment à matériel surbaissé (fermé par rideaux à lamelles) incluant une cabine pour six hommes d'équipage. La pompe centrifuge construite par Ziegler pouvait fonctionner à basse pression (2 800 l/mn sous 8 bars) ou haute pression (240 l/mn sous 40 bars). Ce véhicule de 1976 a été retiré du service en 2000.

Catégorie de véhicule :	*fourgon pompe-tonne FPT*
Type de châssis :	*DAF FF 55.230.CF*
Année de construction :	*2000*
Débit de la pompe :	*3 250 l/mn*
Capacité de la citerne :	*1 500 l*

Ce fourgon pompe-tonne doté d'une superstructure Hoogstaal sur châssis à cabine avancée DAF se trouve affecté depuis l'an 2000 au Service de piquet des pompiers de Waterweg Post Schiedam, province de Hollande-Méridionale. La pompe rotative fixe peut travailler sous une pression normale de 8 bars avec un débit de 3 250 l/mn, ou sous haute pression (40 bars) avec un débit 250 l/mn. L'espace pour les sapeurs (7 places) est intégré au compartiment de charge surbaissé. Ce type de pompe-tonne est actuellement l'un des plus répandus chez les pompiers néerlandais.

Catégorie de véhicule :	*fourgon pompe-tonne FPT*
Type de châssis :	*MAN 15.264 LC*
Année de construction :	*2000*
Débit de la pompe :	*3 250 l/mn*
Capacité de la citerne :	*1 500 l*

La brigade Vaassen du Service d'Incendie d'Epe, province de Gueldre, fit l'acquisition de ce pompe-tonne monté sur châssis à cabine avancée MAN et doté d'un moteur diesel de 264 chevaux. Les équipements de lutte contre le feu spécifiques provenaient de l'entreprise Mucar, l'un des fournisseurs spécialisés les plus récents du pays. Ce véhicule possède une cabine combinée de conduite et de transport de l'équipage, un compartiment séparé de rangement de matériel fermé par rideaux coulissants et une pompe haute/basse pression.

Catégorie de véhicule :	*camion-citerne forêts CCF*
Type de châssis :	*Volvo HY F 7 R 1150*
Année de construction :	*1986*
Débit de la pompe :	*1 600 l/mn*
Capacité de la citerne :	*5 400 l*

Ce camion-citerne feux de forêts était jusqu'en 1996 en service auprès des pompiers de Renkum dans la Gueldre. Construit sur un châssis Volvo toutes roues motrices à cabine avancée et équipé par l'entreprise van den Dijssel, il n'a été produit qu'à un seul exemplaire ; il était équipé d'un puissant dispositif pare-chocs et d'une pompe à l'arrière travaillant sous pression normale. Un modèle semblable, basé sur un châssis DAF, est en service à Arnhem.

Catégorie de véhicule :	*fourgon pompe-tonne FPT*
Type de châssis :	*DAF FA V 1800 DT 320*
Année de construction :	*1978*
Débit de la pompe :	*2 800 l/mn*
Capacité de la citerne :	*1 500 l*

Ce pompe-tonne construit par les équipementiers Ajax/De Boer était un véhicule standard des pompiers néerlandais, que l'on ne rencontre plus guère. Affecté au service des pompiers de Soest, province d'Utrecht, il disposait d'une grande cabine pouvant accueillir 6 sapeurs et était monté sur châssis toutes roues motrices et cabine avancée DAF. Comme tout pompe-tonne de ce pays, ce camion disposait d'une pompe combinée – fournie par Ziegler – utilisable à pression normale (2 800 l/mn sous 8 bars) ou haute pression (270 l/mn sous 40 bars).

Catégorie de véhicule :	*fourgon-pompe spécial*
Type de châssis :	*DAF FF 2505 DH S 445*
Année de construction :	*1985*
Débit de la pompe :	*4 800 l/mn*
Capacité de la citerne :	–

Ce véhicule spécial est affecté au Service d'Incendie de la raffinerie Shell Pernis de Rotterdam. Il dispose de 6 000 litres de mousse concentrée et de 2 000 kg de poudre. L'équipement de ce véhicule massif provient de l'équipementier spécialisé Ajax/De Boer, tandis que le châssis et la cabine de conduite avancée de série pour trois personnes viennent de chez DAF. Il dispose d'une puissante pompe Ziegler à l'arrière fonctionnant sous une pression normale de 8 bars. Le compartiment à matériel fermé par rideaux à lamelles est en métal non laqué. Il s'agit ici d'un véhicule de raffinerie typique équipant les pompiers de l'industrie pétrochimique.

Catégorie de véhicule :	*fourgon-pompe mousse FPM*
Type de châssis :	*International V 196 (4 x 2)*
Année de construction :	*1959*
Débit de la pompe :	*5 500 l/mn*
Capacité de la citerne :	–

Ce fourgon-pompe mousse (Schuimbluswagen) était encore affecté en 1992 au Service d'Incendie de l'entreprise Nerefco Pernis, Netherlands Refining Company, à Rotterdam. Ce magnifique exemplaire unique, particulièrement impressionnant, avait été construit par le constructeur américain National Foam sur un châssis International, également américain. Il était équipé d'une lance Monitor, d'une citerne contenant 4 200 litres de mousse concentrée et d'une puissante pompe Hale-Midship placée au centre du véhicule, où se trouvaient aussi les sorties de pompe et le tableau de commande ouvert.

Catégorie de véhicule :	***fourgon pompe-tonne FPT***
Type de châssis :	***International Navistar 4900***
Année de construction :	***1996***
Débit de la pompe :	***4 700 l/mn***
Capacité de la citerne :	***1 000 l***

Il s'agit ici d'un véhicule typiquement américain, construit sur un châssis International et équipé par le fournisseur américain Ermergency-One. Ce fourgon pompe-tonne transporte, outre une citerne à eau, un réservoir de 500 litres de mousse concentrée. La pompe placée dans la partie centrale peut fonctionner à haute (4 700 l/mn sous 8 bars) comme à basse pression (400 l/mn sous 40 bars). Ce véhicu e, le premier qu'ait livré E-one aux Pays-Bas, est au service des pompiers de l'entreprise Aluchemie Botlek, à Rotterdam.

Catégorie de véhicule :	***fourgon-pompe mousse FPM***
Type de châssis :	***GMC 7500***
Année de construction :	***1978***
Débit de la pompe :	***4 000 l/mn***
Capacité de la citerne :	–

Ce véhicule du Service d'Incendie du terminal de Maatsch Europoort à Rotterdam, est un autre véhicule mousse doté d'équipements américains. Équipé d'un châssis GMC et d'une superstructure ainsi que d'appareils fournis par l'entreprise National Foam, il a tout d'abord été au service des pompiers de la raffinerie Mobil-Oil à Amsterdam. À noter que cette compagnie équipe tous ses sites à travers le monde avec des matériels américains. Ce fourgon d'aspect imposant dispose en son centre d'une pompe Midship à poste de commande ouvert et peut emporter 3 000 litres de mousse. Comme les véhicules précédemment présentés, il est équipé d'un mélangeur, et se ravitaille en eau à partir du réseau de bouches d'incendie du site de l'entreprise.

Catégorie de véhicule :	***véhicule mousse aérodrome VMA, Crash-Tender***
Type de châssis :	***DAF FF V 3300 DKX 390 (4 x 4)***
Année de construction :	***1985***
Débit de la pompe :	***4 400 l/mn***
Capacité de la citerne :	***4 500 l***

Le Service d'Incendie de l'aéroport Zestienhoven de Rotterdam fit en 1985 l'acquisition de deux véhicules d'incendie identiques, équipés d'un réservoir à mousse supplémentaire. Appelés communément Crash-Tender, ces camions ont été construits par Doeschot-Rosenbauer sur châssis DAF à cabine avancée, à toutes roues motrices et transmission automatique. Il faut remarquer le bon comportement de ce châssis, équipé d'un diesel de 11 600 cm³ pour 330 chevaux, lors du rallye Paris-Dakar. Outre sa citerne à eau, ce véhicule peut emporter 300 litres de mousse. La lance Monitor peut projeter 3 000 litres de mélange eau-mousse à une distance de 75 m.

Catégorie de véhicule :	***fourgon poudre FPO***
Type de châssis :	***DAF FA 2100 DH 445***
Année de construction :	***1979***
Débit de la pompe :	–
Capacité de la citerne :	–

Le Service d'Incendie de la raffinerie Shell Pernis Raffinerie de Rotterdam disposait de ce fourgon poudre équipé par l'entreprise Ajax/Den Hartog ; il était équipé de 2 x 3 000 kg de poudre et d'une lance Monitor sur le toit, livrée par Total de Ladenburg. Le châssis, un DAF à cabine avancée, était doté d'un moteur diesel de 204 chevaux. Cet exemplaire unique fut transformé en 1992 en véhicule porte-cellule (Haakarmbakvoertu g), puis retiré du service en 1997.

Catégorie de véhicule :	*EPA*
Type de châssis :	*DAF A 1900 DS 490*
Année de construction :	*1968*
Débit de la pompe :	*3 600 l/mn*
Capacité de la citerne :	–

Ce véhicule, combinaison de fourgon-pompe mousse et d'échelle pivotante était, même pour les pompiers d'entreprise néerlandais, tout à fait inhabituel. Commandé en deux exemplaires par les pompiers des raffineries Esso et Shell de Rotterdam, il était monté sur un classique châssis DAF à cabine avancée. La superstructure avait été fournie par Kronenburg, l'échelle pivotante à quatre pans et commande hydraulique provenant du constructeur suédois Aasbrink & Cie de Malmö. Alors que le véhicule en service chez Esso avait une réserve de 2 700 litres de mousse avec une pompe à mélangeur pouvant débiter 3 600 l/mn, celle du véhicule Shell atteignait 4 000 l/mn. Les sorties de pompes se trouvaient dans les deux cas au centre du véhicule. L'exemplaire d'Esso fut retiré du service en 1996.

Catégorie de véhicule :	*véhicule d'intervention rapide VIR*
Type de châssis :	*Saval-Kronenburg SAV 04*
Année de construction :	*1986*
Débit de la pompe :	*5 800 l/mn*
Capacité de la citerne :	*4 300 l*

En 1986, le Service d'Incendie de l'aéroport d'Amsterdam-Schiphol acquit trois exemplaires de ce véhicule d'intervention rapide Saval-Kronenburg du type SAV-04. Ce fourgon à traction sur les deux essieux transporte, outre sa réserve d'eau, 250 litres de mousse et 2 x 50 kg de halon. Sa puissante pompe rotative possède un mélangeur alimentant la lance Monitor en émulsion eau-mousse. La photo a été prise à l'aéroport (Luchthaven) de Rotterdam Zestienhoven, où le véhicule fut transféré en 1994.

Catégorie de véhicule :	*fourgon-pompe mousse FPM*
Type de châssis :	*DAF FA 2105 HR 400*
Année de construction :	*1981*
Débit de la pompe :	*5 800 l/mn*
Capacité de la citerne :	–

Ce véhicule, construit par Saval Kronenburg sur un châssis à cabine avancée DAF, est équipé d'un moteur diesel turbocompressé. Il dispose, outre sa réserve d'eau, d'un réservoir de 600 litres de mousse. Doté d'une superstructure semi-ouverte, il est au service des pompiers d'entreprise du terminal pétrolier Van Ommeren de Botlek, à Rotterdam. Il est équipé d'une puissante pompe à basse pression à l'arrière ainsi que d'une lance Monitor.

Catégorie de véhicule :	*fourgon-pompe mousse FPM*
Type de châssis :	*Magirus-Deutz F 156 D 15 F*
Année de construction :	*1969*
Débit de la pompe :	*3 800 l/mn*
Capacité de la citerne :	*2 000 l*

Cet autre véhicule mousse fut livré au Service d'Incendie de la raffinerie Dow Chemical à Terneuzen. Monté sur un châssis à cabine avancée Magirus-Deutz doté d'un diesel à six cylindres en V refroidi par air, il avait été commandé chez l'équipementier spécialisé Kronenburg, de Hedel. Cet exemplaire unique dispose d'une grande cabine d'équipage pour neuf personnes, accolée à un compartiment à matériel fermé par des rideaux à lamelles. Ce fourgon, qui ne transportait à l'origine qu'une réserve de mousse concentrée de 5 000 litres, a été transféré aux pompiers d'entreprise de Zuid Chemie à Sas van Gent dans les années 1990. À cette occasion, il a été transformé pour pouvoir emporter 2 000 litres d'eau et seulement 3 000 litres de mousse.

Catégorie de véhicule :	*véhicule mousse aérodrome VMA, Crash-Tender*
Type de châssis :	*Saval-Kronenburg MAC 11/3008*
Année de construction :	*1987*
Débit de la pompe :	*5 500 l/mn*
Capacité de la citerne :	*10 000 l*

Les pompiers de l'aéroport international de Maastricht reçurent en 1987 un véhicule d'incendie aéroportuaire type MAC 11 livré par Saval-Kronenburg. Il s'agissait d'un modèle d'intervention pour grands aéroports, doté d'un moteur diesel GMC Detroit de 548 chevaux couplé à une boîte de vitesses automatique Allison. Un moteur séparé entraîne la pompe centrifuge, alimentée par la citerne à eau et un réservoir de 1 200 litres de mousse. Ce véhicule à trois essieux, d'un poids de 23 tonnes, peut atteindre 118 km/h et parvient à passer de 0 à 80 km/h en 33 secondes. Quatre autres véhicules du type MAC 11 ont été mis en service sur des aéroports néerlandais entre 1990 et 1991.

Catégorie de véhicule :	*véhicule mousse aérodrome VMA, Crash-Tender*
Type de châssis :	*Mercedes-Benz LAF 3500/42 (4 x 4)*
Année de construction :	*1953*
Débit de la pompe :	*1 500 l/mn*
Capacité de la citerne :	*2 000 l*

Les pompiers de la compagnie aérienne KLM acquirent en 1953 ce fourgon pompe-tonne spécial (SLF 15 selon la terminologie allemande) construit par Metz à Karlsruhe. Ce véhicule, monté sur un châssis Mercedes-Benz mi-lourd toutes roues motrices, était bizarrement complètement ouvert ; il disposait d'une citerne de 2 000 litres d'eau, de 200 litres de mousse, six bouteilles de dioxyde de carbone avec une lance d'épandage de neige carbonique, d'une lance orientable sur la plate-forme arrière et de deux tuyaux portables pour l'aspersion de mousse. Une pompe de type Midship, actionnée par un moteur séparé, se trouvait au centre du véhicule. La diversité d'équipement de ce camion permettait à la pompe de projeter de la mousse carbonique, de l'eau, ou un brouillard d'eau. La mousse pouvait être produite à raison de 10 000 litres par minute.

Catégorie de véhicule :	*grande puissance aéroport*
Type de châssis :	*Emergency One*
Année de construction :	*2003*
Débit de la pompe :	*7 570 l/mn*
Capacité de la citerne :	*12 150 l*

C'est en 2003 que fut livré le premier exemplaire d'une série de 34 véhicules d'incendie aéroportuaire commandés à l'équipementier américain Emergency One Inc. Neuf véhicules furent affectés à Schiphol, l'aéroport international d'Amsterdam, et 25 autres destinés à l'armée de l'air et à la marine néerlandaises. Ces fourgons 8 x 8 correspondent à une toute nouvelle génération de véhicules développée par E-one : la cabine et la carrosserie sont en polyester renforcé de fibres de verre et l'entraînement est assuré par un moteur à 12 cylindres en V de 1 025 chevaux ; la pompe à eau a une puissance de 7 570 l/mn sous 17 bars ou de 250 l/mn sous 43 bars, et la lance Monitor frontale peut projeter jusqu'à 5 000 l/mn ; la citerne à eau est complétée par 750 litres de mousse et 225 kg de poudre. Enfin, ce camion de 37 500 kg peut atteindre 125 km/h. Le véhicule photographié a été depuis repeint et pourvu de sigles d'identification.

Catégorie de véhicule :	*porte-échelle*
Type de châssis :	*Benz-Gaggenau DC 3 dF*
Année de construction :	*1921*
Débit de la pompe :	*1 500 l/mn*
Capacité de la citerne :	*–*

Les pompiers d'Amsterdam commandèrent quatre échelles automobiles auprès de l'entreprise silésienne Kieslich de Patschkau. Composées de quatre éléments, ces échelles en bois renforcées de montants d'acier pouvaient se déployer jusqu'à 24 mètres. Cette commande fut l'une des dernières qu'assuma cette petite entreprise dans les années 1920, avant l'arrêt complet des ses activités. Ces véhicules furent les premières échelles pivotantes automobiles de la capitale néerlandaise. Leur constructeur choisit pour les monter un châssis de fourgon d'incendie spécial de l'entreprise Benz-Gaggenau, équipé d'un moteur à essence de 56 chevaux et d'une pompe centrifuge Balcke placée au centre du véhicule. Ces porte-échelles furent équipés de pneumatiques en 1932 puis retirés du service en 1952/53.

Pays-Bas

Catégorie de véhicule :	***échelle pivotante EP 24***
Type de châssis :	***Ford V 8-51***
Année de construction :	***1936***
Débit de la pompe :	–
Capacité de la citerne :	–

Ce camion équipé d'une échelle à quatre éléments pouvant se déployer à 24 m est en parfait état de marche. Actuellement conservé comme véhicule de musée par les pompiers de St-Michielsgestel, il fut construit par l'entreprise Geesink, de Weesp, sur un châssis de camion Ford de type V 8-51 importé des États-Unis. Le moteur à essence, d'une cylindrée de 3 583 cm³, développait 90 chevaux. Cet utilitaire fut très répandu en Europe, les usines Ford de Cologne (Allemagne) s'étant mises à produire ce modèle de châssis dès 1937.

Catégorie de véhicule :	***échelle pivotante EP 30***
Type de châssis :	***DAF V 50-2/460***
Année de construction :	***1951***
Débit de la pompe :	–
Capacité de la citerne :	–

Pour remplacer les véhicules décrits précédemment, les pompiers d'Amsterdam prirent livraison entre 1952 et 1954 de quatre échelles pivotantes 30 m construites par Metz à Karlsruhe (Allemagne). Deux exemplaires identiques furent livrés aux Services d'Incendie de Breda et Maastricht, et un troisième remis aux pompiers de Leuwaarden en 1955. L'échelle était entraînée mécaniquement par le moteur du véhicule. La carrosserie, élégante et de forme arrondie, avait été réalisée par Remmers à Tilburg et permettait à six sapeurs de prendre place dans la cabine, dont le pare-brise panoramique était en quatre parties. Le châssis utilisé était un DAF à cabine avancée doté d'un moteur à essence Hercules six cylindres et 102 chevaux. La livraison fut effectuée par Voigt, la succursale de Metz à Amsterdam. Le cliché, pris le 27.8.1951 devant les ateliers de Metz, présente l'échelle destinée à Maastricht peu avant sa livraison. Sur les quatre véhicules livrés à Amsterdam, un seul a été conservé.

Catégorie de véhicule :	***échelle pivotante EP 22***
Type de châssis :	***Dodge T 110 L 6 (4 x 2)***
	mars 1946
Débit de la pompe :	–
Capacité de la citerne :	–

Ce véhicule doté d'une échelle quatre pans construite par Geesink et pouvant se déployer à 22 mètres fut construit sur un châssis de camion Dodge de l'armée canadienne. Ce 3 tonnes était équipé d'un moteur à essence six cylindres de 95 ch. Ce porte-échelle des pompiers de Bergen op Zoom, demeuré longtemps en service, est actuellement un véhicule de collection en parfait état de fonctionnement.

Catégorie de véhicule :	***échelle pivotante EP 18***
Type de châssis :	***DAF A 40***
Année de construction :	***1950***
Débit de la pompe :	–
Capacité de la citerne :	–

Les pompiers de Cuyk acquirent en 1934 chez Magirus à Ulm (Allemagne) une échelle 18 m à deux pans. Dans les années 1950, ils la montèrent sur un châssis DAF 4 tonnes à cabine avancée construit en 1950, qui avait servi de camion dans les services communaux. Cet intéressant véhicule est encore aujourd'hui en excellent état de marche et soigneusement conservé.

Catégorie de véhicule :	*échelle pivotante EP 25*
Type de châssis :	*DAF A 13 BA 413*
Année de construction :	*1959*
Débit de la pompe :	–
Capacité de la citerne :	–

Cette échelle mécanique Metz 25 m, avec 2 m de rallonge manuelle, fut acquise en 1959 par les pompiers de Hoogezand-Sappemeer. La carrosserie et le plateau, montés sur châssis DAF-Torpedo à capot-moteur, proviennent de l'entreprise Voigt. Ce type de châssis, commercialisé depuis 1957, servait essentiellement aux échelles pivotantes. Les moteurs proposés étaient des Leyland sous licence, d'une puissance de 120 chevaux pour la version diesel et 155 pour celle à essence. Ce véhicule vendu en 1980 aux pompiers de Bergen, province de Hollande-Septentrionale, y était encore en service en 1998.

Catégorie de véhicule :	*échelle pivotante EP 30*
Type de châssis :	*Commer R 541*
Année de construction :	*1956*
Débit de la pompe :	–
Capacité de la citerne :	–

Les pompiers de Helmond acquirent en 1956 cette échelle mécanique Magirus 30 m à quatre éléments et dotée d'un nouveau parc en acier. Le châssis anglais Commer à cabine avancée était doté d'un diesel six cylindres de 90 chevaux. Ce véhicule possédait une spacieuse cabine de conduite et d'équipage permettant d'accueillir six sapeurs. Une livrée jaune, comme celle-ci, était très fréquente dans les petits services d'incendie néerlandais.

Catégorie de véhicule :	*échelle pivotante EP 17*
Type de châssis :	*Commer Superpoise*
Année de construction :	*1955*
Débit de la pompe :	–
Capacité de la citerne :	–

Les pompiers de Kampen portèrent à l'époque leur choix sur une nouvelle échelle pivotante Metz 17 m montée sur un châssis de camion anglais Commer équipé d'un diesel six cylindres. Cette échelle à trois éléments devait être manœuvrée au moyen d'une manivelle. Dotée d'une sirène électrique sur l'aile droite, elle fut vendue en 1960 au Service d'Incendie de Winterswijk, province de Gueldre, où elle est conservée comme pièce de musée.

Catégorie de véhicule :	*échelle pivotante EP 30*
Type de châssis :	*Magirus-Deutz (KHD) S 6000*
Année de construction :	*1951*
Débit de la pompe :	–
Capacité de la citerne :	–

Cette échelle mécanique 30 m des pompiers d'Apeldoorn, qui peut en outre se rallonger manuellement de deux mètres, est un véhicule rare et intéressant. Le châssis était un Magirus-Deutz du type S 6000, peu employé pour la construction de grands véhicules de pompiers ; avec ses 6 tonnes et son moteur six cylindres à chambre de précombustion, refroidi par air et développant 125 chevaux, il fut quelquefois utilisé pour des échelles pivotantes ou des camions-grues de sauvetage. Ce châssis fut remplacé en 1952 par un modèle lourd à capot-moteur arrondi de 170 chevaux. La grande et élégante cabine de conduite ainsi que la superstructure furent réalisées par l'entreprise Kronenburg, à Hedel. Cet exemplaire unique est conservé comme véhicule de collection.

Catégorie de véhicule :	*échelle pivotante EP 25*
Type de châssis :	*Magirus-Deutz (KHD) S 3500*
Année de construction :	*1954*
Débit de la pompe :	–
Capacité de la citerne :	–

Comme de nombreux autres services d'incendie des Pays-Bas, les pompiers de Dordrecht firent dans les années 1950 l'acquisition d'une échelle pivotante Magirus 25 m montée sur châssis à capot-moteur rond de la même marque. Ces engins furent entre autres fournis à Eindhoven, Haarlem, Vlaardingen et Nordwijk. Le véhicule représenté disposait d'un diesel quatre cylindres KHD F 4 L 514 à chambre de précombustion refroidi par air, d'une cylindrée de 5 322 cm^3 pour 90 ch. Le parc de l'échelle à quatre pans présentait un profil d'un nouveau type. Ce véhicule est conservé comme pièce de musée.

Catégorie de véhicule :	*échelle pivotante automatique à nacelle EPAN 23-12*
Type de châssis :	*Mercedes-Benz 1622 F*
Année de construction :	*1986*
Débit de la pompe :	–
Capacité de la citerne :	–

Le constructeur d'échelles Riffaud, une entreprise basé à Trourouvre, petite localité au sud-ouest de Paris, fournit cette échelle pivotante EP 23-12 (Autoladder AL 30 K), équipée d'une nacelle rabattable à son extrémité, aux pompiers de Voorburg, province de Hollande-Méridionale. Le châssis était celui d'un camion mi-lourd Mercedes à cabine abaissée, équipé d'un diesel six cylindres en V, d'une cylindrée de 10 960 cm^3 pour 216 chevaux. Le plateau et les armoires à matériel ont été réalisés par un constructeur néerlandais. Ce véhicule a été retiré du service et revendu en 2000.

Catégorie de véhicule :	*échelle pivotante automatique à nacelle EPAN 23-12*
Type de châssis :	*DAF FA 2105 DHT*
Année de construction :	*1991*
Débit de la pompe :	–
Capacité de la citerne :	–

Les pompiers de Wageningen, province de Gueldre, passèrent commande à Magirus d'une échelle pivotante 23-12 avec nacelle latérale. Ce véhicule, doté d'une cabine pour plusieurs sapeurs, est monté sur un châssis DAF à cabine avancée équipé d'un diesel turbocompressé de 204 chevaux.

Catégorie de véhicule :	*échelle pivotante automatique à nacelle EPAN 23-12 PLC*
Type de châssis :	*DAF FFN 55 250 CF 380*
Année de construction :	*2003*
Débit de la pompe :	–
Capacité de la citerne :	–

Les pompiers de Rotterdam reçurent en 2003 cette échelle pivotante Metz 23-12, équipée des systèmes électroniques de commande, de pilotage et de surveillance les plus performants : le « Program Logic Control », permettant de surveiller la pression au sol exercée par les vérins d'appui, le rabattement de la nacelle, le pilotage de tous les mouvements de l'échelle, le contrôle de charge ainsi que des valeurs limites d'utilisation. Afin d'améliorer la maniabilité de ces véhicules dans le trafic, Metz mit en service en 1996 sa première échelle pivotante PLC montée sur un châssis à trois essieux avec premier et troisième essieu orientables. C'est suivant ce principe novateur (châssis DAF à trois essieux et cabine avancée) qu'est construite l'échelle présentée ici, la première de ce type aux Pays-Bas.

Catégorie de véhicule :	*bras élévateur télescopique 24*
Type de châssis :	*DAF FFN 75.300 RC 545*
Année de construction :	*1996*
Débit de la pompe :	–
Capacité de la citerne :	–

Il est fréquent de trouver aux Pays-Bas des camions avec nacelle montée sur bras télescopique ou articulé. Contrairement aux bras télescopiques dont les éléments s'emboîtent les uns dans les autres, les mâts articulés sont composés de bras repliables. Ici un véhicule à bras télescopique 24 m Wumag de type WTF-240, monté sur châssis lourd DAF à trois essieux et cabine avancée, acquis par les pompiers de Spijkenisse.

Catégorie de véhicule :	*bras élévateur télescopique 24*
Type de châssis :	*Scania P 113 H 320*
Année de construction :	*1996*
Débit de la pompe :	–
Capacité de la citerne :	–

Ce véhicule également doté d'un bras télescopique pouvant s'élever à 24 mètres a été mis en service en 1996 par les pompiers de Breda, province du Brabant-Septentrional. Il faut relever qu'aux Pays-Bas, les véhicules dotés d'un bras télescopique ou d'un bras articulé sont désignés par une seule et même appellation : « Hoogwerker ». Le camion représenté ici est doté d'un bras télescopique Bronto-Skylift F 24 HDT monté sur un châssis Scania à trois essieux, d'un poids total de 24 tonnes. Le moteur est un six cylindres diesel turbocompressé de 11 021 cm³ et 320 chevaux.

Catégorie de véhicule :	*bras élévateur articulé BEA 25*
Type de châssis :	*DAF FFG 2505 DHS 505*
Année de construction :	*1983*
Débit de la pompe :	–
Capacité de la citerne :	–

Les pompiers de Tiel, province de Gueldre, mirent en service dès 1983 un bras élévateur (Hoogwerker) 25 m fourni par le constructeur belge Comet. Monté sur châssis de camion DAF à cabine avancée, équipé d'un diesel turbocompressé, le véhicule ne dépassait pas 3,50 mètres de hauteur grâce à sa cabine de conduite surbaissée. Doté de trois essieux, il était plus maniable que ne le laissait paraître son aspect extérieur. Il fut revendu en 2000 aux pompiers de Best.

Catégorie de véhicule :	***véhic. transport de matériel et de personnel***
Type de châssis :	***Magirus-Deutz (KHD) F Mercur 125***
Année de construction :	***1955***
Débit de la pompe :	–
Capacité de la citerne :	–

Les pompiers de Maastricht firent en 1955 l'acquisition d'une autopompe chez Motorkracht, le représentant néerlandais de Magirus. Ce véhicule à l'esthétique très réussie, se rapprochant quelque peu de la ligne des autobus Magirus, disposait d'une vaste cabine d'équipage se prolongeant avec fluidité vers le compartiment de charge. Le capot-moteur rond abritait un moteur KHD V6 de type F 6 L 614 de 125 chevaux refroidi par air. Ce véhicule a été transformé en unité de transport de personnel et de tuyaux (Slangenwagen) dans les années 1970, comme le montrent les aspiraux chargés sur le toit.

Catégorie de véhicule :	***véhicule de liaison et de commandement***
Type de châssis :	***Mercedes-Benz LP 1013 F***
Année de construction :	***1978***
Débit de la pompe :	–
Capacité de la citerne :	–

Ce véhicule de liaison et de commandement, construit sur un châssis de camion à cabine avancée Mercedes-Benz, se trouvait chez les pompiers d'Apeldoorn. Il était équipé d'un diesel six cylindres à injection directe, d'une cylindrée de 5 675 cm^3 pour 126 chevaux. La vaste superstructure servant au rangement du matériel avait été fournie par l'entreprise néerlandaise Coevorden.

Catégorie de véhicule :	***véhicule porte-cellule amovible VPCA***
Type de châssis :	***Ginaf X 3335 S 380***
Année de construction :	***1996***
Débit de la pompe :	***1 600 l/mn***
Capacité de la citerne :	***5 000 l***

Ce véhicule porte-cellule appartient aux pompiers de Soest, province d'Utrecht. Il a été équipé par l'entreprise Technamics et repose sur un châssis à trois essieux et cabine avancée Ginaf. Cette entreprise (Ginaf Automobildrijven BV) se trouve à Veenendal et construit de lourds camions à cabine avancée, généralement équipés de moteurs DAF. Le véhicule présenté ici est chargé d'une cellule citerne amovible, désignée sous l'appellation de « Tankwagenhaakarmbak-water ». Cette citerne d'eau est équipée d'une motopompe 16/8 installée par les pompiers eux-mêmes.

Belgique

Les services d'incendie belges possèdent eux aussi une expérience née d'une longue tradition : la fondation du premier corps de pompiers remonte à l'année 1800 ; vers 1870, les premières lances à vapeur figurent dans le matériel des villes de moyenne importance. Sans doute l'équipement de l'époque était-il importé en grande partie d'Angleterre, mais on fit bientôt appel à plusieurs fabricants allemands. La première voiture de pompiers fut un véhicule de reconnaissance Adler acquis en 1899 par le Service d'Incendie (Brandweer) de Schaerbeek.

La motorisation des services progressa d'autant plus rapidement que la construction de véhicules utilitaires belges s'était au fil du temps remarquablement développée, eu égard à la dimension modeste du pays. Y participaient les fabricants Miesse, Brossel, Minerva et, à partir de 1920, la FN, fabrique bien connue d'armes et de motos – noms depuis longtemps disparus et aujourd'hui presque oubliés. On importa en outre quantité de châssis allemands, anglais et américains : on y relevait des marques renommées telles que Benz-Gaggenau, Daimler-Benz, Magirus, International, Chevrolet, Commer, Ford, White, Diamond, Bedford, Buick, Fargo, Fordson, Dodge, De Soto et MAN, mais aussi Renault, Saviem, Fiat, Volvo et bien d'autres, cette liste étant loin d'être exhaustive !

Équipementiers et fournisseurs de matériels d'incendie étaient également bien implantés. On peut citer la firme Landuyt, reprise par le groupe Rosenbauer, ainsi que les firmes Wasterlain, Vanassche, Somati, Fire Technics et plusieurs fabricants de moindre importance auxquels appartenait aussi l'importateur d'échelles pivotantes Steyaert. La pratique la plus répandue en Belgique était d'importer les châssis et de faire monter sur place les équipements et carrosseries. Néanmoins, beaucoup de véhicules ou de superstructures spécifiques furent aussi importés, en particulier auprès de firmes allemandes comme Magirus, Metz, Ziegler, Bachert mais aussi Rosenbauer en Autriche. Il faut y ajouter le grand nombre d'anciens véhicules et de châssis militaires remontant à l'époque de la Seconde Guerre mondiale, que les pompiers belges ont souvent transformés, à peu de frais, en voitures d'appoint, puis utilisés pendant des dizaines d'années. Les échelles pivotantes provenaient surtout de Metz et Magirus en Allemagne, mais il arriva aussi que l'on donnât la préférence aux produits du fabricant français Riffaud.

Il en ressort que le parc automobile des années 1960 était loin d'offrir une image uniforme et que, dans certains secteurs, il était même aussi complètement obsolète ; le problème des pièces détachées donnait du fil à retordre aux pompiers belges. Aussi, vers le milieu des années 1960, un programme national d'achats fut-il mis en œuvre, avec pour objectif de renouveler complètement le parc de véhicules : on fit l'acquisition en nombre de fourgons d'incendie (autopompes) montés sur châssis Bedford, International et Dodge. Ces efforts furent accompagnés de mesures logistiques qui entraînèrent une nette amélioration des services de protection contre le feu, aujourd'hui en tous points conformes à leur mission.

À côté des pompiers de métier présents dans les grandes villes comme Bruxelles, Liège, Anvers, Ostende, Bruges, Charleroi et Gand, il existe dans les villes provinciales des services d'incendie composés d'agents communaux permanents, (chargés surtout de la direction et de la maintenance), et de volontaires. Les petites communes et les villages font appel dans l'ensemble à des volontaires. À souligner aussi, l'organisation des services régionaux selon trois catégories – auxquelles s'ajoutent les « centres autonomes » de catégorie C, qui ne reçoivent de l'État aucune subvention notable : de nos jours encore, ces services doivent en grande partie autofinancer le réaménagement des véhicules (camions-citernes à carburant en porteurs d'eau provisoires, par ex.).

L'équipement des hommes et des véhicules est par ailleurs unifié et répond pour l'essentiel aux normes définies par le Ministère de l'Intérieur. Les services publics d'incendie se voient attribuer la plupart de leurs véhicules dans le cadre de programmes d'investissements nationaux.

Du fait du bilinguisme, les catégories de véhicules sont désignées différemment dans les parties wallonne et flamande.

Catégorie de véhicule :	*fourgon-pompe 25, autopompe*
Type de châssis :	*Krupp Südwerke LG 45*
Année de construction :	*1949*
Débit de la pompe :	*2 500 l/mn*
Capacité de la citerne :	*800 l*

La firme Metz de Karlsruhe a fabriqué pour les forces d'occupation américaines en Allemagne un assez grand nombre de fourgons-pompes, dont l'équipement et les pièces s'inspiraient d'exemples américains. Voici un modèle Krupp-Südwerke de type LG 45 équipé d'un moteur à carburateur 6 cylindres de 110 chevaux et de 7 844 cm³ de cylindrée, jadis utilisé sur un aéroport militaire de la région de Heidelberg, avant d'être adopté par le Service d'Incendie de Kasterlee. Outre la pompe centrifuge FPH 25 et la citerne, le véhicule emportait dans des coffres 600 m de tuyaux sous pression que l'on pouvait dérouler au cours du trajet et emmenait un équipage de six hommes ; il aboutit en 1985 en Allemagne, chez un collectionneur.

Catégorie de véhicule :	*fourgon-pompe, autopompe*
Type de châssis :	*Ford Big Job F 800*
Année de construction :	*1953*
Débit de la pompe :	*2 600 l/mn*
Capacité de la citerne :	*1 500 l*

Ce camion du Service d'Incendie des pompiers volontaires de Pepinster, à l'impressionnante carrosserie montée de façon très spéciale sur un châssis américain Ford, fut livré en 1953 par l'équipementier Wasterlain de Bruxelles. Équipé d'une pompe performante à l'avant, il était animé par un huit cylindres à carburateur de 260 chevaux. La cabine, spacieuse, pouvait recevoir un groupe d'intervention de six hommes. Ce genre de véhicules était très répandu en Belgique.

Catégorie de véhicule :	*fourgon tri-extincteur FTE 30, autopompe*
Type de châssis :	*Ford Big Job F8*
Année de construction :	*1950*
Débit de la pompe :	*3 000 l/mn*
Capacité de la citerne :	*2 000 l*

Cette voiture commandée chez Metz par le Service d'Incendie (Brandweer) de la ville de Gand reçut du fabricant le nom d'« autopompe à installation d'extinction spéciale », FTE 30.

L'exemplaire livré en octobre 1950 était monté sur un châssis américain Ford, dans le style caractéristique des bus de l'époque conçus par Metz : il était esthétique mais guère pratique. Prévu pour six hommes, le véhicule disposait d'une pompe à mélangeur montée à l'avant et pouvant être actionnée à haute ou basse pression, de 200 litres d'émulseur, 120 kg de dioxyde de carbone CO_2 ainsi que de deux lances orientables, ce qui rendait possible l'intervention sur aérodrome. Ce Ford resta longtemps en service à la brigade de Hamme, où il est conservé comme véhicule de collection.

Catégorie de véhicule :	*fourgon pompe-tonne, autopompe*
Type de châssis :	*International Harvester IHC Loadstar 1600*
Année de construction :	*1970*
Débit de la pompe :	*2 300 l/mn*
Capacité de la citerne :	*1 750 l*

Dans le cadre du programme achats et Développements subventionné par l'État belge, une grande partie des fourgons d'incendie fournis par Wasterlain furent montés sur un châssis américain de poids moyen International Harvester. Sous leur capot anguleux, fonctionnait un V8 à carburateur de 157 chevaux. Ce fut d'ailleurs le dernier châssis équipé d'un moteur à carburateur pour ces véhicules achetés en grandes quantités. Le fourgon que l'on voit avec son imposante pompe à l'avant fut opérationnel jusqu'en 1999, comme unité du Service d'Incendie de Virton, dans la province du Luxembourg.

Catégorie de véhicule :	*fourgon pompe-tonne, autopompe*
Type de châssis :	*Magirus-Deutz (KHD) Saturn 145 F*
Année de construction :	*1962*
Débit de la pompe :	*2 000 l/mn*
Capacité de la citerne :	*2 000 l*

À partir de 1957, le constructeur de camions Magirus-Deutz (KHD) fabriqua les premiers exemplaires à cabine avancée.

Le Service d'Incendie de Sint-Niklaas fit monter une autopompe sur ce type de châssis par la firme Landuyt. Ce véhicule, photographié en 1985, disposait d'une grande cabine de six places pour le conducteur et l'équipage, et d'une pompe américaine Barton. La plate-forme était équipée d'un V6 diesel à chambre de précombustion refroidi par air, affichant 9 500 cm³ de cylindrée et 145 chevaux. Comme pour tous les premiers modèles à cabine avancée, le moteur pénètre loin dans l'habitacle. Ce beau véhicule cessa d'être utilisé en 1993.

Capacité de la citerne :	*fourgon pompe-tonne, autopompe*
Type de châssis :	*Bedford EPRI*
Année de construction :	*1971*
Débit de la pompe :	*2 000 l/mn*
Capacité de la citerne :	*2 000 l*

Autre véhicule figurant dans le programme d'achats du Ministère de l'Intérieur : cette autopompe semi-lourde montée sur un châssis anglais Bedford à cabine avancée. Cet engin, équipé par Somati et muni d'une pompe Bachert pouvant s'utiliser à basse ou haute pression (2 000 l/mn sous 8 bars ; 250 l/mn sous 40 bars), disposait d'un diesel six cylindres de 120 chevaux. La cabine offrait dix places assises sur trois rangées. Construit à plus de 100 unités entre 1969 et 1973, ce fut le véhicule de pompiers le plus courant dans le pays. En 2001, l'exemplaire que voici faisait partie du parc du Service d'Incendie (Brandweer) de St. Kwintens-Lennik.

Capacité de la citerne :	*fourgon pompe-tonne, autopompe*
Type de châssis :	*HME 1871 SFO*
Année de construction :	*2000*
Débit de la pompe :	*4 000 l/mn*
Capacité de la citerne :	*3 000 l*

C'est un modèle rare dans les services belges de lutte contre l'incendie. Ce fourgon importé d'Amérique, monté sur un châssis HME à cabine avancée par la firme Central States, une filiale du groupe autrichien Rosenbauer, appartient aux pompiers Volontaires de Herve, dans la province de Liège. Il est équipé d'une pompe centrale Rosenbauer et répond aux normes de fabrication américaines. Le débit de la pompe et sa couleur jaune en font un véhicule hors du commun.

Capacité de la citerne :	*camion-citerne, porteur d'eau*
Type de châssis :	*GMC CCKW 353 (6 x 4)*
Année de construction :	*1953*
Débit de la pompe :	*1 600 l/mn*
Capacité de la citerne :	*4 000 l*

Les anciens véhicules de l'armée américaine figuraient en bonne place dans les services d'incendie belges. Le GMC CCKW 353 2,5 tonnes, de loin le plus répandu avec ses 800 000 unités, n'a cependant pas uniquement équipé les nombreuses brigades de pompiers volontaires. Ce camion très robuste à transmission intégrale sur les trois essieux, construit jusque dans les années 1950, était entraîné par un six cylindres à carburateur développant 104 chevaux à 3 000 tr/mn. Ici un modèle à cabine en acier, utilisé comme camion-citerne par le Service d'Incendie de Verviers. Équipé d'un treuil à l'avant et d'une pompe à incendie, il fut opérationnel jusqu'au début des années 1990.

Belgique

Catégorie de véhicule :	*camion-citerne, porteur d'eau*
Type de châssis :	*GMC CCKW 353 (6 x 4)*
Année de construction :	*1943*
Débit de la pompe :	*1 600 l/mn*
Capacité de la citerne :	*5 000 l*

Au début du nouveau millénaire, les sapeurs-pompiers de Jodoigne (province du Brabant wallon) détenaient encore plusieurs exemplaires bien entretenus de ces « trois essieux ». Ce sont eux qui, en 1967, transformèrent cet exemplaire, équipé d'une pompe à basse pression pour un poids total autorisé en charge de 9 000 kg. Il dispose d'un treuil monté à l'avant associé à un dispositif également « maison » de levage et de remorquage, utilisable comme grue et permettant de travailler aussi sur le dessus de tonne. Au fond sont de part et d'autre prévus des logements pour les couronnes de tuyaux. Ce véhicule n'a pas son pareil.

Catégorie de véhicule :	*fourgon pompe-tonne, autopompe*
Type de châssis :	*Mercedes-Benz 1325 F Atego*
Année de construction :	*2002*
Débit de la pompe :	*1 600 l/mn*
Capacité de la citerne :	*2 000 l*

Ce modèle construit par la firme Vanassche correspond au style de fourgon-pompe actuel. Le véhicule, livré au Service d'Incendie de Kortrijk (Courtrai), fut monté sur un châssis à cabine avancée Mercedes-Benz Atego de 13,5 tonnes doté d'un moteur de 245 chevaux. La cabine peut accueillir une équipe de six hommes. La pompe à basse et haute pression fournit 1 600 l/mn sous 8 bars, ou 250 l/mn sous 40 bars.

Catégorie de véhicule :	*camion-citerne, porteur d'eau*
Type de châssis :	*Ford Big Job F 900*
Année de construction :	*1956*
Débit de la pompe :	*800 l/mn*
Capacité de la citerne :	*9 000 l*

Les sapeurs-pompiers de Malmédy possèdent un ancien camion-citerne laitier transformé par leurs soins en porteur d'eau. Ce véhicule au capot massif et dont l'essieu avant est monté sur roues Trilex fut réalisé à partir d'un châssis Ford équipé d'un V8 à carburateur. La pompe à incendie a été placée sous la citerne, sur le côté droit du véhicule.

Catégorie de véhicule :	*camion-citerne, porteur d'eau*
Type de châssis :	*Magirus-Deutz (KHD) 126 D 12 L*
Année de construction :	*1966*
Débit de la pompe :	*–*
Capacité de la citerne :	*6 000 l*

Un autre modèle très semblable des sapeurs-pompiers de Malmédy est cet ancien camion laitier monté sur un châssis Magirus au capot à angles vifs. Ce camion-citerne d'un poids total autorisé en charge de 12 tonnes a été mis en service en 1984. Il était entraîné par un diesel V6 à chambre de précombustion refroidi par air : le F6 L 613 de KHD, affichant 126 chevaux pour une cylindrée de 7 412 cm³. Cet exemplaire unique est équipé d'une pompe portative TS 8/8 et de supports pour les couronnes de tuyaux.

Catégorie de véhicule :	*porteur d'eau*
Type de châssis :	*Ford Big Job F 8*
Année de construction :	*1951*
Débit de la pompe :	*1 600 l/mn*
Capacité de la citerne :	*6 000 l*

Les châssis américains Ford de taille moyenne étaient très répandus dans les services d'incendie depuis le début des années 1950. Il furent fréquemment utilisés comme plates-formes pivotantes, ou pour réaliser des fourgons-pompes et camions-citernes. Cette ancienne autopompe, fabriquée par Geesink pour le Service d'Incendie de Sint-Niklaas, fut transformée en camion-citerne à eau dans les années 1960 : on la débarrassa de son équipement, qui fut remplacé par une tonne sur l'essieu arrière. La cabine du conducteur et de l'équipage ne fut pas modifiée.

Catégorie de véhicule :	*camion-citerne forêts, ancien FlKfz 4500/450*
Type de châssis :	*Magirus-Deutz (KHD) A 6500 (4 x 4)*
Année de construction :	*1958*
Débit de la pompe :	*2 400 l/mn*
Capacité de la citerne :	*4 500 l*

Ce camion portant le sigle FlKfz 4500/450 fut repris des stocks de la Bundeswehr. Équipé par Magirus, il servait sur un aérodrome de l'armée allemande. En 1984, le Service d'Incendie de Leuven (Louvain) le mit en service pour les feux de forêt. Son poids total autorisé en charge était de 14 600 kg, il disposait d'une citerne de 450 l d'émulseur, d'une pompe centrifuge à mélangeur installée à l'arrière et d'un treuil Heros 8 tonnes monté à l'avant. La lance de toit pouvait projeter jusqu'à 800 l/mn. Le châssis Magirus à transmission intégrale était mû par un diesel KHD de type F 8 L 614 à chambre de précombustion, refroidi par air. Ce V8 de 170 ch permettait d'atteindre les 74 km/h.

Catégorie de véhicule :	*porteur d'eau*
Type de châssis :	*Mercedes-Benz L 1920*
Année de construction :	*1965*
Débit de la pompe :	*–*
Capacité de la citerne :	*13 000 l*

Le Service d'Incendie de Jodoigne hérita en 1981 de cet ancien camion-citerne à carburant, monté sur un lourd châssis Mercedes-Benz à capot raccourci, et l'équipa lui-même pour la lutte contre le feu. Il fut peint de manière correspondante, équipé d'un avertisseur et de gyrophares, d'une pompe portable de 1 600 l/mn et de loges latérales pour les couronnes de tuyaux. Le capot massif de ce lourd châssis abritait un diesel six cylindres à injection directe affichant 10 810 cm³ de cylindrée et 210 chevaux, ce qui autorisait une vitesse de pointe de 75 km/h.

Catégorie de véhicule :	*fourgon pompe-tonne grande puissance FPTGP 20*
Type de châssis :	*MAN 19.364 FLT*
Année de construction :	*2001*
Débit de la pompe :	*3 000 l/mn*
Capacité de la citerne :	*20 000 l*

Un semi-remorque dont l'énorme citerne accueille différents agents d'extinction est en service depuis 2001 chez les sapeurs-pompiers de métier d'Anvers. Son achat fut motivé par les nombreux risques que représente l'industrie pétrochimique implantée dans leur secteur d'intervention. Ce fourgon se compose d'un gros tracteur MAN, d'une remorque-citerne livrée par la firme Stevens, et d'un équipement de lutte contre le feu réalisé par Rosenbauer. Dans l'annexe arrière, on a logé une pompe centrifuge équipée d'un mélangeur, avec les agrès adéquats. En plus de l'eau représentant son chargement principal, le véhicule embarque 1 500 litres d'émulseur et 1 000 litres de détergent. Le tracteur est équipé d'un turbodiesel six cylindres à injection directe, avec refroidissement d'air de suralimentation, qui développe 365 chevaux.

Catégorie de véhicule :	*camion-citerne forêts CCF, autopompe*
Type de châssis :	*Iveco-Magirus 170 D 17 AK*
Année de construction :	*1981*
Débit de la pompe :	–
Capacité de la citerne :	*8 000 l*

Ce camion-citerne, monté sur un châssis basculant Iveco-Magirus à quatre roues motrices, transportait du carburant ; en 1996, le Service Incendie d'Éghezée, province de Namur, le transforma en véhicule de lutte contre le feu. Animé par un diesel V8 à injection directe de 8 482 cm³ de cylindrée et 176 chevaux, il était équipé d'une motopompe de fabrication allemande montée à l'arrière, qui débitait 1 600 l/mn.

Catégorie de véhicule :	*fourgon-pompe spécial, autopompe à mousse*
Type de châssis :	*Mercedes-Benz LAK 2624 B (6 x 4)*
Année de construction :	*1972*
Débit de la pompe :	*1 600 l/mn*
Capacité de la citerne :	–

Ce fourgon-pompe mousse, construit et équipé par Metz (Karlsruhe), disposait à l'extrémité du châssis d'une pompe à mélangeur de 1 600 l/mn. Le Service Incendie de l'usine Bayer AG de Rechteroever l'utilisa de 1972 à 2003. La carrosserie fut montée sur un lourd châssis basculant à transmission intégrale entraîné par un diesel six cylindres de 240 chevaux. Le chargement consistait en 6 000 litres d'émulseur, que l'on additionnait d'eau – disponible dans l'enceinte de l'usine à partir des bouches à incendie ou des conduites – à l'aide du mélangeur pour obtenir la mousse. Le véhicule était muni d'une lance Monitor sur le toit ainsi qu'à l'avant.

Catégorie de véhicule :	*camion-citerne émulseur*
Type de châssis :	*Mercedes-Benz LK 1924*
Année de construction :	*1977*
Débit de la pompe :	–
Capacité de la citerne :	–

Le Service Incendie d'Anvers fit construire en 1977 un véhicule mousse par la firme Geens, l'importateur belge de Ziegler. Pour le châssis, on choisit le modèle basculant à capot raccourci de Mercedes-Benz, entraîné par un diesel six cylindres de 11 580 cm³ de cylindrée et 240 chevaux. Ce véhicule, rendu nécessaire par l'implantation d'entreprises dans l'enceinte portuaire, était équipé d'un mélangeur et transportait 9 000 litres de Fluorpol (concentré de mousse). Il resta opérationnel jusqu'en 2000.

Catégorie de véhicule :	*fourgon-pompe spécial, autopompe à mousse*
Type de châssis :	*DAF FAS 2600 DBK 490*
Année de construction :	*1973*
Débit de la pompe :	*6 000 l/mn*
Capacité de la citerne :	–

Le Service Incendie de la Belgian Refining Company (BRC) d'Anvers reprit en 1990 un fourgon mousse mis en service en 1973 par la raffinerie Total à Flessingue (Vlissingen, Pays-Bas). Ce véhicule, monté par la firme Vanassche sur un puissant modèle DAF trois essieux à cabine avancée, abrite dans sa carrosserie spacieuse 8 000 litres d'émulseur ; il dispose également d'une pompe à mélangeur très performante et est équipé de plusieurs lances Monitor et raccords de lignes.

Catégorie de véhicule :	*fourgon tri-extincteur FTE*
Type de châssis :	*DAF FA 2700 HS 400*
Année de construction :	*1990*
Débit de la pompe :	*3 200 l/mn*
Capacité de la citerne :	*2 500 l*

Le Service Incendie de la firme Tessenderlo Chimie, dans la province du Limbourg, utilise depuis 1990 un fourgon poudre mousse construit et équipé par Rosenbauer. Ce véhicule monté sur un lourd châssis DAF à cabine avancée est un modèle typique, spécifiquement adapté aux risques d'incendie liés à l'activité chimique. En plus de disposer d'une citerne d'eau et d'un réservoir de 750 kg de poudre, celui-ci peut emporter jusqu'à 2 500 l de produit émulseur. La pompe montée à l'arrière convient pour un usage à basse et à haute pression. Elle débite 3 200 l/mn sous 8 bars et 150 l/mn sous 40 bars.

Catégorie de véhicule :	*fourgon poudre FPO*
Type de châssis :	*Magirus-Deutz (KHD) F Mercur 125*
Année de construction :	*1961*
Débit de la pompe :	–
Capacité de la citerne :	–

Ce bel exemplaire de Magirus 4x4 à capot arrondi du Service d'Incendie de Gand, en Flandre orientale, faisait partie d'une série de divers véhicules que ce service, vers la fin des années 1950, avait fait monter par la firme Landuyt sur des châssis du même type. On retrouvait chez tous la cabine d'équipage de série et une galerie légèrement incurvée pour recevoir le matériel ; ils étaient équipés d'un diesel V6 refroidi par air de 125 chevaux. Ce fourgon poudre avait été équipé par Total de deux réserves de 750 kg de poudre, accessibles sur la gauche du véhicule. En outre, la structure héberge deux installations d'intervention rapide, comprenant chacune 30 m de tuyaux sous haute pression.

Catégorie de véhicule :	*fourgon poudre FPO*
Type de châssis :	*Magirus-Deutz (KHD) F 232 D 17 FA*
Année de construction :	*1979*
Débit de la pompe :	–
Capacité de la citerne :	–

Ce fourgon poudre monté par Magirus-Deutz sur un lourd châssis à cabine avancée et quatre roues motrices était un classique sur les aérodromes belges. Magirus assurait les installations techniques, tandis que Total prenait en charge l'installation pour les 2 000 kg de poudre et la lance Monitor. Le châssis était équipé d'un diesel V8 à injection directe refroidi par air, un KHD du type F 8 L 413 d'une cylindrée de 11 310 cm³ développant 232 chevaux. En 2000, le véhicule que l'on voit sur l'image était utilisé par le Service Incendie de l'aéroport de Charleroi.

Catégorie de véhicule :	*fourgon poudre FPO*
Type de châssis :	*Unimog Type U 100 (Modèle 416)*
Année de construction :	*1973*
Débit de la pompe :	–
Capacité de la citerne :	–

Ce fourgon poudre du Service d'Incendie de Termonde (Dendermonde) figurait parmi les 15 exemplaires attribués à différents services du pays dans le cadre d'un programme d'équipement initié par le Ministère de l'Intérieur. L'infrastructure est un châssis Unimog, modèle 416, associé à un diesel six cylindres de 5 675 cm³ de cylindrée et 100 chevaux. Ce châssis tout terrain fut équipé par Rosenbauer, cependant que Minimax assurait l'installation du réservoir à poudre de 1 000 kg. Le véhicule embarquait en outre 200 litres d'eau pulvérisée.

Catégorie de véhicule :	*véhic. de secours et d'assistance aux victimes*
Type de châssis :	*VW LT 46*
Année de construction :	*2004*
Débit de la pompe :	–
Capacité de la citerne :	–

Ces véhicules de première intervention sont très répandus dans les services belges de lutte contre le feu, comme cet exemplaire du Centre de Lo-Reninge, aménagé par Vanassche à partir d'une camionnette VW. Le chargement consiste en matériels nécessaires pour des interventions techniques de tout genre, en particulier lors d'accidents de la circulation. On y trouve des cisailles et des écarteurs du fabricant néerlandais Holmatro, ainsi qu'un mât télescopique pour l'éclairage des lieux d'intervention.

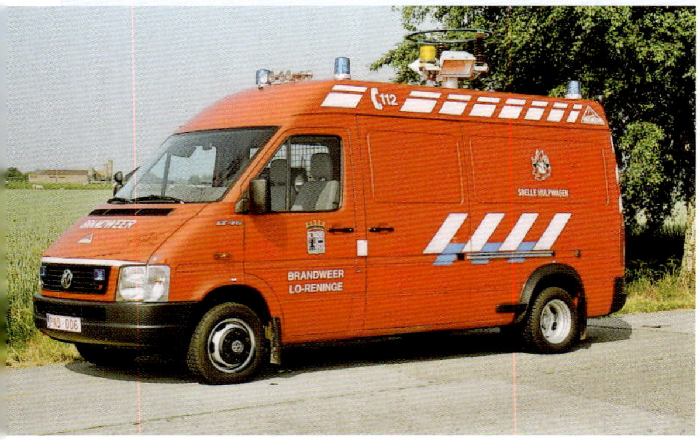

Catégorie de véhicule :	*échelle pivotante EP 26*
Type de châssis :	*Mercedes-Benz Type L 2*
Année de construction :	*1929*
Débit de la pompe :	–
Capacité de la citerne :	–

Depuis toujours, les services belges de lutte contre le feu ont pourvu à leurs besoins en échelles grâce à l'importation de produits allemands : structures Metz et Magirus la plupart du temps. Celles-ci pouvaient être montées soit sur des châssis allemands, soit sur ceux souhaités par les clients. Des liens étroits avec les deux entreprises allemandes s'établirent dès 1913, grâce au montage d'une échelle Magirus sur un châssis Saurer. En 1929, le Service Incendie de Molenbeek-Saint-Jean – commune actuellement rattachée à Bruxelles – acquit l'échelle mécanique Metz représentée sur l'image. Sa hauteur était de 26 m, et une armature d'acier renforçait ses quatre pans en bois. Le châssis Mercedes-Benz était formé d'un cadre bas monté sur pneus pleins, associé à un moteur six cylindres à carburateur d'une cylindrée de 7 070 cm³ pour 70 chevaux, autorisant une vitesse de pointe de 50 km/h. Pour des raisons de stabilité, on conserva les pneus pleins jusqu'au début des années 1930.

Catégorie de véhicule :	*échelle pivotante EP 24*
Type de châssis :	*Ford F 8 Big Job*
Année de construction :	*1949*
Débit de la pompe :	–
Capacité de la citerne :	–

Cette échelle pivotante Metz à quatre pans, encore opérationnelle en 1984 chez les pompiers de Saint-Nicolas (Sint Niklaas), fut d'abord achetée pour le Service d'Incendie d'Anvers. Reprise en seconde main, elle fut remise à neuf et très bien entretenue. L'entraînement mécanique des mouvements se faisait par chaîne et couronne dentée. Le châssis Ford était associé à un V8 à carburateur de 145 chevaux.

Catégorie de véhicule :	*échelle pivotante EP 22*
Type de châssis :	*Magirus-Deutz (KHD) S 3500*
Année de construction :	*1951*
Débit de la pompe :	–
Capacité de la citerne :	–

Cette échelle mécanique Magirus de 22 m et 2 m de rallonge manuelle fut reprise à des pompiers allemands avant d'être utilisée sans transformation par le Service d'Incendie de Termonde (Dendermonde). Elle était montée, ainsi que la cabine pour l'équipage, sur un châssis Magirus-Deutz (KHD). Ces échelles figuraient au nombre des premiers exemplaires réalisés après la guerre en RFA. La peinture de ce véhicule bien entretenu ne passait pas inaperçue. Il était encore opérationnel en 1985 au Service d'Incendie de Dendermonde-Baasrode.

Catégorie de véhicule : *échelle pivotante EP 30*
Type de châssis : *Ford F 8 Big Job*
Année de construction : *1951*
Débit de la pompe : –
Capacité de la citerne : –

En 1951, le Service d'Incendie de Knokke-Heist, sur la côte belge, fit l'acquisition chez Magirus d'Ulm d'une échelle pivotante de 30 m. Une fois de plus, on préféra un châssis américain Ford, marque très appréciée à l'époque des services de lutte contre le feu. Le V8 à carburateur développait 155 chevaux pour une cylindrée de 8 175 cm³. Durant l'été 1997, ce véhicule très bien entretenu servait encore d'échelle de réserve, mais sa mise hors service était proche.

Catégorie de véhicule : *échelle pivotante EP 32*
Type de châssis : *DAF A 16 BB 516*
Année de construction : *1961*
Débit de la pompe : –
Capacité de la citerne : –

Cette échelle mécanique Metz EPM 32 m était opérationnelle, en 1984, au Service d'Incendie de la ville de Spa, dans les Ardennes. Le véhicule était monté sur un châssis à capot-moteur hollandais DAF Torpedo 6 tonnes, entraîné par un diesel six cylindres de 120 chevaux. Le parc d'échelle est celui d'une grande échelle très typée datant de la guerre, et installée en 1961 sur le nouveau véhicule. La banquette extérieure, adossée à la cabine du conducteur, fut ajoutée sur place.

Catégorie de véhicule : *échelle pivotante EP 25*
Type de châssis : *Magirus-Deutz (KHD) F Mercur 125*
Année de construction : *1956*
Débit de la pompe : –
Capacité de la citerne : –

À la fin des années 1950, les échelles mécaniques 25 m de Magirus, fréquemment installées sur des châssis moyens Magirus à capot arrondi, étaient encore très répandues dans les services d'incendie belges alors même que dès 1953, Magirus proposait des échelles à commande hydraulique. On peut en voir ici un exemplaire toujours utilisé, en 1985, par le Service d'Incendie de la ville de Menin (Menen). Le projecteur installé à l'arrière de la cabine d'équipage par la firme Geens, la cloche en haut du pare-brise ainsi que la lance orientable en bout d'échelle sont quelques particularités extérieures de ce véhicule.

Catégorie de véhicule : *échelle pivotante automatique EPA 30*
Type de châssis : *Magirus-Deutz (KHD) F Mercur 125*
Année de construction : *1958*
Débit de la pompe : –
Capacité de la citerne : –

Vers la fin des années 1950, les services belges de lutte contre le feu intensifièrent l'achat d'échelles de 30 m à commande hydraulique, montées par Magirus sur les mêmes châssis que l'échelle 25 m. En dehors de la dimension des échelles et de leur système de commande, les deux véhicules étaient identiques. Si l'échelle fut construite par Magirus, la cabine de six hommes fut produite par le fabricant belge Geens. Cet exemplaire était destiné au Service d'Incendie de Schoten, où il était encore opérationnel en 1984.

Catégorie de véhicule : *échelle pivotante EP 37*
Type de châssis : *Magirus-Deutz (KHD) S 6500*
Année de construction : *1954*
Débit de la pompe : –
Capacité de la citerne : –

En 1932, le Service d'Incendie d'Ixelles fit l'acquisition d'une échelle mécanique Magirus de 37 m, montée sur un châssis trois essieux Miesse – petit fabricant de camions belge. Il est hautement probable qu'il s'agisse là de la première échelle pivotante sur porteur trois essieux au monde. En 1954, la vieille échelle fut transférée sur un nouveau châssis lourd à capot-moteur arrondi, entraîné par un diesel huit cylindres de 170 chevaux. Des années plus tard, ce véhicule aboutit chez les pompiers de Temse qui l'utilisaient encore vers le milieu des années 1980. Il est remarquable que la structure de l'échelle ait plus de 60 ans, et le châssis plus de 30.

Catégorie de véhicule :	***échelle pivotante automatique à nacelle EPAN 30***
Type de châssis :	***Magirus-Deutz (KHD) F 170 D 12 F***
Année de construction :	***1974***
Débit de la pompe :	–
Capacité de la citerne :	–

Cette échelle Magirus EPAN 30, dont la nacelle est disposée sur le côté droit de la cabine d'équipage, fut à l'origine mise en service par la brigade des pompiers de Cologne (Köln) et vendue en 1995 aux pompiers volontaires de Bullange (en all. Büllingen, Cantons de l'Est), où elle était en service en 2004. Ce châssis de 12 tonnes, au bas duquel logent des compartiments à matériels à rideaux métalliques, était équipé d'un diesel V6 à injection directe.

Catégorie de véhicule :	***échelle pivotante automatique à nacelle EPAN 30***
Type de châssis :	***Renault GF 231***
Année de construction :	***1984***
Débit de la pompe :	–
Capacité de la citerne :	–

En 1981, dans le cadre du programme d'investissements initié par le Ministère de l'Intérieur belge, le fabricant français Riffaud reçut commande, pour différents services d'incendie du pays, d'un nombre considérable d'échelles équipées de nacelles rabattables pour deux personnes. On choisit un châssis Renault à cabine avancée équipé d'un turbodiesel de 167 chevaux à boîte automatique. La cabine surbaissée, placée devant l'essieu, permettait de conserver une hauteur de véhicule raisonnable. L'échelle se terminait par une lance orientable. Le véhicule représenté fut attribué au Service d'Incendie de Lennik.

Catégorie de véhicule :	***échelle pivotante automatique EPA 50***
Type de châssis :	***Magirus-Deutz (KHD) F 310 D 22 F***
Année de construction :	***1980***
Débit de la pompe :	–
Capacité de la citerne :	–

En 1980, la brigade des pompiers d'Anvers fit l'acquisition de la première échelle 50 m du pays. Cette imposante pièce unique, avec un parc d'échelle à six pans, fut montée sur le châssis courant pour cette catégorie, un modèle à trois essieux et cabine avancée de Magirus-Deutz. Magirus utilisait aussi ces plates-formes de 22 tonnes, entraînées par un diesel V10 à injection directe de 14 702 cm³ et 305 chevaux, pour installer ses élévateurs. La grande cabine d'équipage détonnait quelque peu dans un véhicule de ce genre. L'échelle 50 dut faire l'unanimité à Anvers car, depuis 1999, on y trouve un second exemplaire – également unique en Belgique – livré par le même fabricant.

Catégorie de véhicule :	*bras élévateur articulé BEA 25*
Type de châssis :	*Saviem EPU 216*
Année de construction :	*1980*
Débit de la pompe :	–
Capacité de la citerne :	–

Depuis 1977, quelques grands services d'incendie disposent d'élévateurs, plus précisément de bras élévateurs articulés. Le véhicule représenté appartient au Service d'Incendie de Bruxelles ; c'est un élévateur articulé Comet C 25 T avec stabilisateurs à commande variable, dont l'acquisition se fit dans le cadre du programme national d'investissements. Il est monté sur un lourd châssis spécial Saviem à trois essieux.

Catégorie de véhicule :	*échelle pivotante automatique à nacelle EPAN 30*
Type de châssis :	*Iveco-Magirus Euro-Fire ML 180 E 34*
Année de construction :	*1998*
Débit de la pompe :	–
Capacité de la citerne :	–

Le Service d'Incendie de la ville de Liège fit l'acquisition en 1998 d'une échelle articulée à nacelle Magirus 30. Ce type d'échelle fut présenté par le fabricant pour la première fois en 1994, à l' Interschutz (« Interprotection ») de Hanovre, sous le sigle DLK 23-12 Vario CC-GL. Il s'agissait en fait d'une nouvelle échelle à cinq pans dont le dernier, mesurant environ 3,50 m et articulé, pouvait se déployer vers le bas avec sa nacelle, selon un angle maximal de 75° – la nacelle de sauvetage pouvant pour sa part supporter 270 kg. Ce champ d'utilisation élargi ouvrait de nouvelles possibilités tactiques : ce genre d'échelles fit l'objet de commandes relativement fréquentes en Belgique et devint très populaire. Le véhicule représenté est monté sur un châssis lourd Iveco-Magirus Euro-Fire.

Catégorie de véhicule :	*bras élévateur articulé BEA 32*
Type de châssis :	*MAN 26.364 FNLC*
Année de construction :	*1999*
Débit de la pompe :	–
Capacité de la citerne :	–

Les pompiers du Service de garde du port « Lillo », à l'est d'Anvers, disposent depuis 1999 de cet élévateur du type Bronto-Skylift F 32 HDT, atteignant une hauteur maximale de 32 m. La firme Bronto fait partie de la Federal-Signal-Corporation, où figure aussi Emergency One (États-Unis). L'aménagement du plateau et des coffres à outils ainsi que la livraison de la pompe à incendie centrifuge furent assurés par Rosenbauer. On utilisa un châssis lourd MAN à trois essieux et cabine avancée, d'un poids total autorisé en charge de 26 tonnes et d'une puissance de 364 chevaux.

Catégorie de véhicule :	*véhic. mousse aérodrome VMA, Crash-Tender*
Type de châssis :	*Faun LF 910/42 (6 x 6)*
Année de construction :	*1975*
Débit de la pompe :	*5 000 l/mn*
Capacité de la citerne :	*12 000 l*

Ce puissant Faun à trois essieux carrossé par Kronenburg était une pièce unique sur les aéroports belges. Deux moteurs diesel KHD développant chacun 320 chevaux et permettant d'atteindre une vitesse de 100 km/h en assuraient l'entraînement. Ce véhicule – un Crash-Tender du Service d'Incendie de l'aéroport d'Ostende – fut racheté en 1997 au Service d'Incendie de l'aéroport de Berlin-Tempelhof. Outre la réserve d'eau, le véhicule transporte 1 200 litres d'émulseur. La pompe d'incendie centrifuge est équipée d'un mélangeur. La lance Monitor installée sur le toit assure un débit de 6 000 l/mn.

Catégorie de véhicule :	*véhic. mousse aérodrome VMA, Crash-Tender*
Type de châssis :	*Faun LF 910/42 V (6 x 6)*
Année de construction :	*1972*
Débit de la pompe :	*5 000 l/mn*
Capacité de la citerne :	*9 000 l*

Un modèle semblable, aux dimensions quelque peu raccourcies, fut construit par Magirus à Ulm, en pièce unique. L'aéroport de Liège en fit l'acquisition dès 1972. En 1999, le véhicule fut transformé et modernisé. C'est alors que le Crash-Tender, peint en rouge à l'origine, reçut sa nouvelle livrée jaune et noire, lui donnant l'avantage d'être facilement repérable. Outre la réserve d'eau, ce véhicule de plus de 30 ans dispose de 600 litres d'émulseur et d'une lance Monitor puissante sur le toit.

Catégorie de véhicule :	*véhicule d'intervention rapide VIR*
Type de châssis :	*MAN 17.550 FAE (4 x 4)*
Année de construction :	*2000*
Débit de la pompe :	*4 000 l/mn*
Capacité de la citerne :	*4 000 l*

Le Service d'Incendie de l'aéroport de Bruxelles-Zaventem possède ce véhicule d'intervention rapide monté par Rosenbauer sur un châssis MAN 17 tonnes à deux essieux et transmission intégrale. La lance Monitor est installée sur le toit de la cabine d'équipage, agrandie à cet effet. Le chargement comprend de l'eau, 250 litres d'émulseur et un système d'extinction avec 500 kg de poudre. À l'extrémité du châssis est installée une pompe haute et basse pression débitant 350 l/mn sous 40 bars.

Catégorie de véhicule :	*véhic. mousse aérodrome VMA, Crash-Tender*
Type de châssis :	*Faun LF 36.30 x 2/45 V (6 x 6)*
Année de construction :	*1979*
Débit de la pompe :	*6 000 l/mn*
Capacité de la citerne :	*12 300 l*

Le Service d'Incendie de l'Aéroport de Charleroi, dans la province belge du Hainaut, fit l'acquisition en 1979 d'un véhicule d'incendie aéroportuaire Magirus monté sur un châssis Faun à 3 essieux. À l'arrière étaient installés de part et d'autre deux dispositifs d'intervention rapide ; la pompe d'incendie centrifuge (FP 60/10) était utilisée en pompe centrale. Outre la réserve d'eau, étaient embarqués 1 200 l d'extrait de mousse. Ce furent du reste les derniers véhicules d'incendie aéroportuaires construits par Magirus, avant que la marque ne fût contrainte d'abandonner ce segment du marché à d'autres fournisseurs – en l'occurrence, Rosenbauer et Ziegler, principalement.

Catégorie de véhicule :	*grande puissance aéroport, Crash-Tender*
Type de châssis :	*Sides S 2000-15 (6 x 6)*
Année de construction :	*1997*
Débit de la pompe :	*6 000 l/mn*
Capacité de la citerne :	*13 000 l*

Ce véhicule compta au nombre des acquisitions propres de l'aéroport de Liège, après la dissolution de la Société nationale des aéroports au début des années 1990. La firme Sides, sise à Saint-Nazaire, fabriqua le châssis à trois essieux et se chargea de la carrosserie et de l'équipement anti-feu. Ce fourgon à la peinture élégante dispose, entre autres atouts, de 1 600 litres d'émulseur, d'une installation de 250 kg de poudre, d'une grande réserve d'eau, d'une puissante pompe centrifuge fonctionnant à basse pression, et d'une lance Monitor mixte eau-mousse-poudre télécommandée.

Catégorie de véhicule :	*grande puissance aéroport, Crash-Tender*
Type de châssis :	*Kronenburg 50.100-73 (8 x 8)*
Année de construction :	*1997*
Débit de la pompe :	*11 600 l/mn*
Capacité de la citerne :	*16 000 l*

Le Service d'Incendie de l'aéroport de Bruxelles-Zaventem est propriétaire de ce quatre essieux construit par Rosenbauer. Le modèle, vendu sous le nom de Super Singha et monté sur châssis lourd Kronenburg, est une acquisition propre de l'aéroport. Son chargement inclut une réserve d'eau, 2 000 litres d'émulseur ainsi que 4 000 kg de poudre. La pompe centrifuge performante fonctionne sous une pression de 10 bars. Une lance Monitor sur le toit et à l'avant, ainsi qu'un dispositif d'aspersion au sol assurant l'autoprotection de l'engin constituent d'autres particularités de son équipement.

Catégorie de véhicule :	*véhicule de transport de matériel VTP*
Type de châssis :	*Dodge T 214 WC 52 (4 x 4)*
Année de construction :	*1939*
Débit de la pompe :	–
Capacité de la citerne :	–

Comme nous l'avons déjà signalé, les services d'incendie belges avaient conservé un grand nombre d'anciens véhicules militaires américains de la Seconde Guerre mondiale. Ces modèles toutes roues motrices, très robustes, furent plus ou moins radicalement transformés – souvent par les pompiers eux-mêmes ou par de petites entreprises locales – et adaptés à leurs nombreuses missions. Le Service d'Incendie de Messines (Mesen) dans la province de Flandre occidentale avait transformé en 1979 cet ancien camion Dodge de 0,75 tonne, entraîné par un six cylindres à carburateur de 92 chevaux. La benne, une fois rehaussée, fut aménagée en coffre à outils – d'où dépasse cette échelle à crochets ; elle était recouverte, comme la cabine de conduite, d'une capote en toile.

Catégorie de véhicule :	*véhic. premiers secours et anti-pollution*
Type de châssis :	*Mercedes-Benz L 1113 B*
Année de construction :	*1972*
Débit de la pompe :	–
Capacité de la citerne :	–

Du fait de sa hauteur, ce fourgon pourvu d'équipements de premiers secours et d'assistance respiratoire des pompiers de Bruxelles ressemble à un petit camion de déménagement. Monté par la firme Vanassche sur un châssis à capot raccourci, il est équipé d'un diesel six cylindres à injection directe, et dispose d'un treuil à l'avant. Son chargement comporte entre autres six appareils d'assistance respiratoire, 15 bouteilles d'oxygène, 30 bidons de mousse et divers matériels de secours. Son équipement polyvalent permet aux six hommes décalant avec lui d'apporter, dans presque tous les types d'accidents, une première aide à la fois rapide et technique. La mission et le chargement du véhicule ont souvent changé ; il a servi en dernier lieu à la protection de l'environnement.

Catégorie de véhicule :	*fourgon d'appui*
Type de châssis :	*Magirus-Deutz (KHD)*
	F Jupiter 195 A (6 x 4)
Année de construction :	*1961*
Débit de la pompe :	*3 200 l/mn*
Capacité de la citerne :	–

Le Service d'Incendie de l'entreprise Degussa à Anvers réalisa lui-même un fourgon d'appui, fabriqué sur mesure pour les besoins et les risques propres à la firme. On eut recours à un châssis lourd Magirus-Deutz à trois essieux équipé d'un diesel V8 à chambre de précombustion refroidi par air, d'une cylindrée de 12 667 cm³ pour une puissance de 195 chevaux. La superstructure fut remplacée par un compartiment de charge très spacieux fermé par rideaux métalliques, où fut installée une puissante pompe centrifuge. Du fait de son équipement, ce véhicule convenait aussi pour des interventions techniques simples. Outre un treuil, un générateur, un mât d'éclairage et autres matériels, il embarquait différents agents d'extinction ainsi qu'un extincteur à poudre dans la remorque. Ce modèle inhabituel n'est plus en service.

Catégorie de véhicule :	*camion-grue CG 25*
Type de châssis :	*Krupp (6 x 4)*
Année de construction :	*1979*
Débit de la pompe :	–
Capacité de la citerne :	–

La firme Krupp-Kranbau (construction de grues) de Wilhelmshaven livra au Service d'Incendie de Bruxelles cette grue télescopique de type 26 GMT, équipée d'un diesel V8 de KHD, type F 8 L 614 à chambre de précombustion, d'une cylindrée de 10 644 cm³ pour une puissance de 170 chevaux. Cette grue se composait de quatre éléments à déploiement hydraulique, avec une capacité de charge maximale de 25 tonnes. À l'arrière du véhicule se trouvait un treuil 8 tonnes.

Catégorie de véhicule :	*camion-grue de sauvetage*
Type de châssis :	*Scania P 124 CB 420*
Année de construction :	*2001*
Débit de la pompe :	–
Capacité de la citerne :	–

Ce camion à trois essieux, acheté spécialement par la SNCB (Société Nationale des Chemins de Fer Belges) pour des interventions techniques lors d'accidents ferroviaires, est stationné au Service d'Incendie de Zaventem, dans le Brabant flamand. Équipé par les firmes Vansteenkiste et Vanassche, il dispose d'une grue Atlas type 225.1 installée à l'arrière ; il est monté sur un lourd châssis Scania à cabine avancée de série 4, et entraîné par un puissant turbodiesel de 420 chevaux.

Catégorie de véhicule :	*véhic. transport de matériel/sauvetage aquatique*
Type de châssis :	*MAN 15.224 LC*
Année de construction :	*1998*
Débit de la pompe :	–
Capacité de la citerne :	–

Ce véhicule de sauvetage du Service Incendie d'Anvers est une pièce vraiment unique en raison de son équipement mixte (technique et de sauvetage). La carrosserie du véhicule, équipé par Rosenbauer, fut montée sur un châssis MAN 15 tonnes à cabine avancée de la série M 2000, associé à un moteur de 224 chevaux. Près de la grue hydraulique installée derrière la cabine du conducteur, un grand bateau à moteur a pris place sur une vaste plate-forme, sous laquelle des espaces de rangement abritent d'autres matériels de sauvetage aquatique.

Luxembourg

La superficie du grand-duché du Luxembourg, de loin le plus petit pays du Benelux, n'est que de 2 586 km²; il est divisé en 13 cantons où vivent environ 450 000 personnes. Dans la capitale du même nom fut fondé en 1814 le premier corps de pompiers, dont le développement conduisit, en 1921, à la création d'un corps professionnel – le seul du pays. Il existe par ailleurs quantité de services d'incendie constitués de volontaires, et quelques rares services internes d'entreprises ou d'usines. Tous ces services disposent de matériels et d'engins modernes et performants, et d'un personnel parfaitement formé aux techniques actuelles.

Le Luxembourg ne disposant ni de constructeurs d'utilitaires, ni de grands fabricants d'équipements de lutte contre le feu, tous les produits doivent être importés. Ce sont la plupart du temps des véhicules de série allemands d'équipementiers connus (tels Metz, Magirus et Ziegler), montés sur des châssis achetés chez Mercedes-Benz, Iveco-Magirus, MAN ou autres. Il arrive que le parc comporte aussi des véhicules d'origine française et néerlandaise, plus rarement anglaise. Les carrosseries Rosenbauer sont actuellement très appréciées.

Catégorie de véhicule :	*porteur d'eau*
Type de châssis :	*Ford F 900 Big Job*
Année de construction :	*1954*
Débit de la pompe :	*2 800 l/mn*
Capacité de la citerne :	*6 000 l*

En 1999, ce vétéran en excellent état figurait toujours dans le parc du Service d'Incendie de Niederanven. Monté par l'équipementier belge Geens sur un châssis américain Ford, le véhicule ne fut repris qu'en 1993 au Service d'Incendie de l'aéroport de Luxembourg. À l'extrémité du châssis est installée une pompe centrifuge performante.

Catégorie de véhicule :	*véhic. lourd de sauvetage/ transport de matériel*
Type de châssis :	*Mercedes-Benz LAK 1624 B*
Année de construction :	*1972*
Débit de la pompe :	–
Capacité de la citerne :	–

Ce fourgon de sauvetage (type 3) appartient aux pompiers de métier de Luxembourg. Il fut monté par Metz, à Karlsruhe, sur un lourd châssis basculant Mercedes-Benz à capot raccourci et transmission intégrale. Ce véhicule imposant est équipé d'un diesel six cylindres à injection directe d'une cylindrée de 11 580 cm³ pour une puissance de 240 chevaux. Depuis 1993, il fait office de véhicule de transport d'accessoires pour grues : on y embarque les pièces qui ne peuvent être emportées sur la grue télescopique elle-même.

Catégorie de véhicule :	*échelle pivotante automatique EPA 30*
Type de châssis :	*Mercedes-Benz LF 1113/48*
Année de construction :	*1965*
Débit de la pompe :	–
Capacité de la citerne :	–

Cette échelle pivotante, acquise en 1965 chez Metz par les pompiers volontaires de Calw, appartient depuis 1989 à l'administration communale de Sandweiler, Service Incendie-Sauvetage. Elle se compose de quatre pans, son mode d'entraînement est hydraulique et elle repose, comme souvent à l'époque, sur un berceau de dressage. Équipé d'un diesel six cylindres turbocompressé à injection directe développant 150 chevaux, ce véhicule très bien entretenu jouissait encore d'une remarquable santé en 1999, date de cette photo.

Catégorie de véhicule :	*échelle pivotante automatique à nacelle EPAN 23-12*
Type de châssis :	*Iveco-Magirus 150 E 27*
Année de construction :	*1996*
Débit de la pompe :	–
Capacité de la citerne :	–

Ce porteur avec échelle articulée et cabine d'équipage, construit par Magirus (DLK 23-12 Vario GL-CC), fut mis en service par la Protection Civile Base Nationale de Support de Lintgen. Dans cette construction à cinq éléments, le pan supérieur, articulé au quatrième, est à même de s'incliner. L'échelle équipée d'une nacelle peut ainsi surplomber ou même atteindre l'arrière de toits en pointe ou d'étages mansardés bâtis en retrait.

Catégorie de véhicule :	*plate-forme élévatrice PE 30*
Type de châssis :	*Iveco-Magirus 260-34 A*
Année de construction :	*1993*
Débit de la pompe :	–
Capacité de la citerne :	–

Les sapeurs-pompiers de métier de Luxembourg firent en 1993 l'acquisition de ce nouveau porteur avec échelle cinq éléments à commande asservie – LB 30/5 CC –, pour lequel on recourut à un lourd châssis à trois essieux Magirus. Doté d'une nacelle plus robuste pouvant supporter 360 kg, il fut présenté pour la première fois en 1988. Magirus avait avancé et surbaissé la cabine pour restreindre la hauteur à 3,30 m. On choisit par ailleurs, pour limiter la longueur du véhicule en dépit d'une cabine avancée, un châssis dont l'empattement très court n'atteignait que 3 200 mm entre le premier et le second essieu. Magirus ne livra que cinq exemplaires de cette dernière génération d'échelles.

Catégorie de véhicule :	*premiers secours tonne PST*
Type de châssis :	*Mercedes-Benz 1124 AF*
Année de construction :	*1991*
Débit de la pompe :	*3 000 l/mn*
Capacité de la citerne :	*1 200 l*

Les pompiers de métier de Luxembourg firent construire ce véhicule de première intervention par Rosenbauer sur un châssis moyen Mercedes-Benz à transmission intégrale. Ce fourgon compact est équipé de tout le matériel de secours routier, mais aussi d'appui technique. Avec un équipage de trois hommes, il transporte une réserve d'eau et 1 120 litres d'émulseur. La pompe à incendie centrifuge installée à l'arrière est équipée pour un usage à pression normale ou à haute pression (3 000 l/mn sous 8 bars, 400 l/mn sous 40 bars).

Catégorie de véhicule :	*véhicule mousse aérodrome VMA*
Type de châssis :	*Iveco-Magirus 260-32 AH*
Année de construction :	*1984*
Débit de la pompe :	*2 800 l/mn*
Capacité de la citerne :	*7 000 l*

Ce véhicule d'incendie aéroportuaire, monté par Rosenbauer sur un lourd châssis Iveco-Magirus à trois essieux et transmission intégrale, fut livré en 1984 à l'aéroport de Luxembourg. Il dispose d'un treuil à l'avant et, outre la réserve d'eau, de 700 litres d'émulseur. La pompe à incendie centrifuge est assortie d'un mélangeur et d'une lance Monitor sur le toit.

Luxembourg

Catégorie de véhicule :	***véhic. lourd de sauvetage avec bras télescopique***
Type de châssis :	***Steyr 26 S 39 (6 x 6)***
Année de construction :	***1994***
Débit de la pompe :	–
Capacité de la citerne :	–

Le Service d'Incendie de l'aéroport de Luxembourg possède depuis 1994 ce fourgon à bras télescopique, monté sur châssis Steyr toutes roues motrices. Rosenbauer (Belgique) assura l'équipement technique tandis que la firme Falck-Schmidt prenait en charge la fabrication du bras. L'équipement performant de ce véhicule permet d'apporter une assistance technique, même à assez grande hauteur, sans avoir recours à un véhicule élévateur.

Catégorie de véhicule :	***véhic. mousse aérodrome VMA***
Type de châssis :	***Walter (4 x 4)***
Année de construction :	***1953***
Débit de la pompe :	***2 500 l/mn***
Capacité de la citerne :	***7 000 l***

Ce véhicule d'incendie aéroportuaire fut livré au Service de lutte contre le feu de l'aéroport de Luxembourg par l'équipementier Sides, qui l'avait monté sur un châssis américain Walter. Les camions Walter de Ridgewood, N.Y., inspirés de modèles français, jouissaient depuis longtemps d'une très bonne réputation ; de plus on se concentrait, dans le cadre de l'acquisition de fourgons d'incendie spéciaux, sur des modèles à quatre roues motrices.

Catégorie de véhicule :	***véhic. d'intervention rapide VIR***
Type de châssis :	***Dodge W 300 FF Cheetah (4 x 4)***
Année de construction :	***1986***
Débit de la pompe :	***2 800 l/mn***
Capacité de la citerne :	***1 200 l***

Rosenbauer livra en 1986 à l'aéroport de Luxembourg un modèle répondant au concept courant de véhicule d'intervention rapide (Rapid Intervention Vehicle, RIV), monté sur un châssis Dodge à transmission intégrale. Entraîné par un moteur V8, ce véhicule qui n'est plus en service disposait, en plus d'une réserve d'eau, de 160 litres d'émulseur, 560 kg de halon et d'une puissante pompe centrifuge.

Catégorie de véhicule :	***camion-grue CG 50***
Type de châssis :	***Faun ATF 50-3***
Année de construction :	***1999***
Débit de la pompe :	–
Capacité de la citerne :	–

Ce camion à grue télescopique Faun acheté en 1999, avec une capacité de charge de 50 tonnes, succéda au modèle CG 10 monté sur châssis GMC, mis en service à Lintgen, jusqu'en 1973, par la Protection Civile Base Nationale de Support de Luxembourg. La traction s'exerce sur les trois essieux de ce châssis, très compact en dépit de sa capacité de levage importante ; les deux essieux avant sont directeurs, l'essieu arrière pouvant aussi le devenir. Un système hydraulique assure la suspension individuelle des roues. À l'arrière est fixé un treuil de 150 tonnes. La flèche de la grue se compose de quatre éléments télescopiques.

Catégorie de véhicule :	***autopompe***
Type de châssis :	***Braun-Werke, Nuremberg***
Année de construction :	***1913***
Débit de la pompe :	***1 500 l/mn***
Capacité de la citerne :	***500 l***

Cette autopompe construite en 1913 pour le Service d'Incendie de Fribourg-en-Brisgau, fonctionnant à l'essence et à l'électricité, est le seul véhicule de ce genre conservé en Allemagne. La motopompe, d'un poids de 5 700 kg, est entraînée par des moteurs fixés sur les moyeux des roues arrière. Le moteur 4 cylindres fournit 55 chevaux et autorise la vitesse de 35 km/h. La pompe centrifuge Sulzer est disposée à l'arrière de la voiture. Sur le marchepied droit se trouvent les sorties de pompe, les pièces de distribution, et à l'avant un seau-pompe. Alors que les roues arrière ont encore leur monte d'origine à bandages, les roues avant sont montées sur pneumatiques.

Allemagne

Depuis la fondation de la République Fédérale d'Allemagne, les services d'incendie sont décentralisés. La lutte contre le feu relève de ce fait des Länder et des services spéciaux compétents des différents ministères de l'Intérieur. Sous le Troisième Reich en revanche, les services d'incendie étaient rangés sous l'autorité de la police – ce qui était reconnaissable à la couleur verte des véhicules. De nos jours, les communes et les villes ont la charge de l'organisation des services et dispositifs de protection contre l'incendie. Conformément à la loi, les villes de plus de 100 000 habitants doivent mettre sur pied des corps de pompiers de métier. En outre existe la possibilité d'adjoindre aux unités de volontaires déjà importantes des agents titulaires permanents, exerçant la fonction de dirigeants ou de responsables du matériel. Les entreprises industrielles ont leurs propres services.

Tant sur le plan de l'organisation et du matériel que sur celui de la formation ou de l'équipement des véhicules, les services d'incendie allemands passent, au niveau international, pour exemplaires. Parmi leurs missions principales figurent la protection contre les incendies et la prévention de ceux-ci, mais aussi l'assistance technique, les missions de protection de l'environnement et les mesures de protection contre les catastrophes.

Les véhicules et équipements prévus pour ces interventions parfois très diverses sont soumis aux normes DIN, définissant un cahier des charges précis. Le respect des normes est la condition même d'une coopération efficace entre les différentes unités. Elle facilite l'achat de véhicules et de matériels à des prix avantageux, et définit la base d'une formation unifiée. Toutefois, contrairement à ce qui se passait avant 1945, ces normes ne revêtent aucun caractère contraignant. Ainsi un nombre croissant de véhicules d'intervention sont-ils construits hors de toute norme, surtout dans les services d'incendie des grandes villes. Ces engins non subventionnés sont conçus pour répondre aux besoins d'un service particulier, et en quelque sorte « taillés sur mesure ».

Le choix de véhicules est très varié et tourne pour l'essentiel autour de fourgons-pompes, d'échelles et d'engins élévateurs. S'y ajoutent en particulier, dans les grandes zones industrielles, sur les aéroports et dans l'armée, toutes sortes de véhicules spéciaux, généralement non normalisés. Dans le domaine des véhicules de lutte contre l'incendie, l'industrie allemande, très performante, occupe une position de leader mondial – notamment dans le domaine des échelles pivotantes et des véhicules spéciaux, où sa part de marché à l'exportation a toujours été élevée.

Catégorie de véhicule :	***autopompe***
Type de châssis :	***Benz-Gaggenau, type 2 CN***
Année de construction :	***1921***
Débit de la pompe :	***1 200 l/mn***
Capacité de la citerne :	–

Cette autopompe des pompiers volontaires de Baiersbronn en Forêt-Noire, montée sur un châssis Benz-Gaggenau, est également un véhicule à pneus pleins. Mise en service en 1921, elle est actuellement conservée comme pièce de musée. La motorisation de ce véhicule ouvert était assurée par un quatre cylindres à carburateur d'une cylindrée de 6 272 cm^3 pour 45 chevaux. Le châssis est prévu pour une charge utile de 2 tonnes, avec un poids total de 3 600 kg. La pompe à incendie de cette voiture montée à Karlsruhe par Metz est installée à l'arrière. Sur la galerie qui surmonte les banquettes de l'équipage logent une échelle coulissante, des perches à crochets et autres objets encombrants.

Catégorie de véhicule :	*autopompe*
Type de châssis :	*Magirus type 2 CI*
Année de construction :	*1924*
Débit de la pompe :	*1 150 l/mn*
Capacité de la citerne :	–

En 1924, les pompiers volontaires de Bad Kissingen firent l'acquisition de cette autopompe équipée jusqu'au châssis par Magirus. D'un poids de 2,5 tonnes, il est associé ici à un quatre cylindres à carburateur d'une cylindrée de 4 710 cm³, fournissant 45 chevaux à 1 100 tr/mn. Équipé d'une transmission à cardan sur les roues arrière, le véhicule dispose d'une pompe centrifuge Magirus du type II et, déjà, d'un mélangeur à mousse de Minimax. Le numéro d'immatriculation visible à l'avant remonte à l'époque du Troisième Reich, où les services d'incendie dépendaient de la police. Sur la galerie sont rangés des éléments d'échelles coulissantes. L'avant est équipé de deux projecteurs.

Catégorie de véhicule :	*autopompe*
Type de châssis :	*Opel type 12/50*
Année de construction :	*1928*
Débit de la pompe :	*800 l/mn*
Capacité de la citerne :	–

La carrosserie de cette autopompe Opel construite en 1928 est l'œuvre de l'équipementier de Cologne August Hoenig, à qui l'on doit aussi la pompe à l'avant. La propulsion de ce véhicule de deux tonnes est assurée par un six cylindres à carburateur de 3 634 cm³ de cylindrée, pour une puissance de 50 chevaux à 2 800 tr/mn. Dans le caisson situé à l'arrière, logeait à l'origine une petite motopompe portable. Ce véhicule peu répandu, monté sur pneumatiques, fut acheté par les pompiers volontaires de Merkstein puis mis hors service en 1953, les freins ne répondant plus aux normes de sécurité.

Catégorie de véhicule :	*autopompe*
Type de châssis :	*MAN type 3 Zc*
Année de construction :	*1921*
Débit de la pompe :	*1 000 l/mn*
Capacité de la citerne :	–

Même si c'était le cas le plus fréquent, l'équipementier Magirus de Ulm n'utilisait pas ses seuls châssis pour monter des voitures. En 1921, Magirus installa une autopompe sur un châssis trois tonnes de la Maschinenfabrik Augsburg-Nürnberg (MAN). Le capot de ce véhicule monté sur roues à bandages abrite un quatre cylindres à carburateur de 6 302 cm³ de cylindrée, fournissant 55 chevaux à 1 000 tr/mn et permettant d'atteindre 60 km/h. Au début des années 1980, ce vétéran était encore une voiture d'intervention indispensable dans la filature de laine peignée d'Augsburg, la Kammgarn-Spinnerei AG. Ce modèle MAN est aujourd'hui conservé dans un musée de Munich.

Catégorie de véhicule :	***autopompe***
Type de châssis :	***Magirus type 2 CS***
Année de construction :	***1929***
Débit de la pompe :	***1 000 l/mn***
Capacité de la citerne :	–

En 1928, les pompiers volontaires de Holzkirchen passèrent commande d'une autopompe chez Magirus à Ulm. Le véhicule fut livré en avril 1929. Le châssis Magirus était entraîné par un quatre cylindres à carburateur de 55 chevaux pour une cylindrée de 4 712 cm^3, autorisant une vitesse de pointe de 55 km/h. Il pouvait affronter des côtes atteignant les 20 % ; sa consommation avoisinait les 20 l/100 km. L'autopompe transportait au lieu d'intervention un équipage de huit hommes, protégés des intempéries par une capote en toile rabattable. Ce vétéran, aujourd'hui restauré en pièce de musée, demeura en service jusqu'en 1957.

Catégorie de véhicule :	***camion motopompe 15***
Type de châssis :	***Hansa-Lloyd type LK***
Année de construction :	***1939***
Débit de la pompe :	***1 500 l/mn (montée à l'avant)***
Capacité de la citerne :	–

Ce KS 15, aménagé en conduite intérieure en 1939 par Magirus, se rendit indispensable jusqu'en 1991 dans le Service Incendie d'une entreprise basée dans le Sud de l'Allemagne. Il fut monté sur un châssis de la firme Hansa-Lloyd-Goliath-Werke AG (future Borgward) à Brême. Spécialement équipé pour la lutte contre le feu, il fut doté d'un six cylindres à carburateur de 3 444 cm^3 de cylindrée. Le véhicule fait partie d'une série de camions motopompes de taille moyenne, construits selon les directives du ministère de l'Air du Reich. À partir de 1936, ils furent utilisés en quantités importantes par nombre de services d'incendie allemands.

Catégorie de véhicule :	***porte-échelle 26***
Type de châssis :	***Mercedes-Benz LD 2***
Année de construction :	***1929***
Débit de la pompe :	–
Capacité de la citerne :	–

Une échelle pivotante de 26 m, achetée probablement par le Service d'Incendie de Berlin, montée par Magirus sur un châssis Daimler-Benz, est conservée au musée des pompiers de Salzbergen. Les mouvements du parc d'échelle, en bois armé d'acier, s'effectuent mécaniquement. Ce véhicule, entraîné par un six cylindres à carburateur de 7 793 cm^3 de cylindrée, était à l'origine monté sur des roues à bandages. Plus tard, l'essieu avant fut équipé de pneumatiques. À quelques détails près, ce bijou a conservé son état d'origine.

Catégorie de véhicule :	***camion motopompe 15***
Type de châssis :	***Mercedes-Benz LoS 2000***
Année de construction :	***1938***
Débit de la pompe :	–
Capacité de la citerne :	–

En 1938, les pompiers volontaires de Gaggenau mirent en service ce camion motopompe (KS 15) monté par la firme Metz sur un châssis bas Daimler-Benz. Avec sa capote en toile et les vitres de sa cabine en cellon, ce véhicule excellemment restauré depuis est typique de la phase de transition qui a mené aux conduites intérieures. Dans le caisson carré aménagé à l'arrière, logeait une motopompe portative. Sous le capot s'activait un quatre cylindres à carburateur de 3 770 cm^3, capable de fournir 55 chevaux à 2 000 tr/mn. La vitesse maximale était d'environ 75 km/h. Jusqu'en 1955, la voiture était équipée d'une pompe à l'avant.

Catégorie de véhicule :	*camion motopompe, futur FP 8*
Type de châssis :	*Opel-Blitz 3 t type 3, 6-42*
Année de construction :	*1939*
Débit de la pompe :	–
Capacité de la citerne :	–

Les membres de l'unité Neviges des pompiers volontaires de Velbert ont restauré ce camion, le rendant pleinement opérationnel tout en restant conforme à l'original. Construit en 1939 par l'équipementier Hermann Koelbe de Luckenwalde, il fut monté sur un châssis Opel-Blitz de 3 tonnes d'un empattement de 4 200 mm. Ce véhicule est équipé d'une pompe débitant 800 l/mn, accessible par l'arrière. Au début des années 1980, on l'utilisait encore régulièrement. Le capot abrite un six cylindres à carburateur de 3 626 cm³ de cylindrée pour une puissance de 75 chevaux à 3 120 tr/mn. Un groupe d'intervention complet de neuf personnes peut y prendre place.

Catégorie de véhicule :	*véhic. de première intervention lourd, futur FP 15*
Type de châssis :	*Magirus-Deutz (KHD) S 3000*
Année de construction :	*1942*
Débit de la pompe :	*1 500 l/mn*
Capacité de la citerne :	*400 l*

Pour équiper les groupes d'intervention dans les localités de moyenne ou plus grande importance, on imagina cet engin-pompe lourd. Appelés fourgons-pompes (LF 15) à partir de 1943, ces véhicules furent montés par différents équipementiers sur des châssis Magirus ou Daimler-Benz. Voici un exemplaire acheté par les pompiers volontaires de Norderney sur châssis Magirus, qu'un collectionneur restaura dans le vert sapin original du Corps des pompiers de la police. Le châssis de trois tonnes est propulsé par un diesel quatre cylindres Deutz à refroidissement par eau, d'une cylindrée de 4 942 cm³ pour 80 chevaux.

Catégorie de véhicule :	*camion à pompe tractée (KzS 8)*
Type de châssis :	*Opel-Blitz 1,5 t*
Année de construction :	*1939*
Débit de la pompe :	–
Capacité de la citerne :	–

À partir de 1938, on recourut pour la construction de ce camion à pompe tractée KzS 8 au modèle Opel Blitz 1,5 tonne à cabine tôlée fermée. Cet attelage, composé d'un camion et d'une motopompe dans une remorque à essieu unique, formait une unité qui pouvait transporter un groupe d'intervention complet. La pompe à incendie de 800 l/mn devait être tractée pour des raisons de poids. Des banquettes sont disposées en longueur dans l'espace dévolu à l'équipage, que protègent une capote en toile amovible et des vitres en cellon. L'entraînement est assuré par un six cylindres à carburateur de 2 473 cm³ de cylindrée pour 55 chevaux. La restauration exemplaire de ce véhicule est due à l'équipementier Carl Metz de Karlsruhe.

Catégorie de véhicule :	*véhic. de première intervention léger, futur FP 8*
Type de châssis :	*Mercedes-Benz L 1500 S*
Année de construction :	*1943*
Débit de la pompe :	–
Capacité de la citerne :	–

Ce véhicule d'intervention léger (LLG), monté sur le Mercedes-Benz L 1500 S, était prévu depuis le milieu de 1941 pour les services d'incendie de petites communes. Équipé d'un six cylindres à carburateur de 2 594 cm³ de cylindrée pour une puissance de 60 chevaux, il atteignait la vitesse maximale de 75 km/h. Ici encore, la pompe à incendie de 800 l/mn devait être tractée séparément. La carrosserie du véhicule représenté fut construite par Daimler-Benz à Sindelfingen, mais il y eut d'autres fabricants. On en produisit jusqu'en 1944 pas moins de 3 626 exemplaires. La remorque de la pompe est l'œuvre de Rosenbauer. Ce véhicule bien entretenu était il y a peu encore en service chez les pompiers volontaires de Dollerup, près de Flensburg.

Catégorie de véhicule :	*camion motopompe 25, futur FP 25*
Type de châssis :	*Mercedes-Benz L 4500 F*
Année de construction :	*1941*
Débit de la pompe :	*2 500 l/mn*
Capacité de la citerne :	*300 l*

Le camion motopompe KS 25 et le fourgon avec équipage GLG furent les géants très typés des années 1940. Tandis que l'on utilisait pour leur construction des châssis Daimler-Benz et Magirus, les carrosseries de ces véhicules produits en grand nombre provenaient de Magirus et de la firme Metz de Karlsruhe. On voit ici une variante du KS 25, montée par Magirus à Ulm sur un châssis Daimler-Benz 4,5 tonnes. L'entraînement de ce véhicule impressionnant est assuré par un diesel six cylindres refroidi par eau de 7 270 cm³ de cylindrée pour une puissance de 112 chevaux. Durant les années 1980, le véhicule représenté ici était encore en service chez les pompiers volontaires d'Achern.

Catégorie de véhicule :	*camion motopompe 25, futur FP 25*
Type de châssis :	*Büssing-NAG type 500*
Année de construction :	*1940*
Débit de la pompe :	*2 500 l/mn*
Capacité de la citerne :	*300 l*

Bien que les châssis Daimler-Benz et Magirus aient habituellement servi de base pour les camions motopompes KS 25, il est arrivé que l'on fasse appel à d'autres constructeurs. Ce véhicule, monté sur un châssis du fabricant de camions Büssing à Braunschweig, figure parmi ces raretés. Il est entraîné par un diesel six cylindres refroidi par eau de 7 413 cm³ de cylindrée, capable de développer 105 chevaux. Büssing ne joua qu'un rôle marginal dans la construction de châssis de voitures d'incendie. L'équipementier Gustav-Adolf Fischer de Görlitz réalisa la carrosserie de ce véhicule impressionnant, classé depuis 1943 comme fourgon-pompe (LF) 25 ; resté en service jusqu'en 1977, il appartient aujourd'hui à un collectionneur privé.

Catégorie de véhicule :	*camion motopompe 25/36, futur FP 25*
Type de châssis :	*Mercedes-Benz LoS 3750*
Année de construction :	*1937*
Débit de la pompe :	*2 500 l/mn*
Capacité de la citerne :	*300 l*

On voit ici un autre camion motopompe KS 25 monté sur un châssis Mercedes-Benz. Ce véhicule, qui correspond au modèle défini en 1936 par le ministère de l'Air du Reich, fut construit par Metz. Seule la capote en toile couvrant l'emplacement de la pompe distingue ce KS 25 des gros fourgons d'incendie GLG qui lui succéderont. Ce véhicule très spacieux, équipé d'un diesel six cylindres de 7 270 cm³ pour une puissance de 100 chevaux, demeura, après la guerre, en service chez les pompiers volontaires de Düben en RDA.

Catégorie de véhicule :	*véhic. de première intervention lourd, futur FP 25*
Type de châssis :	*Magirus-Deutz (KHD) S 4500*
Année de construction :	*1942*
Débit de la pompe :	*2 500 l/mn*
Capacité de la citerne :	*1 500 l*

Parmi les voitures de pompiers normalisées conçues par Schell sur ordre du Ministère de l'Intérieur du Reich, figure ce gros fourgon avec équipage (GLG). Ces modèles améliorés s'appuyaient sur leurs prédécesseurs. Ainsi, la capacité de la citerne fut-elle considérablement augmentée. Là encore, on recourait presque exclusivement à des châssis Magirus et Metz. Le véhicule représenté, utilisé jusque dans les années 1970 par les pompiers volontaires de Mühldorf/Inn, possède une carrosserie Magirus. Il est entraîné par un diesel six cylindres de 7 270 cm³ de cylindrée pour 125 chevaux.

Catégorie de véhicule :	***camion porte-échelle 17, future EP 17***
Type de châssis :	***Opel-Blitz type 1,5 t***
Année de construction :	***1938***
Débit de la pompe :	–
Capacité de la citerne :	–

Cette échelle sur porteur Magirus KL 17, à commande manuelle et entraînement mécanique, fut montée sur un châssis léger Opel de 1,5 tonne. Le moteur de voiture six cylindres à carburateur, dont le nombre de tours avait été réduit, avait une cylindrée de 2 473 cm³ pour une puissance de 55 chevaux ; le poids total autorisé en charge était de 3 310 kg. Ces porteurs d'échelles très pratiques et maniables étaient surtout appréciés des petites unités de lutte contre le feu. En 1981, ce véhicule était encore en service chez les pompiers volontaires de Celle.

Catégorie de véhicule :	***camion motopompe 25, futur FP 25***
Type de châssis :	***Magirus-Deutz (KHD) FS 145***
Année de construction :	***1940***
Débit de la pompe :	***2 500 l/mn***
Capacité de la citerne :	***300 l***

L'image représente un fourgon-pompe KS 25 sur châssis Magirus. Ce véhicule puissant, également produit par Magirus, et au capot d'une longueur impressionnante, correspondait au modèle arrêté en 1936 par le Ministère de l'Air du Reich. Les pompiers volontaires de Velbert ne le mirent hors service qu'en 1982. L'énorme diesel six cylindres refroidi par eau, d'une cylindrée de 9 122 cm³, fournissait 125 chevaux à 2 000 tr/mn. Depuis plus de 20 ans, ce véhicule est conservé au musée des pompiers de Heiligenhaus.

Catégorie de véhicule :	***camion porte-échelle 26, future EP 26***
Type de châssis :	***Mercedes-Benz LoD 3750***
Année de construction :	***1939***
Débit de la pompe :	–
Capacité de la citerne :	–

Les années 1930 furent marquées par une forte demande d'échelles. Cette échelle mécanique, pourvue d'un parc tout acier de quatre éléments, était particulièrement recherchée. Magirus et Metz s'en partageaient la construction, ce dernier utilisant des châssis Daimler-Benz. Le véhicule représenté fut monté par Metz sur un châssis bas de la marque. D'abord mis en service par les pompiers volontaires de Baden-Baden, il fut utilisé plus tard par le Service d'Incendie d'Ittersbach. L'entraînement est assuré par un diesel six cylindres.

Catégorie de véhicule :	***échelle pivotante lourde, future EP 22***
Type de châssis :	***Mercedes-Benz L 4500 F***
Année de construction :	***1943***
Débit de la pompe :	–
Capacité de la citerne :	–

Pour cette échelle lourde SDL très typée, on utilisa le plus souvent le châssis Daimler-Benz de 4,5 tonnes et, dans une moindre mesure, le GFL-145 de Klöckner-Deutz (Magirus), d'un poids identique. Dans les deux cas, le parc acier de cette échelle à quatre pans, au déploiement de 22 m avec rallonge manuelle de 2 m, provenait de chez Magirus. Quelque 210 exemplaires furent fabriqués durant la guerre. On voit ici une version de châssis Daimler-Benz, entraîné par un diesel six cylindres de 112 chevaux. Au début des années 1980, le véhicule représenté servait encore d'échelle de réserve à la brigade de Göttingen.

Catégorie de véhicule : *fourgon pompe-tonne 15/43*
Type de châssis : *Opel-Blitz type 6700 A*
Année de construction : *1943*
Débit de la pompe : *1 500 l/mn*
Capacité de la citerne : *2 500 l*

Depuis le début de l'année 1943, des engins-pompes à réserve d'eau étaient montés à Ulm, par Magirus, sur des châssis Klöckner-Deutz. À la fin de la même année, ces modèles conduisirent à la construction du fourgon pompe-tonne FPT 15/43, sur châssis Opel 3 tonnes à transmission intégrale. Ce nouveau FPT transportait trois hommes d'équipage. La pompe d'incendie centrifuge se trouvait à l'arrière du véhicule, à côté de la citerne qui n'était pas encastrée. Ces fourgons firent leurs preuves de façon remarquable au cours des bombardements de la guerre, quand l'eau faisait défaut ; mais avec 750 unités, ils étaient loin de suffire à la tâche. Ce véhicule fut restauré, conformément à l'original, en jaune mastic, couleur adoptée à partir de septembre 1943.

Catégorie de véhicule : *échelle pivotante EP 17*
Type de châssis : *Opel-Blitz type 3,6-42*
Année de construction : *1951*
Débit de la pompe : –
Capacité de la citerne : –

Les pompiers volontaires de Homberg sur le bas Rhin se virent attribuer une échelle pivotante EP 17 à entraînement mécanique. Le châssis était un Opel trois tonnes, assemblé en petite série à Rüsselsheim, au début des années 1950, à partir de pièces de récupération. L'entraînement était assuré par un six cylindres à carburateur de 3 630 cm³ de cylindrée pour 68 chevaux. Opérationnelle jusque dans les années 1970, cette échelle est aujourd'hui conservée par la brigade de Duisbourg comme véhicule de collection.

Catégorie de véhicule : *camion porte-échelle 26, future EP 26*
Type de châssis : *Magirus-Deutz (KHD) FL 145*
Année de construction : *1940*
Débit de la pompe : –
Capacité de la citerne : –

Vers le milieu de 1938, Magirus modifia le revêtement des capots du type 4,5 tonnes : la grille du radiateur et les ailes du capot furent dotées d'une forme inclinée, voire presque arrondie. Outre des fourgons-pompes KS 25, Magirus à Ulm monta un grand nombre d'échelles 26 m sur ce châssis. Le capot abritait un diesel six cylindres Deutz refroidi par eau, de 9 112 cm³ de cylindrée pour une puissance de 125 chevaux. Ces modèles s'avérèrent d'une solidité et d'une longévité exceptionnelles, comme le prouve cet exemplaire restauré et conservé par les pompiers volontaires de Datteln.

Catégorie de véhicule : *camion porte-échelle 26, future EP 26*
Type de châssis : *Büssing-NAG type 500*
Année de construction : *1940*
Débit de la pompe : –
Capacité de la citerne : –

Un spécimen superbe que cette échelle pivotante KL 26 montée par Metz sur une plate-forme Büssing-NAG. La brigade de la ville de Braunschweig choisit ce châssis 5 tonnes du fabricant local pour des raisons de proximité. Il est entraîné par un diesel six cylindres refroidi par eau, d'une cylindrée de 7 412 cm³ pour une puissance de 105 chevaux à 1 800 tr/mn. Jusqu'en 1970, ce véhicule demeura en service chez son premier propriétaire. Restauré ensuite, il appartient désormais à un collectionneur privé.

Catégorie de véhicule :	*véhic. de première intervention FP 8*
Type de châssis :	*Opel-Blitz type 3,6-36*
Année de construction :	*1944*
Débit de la pompe :	*800 l/mn*
Capacité de la citerne :	*–*

Le manque de matières premières contraignit à simplifier beaucoup de produits durant la guerre. Les voitures d'incendie n'y échappèrent pas : à partir de 1944, beaucoup de véhicules furent réalisés au départ de plaques de carton pressé ou de fibres résistantes ; faciles à assembler, elles remplacèrent l'habituel cadre en bois recouvert de tôle. Ainsi, ce FP 8 monté par Magirus sur un trois tonnes d'Opel – le seul châssis de camion encore produit dans le Reich allemand. Prévus pour une courte durée de vie, plusieurs exemplaires traversèrent cependant les décennies, comme ce véhicule des pompiers volontaires de Werneck.

Catégorie de véhicule :	*camion-citerne mousse, futur FPT*
Type de châssis :	*GMC CCKW 353 (6 x 6)*
Année de construction :	*1943 (transf. en 1950/1951)*
Débit de la pompe :	*2 500 l/mn*
Capacité de la citerne :	*2 300 l (depuis 1981)*

Ce fourgon à réserve de mousse monté sur un châssis à trois essieux de l'armée américaine par l'équipementier Meyer-Hagen de Hagen est une pièce rare. Pour son usage civil, le châssis à carburateur dut laisser la place à un diesel six cylindres Henschel de 95 chevaux, plus économique. Avec deux autres exemplaires quasi identiques, ce véhicule équipé d'une citerne de 2 300 litres d'émulseur fut utilisé par le Service d'Incendie de l'Union des Carburants de Wesseling près de Cologne. Il fut opérationnel jusqu'en 1991, à la fin comme simple fourgon pompe-tonne, puis restauré à grands frais par un collectionneur.

Catégorie de véhicule :	*camionnette motopompe*
Type de châssis :	*Dodge WC 52*
Année de construction :	*1943*
Débit de la pompe :	*1 500 l/mn*
Capacité de la citerne :	*–*

Ce Dodge de 0,75 tonne provient du riche fonds de véhicules militaires américains, devenus superflus à la fin de la guerre. En 1953, il fut transformé par l'équipementier de Bayreuth Paul Ludwig, pour les pompiers volontaires de Schottenstein, en véhicule motopompe doté d'un puissant engin Amag-Hilpert à l'avant. Cette curieuse voiture a un poids total autorisé en charge de 3 500 kg, et dispose d'un six cylindres à carburateur de 3 772 cm³ de cylindrée pour 76 chevaux. Un groupe d'intervention l'utilisait encore dans les années 1980.

Catégorie de véhicule :	***véhic. de première intervention FP 8***
Type de châssis :	***Opel-Blitz 1,5 t***
Année de construction :	***1951***
Débit de la pompe :	–
Capacité de la citerne :	–

La firme Meyer-Hagen conçut pour les pompiers volontaires de Kronach ce FP 8 aux formes harmonieuses, monté sur châssis Opel léger et encore en service au milieu des années 1980. Il faut remarquer la sirène électrique, rare sur une voiture d'incendie allemande, installée à la base avant de l'aile gauche. Ces modèles très fiables étaient équipés d'un six cylindres à carburateur d'une cylindrée de 2 473 cm³ pour 55 chevaux, qui leur assurait d'excellentes performances – avantage non négligeable en cas d'urgence. Opérationnel jusqu'à la fin des années 1980, ce « LF 8 » est conservé en état de marche au musée des pompiers de Westphalie de Hattingen.

Catégorie de véhicule :	***véhic. de première intervention FP 8***
Type de châssis :	***Citroën type 23 RW***
Année de construction :	***1952***
Débit de la pompe :	–
Capacité de la citerne :	–

Relevant administrativement de la France jusqu'en 1957, la Sarre occupait après-guerre une position particulière qui se reflétait aussi dans les modèles de ses véhicules d'incendie. Ainsi, quantité de FP 8 furent montés sur des châssis français Citroën par des équipementiers régionaux, pour être utilisés par les services d'incendie sarrois. L'exemplaire ci-contre, équipé d'un mât d'éclairage, était encore opérationnel en 1982 chez les pompiers volontaires de Kleinblittersdorf. Ce fourgon dispose d'un quatre cylindres à carburateur de 50 chevaux.

Catégorie de véhicule :	***véhic. de première intervention FP 8-MPR***
Type de châssis :	***Opel-Blitz 1,75 t***
Année de construction :	***1957***
Débit de la pompe :	***800 l/mn***
Capacité de la citerne :	–

Le 1,75 tonne de Opel fut le FP 8 par excellence des pompiers volontaires de la RFA durant les années 1950. Nombre de ces véhicules furent montés sur ce châssis de fourgon rapide, qui connut un grand succès. À peu près tous les équipementiers du pays participèrent à sa production. Avec la remorque à essieu unique où l'on embarquait une motopompe MPR de 800 l/mn, ce véhicule constituait une unité apportant une grande autonomie. Selon une tradition établie, cet Opel disposait également d'un moteur à carburateur de 58 chevaux (plus tard 62). Cet attelage vit le jour au sein de la firme Miesen, à Bonn.

Catégorie de véhicule :	*véhic. de première intervention FP 8*
Type de châssis :	*Ford FK 2500*
Année de construction :	*1956*
Débit de la pompe :	*800 l/mn*
Capacité de la citerne :	*–*

Ford, fabricant de camions à Cologne, participa lui aussi à la construction de fourgons-pompes avec équipage FP 8, avec toutefois beaucoup moins de succès que Opel par exemple. Les pompiers volontaires de Gimborn firent aménager par la firme Miesen de Bonn un véhicule de ce type sur un châssis 2,5 tonnes du même fournisseur. Un V8 à carburateur de 3 924 cm³ pour 100 chevaux assurait une motorisation très suffisante.

Catégorie de véhicule :	*véhic. de première intervention FP 8-MPR*
Type de châssis :	*Hanomag L 28*
Année de construction :	*1954*
Débit de la pompe :	*800 l/mn*
Capacité de la citerne :	*–*

Avec le modèle L 28, le fabricant de camions Hanomag de Hanovre présentait en 1950 le premier diesel allemand dans la catégorie des poids légers. Ce modèle trouva également une utilisation comme fourgon léger d'incendie. Ce furent surtout des FP 8 que l'on monta sur ce châssis. Metz signa la carrosserie du véhicule à raccord de pompe central que l'on voit ici, tandis que Bachert réalisait la remorque accueillant la pompe portable. Les pompiers volontaires de Pfaffenrot l'utilisaient encore au milieu des années 1980. Le fourgon est entraîné par un diesel quatre cylindres de 2 799 cm³ de cylindrée pour une puissance de 50 chevaux.

Catégorie de véhicule :	*fourgon pompe-tonne FPT, (LF 15-V-TS, exécution Hesse)*
Type de châssis :	*Mercedes-Benz LF 3500/42*
Année de construction :	*1951*
Débit de la pompe :	*1 500 l/mn*
Capacité de la citerne :	*1 400 l*

Le besoin en FPT se fit sentir de façon aiguë dans les années 1950, les avantages de ces véhicules n'ayant été découverts qu'au cours de la guerre. La demande était si forte qu'elle représentait plus de 50 % des ventes de bien des équipementiers. Avec son nouveau châssis de 3,5 tonnes équipé d'un moteur de 90 chevaux, Daimler-Benz ne tarda pas à prendre la première place. En 1950, le Land de Hesse passa commande d'une série spéciale de FPT, exécutée en commun par Metz et Magirus. La haute galerie installée sur le toit était caractéristique de ces véhicules. Elle permettait d'emporter les réserves de tuyaux en vue d'interventions en pleine campagne, pour les connecter à la pompe installée à l'avant.

Catégorie de véhicule :	*véhic. de première intervention FP 15*
Type de châssis :	*Magirus-Deutz (KHD) S 3500*
Année de construction :	*1950*
Débit de la pompe :	*1 500 l/mn*
Capacité de la citerne :	*800 l*

De 1949 à 1952, on continua de construire le LF 15 (notre FP) qui avait fait ses preuves durant la guerre. En fait, c'était l'ancien fourgon lourd SLG à peine transformé, à l'exception du diesel quatre cylindres désormais refroidi par air. La charge utile du châssis fut également portée à 3,5 tonnes. Le diesel quatre cylindres refroidi par air, dont la guerre avait amené la production en série, délivrait 85 chevaux à 2 300 tr/mn, pour une cylindrée de 5 322 cm³. Au début des années 1980, cet exemplaire bien entretenu figurait encore dans le parc des pompiers volontaires de Woffelsbach (dans l'Eifel).

Catégorie de véhicule :	*fourgon pompe-tonne FPT 15*
Type de châssis :	*Mercedes-Benz LF 3500/36*
Année de construction :	*1950*
Débit de la pompe :	*1 500 l/mn*
Capacité de la citerne :	*2 400 l*

Dans sa première version d'après-guerre, le FPT 15 de Metz disposait d'une cabine fermée pouvant accueillir six hommes d'équipage, d'une citerne abritée par une structure aménagée sur l'essieu arrière, et d'une pompe extérieure installée à l'arrière avec deux dévidoirs latéraux, pour une intervention rapide. La carrosserie était montée sur un châssis Daimler-Benz à empattement court. Ce véhicule des pompiers volontaires de Neustadt a.d. Weinstraße est en outre équipé de matériels portables de lutte contre les feux de forêt.

Catégorie de véhicule :	*véhic. de première intervention FP 16*
Type de châssis :	*Mercedes-Benz LF 311/42*
Année de construction :	*1958*
Débit de la pompe :	*1 600 l/mn*
Capacité de la citerne :	*800 l*

Ce châssis moyen de 3,5 tonnes permit à Daimler-Benz d'occuper également une position de leader dans la construction de voitures de cette catégorie. Jusqu'au début de la décennie suivante, nombreux furent les fourgons-pompes FP 16 avec équipage à être montés sur ce châssis de référence, notamment par Metz à Karlsruhe. Ici, un exemplaire équipé d'un diesel six cylindres de 100 ch et disposant déjà d'un pare-brise panoramique arrondi.

Catégorie de véhicule :	*fourgon pompe-tonne 15/48*
Type de châssis :	*Magirus-Deutz (KHD) S 3500*
Année de construction :	*1949*
Débit de la pompe :	*1 500 l/mn*
Capacité de la citerne :	*2 400 l*

Le pendant de Magirus au projet de Metz fut le FPT 15/48, construit de façon très semblable et disponible dès 1948.

Le châssis 3,5 tonnes de Magirus (KHD) est associé à un diesel refroidi par air de 85 chevaux. Des deux côtés de la citerne encastrée sont disposés des caissons à matériels, tandis qu'à l'arrière, à côté de la pompe d'incendie, est aménagé un dispositif d'intervention rapide comprenant 30 m de tuyaux sous haute pression et deux dévidoirs. Ces modèles fort demandés firent preuve de robustesse et de longévité, comme cet exemplaire des pompiers volontaires de Vorsfelde.

Catégorie de véhicule :	*fourgon pompe-tonne FPT 15*
Type de châssis :	*Mercedes-Benz LF 3500/42*
Année de construction :	*1954*
Débit de la pompe :	*1 500 l/mn*
Capacité de la citerne :	*2 400 l*

La génération de FPT suivante fut exécutée par Metz en version surbaissée, avec espaces équipage et matériel séparés. Le véhicule illustré ici fut acheté par les pompiers volontaires de Grevenbroich. Monté sur un châssis Daimler-Benz de 3,5 tonnes, il fut équipé d'un diesel six cylindres refroidi par air d'une cylindrée de 4 850 cm³ pour 90 chevaux à 2 800 tr/mn. Au début des années 1980, les pompiers le restaurèrent comme véhicule de collection.

Catégorie de véhicule :	***fourgon pompe-tonne FPT 15/50***
Type de châssis :	***Magirus-Deutz (KHD) A 3500***
Année de construction :	***1951***
Débit de la pompe :	***1 500 l/mn***
Capacité de la citerne :	***2 400 l***

À dater de 1951, Magirus monta un FPT 15 sur un châssis Magirus de 3,5 tonnes – ce fut le premier véhicule ouest-allemand à transmission intégrale de l'après-guerre. La motorisation fut assurée par un diesel refroidi par air de 90 chevaux. Ces fourgons équipés d'un joint de caoutchouc entre la cabine d'équipage et le compartiment de charge furent livrés en petites quantités, et surtout dans la région bavaroise (deux à la brigade de Munich). Cet exemplaire du Service d'Incendie de Mittenwald termina sa carrière chez les pompiers volontaires d'Unterammergau ; il est aujourd'hui conservé par l'amicale de l'ancien Service d'Incendie de Mühldorf.

Catégorie de véhicule :	***fourgon pompe-tonne FPT 15/50***
Type de châssis :	***Magirus-Deutz (KHD) S 3500***
Année de construction :	***1951***
Débit de la pompe :	***1 500 l/mn***
Capacité de la citerne :	***2 400 l***

C'est à nouveau Magirus qui, dès 1950, passa pour la construction des FPT à une conception de carrosserie continue et arrondie, avec un capot rajeuni et rétréci vers l'avant. Ces véhicules donnaient une impression d'harmonie, d'autant plus qu'échelles et autres matériels encombrants avaient été bannis du toit pour trouver place dans le fourgon. Le diesel quatre cylindres refroidi par air fournissait désormais 90 chevaux pour une cylindrée inchangée.

Catégorie de véhicule :	***fourgon pompe-tonne FPT 15***
Type de châssis :	***Mercedes-Benz LF 3500/42***
Année de construction :	***1952***
Débit de la pompe :	***1 500 l/mn***
Capacité de la citerne :	***800 l***

Metz, le principal concurrent de Magirus, n'échappa pas au goût du jour. Outre les véhicules surbaissés, il produisit aussi durant un certain temps des exemplaires en forme de bus. Un petit nombre fut doté d'une transmission intégrale ; les autres FPT Metz étaient montés sur châssis Daimler-Benz 3,5 tonnes à propulsion. L'harmonie de cette carrosserie était indéniable, mais l'arrondi rendait les espaces de rangement peu pratiques et leur réalisation complexe et chère. Ce véhicule d'intervention pouvait être admiré au milieu des années 1980 chez les pompiers volontaires de Stadtprozelten.

Catégorie de véhicule :	***véhic. de première intervention FP 15***
Type de châssis :	***Magirus-Deutz (KHD) S 3500***
Année de construction :	***1955***
Débit de la pompe :	***1 500 l/mn***
Capacité de la citerne :	***800 l***

En 1952, Magirus présenta pour la première fois de nouveaux châssis à capot arrondi qui, pendant plus d'une décennie, allaient devenir la voiture d'incendie Magirus par excellence. Cette nouvelle forme de capot répondait mieux encore à la forme arrondie du FPT 15/50. D'un point de vue esthétique, châssis et carrosserie de cette ligne dite « autobus », formaient une unité rarement atteinte. Mais même avec la meilleure volonté du monde, il n'était plus possible de loger dans le compartiment prévu à cet effet les échelles coulissantes et autres matériels encombrants. Il fallut donc se résoudre à les ranger sur le toit. Ce véhicule acheté par les pompiers volontaires de Gummersbach fut retiré du service en 1984.

Catégorie de véhicule :	***fourgon pompe-tonne FPT 15***
Type de châssis :	***Mercedes-Benz LAF 3500/36***
Année de construction :	***1955***
Débit de la pompe :	***1 500 l/mn***
Capacité de la citerne :	***2 400 l***

Depuis le milieu des années 1950, les FPT à empattements courts et à transmission intégrale trouvèrent de plus en plus preneur. C'était surtout le cas pour les services intervenant en milieu rural. Ces véhicules offraient en effet d'indéniables avantages pour des déplacements en terrain accidenté – les services urbains se contentant en général de la propulsion. Ce FPT 15 à carrosserie Metz des pompiers volontaires de Rothenburg sur la Tauber dispose d'un diesel six cylindres à alternateur développant une puissance de 115 chevaux.

Catégorie de véhicule :	***fourgon pompe-tonne FPT 8***
Type de châssis :	***Borgward B 522 A-O***
Année de construction :	***1961***
Débit de la pompe :	***800 l/mn***
Capacité de la citerne :	***1 800 l***

Le FPT 8 fut conçu pour fournir aux services de petite taille un véhicule tout terrain d'un poids maximal autorisé de 7,5 tonnes, pouvant être conduit avec un permis de classe 3. Aménagés par beaucoup d'équipementiers avec une cabine pour trois hommes d'équipage, ces véhicules étaient particulièrement représentés dans les régions de forêts et de landes de la Basse-Saxe. La firme Borgward de Brême eut un rôle clé de fournisseur. Le châssis 2,5 tonnes à transmission intégrale de ce fabricant est assorti d'un six cylindres à carburateur développant 82 chevaux. Ci-contre, un véhicule équipé par Metz.

Catégorie de véhicule :	***fourgon pompe-tonne, (TLF 16-T)***
Type de châssis :	***Magirus-Deutz (KHD) F Mercur 125 A***
Année de construction :	***1956***
Débit de la pompe :	***1 600 l/mn***
Capacité de la citerne :	***2 800 l***

Le « TLF 16-T » (une variante du FPT 16), fut également adopté par les services d'incendie de Basse-Saxe. Souvent appelé « FPT Feux de forêt », ce modèle fut livré, la plupart du temps, avec transmission intégrale. Une citerne agrandie et une lance orientable fixe le différenciaient du FPT ordinaire, mais il emmenait moins d'hommes et de matériel (tuyaux en particulier). La carrosserie, sur châssis Daimler-Benz et Magirus principalement, était l'œuvre de Metz et Magirus. Le véhicule représenté dispose d'un six cylindres refroidi par air de 125 chevaux.

Allemagne

Catégorie de véhicule :	*fourgon pompe-tonne FPT*
Type de châssis :	*Mercedes-Benz LAF 311/36*
Année de construction :	*1955*
Débit de la pompe :	*1 600 l/mn*
Capacité de la citerne :	*2 800 l*

La firme Graaff de Elze près de Hanovre, qui fabriquait à l'époque des équipements de lutte contre le feu, monta pour les pompiers volontaires de Lastrup ce FPT (TLF 16-T) sur un châssis Daimler-Benz 3,5 tonnes à empattement court et transmission intégrale. Ces fourgons n'embarquaient que trois hommes d'équipage, ce qui pouvait parfois poser problème, mais se révélèrent jusque dans les années 1980 des porteurs d'eau indispensables lors d'interventions hors chemins.

Catégorie de véhicule :	*véhic. de première intervention FP 16*
Type de châssis :	*Mercedes-Benz LAF 311/42*
Année de construction :	*1959*
Débit de la pompe :	*1 600 l/mn*
Capacité de la citerne :	*800 l*

Durant les années 1950, la firme Metz fut leader dans le domaine des carrosseries montées sur châssis Daimler-Benz, grâce à un contrat de coopération conclu entre les deux entreprises. De ce fait n'apparurent que peu d'autres équipementiers : ce FP 16 à quatre roues motrices, carrossé par Bachert et acheté par les pompiers volontaires d'Ennepetal, figure parmi les exceptions. Son entraînement est assuré par un diesel six cylindres à précombustion de 115 chevaux. Le treuil d'origine fut retiré par la suite.

Catégorie de véhicule :	*véhic. de première intervention FP 16*
Type de châssis :	*Magirus-Deutz (KHD) F Mercur 125*
Année de construction :	*1961*
Débit de la pompe :	*1 600 l/mn*
Capacité de la citerne :	*800 l*

Après 1958, Magirus s'écarta de nouveau de la « ligne bus » au style arrondi pour construire également des fourgons avec équipage à châssis surbaissé – une tendance qui s'était imposée pour les fourgons pompes-tonnes dès le milieu des années 1950. L'espace conducteur-équipage formait une unité distincte du compartiment de charge. L'image représente un FP 16 de ce type, doté d'un diesel refroidi par air de 125 chevaux et acquis par le Service d'Incendie de la Continental-Gummiwerk AG de Hanovre.

Catégorie de véhicule :	*échelle pivotante EP 17*
Type de châssis :	*Ford FK 2500*
Année de construction :	*1956*
Débit de la pompe :	–
Capacité de la citerne :	–

Les pompiers volontaires de Neustadt, près de Cobourg, firent confectionner cette échelle EP 17 à entraînement mécanique par Metz, à Karlsruhe, sur châssis Ford 2,5 tonnes. Avec un poids total autorisé en charge de 5,2 tonnes, ce véhicule pouvait atteindre 100 km/h. Entraînée par un huit cylindres à carburateur de 3 924 cm³ pour 100 chevaux à 3 500 tr/mn, cette pièce unique était encore opérationnelle jusque vers la fin des années 1980. Sa restauration fut terminée en 1991.

Catégorie de véhicule :	*échelle pivotante EP 38*
Type de châssis :	*Krupp-Südwerke type SW L 60 Mustang*
Année de construction :	*1951*
Débit de la pompe :	–
Capacité de la citerne :	–

Les plates-formes du fabricant de camions Krupp d'Essen faisaient figure de raretés dans le parc automobile des services d'incendie allemands. Ce furent surtout les pompiers de métier de la ville de Essen qui commandèrent ce type de châssis – leur marque maison pour ainsi dire – pour une partie de leurs véhicules. Leur première EP d'après-guerre montée par Metz sur un châssis 6,5 tonnes de ce fabricant fut ce modèle de 38 m à entraînement mécanique. Cette imposante pièce unique, opérationnelle jusqu'en 1969, est conservée par un collectionneur. Elle est équipée d'un diesel deux-temps à quatre cylindres ventilés, fréquent chez ce constructeur. Ce moteur d'une cylindrée de 5 778 cm³ développait 145 chevaux.

Catégorie de véhicule :	*échelle pivotante automatique EPA 25*
Année de construction :	*1959*
Débit de la pompe :	–
Capacité de la citerne :	–

Dès 1953, Magirus avait présenté la première échelle allemande à entraînement entièrement hydraulique. En 1959, Metz lui emboîta le pas avec une construction semblable mais déjà plus évoluée, en mettant au point un dispositif de stabilisation sans arcs-boutants. L'un des premiers véhicules livrés fut cette échelle achetée par les pompiers volontaires d'Altena dans le Sauerland. Montée sur un châssis Daimler-Benz 4,5 tonnes, elle était pourvue d'une cabine carrée pour l'équipage et d'un pare-brise d'une seule pièce, légèrement bombé et aux vitres serties d'aluminium. Ce véhicule mis entre-temps à la ferraille était équipé d'un diesel six cylindres turbocompressé de 115 chevaux.

Catégorie de véhicule :	*échelle pivotante EP 37*
Type de châssis :	*Mercedes-Benz Lko 325/46*
Année de construction :	*1956*
Débit de la pompe :	–
Capacité de la citerne :	–

Le Service d'Incendie de l'entreprise Bayer AG fit l'acquisition pour l'usine de Krefeld Uerdingen d'une échelle mécanique Metz EP 37 montée sur châssis Daimler-Benz. La spécification « Lko » sur ce dernier indique un véhicule prévu pour le secteur municipal. Le diesel six cylindres à chambre de précombustion, d'une cylindrée de 7 270 cm³, développait 125 chevaux à 2 200 tr/mn, permettant à cet engin de 14 760 kg d'atteindre 70 km/h. Dans les années 1990, ce véhicule servait encore d'échelle de réserve.

Catégorie de véhicule :	*échelle pivotante EP 25*
Type de châssis :	*Mercedes-Benz LF 311/42*
Année de construction :	*1956*
Débit de la pompe :	–
Capacité de la citerne :	–

Pour protéger du feu les installations du site, le Service d'Incendie de l'usine Bosch à Darmstadt fit l'acquisition auprès de la firme Metz de Karlsruhe d'une échelle mécanique EP 25 m montée sur châssis Daimler-Benz 3,5 tonnes. Le déploiement et reploiement des échelles Metz se faisaient à l'époque par chaîne et roue dentée. Utilisé jusqu'en 1986 par ce service, le véhicule avait un poids total autorisé en charge de 9 tonnes et était équipé d'un diesel six cylindres de 100 chevaux. C'est aujourd'hui une pièce de musée.

Catégorie de véhicule :	*échelle pivotante automatique EPA 30*
Type de châssis :	*Magirus-Deutz S 6500*
Année de construction :	*1959*
Débit de la pompe :	–
Capacité de la citerne :	–

La brigade des pompiers de métier de Bremerhaven commanda chez Magirus à Ulm une échelle EP 30 à entraînement hydraulique, montée sur châssis Magirus 6,5 tonnes. Elle fut cédée au cours des années 1970 aux pompiers volontaires de Riegelsberg dans la Sarre. Le véhicule est équipé d'un diesel V8 refroidi par air de 170 chevaux. Peut-être une telle motorisation ne s'imposait-elle pas pour une échelle de 30 m – mais lors de décalages lors d'interventions d'urgence, les performances routières s'en trouvaient sensiblement améliorées et la stabilité lors de l'action était sans comparaison.

Catégorie de véhicule :	*EPA 30*
Type de châssis :	*Magirus-Deutz (KHD) F Mercur 125*
Année de construction :	*1958*
Débit de la pompe :	–
Capacité de la citerne :	–

Dans la seconde moitié des années 1950, l'échelle EP 30 à entraînement hydraulique s'imposa de plus en plus sur le marché intérieur allemand comme un classique des services d'incendie urbains. Ces véhicules offraient en effet un rapport coûts-avantages solide et équilibré. La brigade de Solingen utilisa elle aussi un véhicule de ce type, construit par Magirus. Après restauration complète, il fait partie d'un convoi de trois voitures de pompiers conservées comme pièces de musée.

Catégorie de véhicule :	*EP 25 (DL 25-T)*
Type de châssis :	*Magirus-Deutz (KHD) F Mercur 125*
Année de construction :	*1961*
Débit de la pompe :	–
Capacité de la citerne :	–

Il était relativement rare de rencontrer dans les services d'incendie allemands des échelles disposant d'une cabine de troupe : à l'inconvénient d'un équipage réduit à trois hommes, s'opposait en effet l'avantage de pouvoir recourir à des cabines de camions de série, ce qui allégeait le budget de communes économes ou moins riches. On peut voir ici une échelle pivotante hydraulique 25 de ce type, achetée à l'époque par les pompiers volontaires de Kirchheim unter Teck.

Catégorie de véhicule :	*porteur d'eau*
Type de châssis :	*Magirus-Deutz (KHD) Mercur 125*
Année de construction :	*1962*
Débit de la pompe :	*1 600 l/mn*
Capacité de la citerne :	*4 000 l*

Au début des années 1950, les gardes mobiles firent l'acquisition de véhicules munis de canons à eau qu'ils montèrent sur différents châssis. Une fois déclassé, plus d'un exemplaire termina sa carrière comme porteur d'eau bon marché dans les services de lutte contre le feu. C'est le cas de ce véhicule d'intervention des pompiers volontaires de Gillenfeld/Eifel, équipé d'un diesel six cylindres refroidi par air de 7 983 cm³ de cylindrée pour 125 chevaux. Un moteur industriel VW servait de groupe d'appoint pour la pompe centrifuge.

Catégorie de véhicule :	*fourgon pompe-tonne poudre 16*
Type de châssis :	*Magirus-Deutz (KHD) F Mercur 145 A*
Année de construction :	*1961*
Débit de la pompe :	*1 600 l/mn*
Capacité de la citerne :	*1 500 l*

Ce fourgon poudre (TroTLF 16) à quatre roues motrices, équipé d'une carrosserie Magirus et d'une réserve de poudre de 750 kg aménagée par Total, fut acheté en premier lieu par la brigade des pompiers de métier de Munich ; il servit ensuite aux pompiers volontaires de la ville avant d'être vendu en 1975, avec une installation d'extinction à poudre améliorée, aux pompiers volontaires de Wartenberg-Angersbach dans la Hesse, qui l'utilisaient encore en 1997. Le véhicule était muni de deux dispositifs d'attaque rapide des flammes, à eau et à poudre.

Catégorie de véhicule :	*fourgon-pompe spécial 24/50*
Type de châssis :	*Magirus-Deutz (KHD) F Jupiter*
Année de construction :	*1962*
Débit de la pompe :	*2 400 l/mn*
Capacité de la citerne :	–

Ce fourgon d'incendie spécial (SLF 24/50) est un modèle typique du Service d'Incendie d'une entreprise pétrochimique. Appartenant à la firme Texaco de Heide/Holstein, il était monté sur un lourd châssis Magirus à capot arrondi. Son chargement se composait de 5 000 litres d'émulseur protéinique. La pompe d'incendie performante avait pris place à l'avant, tandis que deux lances-canons Minimax d'une puissance de 2 400 ou 1 600 l/mn étaient installé sur le toit. Le véhicule était équipé d'un V8 refroidi par air de 10 644 cm³ de cylindrée pour 170 chevaux, autorisant une vitesse de pointe de 70 km/h.

Catégorie de véhicule :	*fourgon poudre 1500*
Type de châssis :	*Magirus-Deutz (KHD) F Mercur 125 A*
Année de construction :	*1958*
Débit de la pompe :	–
Capacité de la citerne :	–

Quand apparurent les premiers gros porteurs, les pompiers de métier de Cologne firent l'acquisition d'un fourgon poudre, monté par la firme Total de Ladenburg. Monté sur châssis Magirus 4,5 tonnes à transmission intégrale associé à un moteur de 125 chevaux, il dispose de deux réservoirs de poudre de 750 kg chacun. Au début, ce fourgon fut tenu en alerte lors du décollage et de l'atterrissage des premiers Boeing 707 à l'aéroport de Cologne-Wahn mais, après l'extension de ce dernier, il fut vendu aux pompiers volontaires de Düren.

Catégorie de véhicule :	*fourgon de ravitaillement 6/25*
Type de châssis :	*Magirus-Deutz (KHD) F Jupiter*
Année de construction :	*1961*
Débit de la pompe :	*2 500 l/mn*
Capacité de la citerne :	*5 500 l*

Depuis la fin des années 1950, tout grand aéroport comptait dans son équipement de série le porteur fourgon ZB 6/25. Outre une grande réserve d'eau, il emportait 500 litres d'émulseur et pouvait ainsi amener près des foyers d'incendie des agents d'extinction en quantités relativement importantes. Le véhicule représenté fut aménagé par Magirus. Disposant d'une transmission intégrale, il était équipé d'un diesel V8 refroidi par air délivrant une puissance de 170 chevaux. Le Service d'Incendie de l'aéroport de Munich-Riem en fit l'acquisition et lui adjoignit avant la fin des années 1980 deux autres unités de même type.

Catégorie de véhicule :	*véhic. transport de matériel/sauvetage aquatique*
Type de châssis :	*Magirus-Deutz (KHD) F Mercur 125*
Année de construction :	*1959 (réaménagé dans les années 1970)*
Débit de la pompe :	–
Capacité de la citerne :	–

Sur le châssis d'un ex-FPT 16 Magirus à transmission intégrale, on monta la caisse d'un fourgon postal utilisé pour le transport des colis : le résultat fut ce « GW-W » appartenant aux pompiers de métier de Kaiserslautern. Cet exemplaire est à mettre au nombre des véhicules de transport de matériel hors normes, aménagés et équipés en pièce unique par les services d'incendie en vue de missions particulières. La motorisation est assurée par un diesel V6 de 125 chevaux, refroidi par air, classique pour ce type de châssis. Les petits services ne furent pas seuls à recourir à ce genre de solution permettant de réutiliser avec profit d'anciennes plates-formes.

Catégorie de véhicule :	*camion-grue de sauvetage*
Type de châssis :	*Magirus-Deutz (KHD) S 6500*
Année de construction :	*1953*
Débit de la pompe :	–
Capacité de la citerne :	–

Magirus avait déjà construit avant la guerre des véhicules de sauvetage dotés d'une grue. Les modèles développés à partir de 1953 furent montés sur les nouveaux châssis lourds à capot arrondi. Les formes rondes du capot et de la carrosserie conféraient à ces véhicules imposants une harmonieuse unité. Ils étaient équipés d'une grue électrique Demag de 7 tonnes pivotant à 360 degrés, d'un treuil et de matériels variés de premiers secours et de sauvetage. L'un des premiers exemplaires revint aux pompiers volontaires de Reutlingen où il fut opérationnel jusqu'en 1978, puis conservé comme véhicule de collection.

Catégorie de véhicule :	*fourgon pionnier/ secours routier*
Type de châssis :	*Magirus-Deutz (KFD) S 6500*
Année de construction :	*1957*
Débit de la pompe :	–
Capacité de la citerne :	–

La brigade des pompiers de métier de Munich fit exécuter par Magirus un pionnier en complément des camions-grues de sauvetage. Il fut monté sur un lourd châssis Magirus à capot arrondi de 170 chevaux. Le véhicule était équipé d'appareillages techniques, d'un groupe électrogène de 18 kVA, d'un treuil et d'une grue d'appoint. Son poids total autorisé en charge était de 13,2 tonnes. Au début des années 1970, ce fourgon classé par la suite FW 2 fut cédé aux pompiers volontaires de Münnerstadt, puis cédé à un collectionneur.

Catégorie de véhicule :	*VTM 3*
Type de châssis :	*Mercedes-Benz L 6600*
Année de construction :	*1953*
Débit de la pompe :	–
Capacité de la citerne :	–

Ce fourgon VTM 3 de Metz est une pièce unique imposante. Commandé pour le Service d'Incendie de l'entreprise Daimler-Benz AG, à Sindelfingen, il fut monté sur le plus lourd châssis de camion de la marque entraîné par un diesel six cylindres de 8 280 cm³ de cylindrée et 145 chevaux. Le véhicule emportait un chargement d'assistance technique important et disposait d'une cabine d'équipage distincte de celle du conducteur, pour un poids total autorisé en charge de 13,8 tonnes. Le radiateur chromé était caractéristique des véhicules du Service d'Incendie Daimler-Benz.

Catégorie de véhicule :	*camion-grue CG 10*
Type de châssis :	*Mercedes-Benz LA 331/46*
Année de construction :	*1959*
Débit de la pompe :	–
Capacité de la citerne :	–

Tandis que depuis 1956, Magirus proposait le CG 15 puis le CG 16, Metz programmait ses propres aménagements de grues. Sans doute furent-ils prévus au départ pour des châssis Daimler-Benz – mais d'autres constructeurs furent aussi sollicités, en particulier pour l'exportation. Les pompiers de métier de Fürth commandèrent ce camion-grue 10 tonnes, monté sur un lourd châssis Daimler-Benz d'exportation associé à un diesel six cylindres de 172 chevaux. Le fait que la flèche ne soit pas télescopique s'était avéré un inconvénient sur ce type de véhicules : en l'orientant vers l'arrière, on assura un levage optimal.

Catégorie de véhicule :	*camion-grue CG 15*
Type de châssis :	*Mercedes-Benz LA 315S*
Année de construction :	*1957*
Débit de la pompe :	–
Capacité de la citerne :	–

Metz eut beaucoup moins de succès que Magirus dans le domaine des camions- grues. Le CG 15 (R 15 selon le numéro d'usine) livré aux pompiers de métier de Ludwigshafen est un exemplaire resté unique. Ce véhicule fut monté sur un châssis d'exportation Daimler-Benz à trois essieux, entraîné par un diesel six cylindres de 10 810 cm³ de cylindrée pour une puissance de 192 chevaux. Une spacieuse cabine offrait de la place à six personnes. La grue électrique installée par Demag avait une capacité de levage de 15 tonnes. Le véhicule termina sa carrière chez les pompiers volontaires de Montabaur, où il fut surtout utilisé lors d'interventions en urgence sur l'autoroute Cologne-Francfort. Il appartient aujourd'hui à un collectionneur.

Catégorie de véhicule :	***fourgon pompe-tonne FPT***
Type de châssis :	***Mercedes-Benz LAF 911/36***
Année de construction :	***1972***
Débit de la pompe :	***800 l/mn***
Capacité de la citerne :	***1 800 l***

À partir de 1959, les modèles à capot raccourci prirent chez Daimler-Benz la suite des longs capots moteurs que le temps avait rendus familiers. Ces châssis ne tardèrent pas à figurer dans les parcs automobiles des services d'incendie. Ce FPT 8, un exemplaire rare, fut monté par la firme Arve de Springe près de Hanovre sur un châssis moyen à capot raccourci avec transmission intégrale. Les pompiers volontaires de Rethem l'utilisaient encore à la fin des années 1980. La motorisation était assurée par un diesel six cylindres à injection directe de 5 675 cm^3.

Catégorie de véhicule :	***fourgon pompe-tonne grande puissance FPTGP***
Type de châssis :	***Krupp type L 55 Buffle***
Année de construction :	***1954***
Débit de la pompe :	***800 l/mn***
Capacité de la citerne :	***5 500 l***

Il était très rare de rencontrer un châssis Krupp dans un service d'incendie. La raison principale en était que ce fabricant produisait surtout des châssis lourds, qui n'entraient pas dans les catégories de poids utilisées pour les fourgons d'incendie. Le véhicule que l'on voit ici, équipé d'une lance orientable, était encore en service au début de années 1980 chez les pompiers volontaires de Lünen qui transformèrent ainsi en fourgon pompe-tonne une arroseuse publique du service de nettoyage municipal. La carrosserie est l'œuvre de la firme Schörling, spécialisée dans la réalisation d'engins municipaux. Elle abrite un diesel deux-temps à trois cylindres de 4 332 cm^3 de cylindrée et 110 chevaux.

Catégorie de véhicule :	***véhic. de première intervention FP 16***
Type de châssis :	***Mercedes-Benz LAF 322/36***
Année de construction :	***1961***
Débit de la pompe :	***1 600 l/mn***
Capacité de la citerne :	***800 l***

Ce modèle FP 16 des pompiers volontaires de Düren fut monté également sur un châssis moyen à capot raccourci et transmission intégrale. Ce véhicule carrossé par Metz et équipé d'un diesel six cylindres de 132 chevaux transportait un équipage complet de neuf hommes. Outre la lutte contre le feu, son équipement permettait d'assurer une assistance technique restreinte. Il était relativement rare que des fourgons avec équipage soient montés sur des châssis à capot raccourci et à empattement court.

Catégorie de véhicule :	***FPT 16***
Type de châssis :	***Mercedes-Benz LAF 332/36***
Année de construction :	***1962***
Débit de la pompe :	***1 600 l/mn***
Capacité de la citerne :	***2 400 l***

Les pompiers volontaires de Rheinböllen dans le Hunsrück passèrent commande de ce modèle FPT 16 monté par Metz sur un châssis moyen Mercedes-Benz de la première génération à capot raccourci et transmission intégrale. La motorisation était assurée par un diesel six cylindres à chambre de précombustion de 5 675 cm^3 de cylindrée pour 126 chevaux.

Catégorie de véhicule :	***véhic. de première intervention FP 16***
Type de châssis :	***Mercedes-Benz LF 332/42***
Année de construction :	***1962***
Débit de la pompe :	***1 600 l/mn***
Capacité de la citerne :	–

Les pompiers volontaires de Metzingen firent l'acquisition de ce fourgon propulsé, dit LF 16-TS, monté et équipé par la firme Ziegler de Giengen sur un châssis Mercedes-Benz à capot raccourci et empattement long. Cette version était spécialement équipée pour des interventions en milieu rural. À la différence du FP 16 courant, elle disposait d'une pompe montée à l'avant facilitant l'approche des plans d'eau naturels, d'un modèle portable TS 8/8 supplémentaire au lieu de la pompe habituellement fixée à l'arrière, ainsi que d'une pléthore de tuyaux et robinets d'incendie.

Catégorie de véhicule :	***fourgon pompe-tonne***
Type de châssis :	***MAN 415 H-LF***
Année de construction :	***1962***
Débit de la pompe :	***1 600 l/mn***
Capacité de la citerne :	***2 400 l***

Vers la fin des années 1950, le fabricant de camions MAN, dont le rôle était resté marginal dans la construction de véhicules d'incendie, prit une importance grandissante dans ce domaine dès lors qu'il présenta des modèles maniables à capot raccourci, en forme de ponton, dans la catégorie poids moyen. Outre la brigade de Nuremberg, ce sont surtout les services d'incendie berlinois qui ont joué un rôle de précurseurs dans l'acquisition de véhicules MAN. Voici un FPT 16 aménagé par Bachert pour les pompiers volontaires de Wiesau. Il est équipé d'un diesel six cylindres à injection directe de 115 chevaux.

Catégorie de véhicule :	***véhic. de première intervention FP 16***
Type de châssis :	***MAN 415 H-LF***
Année de construction :	***1965***
Débit de la pompe :	***1 600 l/mn***
Capacité de la citerne :	***800 l***

L'équipementier Bachert de Kochendorf montait également des fourgons FP 16 sur des châssis MAN de taille moyenne. Ce véhicule, acheté par les pompiers volontaires de Süsterseel (canton de Heinsberg), y demeura opérationnel jusqu'en 1997. On l'y conserve aujourd'hui comme pièce de musée. Équipé de portes traditionnelles à battants, il se différencie du FPT par son empattement plus long (4 200 mm).

Catégorie de véhicule :	***fourgon pompe-tonne grande puissance FPTGP 26***
Type de châssis :	***Mercedes-Benz LS 1620***
Année de construction :	***1965***
Débit de la pompe :	–
Capacité de la citerne :	***26 000 l***

Quand de grandes quantités d'agents d'extinction se révélaient nécessaires ou qu'il fallait réceptionner des liquides dangereux, divers services d'incendie utilisaient des semi-remorques comme porteurs d'eau ou fourgons pompes-tonnes grande puissance. Ce fut le cas des pompiers de métier de Pforzheim où cet ancien camion à essence, carrossé par Stadler et transformé pour son nouvel usage, était encore opérationnel au début des années 1980. Le capot imposant du semi-remorque Mercedes-Benz abritait un diesel six cylindres à injection directe de 10 810 cm^3 de cylindrée, développant 210 chevaux à 2 200 tr/mn.

Catégorie de véhicule : ***camion dévidoir CD 2000***
Type de châssis : ***Magirus-Deutz (KHD) F Magirus 150 D 10 A***
Année de construction : ***1966***
Débit de la pompe : –
Capacité de la citerne : –

Il revient aux camions dévidoirs de compléter les stocks de tuyaux emportés par les fourgons-pompes lors d'interventions importantes, et d'établir des lignes de raccordement au réseau d'eau quand les missions se déroulent à l'écart des points de ravitaillement. Au cours des années 1980, un modèle CD 2000 monté sur châssis Magirus à capot carré et transmission intégrale et équipé d'un moteur de 150 chevaux était en service à la brigade de Lübeck. Ce véhicule transportait, outre l'équipage, 2 000 m de tuyaux et, en complément, une motopompe portable TS 8/8.

Catégorie de véhicule : ***véhic. de première intervention FP 16***
Type de châssis : ***Magirus-Deutz (KHD) 150 D 10***
Année de construction : ***1965***
Débit de la pompe : ***1 600 l/mn***
Capacité de la citerne : ***800 l***

Au début des années 1960, le capot carré prit la succession du capot arrondi chez Magirus. Les châssis qui allaient marquer les fourgons de la marque pour une nouvelle décennie, furent, comme les précédents, utilisés en grandes quantités par les services d'incendie. Il s'agissait généralement de constructions surbaissées, avec cabine d'équipage et compartiment de charge distincts. Voici, au début des années 1980, un FP 16 de réserve de la brigade de Duisbourg. La motorisation était assurée par un diesel six cylindres de 150 chevaux.

Catégorie de véhicule : ***récupérateur hydrocarbures***
Type de châssis : ***Magirus-Deutz (KHD) F 150 D 10***
Année de construction : ***1964***
Débit de la pompe : –
Capacité de la citerne : –

Durant les années 1960, on vit apparaître une nouvelle catégorie de véhicules, le « GW Öl », intervenant sur le pétrole ou autres substances dangereuses pour les nappes phréatiques. Chaque service étant libre d'aménager ces véhicules selon ses besoins, dans le simple respect de normes de base, la brigade de Karlsruhe fit construire par la firme Streicher cet exemplaire monté sur châssis Magirus à capot carré et transmission intégrale. Une citerne encastrée permet de recueillir et stocker provisoirement ces matières dangereuses.

Catégorie de véhicule : ***fourgon pompe-tonne mousse FPTMO (ZLF 24/50-2)***
Type de châssis : ***Magirus-Deutz (KHD) F Jupiter 195***
Année de construction : ***1962***
Débit de la pompe : ***2 400 l/mn***
Capacité de la citerne : ***5 000 l***

Le fourgon ZLF 24 était spécialement conçu pour l'industrie pétrochimique. Monté par Magirus sur un lourd châssis à capot carré entraîné par un V8 diesel refroidi par air de 12 667 cm^3 de cylindrée pour 195 chevaux, le véhicule représenté ici fut acheté à l'origine par le Service d'Incendie de la raffinerie Esso d'Ingolstadt. Une fois réformé, il fut récupéré par les pompiers volontaires de Kösching pour servir de fourgon pompe-tonne grande puissance. Son chargement se compose désormais de 5 000 litres d'eau et 200 litres d'émulseur.

Catégorie de véhicule : ***EPA 30***
Type de châssis : ***MAN HLF 520***
Année de construction : ***1961***
Débit de la pompe : –
Capacité de la citerne : –

Dans les années 1960, les échelles pivotantes construites sur châssis MAN étaient relativement rares, et avant tout destinées aux brigades de Berlin et de Nuremberg. Voici une échelle hydraulique Metz EP 30, livrée à l'origine à Berlin, puis reprise par les pompiers de métier de Brinkum près de Brême. Le parc d'échelle est équipé d'un dispositif de grue permettant de soulever des objets de poids limité. La motorisation est assurée par un diesel six cylindres de 5 350 cm^3 de cylindrée et 120 chevaux.

Catégorie de véhicule :	*échelle pivotante EP 18*
Type de châssis :	*Opel-Blitz type 2,1 t*
Année de construction :	*1968*
Débit de la pompe :	–
Capacité de la citerne :	–

À partir du milieu des années 1960, les services d'incendie allemands achetèrent de moins en moins d'échelles 18 m. En plus de la version mécanique habituelle, certaines disposaient d'un entraînement hydraulique. Le véhicule représenté ici est une échelle mécanique EP 18 m montée par Magirus sur un châssis Opel. Ce type de châssis, disponible depuis 1966, était toujours équipé d'un six cylindres à carburateur de 80 chevaux, ce qui était sans nul doute avantageux pour les services d'incendie mais en limitait sérieusement la vente au titre de véhicule civil

Catégorie de véhicule :	*EPA 30*
Type de châssis :	*Mercedes-Benz LF 1113/48*
Année de construction :	*1966*
Débit de la pompe :	–
Capacité de la citerne :	–

Dans le domaine des échelles pivotantes, il était relativement rare de voir un châssis Daimler-Benz associé à une structure Magirus. Différentes raisons peuvent avoir motivé cette acquisition, comme la longueur du parc d'échelle Magirus, inférieure de quelques centimètres à celle d'une échelle Metz – ce qui évitait la transformation onéreuse d'un hangar. Les pompiers volontaires de Metzingen commandèrent cette échelle Magirus EP 30, montée sur châssis Mercedes-Benz à capot raccourci. Sur la droite du bâti d'échelle est fixé un groupe électrogène de secours.

Catégorie de véhicule :	*BEA 26*
Type de châssis :	*Mercedes-Benz L 2224 (après transformation)*
Année de construction :	*1966 (transf. en 1976)*
Débit de la pompe :	–
Capacité de la citerne :	–

Les pompiers de métier de Stuttgart furent les premiers en Allemagne à faire l'acquisition d'un bras élévateur. Il s'agissait d'un modèle articulé Simon-SS-85 monté sur châssis Mercedes-Benz à capot raccourci. La firme britannique Simon était à l'époque leader dans ce segment. Ce bras articulé à trois éléments disposait d'une nacelle pouvant supporter 360 kg. On pouvait le déployer d'exactement 26 m, avec un déport de 6,30 m. L'essieu arrière ayant révélé des faiblesses lors de la mise en œuvre de cette lourde structure, une transformation radicale s'ensuivit dix ans plus tard : un second essieu fut ajouté à l'arrière et la cabine aménagée en cabine double. En raison du poids accru, un nouveau moteur diesel de 240 chevaux fut installé. Après sa mise hors service en 1988, cette pièce unique rejoignit par ses propres moyens le musée des pompiers de Fulda.

Catégorie de véhicule :	*plateforme élévatrice 30*
Type de châssis :	*Mercedes-Benz L 2624 (6 x 4)*
Année de construction :	*1976*
Débit de la pompe :	–
Capacité de la citerne :	–

Durant les années 1970, Metz livra une petite série d'échelles articulées ou télescopiques avec plate-forme (DL 30 S), montées sur châssis lourds Mercedes-Benz à capot court. Ce sigle désigne des échelles pivotantes munies de nacelles de sauvetage fixes. Ces véhicules énormes avaient un poids total autorisé en charge de 22 t. Des exemplaires équipés de stabilisateurs horizontaux et verticaux et d'une nacelle pour quatre hommes, rabattable devant le parc d'échelle, furent livrés entre autres aux Services d'Incendie de Sindelfingen et Darmstadt. On voit ici l'échelle reçue à Sindelfingen, équipée d'un diesel six cylindres de 11 580 cm³ et 240 ch.

Catégorie de véhicule :	***bras élévateur articulé***
Type de châssis :	***MAN type 9.160 H***
Année de construction :	***1971***
Débit de la pompe :	–
Capacité de la citerne :	–

Le Service d'Incendie des usines MAN à Augsbourg fit l'acquisition d'un bras articulé BEA 22 m du type Alkmaar PH 22/3 chez le fabricant lui-même. Le véhicule que l'on voit ici est monté sur un châssis d'usine à double essieu. Équipé d'un moteur de 160 chevaux, il disposait d'une cabine d'équipage et affichait un poids total autorisé en charge de 15 tonnes. La nacelle supportant une charge maximale de 400 kg pouvait être élevée jusqu'à 22 m. Ce fut le seul bras élévateur Alkmaar acquis par un service d'incendie allemand.

Catégorie de véhicule :	***BEA 26***
Type de châssis :	***Mercedes-Benz L 1923***
Année de construction :	***1969***
Débit de la pompe :	–
Capacité de la citerne :	–

Le premier exemplaire ayant donné satisfaction, la brigade de Stuttgart commanda un second bras élévateur articulé SS 85 au fabricant Simon. Ce véhicule à deux essieux fut livré avec cabine double. Le moteur était un diesel six cylindres à injection directe de 230 chevaux. Le double essieu s'étant avéré trop faible, il fallut vers la fin des années 1970 renforcer l'essieu arrière. Des raisons de coûts empêchèrent toutefois une transformation totale. Le véhicule fut déclassé en 1993 et remis à l'Association des musées de Stuttgart.

Catégorie de véhicule :	***véhicule de dépollution***
Type de châssis :	***Magirus-Deutz (KHD) 170 D 12 AK***
Année de construction :	***1971***
Débit de la pompe :	–
Capacité de la citerne :	–

En 1970, apparut une toute nouvelle série de modèles Magirus à capot carré. Ces véhicules disponibles en différentes motorisations avaient de nouvelles cabines de conduite ainsi que de nouveaux capots. En Allemagne, on ne recourut à ces châssis que de façon exceptionnelle. C'est le cas de ce véhicule de dépollution monté par la firme Aurepa pour les pompiers volontaires d'Ettlingen sur un châssis à pont basculant et transmission intégrale de 12 tonnes. La superstructure se compose de deux citernes juxtaposées d'une capacité respective de 1 500 litres, dans lesquelles on peut recueillir des liquides et résidus en tout genre, comme le font les hydrocureurs. Le véhicule est équipé d'un diesel V6 à injection directe de 8 482 cm^3 de cylindrée et 170 chevaux.

Catégorie de véhicule :	***fourgon pompe-tonne FPT 24/50***
Type de châssis :	***Mercedes-Benz LAK 1624***
Année de construction :	***1972***
Débit de la pompe :	***2 400 l/mn***
Capacité de la citerne :	***5 000 l***

Le FPT lourd 24/50 fut d'abord conçu pour combattre le feu lors d'accidents sur les autoroutes et les voies rapides. Outre la réserve d'eau, il embarquait 500 litres d'émulseur. Le véhicule fut standardisé dans les années 1970, puis encore légèrement modifié selon les normes les plus récentes. Le montage s'effectua sur différents châssis. Au début, on eut recours aux lourds châssis à capot raccourci Mercedes-Benz : c'est ce type de véhicule que Metz monta pour les pompiers de métier de Sarrebruck sur un châssis à pont basculant et transmission intégrale équipé d'un diesel de 240 chevaux.

Catégorie de véhicule : *fourgon pompe-tonne FPT (TLF 32/30-T)*
Type de châssis : *Mercedes-Benz LAF 1313/42*
Année de construction : *1973*
Débit de la pompe : *3 200 l/mn*
Capacité de la citerne : *3 000 l*

Les pompiers de métier des usines Bayer AG à Dormagen confièrent à la firme Bachert la construction de ce fourgon pompe-tonne avec équipage. Monté sur un châssis mi-lourd à capot court et empattement long, avec transmission intégrale, il était entraîné par un diesel turbocompressé six cylindres à injection directe de 5 765 cm³ de cylindrée pour 168 chevaux. Ce véhicule fut aménagé selon les indications du Service d'Incendie de l'usine.

Catégorie de véhicule : *fourgon pompe-tonne mousse FPTMO 4500*
Type de châssis : *MAN 770 HLF*
Année de construction : *1964*
Débit de la pompe : –
Capacité de la citerne : –

Au milieu des années 1980, le Service d'Incendie de la raffinerie de pétrole Ingolstadt AG (ERIAG) mit en service pour la protection de ses installations ces deux fourgons pompes-tonnes mousse acquis en même temps chez Metz. Ils furent montés sur de lourds châssis MAN entraînés par un diesel six cylindres à injection directe d'une puissance de 180 chevaux. Ces véhicules imposants, d'un poids total autorisé en charge de 14,8 tonnes, étaient équipés de canons sur le toit. Les citernes contenaient 4 500 litres d'émulseur et la pompe débitait 400 l/mn.

Catégorie de véhicule : *camion-grue CG 20*
Type de châssis : *Magirus-Deutz (KHD) FM 310 D 26 AK (6 x 6)*
Année de construction : *1973*
Débit de la pompe : –
Capacité de la citerne : –

En 1973, Magirus-Deutz livra un châssis à pont basculant et transmission intégrale à la fabrique de machines Langenfeld (MFL) ; celle-ci y monta une grue hydraulique de 20 tonnes pour les pompiers de métier de Solingen. C'est le seul cas où le lourd châssis de la seconde génération des capots carrés fut utilisé pour un camion-grue de pompiers. La motorisation était assurée par un diesel V10 à injection directe refroidi par air de 14 702 cm³ de cylindrée. Cette pièce unique, restée en service jusque dans les années 1990, est conservée en parfait état de marche par Traunreut e.V., une association très active dans la conservation des voitures de pompiers Magirus.

Catégorie de véhicule : *camion-grue CG16*
Type de châssis : *Magirus-Deutz (KHD) Uranus A*
Année de construction : *1963*
Débit de la pompe : –
Capacité de la citerne : –

En raison de la demande croissante d'un engin plus puissant, Magirus présenta en 1956 le premier camion-grue destiné spécifiquement aux pompiers. Monté sur un lourd châssis Magirus à capot carré, trois essieux et transmission intégrale, ce CG 15 était entraîné par un diesel V12 de 15 966 cm³ et 250 chevaux. La portée de cette grue, à commande déjà hydraulique, pouvait être augmentée grâce au déploiement télescopique de la flèche. Le premier exemplaire fut destiné aux pompiers de métier de Stuttgart, où il subit avec succès des essais approfondis. On s'arracha bientôt ces véhicules, achetés en nombre aussi bien par les services d'incendie urbains que par les entreprises de remorquage et de levage. En 1959, il devint le CG (KW) 16. Le véhicule représenté fut acquis en 1963 par la brigade de Duisbourg. C'est aujourd'hui une pièce de musée.

Catégorie de véhicule :	*CGS*
Type de châssis :	*Mercedes-Benz LA 334/52*
Année de construction :	*1964*
Débit de la pompe :	–
Capacité de la citerne :	–

Lorsqu'il leur fallut acheter un camion-grue, les pompiers volontaires de Neuss optèrent pour un camion-grue de sauvetage Metz, le RKW 10. Ce véhicule monté sur un lourd châssis Daimler-Benz à capot raccourci de 10 tonnes était entraîné par un diesel six cylindres à chambre de précombustion, refroidi par eau, de 10 810 cm^3 pour 200 ch à 2 200 tr/mn. La grue de 10 tonnes installée à l'arrière fonctionnait à l'électricité. Capable de pivoter à 360 degrés, elle ne pouvait toutefois être déployée dans toutes les positions. Dans les coffres à matériel trouvaient place des équipements variés pour interventions en tout genre. Le véhicule est conservé par un collectionneur.

Catégorie de véhicule :	*camion-grue CG 20*
Type de châssis :	*Magirus-Deutz (KHD) 270 D 26 A (6 x 6)*
Année de construction :	*1970*
Débit de la pompe :	–
Capacité de la citerne :	–

À partir du milieu des années 1960, les charges à déplacer devenant toujours plus lourdes, les camions-grues Magirus, quoique très performants et solides, ne suffisaient plus. La réponse de Magirus fut ce nouveau modèle CG 20, inspiré du CG 16, mais plus puissant et doté d'un moteur de 270 chevaux. Tandis qu'en Allemagne et à l'étranger, ses deux prédécesseurs se vendaient à 54 exemplaires, le CG 20 n'obtint jamais de tels succès et ne se vendit qu'à 14 exemplaires. Une nouvelle configuration du marché se dessinait, liée à l'apparition de grues télescopiques levant plus de 20 tonnes : elle signifia pour Magirus la fin d'une longue tradition de construction de camions-grues et de grues de sauvetage. Les pompiers de métier de Berlin furent les seuls en Allemagne à acheter deux unités de ce modèle.

Catégorie de véhicule :	*camion-grue hydraulique*
Type de châssis :	*Berliet (4 x 4)*
Année de construction :	*1975*
Débit de la pompe :	–
Capacité de la citerne :	–

Ce camion-grue 20 t de pompiers de métier de Kaiserslautern figure à coup sûr au nombre des raretés dans les services d'incendie allemands. La grue est télescopique et son entraînement, hydraulique. Ce modèle français Richier RC 60 remplaçait un CG 7 acheté chez Magirus en 1954. Sans doute la proximité de la France inspira-t-elle ce choix. Le fabricant de camions français Berliet fournit le châssis à deux essieux et transmission intégrale, équipé d'un diesel six cylindres de 12 000 cm^3 de cylindrée et 180 chevaux à 2 100 tr/mn. Le treuil intégré avait une capacité de levage de 10 tonnes. La cabine offre une excellente visibilité panoramique. Cet engin fut mis hors service en 2002, et remplacé par une grue Liebherr LTM 1060/2.

Catégorie de véhicule :	*camion-grue CG16*
Type de châssis :	*Mercedes-Benz LAK 2220 (6 x 4)*
Année de construction :	*1965*
Débit de la pompe :	–
Capacité de la citerne :	–

Ce CG 16 acheté par les pompiers volontaires d'Ingolstadt est une autre pièce unique installée par Metz. Il fut monté sur un lourd châssis basculant à capot raccourci Daimler-Benz doté de la transmission intégrale. Ce camion-grue figurait parmi les 16 exemplaires que Metz livra entre 1949 et 1971 aux services de lutte contre le feu du pays. Cette grue hydraulique avait une capacité de levage de 16 tonnes. Sa flèche se déployait d'un seul tenant. Les vérins étaient également hydrauliques. Un diesel six cylindres à injection directe de 10 810 cm^3 et 210 chevaux assurait la motorisation.

Catégorie de véhicule :	*camion-grue hydraulique*
Type de châssis :	*MAN 22.230 DH*
Année de construction :	*1970*
Débit de la pompe :	–
Capacité de la citerne :	–

Ce CG 18 des pompiers de métier de Hanovre, monté sur un châssis pour charges lourdes MAN à capot-moteur et à trois essieux, est également une pièce unique. Il était équipé d'une grue hydraulique MLF de type AMK 21. D'un poids total autorisé de 30 tonnes, le châssis était entraîné par un diesel six cylindres à injection directe de 10 689 cm³ de cylindrée et 230 chevaux à 2 200 tr/mn. La fabrique de machines Langenfeld (MFL) assura l'aménagement de la grue. Le camion était en outre doté à l'avant d'un dispositif de remorquage de 10 tonnes.

Catégorie de véhicule :	*véhic. de première intervention FP16*
Type de châssis :	*Mercedes-Benz 1019 AF*
Année de construction :	*1981*
Débit de la pompe :	*1 600 l/mn*
Capacité de la citerne :	*1 200 l*

Dans la catégorie des poids moyens, Daimler-Benz proposait depuis 1978 un châssis 10 tonnes à cabine avancée, animé par un diesel V6 de 9 570 cm³ et 192 chevaux. Ce châssis, souvent équipé en FP 16, était fort répandu dans les services d'incendie. Cet exemplaire monté par Metz sur un châssis à transmission intégrale avec une cabine pour neuf hommes alla aux pompiers volontaires de Neuss. Sous le projecteur, la sirène ronde, déjà obsolète à l'époque, ne passe pas inaperçue.

Catégorie de véhicule :	*véhic. de première intervention FP 16*
Type de châssis :	*Magirus-Deutz (KHD) FM 170 D 11*
Année de construction :	*1973*
Débit de la pompe :	*1 600 l/mn*
Capacité de la citerne :	*800 l*

Ce FP 16, monté par Magirus, était encore récemment utilisé par la brigade Heumar des pompiers volontaires de Cologne. Beaucoup de services firent l'acquisition de cette version de fourgon d'intervention standard, aux compartiments à matériels fermés par rideaux coulissants et rapidement accessibles. Ce véhicule, d'abord acquis par les pompiers de métier de Cologne, est équipé d'un diesel 6 cylindres de 170 chevaux.

Catégorie de véhicule :	*FP 8*
Type de châssis :	*Mercedes-Benz Unimog U 1300 L*
Année de construction :	*1981*
Débit de la pompe :	*800 l/mn*
Capacité de la citerne :	–

Les pompiers volontaires de Göppingen firent l'acquisition d'un FP 8 de taille moyenne pour le groupe d'intervention Hohenstaufen qui leur était rattaché. L'agencement technique fut l'œuvre de Ziegler à Giengen. Le châssis était un Unimog Mercedes-Benz à transmission intégrale, équipé d'un diesel six cylindres à injection directe de 5 675 cm³ et 130 chevaux à 2 800 tr/mn. Ce véhicule transportait un groupe d'intervention complet de neuf hommes.

Catégorie de véhicule :	*fourgon pompe-tonne*
Type de châssis :	*Magirus-Deutz (KHD) FM 170 D 11 A*
Année de construction :	*1970*
Débit de la pompe :	*1 600 l/mn*
Capacité de la citerne :	*2 400 l*

Ce FPT 16 construit par l'équipementier Bachert pour les pompiers volontaires de Neckarsulm figurait parmi les nouveaux Magirus à cabine avancée disponibles sur le marché depuis 1963. Le châssis était un poids moyen à transmission intégrale. Il était entraîné par un diesel V6 à injection directe refroidi par air, de 8 482 cm³ de cylindrée et 170 chevaux à 2 650 tr/mn.

Catégorie de véhicule :	*fourgon pompe-tonne*
Type de châssis :	*Mercedes-Benz 917 AF/31*
Année de construction :	*1987*
Débit de la pompe :	*800 l/min*
Capacité de la citerne :	*1 800 l*

Ce FPT 8/18 très compact fut monté sur un châssis Mercedes-Benz à quatre roues motrices. Il s'agissait du plus petit fourgon pompe-tonne normalisé, utilisé presque exclusivement par les services de pompiers volontaires. Suite à de nouvelles spécifications des véhicules, il n'est plus homologué depuis 1991. L'exemplaire ci-dessous, carrossé par Ziegler, est doté d'un diesel six cylindres turbocompressé de 5 958 cm³ et 170 chevaux.

Catégorie de véhicule :	*fourgon pompe-tonne FPT (TLF 16/24-Tr)*
Type de châssis :	*MAN type 8.136 FA*
Année de construction :	*1995*
Débit de la pompe :	*1 600 l/mn*
Capacité de la citerne :	*2 400 l*

Ce FPT dit « 16/24-Tr », une innovation datant de 1991, est l'héritier du FPT 8/18. Comme ce dernier, il était exclusivement monté sur des châssis à transmission intégrale, et emmenait un équipage de trois hommes. À la différence de son prédécesseur, son poids total autorisé en charge de 9,5 tonnes était plus important ; la pompe d'incendie était aussi plus puissante, et la capacité de la citerne considérablement augmentée. Ce véhicule aménagé par Ziegler alla aux pompiers volontaires de Schlangen.

Catégorie de véhicule :	*fourgon pompe-tonne FPT16/25*
Type de châssis :	*MAN type 12.232 FA*
Année de construction :	*1993*
Débit de la pompe :	*1 600 l/mn*
Capacité de la citerne :	*2 500 l*

En mai 1981, parut la première révision des normes concernant les fourgons pompes-tonnes, en vue de les adapter à un contexte qui avait évolué. Les FPT furent dès lors désignés en Allemagne par le sigle TLF 16/25 ; leur poids total autorisé en charge s'élevait à 12 tonnes. La cabine d'équipage fut dotée de deux appareils respiratoires à air comprimé. C'est un véhicule de ce type que commandèrent les pompiers volontaires de Heimsheim. Il fut monté par Ziegler sur un châssis MAN entraîné par un turbodiesel six cylindres à refroidissement par air de 6 596 cm³ et 230 chevaux.

Catégorie de véhicule :	*fourgon d'appui FA (HLF 24/50-7)*
Type de châssis :	*Mercedes-Benz L 2632/32 + 13 AK*
Année de construction :	*1980*
Débit de la pompe :	*2 400 l/mn*
Capacité de la citerne :	*5 000 l*

Afin de prendre en compte les contraintes liées à l'augmentation des risques et à la diminution des effectifs, certains services de pompiers de métier mirent en service à partir des années 1960 des fourgons-pompes d'assistance. Ces véhicules conçus en fonction des conditions locales dérogeaient considérablement aux normes. Outre une plus grande quantité d'agents d'extinction, ils transportaient des équipements variés en vue d'une assistance technique. Depuis 1976, les pompiers de métier de Duisbourg firent en tout l'acquisition de sept FPT « HLF 24/50-7 », d'abord désignés par le sigle TLF 5000 H. Bachert en assura l'aménagement sur des châssis Mercedes-Benz trois essieux à pont basculant et transmission intégrale. Ce châssis de 18 tonnes était équipé d'un diesel V10 à injection directe de 15 950 cm³ et 320 chevaux, permettant d'atteindre 90 km/h. Il embarquait six hommes d'équipage et 700 litres d'émulseur polyvalent.

Catégorie de véhicule :	*fourgon pompe-tonne FPT 32/60-20*
Type de châssis :	*Mercedes-Benz 1922 K*
Année de construction :	*1984*
Débit de la pompe :	*3 200 l/mn*
Capacité de la citerne :	*6 000 l*

Ce FPT 32/60-20 ne répond pas aux normes : c'est un fourgon pompe-tonne spécial pour l'industrie pétrochimique, que le Service d'incendie de la raffinerie Esso d'Ingolstadt fit réaliser par Metz. Il fut monté sur un châssis à pont basculant Mercedes-Benz d'un poids total autorisé en charge de 19 tonnes, entraîné par un diesel V6 à injection directe de 10 960 cm³ et 216 chevaux. L'équipage se compose de trois hommes. En plus d'une grande réserve d'eau, le chargement comprend 2 000 l d'émulseur. La lance Monitor mixte placée sur le toit peut projeter de l'eau et de la mousse.

Catégorie de véhicule :	*fourgon pompe-tonne FPT 24/50*
Type de châssis :	*Magirus-Deutz (KHD) FM 232 D 17 FA*
Année de construction :	*1980*
Débit de la pompe :	*2 400 l/mn*
Capacité de la citerne :	*5 000 l*

Ce FPT 24/50 construit par Magirus appartient au parc Spexard des pompiers volontaires de Gütersloh. Le véhicule est monté sur un châssis Magirus à cabine avancée et transmission intégrale, son équipage compte trois hommes. Outre la citerne d'eau, le chargement comprend 500 litres d'émulseur. La lance Monitor sur le toit peut projeter au choix 1 000 à 2 000 litres d'eau ou de mousse. L'eau est envoyée grâce au dispositif d'intervention rapide, situé à l'arrière droit et comportant un tuyau sous pression rigide. La motorisation est assurée par un diesel V10 à injection directe de 11 310 cm³ de cylindrée et 232 chevaux à 2 650 tr/mn.

Catégorie de véhicule :	*fourgon d'appui FA FPT 24/50-25*
Type de châssis :	*Mercedes-Benz 2636 A (8 x 6)*
Année de construction :	*1984*
Débit de la pompe :	*2 400 l/mn*
Capacité de la citerne :	*5 000 l*

Avec ses 9,45 m de longueur, ce pompe-tonne d'assistance à quatre essieux, aménagé par Bachert pour les pompiers de métier de Duisbourg, figurait à l'époque parmi les plus grandes voitures de pompiers d'Allemagne. Une fois encore, ce n'est pas un véhicule standard. Il comptait six hommes d'équipage et disposait d'une pompe d'incendie haute et basse pression FP 24/8–2,5/40 et de 2 500 litres d'émulseur. Étaient en outre disponibles des matériels pour interventions techniques, un groupe électrogène fixe ainsi qu'un mât d'éclairage à quatre projecteurs. Le puissant châssis Mercedes-Benz à transmission intégrale était équipé d'un diesel V10 à injection directe de 18 270 cm³ et 355 ch. Ce véhicule, n'ayant pas convaincu du fait de ses dimensions et de son comportement routier, est demeuré une pièce unique.

Catégorie de véhicule :	***fourgon tri-extincteur lourd FTEXL 48/70-40***
Type de châssis :	***Mercedes-Benz 2632 K (6 x 4)***
Année de construction :	***1983***
Débit de la pompe :	***4 800 l/mn***
Capacité de la citerne :	***7 000 l***

Utilisé par le Service d'incendie de la raffinerie de pétrole d'Ingolstadt AG (ERIAG), ce fourgon embarquant des agents d'extinction spéciaux est lui aussi un géant. Il fut monté par Ziegler sur un lourd châssis à pont basculant Mercedes-Benz à trois essieux et transmission intégrale. L'équipage se composait de trois hommes. Outre sa considérable réserve d'eau, il disposait de 4 000 litres d'émulseur, 300 kg de halon et d'une lance Monitor à eau et mousse sur le toit. Le poids total autorisé en charge de ce véhicule hors normes s'élevait à 28 tonnes.

Catégorie de véhicule :	***EPA 23-12***
Type de châssis :	***Magirus-Deutz FM 170 D 12 F***
Année de construction :	***1975***
Débit de la pompe :	–
Capacité de la citerne :	–

Depuis 1980, l'indication de la hauteur de déploiement des échelles pivotantes a changé. Une combinaison de chiffres renseigne désormais sur la hauteur nominale et sur la portée. Ainsi une EP 30 m (DL 30) est-elle devenue une « DL 23-12 ». Le premier chiffre indique la hauteur de déploiement minimale en mètres, le second renseigne sur la portée minimale. Cette EP 23-12 hydraulique des pompiers de métier de Duisbourg fut ainsi achetée à l'époque comme EP 30. Le moteur est un diesel V6 à injection directe de 176 ch.

Catégorie de véhicule :	***échelle pivotante automatique à nacelle EPAN 23-12***
Type de châssis :	***Mercedes-Benz LP 1319/36***
Année de construction :	***1975***
Débit de la pompe :	–
Capacité de la citerne :	–

Cette échelle montée par Metz sur un châssis Mercedes-Benz à cabine avancée de 13 tonnes est une pièce unique, dont les pompiers de métier de Mülheim/Ruhr firent l'acquisition. La cabine cubique d'équipage de cette EP 30 à nacelle était conçue pour trois hommes. Un diesel six cylindres à injection directe de 8 720 cm³ et 192 chevaux à 2 500 tr/mn assurait la motorisation. Ce véhicule n'est plus en service.

Catégorie de véhicule :	***échelle pivotante EP12/9***
Type de châssis :	***Magirus-Deutz (KHD) 90 D 56***
Année de construction :	***1978***
Débit de la pompe :	–
Capacité de la citerne :	–

Depuis avril 1989, la EP 18 est enregistrée comme EP ou EPAN 12/9. À l'époque de son acquisition par la municipalité de Diez, le véhicule ci-dessus était encore vendu comme échelle pivotante mécanique Magirus 18 m à commande manuelle. Monté sur un châssis Magirus moyen à cabine avancée, il disposait d'une cabine pour trois hommes. Le moteur était un diesel quatre cylindres à injection directe refroidi par air, de 4 086 cm³ et 87 chevaux.

Catégorie de véhicule :	*échelle pivotante automatique à nacelle EPAN 23-12*
Type de châssis :	*Mercedes-Benz L 1120 F*
Année de construction :	*1991*
Débit de la pompe :	–
Capacité de la citerne :	–

Après la réunification de l'Allemagne en octobre 1990, il y eut dans l'industrie d'équipements de lutte contre le feu une harmonisation progressive des véhicules, inspirée des standards ouest-allemands. À la foire de printemps de Leipzig, la fabrique d'équipements Luckenwalde, l'ancienne firme Hermann Koebe, exposa une version évoluée de l'échelle pivotante EP 30 avec équipage : une EP 23-12 que l'on pouvait également acheter comme EFAN 23-12, avec nacelle pour deux personnes. Le châssis Mercedes-Benz était associé à un diesel six cylindres turbocompressé à injection directe, refroidi par air, de 5 958 cm³ et 204 chevaux à 2 600 tr/mn. On voit ici la variante à nacelle.

Catégorie de véhicule :	*échelle pivotante à nacelle d'accès direct (DLK 23-12 SE)*
Type de châssis :	*Mercedes-Benz L 1628 F*
Année de construction :	*1987*
Débit de la pompe :	–
Capacité de la citerne :	–

Ce modèle d'échelle avec accès direct présenté par Metz en 1980 constituait une variante de véhicule de sauvetage élévateur tout à fait nouvelle. Pour limiter le ballant à l'arrière, Metz avait opté pour une échelle à 5 éléments. La tourelle pivotante était installée juste derrière la cabine, si bien que l'échelle pouvait être repliée vers l'arrière. Du sol, on pouvait ainsi grimper directement dans la nacelle. Par rapport aux modèles standard de Metz, ce type de construction permettait d'abaisser de 40 cm la hauteur du véhicule. Avec en tout 14 unités livrées aux services allemands, Metz resta loin derrière les modèles bas de Magirus. Le véhicule que nous voyons est le dernier exemplaire vendu. Il fut livré aux pompiers de métier de Wuppertal. La nacelle pouvait contenir trois personnes ; le moteur est un diesel V8 à injection directe de 14 620 cm³ de cylindrée pour une puissance de 280 chevaux.

Catégorie de véhicule :	*échelle pivotante automatique à nacelle EPAN 23-12*
Type de châssis :	*Mercedes-Benz L 1422 F*
Année de construction :	*1990*
Débit de la pompe :	–
Capacité de la citerne :	–

Cette échelle EPAN 23-12 équipée par Metz d'une nacelle rabattable est dotée d'une cabine surbaissée installée par la firme Eller à la demande du Service d'Incendie de Berlin : au fil du temps, la hauteur des porte-échelles n'avait en effet cessé d'augmenter. Dans les années 1970, elle dépassait les 3,30 m. Dans les vieux quartiers des villes, il devenait de plus en plus difficile d'accéder aux cours intérieures en raison des passages généralement très bas. Metz et Magirus prirent en compte cette contrainte en proposant différents aménagements. L'échelle représentée ici fut achetée par les pompiers volontaires de Hofheim. Elle est montée sur un châssis Mercedes-Benz équipé d'un diesel V6 à injection directe de 10 960 cm³ et 216 chevaux à 2 300 tr/mn.

Catégorie de véhicule :	*échelle pivotante automatique à nacelle EPAN 23-12*
Type de châssis :	*Mercedes-Benz L 1419 F*
Année de construction :	*1977*
Débit de la pompe :	–
Capacité de la citerne :	–

Ce modèle EPAN 23-12 fut aménagé par Metz pour les pompiers volontaires de Rüsselsheim et agréé pour la circulation routière en décembre 1977. Le châssis de 14 tonnes, dont la cabine avancée pouvait abriter trois hommes d'équipage, était entraîné par un V6 diesel à injection directe de 9 570 cm³ de cylindrée pour une puissance de 192 chevaux. En 1990, l'équipement fut complété par une bâche de sauvetage ; l'année suivante, ce fut un puissant ventilateur Tempest.

Catégorie de véhicule :	*EPAN 23-12, construction basse*
Type de châssis :	*Iveco-Magirus 120-25 AN*
Année de construction :	*1989*
Débit de la pompe :	–
Capacité de la citerne :	–

Au milieu des années 1970, Magirus conçut en collaboration avec les pompiers de métier de Munich un châssis spécial pour échelles pivotantes, spécialement surbaissé et étroit. En positionnant la cabine devant l'essieu avant et en gardant une superstructure aussi basse que possible, on obtenait une hauteur de 2 850 mm. La largeur ne dépassait pas 2,35 m. Ces véhicules furent équipés en série de moteurs de 235 chevaux et désignés par le sigle DLK 23-12 n.B. (n.B. = niedrige Bauart, construction basse). Jusque fin 1997, 100 exemplaires avaient été livrés dans la seule Allemagne. Douze unités revinrent à la brigade de Munich. Voici un exemplaire appartenant aux pompiers de métier de Düsseldorf.

Catégorie de véhicule :	*camion-grue CG 40*
Type de châssis :	*Gottwald type AMK 65-41*
Année de construction :	*1971*
Débit de la pompe :	–
Capacité de la citerne :	–

Au début des années 1970, les fabricants de grues télescopiques comme Gottwald, Liebherr, MFL et Rheinstahl entreprirent de conquérir le marché des équipements de lutte contre l'incendie. Au fil du temps, ils parvinrent à évincer les grues installées par les pompiers sur de lourds châssis de camions, et dont les performances s'étaient avérées insuffisantes. Les services d'incendie exigeaient des engins dotés de capacités de levage toujours plus élevées et surtout de plus grande portée : ainsi put-on voir récemment des véhicules atteignant une force de levage de 70 tonnes. L'image représente un camion-grue 40 Gottwald, acheté à l'époque par les pompiers de métier de Duisbourg. Il est équipé d'un diesel V12 (KHD) de 340 ch et 16 848 cm^3. Le P.T.A.C. est de 41 t. Sur quatre essieux, trois sont moteurs.

Catégorie de véhicule :	*plate-forme élévatrice 30/5*
Type de châssis :	*Magirus-Deutz FM 310 D 21 F (6 x 4)*
Année de construction :	*1983*
Débit de la pompe :	–
Capacité de la citerne :	–

En 1977, Magirus construisit pour les pompiers de métier de Francfort une plate-forme élévatrice 30/5 avec un corps d'échelle à cinq éléments et une nacelle rabattable pour quatre personnes. Le véhicule, installé sur un lourd châssis Magirus à trois essieux équipé d'un diesel dix cylindres de 305 chevaux, disposait d'étais verticaux et horizontaux réglables. L'échelle peut également être équipée d'un mât d'éclairage ou d'aspersion. Jusqu'en 1986, quelque 25 véhicules ont été construits pour différents services allemands ou étrangers. Cet exemplaire était destiné aux pompiers de la firme Thyssen-Krupp-Stahl à Duisbourg.

Catégorie de véhicule :	*camion-grue CG 35*
Type de châssis :	*Gottwald type AMK 55*
Année de construction :	*1978*
Débit de la pompe :	–
Capacité de la citerne :	–

Ce modèle Gottwald, équipé d'un diesel KHD de 290 chevaux, est un peu plus petit mais vraiment plus compact : ses performances étaient à peine moindres. Cette grue de 35 tonnes alla aux pompiers de métier de Düsseldorf. Le véhicule, relativement maniable, circulait sans grand problème au milieu du trafic urbain. Il disposait de deux cabines très hautes avec une vue panoramique. On utilisait la première pour piloter le véhicule, la seconde pour commander la grue dont la flèche était disposée vers l'arrière.

Catégorie de véhicule :	*camion-grue CG 25*
Type de châssis :	*Krupp*
Année de construction :	*1978*
Débit de la pompe :	–
Capacité de la citerne :	–

Les pompiers de métier de Hanovre détenaient une grue mobile mécanique du type GM 53 dotée d'une capacité de levage de 25 tonnes. Ce véhicule à trois essieux fabriqué par la firme Krupp-Kräne à Wilhelmshaven, fortement surbaissé, ne disposait pas de la transmission intégrale. La flèche télescopique comportait trois éléments. À l'arrière était disposé un treuil de 10 tonnes. Un diesel V8 Magirus (KHD) refroidi par air, du type F 8 L 413 à injection directe, assurait la motorisation. Une boîte de vitesses à huit rapports permettait d'atteindre la vitesse de 90 km/h. Après l'acquisition, en 1994, d'une nouvelle grue mobile télescopique Liebherr pour la caserne centrale, ce véhicule resta en service jusqu'en 2004 à la brigade de Stöcken, avant d'être cédé à un acquéreur privé.

Catégorie de véhicule :	*grue mobile télescopique 40*
Type de châssis :	*Liebherr type LTM 1040*
Année de construction :	*1994*
Débit de la pompe :	–
Capacité de la citerne :	–

En 1994, la firme Liebherr livra trois grues 40 tonnes à peu près identiques aux pompiers de métier de Dortmund, de Hanovre et d'Oberhausen. Le châssis de trois essieux à transmission intégrale a une suspension indépendante par train de roues, et sa longueur totale de 10,5 m le rend très compact et très maniable. Son rayon de braquage est ainsi inférieur à 7,50 m. Le moteur Daimler-Benz de 300 chevaux autorise une vitesse de 64 km/h, et lui permet de gravir des pentes de presque 70 %. La flèche télescopique à quatre éléments peut être déployée jusqu'à 26 m. Cet engin informatisé peut encore soulever 2,1 tonnes en portée maximale. La grue est équipée à l'arrière d'un treuil de 20 tonnes avec 100 m de câble, en vue de renflouer et de remorquer. On voit ici l'exemplaire destiné à Oberhausen.

Allemagne

Catégorie de véhicule :	*grue mobile télescopique*
Type de châssis :	*Liebherr type LTM 1060/2*
Année de construction :	*2001*
Débit de la pompe :	–
Capacité de la citerne :	–

Une nouvelle grue fut mise en service en décembre 2001 par les pompiers de métier de Mannheim. Il s'agit d'une grue mobile tout terrain à quatre essieux, d'un poids total en charge de 48 tonnes et bénéficiant de l'informatisation la plus récente qui en surveille tous les éléments. Sa flèche télescopique à cinq pans permet une hauteur de levage de 42 m. Une boîte automatique allège la tâche du conducteur de ce véhicule équipé d'un turbodiesel de 370 chevaux. À l'arrière est disposé un treuil de halage à tambour d'enroulement continu et commande électrique à distance.

Catégorie de véhicule :	*grue mobile télescopique 45*
Type de châssis :	*Liebherr type LTM 1045/1*
Année de construction :	*2002*
Débit de la pompe :	–
Capacité de la citerne :	–

À la fin de 2002, les pompiers de métier de Münster réceptionnèrent une nouvelle grue Liebherr 45 tonnes. D'autres exemplaires de ce modèle d'un poids de 36 tonnes allèrent aux brigades de Düsseldorf et de Mönchengladbach. La flèche télescopique à quatre éléments peut être déployée à 34 m. Jusqu'à 20 m, l'engin supporte des charges de 22 tonnes, et de 3,1 tonnes à 32 m. Le turbodiesel Liebherr développe 370 chevaux. Ce véhicule aussi est équipé d'un treuil de halage performant disposé à l'arrière.

Catégorie de véhicule :	*VPCA*
Type de châssis :	*MAN 27.365 VFAE (8 x 8)*
Année de construction :	*1984*
Débit de la pompe :	–
Capacité de la citerne :	–

Les véhicules décrits ci-après et acquis par les pompiers de métier de Duisbourg, étaient dotés du système de cellules amovibles Meiller. Les conditions d'intervention spécifiques à Duisbourg exigeant une adaptation au terrain allant parfois au-delà de la transmission intégrale conventionnelle, on se décida pour un lourd châssis MAN à quatre essieux en version militaire, capable d'affronter tous les terrains. Avec son diesel V10 à injection directe de 18 300 cm³ de cylindrée pour 365 chevaux, le véhicule disposait d'une motorisation nettement plus performante que son prédécesseur à transmission intégrale. On peut en voir ici un exemplaire chargé d'une cellule poudre amovible. Complètement équipé, ce véhicule doté d'un treuil 8 tonnes fourni par Rotzler pesait 30 tonnes.

Catégorie de véhicule :	*véhicule porte-cellule amovible VPCA*
Type de châssis :	*MAN 20.280 DFAEG (6 x 6)*
Année de construction :	*1980*
Débit de la pompe :	–
Capacité de la citerne :	–

Les pompiers de métier de Duisbourg utilisent depuis 1970 des véhicules porte-cellule. En 1980, ils firent l'acquisition d'une benne basculante FEKA à rouleaux montée sur un lourd châssis MAN trois essieux à transmission intégrale et cabine de série. Le moteur était un diesel turbocompressé six cylindres à injection directe de 11 413 cm³ et 280 chevaux, d'un poids autorisé en charge de 20,5 tonnes. Le véhicule est ici chargé d'une cellule déplaçable sur rouleaux, comportant deux installations de poudre de 2 000 kg réalisées par Minimax. En 1986, cet exemplaire unique fut vendu aux pompiers volontaires de Siegburg.

Catégorie de véhicule :	*fourgon poudre mousse FPM 40/100*
Type de châssis :	*Magirus-Deutz (KHD) 310 D 26 F*
Année de construction :	*1979*
Débit de la pompe :	*4 000 l/mn*
Capacité de la citerne :	*5 000 l*

Les pompiers de métier des usines Henkel à Düsseldorf firent aménager ce FPM 40/100 sur un châssis à cabine avancée Magirus à trois essieux. La carrosserie Magirus était en polyester, matière suffisamment résistante présentant l'avantage de la légèreté. Total fournit l'installation des 1 000 kg de poudre. Outre une importante réserve d'eau, le véhicule emporte 4 000 litres d'émulseur polyvalent. Un V10 à injection directe refroidi par air de 14 702 cm³ de cylindrée pour 305 chevaux assure à ce beau véhicule une motorisation satisfaisante.

Catégorie de véhicule :	*fourgon tri-extincteur FTE (TroSLF 32/20-15-P 3000)*
Type de châssis :	*Mercedes-Benz LF 2224 (6 x 4)*
Année de construction :	*1980*
Débit de la pompe :	*3 200 l/mn*
Capacité de la citerne :	*2 000 l*

Ce modèle est un autre véhicule spécial de l'industrie pétrochimique monté par Bachert sur commande des pompiers de métier des Rheinische-Oelifin-Werke (ROW) de Wesseling près de Cologne. Taillé sur mesure pour affronter les risques particuliers de cette entreprise, il fut aménagé sur un châssis à trois essieux Mercedes-Benz équipé d'un diesel V8 à injection directe de 12 760 cm³ et 240 chevaux. En plus de la réserve d'eau, le chargement comporte 1 500 litres d'émulseur, 3 000 kg de poudre et 120 kg de CO_2.

Catégorie de véhicule :	*camion-citerne*
Type de châssis :	*MAN 22.192 FN*
Année de construction :	*1979*
Débit de la pompe :	*–*
Capacité de la citerne :	*18 000 l*

Le Service d'Incendie de l'usine ERIAG à Ingo stadt fit l'acquisition d'un camion-citerne pour l'enlèvement de liquides inflammables des classes A 1 à A 3. Monté sur un lourd châssis routier MAN trois essieux à cabine avancée, le véhicule disposait d'un moteur six cylindres en ligne à injection directe de 9 511 cm³ de cylindrée pour 192 chevaux. Il pouvait aussi être utilisé comme porteur d'eau. Le troisième essieu pouvait être directionnel. Une pompe à vis hélicoïdales Bornemann complétait l'équipement.

Catégorie de véhicule :	*véhicule transport de matériel/sauvetage aquatique*
Type de châssis :	*Magirus-Deutz (KHD) FM 170 D 11 FA*
Année de construction :	*1975*
Débit de la pompe :	*–*
Capacité de la citerne :	*–*

Le sauvetage aquatique figure parmi les missions particulières des pompiers. À cette fin, de nombreux services ont dans leur parc automobile des véhicules spéciaux de transport de matériel désignés par le sigle GW-W. Leur équipement et leur configuration sont laissés à l'appréciation des différents services et adaptés aux missions du lieu. La brigade de Berlin fit construire ce véhicule par le carrossier local Glasenapp. L'aménagement se fit sur place. Il s'agit d'un châssis moyen à cabine avancée Magirus équipé d'un diesel V6 à injection directe refroidi par air, de 8 482 cm³ de cylindrée pour 176 chevaux. Le poids total autorisé en charge s'élevait à 11 600 kg.

Allemagne

Catégorie de véhicule :	*fourgon tri-extincteur lourd FTEXL (TroTLF 48/45-15-P 1500)*
Type de châssis :	*MAN 26.320 DF (6 x 4)*
Année de construction :	*1979*
Débit de la pompe :	*4 800 l/mn*
Capacité de la citerne :	*4 500 l*

Dans les années 1970, la firme Ziegler se fit un nom en construisant des véhicules particulièrement imposants. Ce fourgon pompe-tonne poudre utilisé par le Service d'Incendie de l'usine Hoechst AG en fait partie. Il fut monté sur un châssis MAN trois essieux à cabine avancée, d'un P.T.A.C. de 26 tonnes. La motorisation est assurée par un diesel V10 à injection directe de 15 844 cm³ et 320 ch. La cabine d'équipage peut accueillir six hommes. Outre la réserve d'eau, le véhicule emporte 1 500 l d'émulseur, une installation Total de 1 500 kg de poudre, et 120 kg de CO_2.

Catégorie de véhicule :	*premiers secours tonne PST 28/20*
Type de châssis :	*MAN 14.240 FAEG (4 x 4)*
Année de construction :	*1986*
Débit de la pompe :	*2 800 l/mn*
Capacité de la citerne :	*2 000 l*

Les interventions à Duisbourg nécessitent une mobilité et une adaptation au terrain extrêmes. Les nombreux terrains vagues, surtout dans le secteur étendu du grand port fluvial, en sont la raison principale. Aussi les pompiers de métier de Duisbourg furent-ils le seul Service d'Incendie allemand à choisir pour leurs véhicules de première intervention des châssis MAN à deux essieux de la série militaire KAT. L'équipementier autrichien Rosenbauer se chargea de la réalisation des trois véhicules commandés. Le premier, que l'on voit ici, fut équipé d'un diesel de 240 chevaux, les deux autres de moteurs de 365 chevaux. Ces derniers sont capables de propulser en 21 secondes ces bolides de 14 tonnes de 0 à 80 km/h. La réserve d'eau emportée est complétée par une réserve d'émulseur de 220 litres. La pompe Rosenbauer FP 28/10-4/40 est prévue pour une utilisation à haute et basse pression. Une lance Monitor sur le toit capable de projeter 2 400 l/mn, deux dévidoirs orientables comprenant 60 m de tuyau chacun ainsi que des matériels d'assistance variés, dont un générateur, complètent l'équipement. Depuis 1996, ces modèles sont vendus comme fourgons incendie/prompt secours.

Catégorie de véhicule :	*fourgon de secours moyen*
Type de châssis :	*Mercedes-Benz 1222 AF*
Année de construction :	*1985*
Débit de la pompe :	–
Capacité de la citerne :	–

Les pompiers volontaires de Neuss firent construire ce fourgon de secours sur un châssis Mercedes-Benz à transmission intégrale. La motorisation est assurée par un diesel Daimler-Benz V6 à injection directe du type OM 421, de 10 960 cm³ de cylindrée et 216 chevaux à 2 300 tr/mn.

Catégorie de véhicule :	*fourgon de secours moyen*
Type de châssis :	*Iveco-Magirus type 120-25*
Année de construction :	*1991*
Débit de la pompe :	–
Capacité de la citerne :	–

Les fourgons de secours accomplissent des missions d'assistance technique parfois importantes. Il en existe trois catégories selon le poids total autorisé et la capacité de charge. Le dispositif de traction (treuil) et le générateur fixes de ce fourgon sont alimentés par le moteur. Un mât télescopique garni de projecteurs est placé à l'arrière. Après le RW 1, c'est le RW 2 que l'on rencontre le plus souvent en Allemagne. Ce RW 2, monté par Magirus sur un châssis Iveco-Magirus à transmission intégrale, est en service chez les pompiers de métier de Düsseldorf.

Catégorie de véhicule :	*fourgon de secours (RW 3)*
Type de châssis :	*Magirus-Deutz (KHD) FM 232 D 17 FA*
Année de construction :	*1981*
Débit de la pompe :	–
Capacité de la citerne :	–

Seuls des services de pompiers de métier pouvaient utiliser un RW 3. C'était le cas de la brigade de Francfort qui fit aménager un tel véhicule sur un lourd châssis Magirus à cabine avancée et transmission intégrale, d'un poids total autorisé de 16 tonnes. La motorisation était assurée par un diesel V8 refroidi par air à injection directe KHD F 8 L 413 de 11 310 cm³ de cylindrée et 232 chevaux. Ce véhicule héberge un dispositif de traction de 15 tonnes, un générateur fixe de 20 kVA ainsi que des moyens techniques importants. Le RW 3 est ainsi en mesure d'effectuer presque toutes les tâches d'assistance à caractère technique.

Catégorie de véhicule :	*fourgon pompe-tonne grande puissance FPTGP*
Type de châssis :	*Mercedes-Benz type 2228 (6 x 4)*
Année de construction :	*1981*
Débit de la pompe :	–
Capacité de la citerne :	–

Ce récupérateur d'hydrocarbures acquis dans le temps par les pompiers d'Offenbach, est une pièce unique. La firme Müller, spécialisée dans cette technologie, réalisa la structure de la citerne de 12 000 litres qui peut se basculer vers l'arrière grâce à un système hydraulique. Des pompes à vide et à haute pression spéciales permettent de recueillir et vidanger les liquides dangereux pour les nappes phréatiques. Sur un grand tambour à l'arrière est installé un tuyau d'aspiration rigide. La structure fut montée sur un châssis Mercedes-Benz de 22 tonnes équipé d'un diesel V8 Daimler-Benz à injection directe, refroidi par air de 14 620 cm³ et 280 chevaux.

Catégorie de véhicule :	*véhicule de dépollution*
Type de châssis :	*Magirus-Deutz (KHD) FM 130 M 8 F*
Année de construction :	*1979*
Débit de la pompe :	–
Capacité de la citerne :	–

Pour faire face aux pollutions d'hydrocarbures, la plupart des services disposent de véhicules de dépollution. Les « GW-Öl », qui étaient les fourgons de dépollution normalisés de la période 1978-1990, ont depuis été remplacés par les récupérateurs d'hydrocarbures « GW-G ». Pour la protection de l'environnement, les pompiers de métier de Düsseldorf firent l'acquisition, auprès de la firme Hermann Schmitz de Siegen, d'un véhicule monté sur un châssis Magirus, équipé aussi pour les risques chimiques. Le compartiment de charge est équipé d'un système de parois escamotables breveté par ce fabricant : les moitiés inférieure et supérieure se rabattent et se relèvent automatiquement lors de l'ouverture. Le véhicule est propulsé par un diesel six cylindres en ligne.

Catégorie de véhicule :	*véhicule porte-cellule amovible VPCA*
Type de châssis :	*Mercedes-Benz 1827*
Année de construction :	*1994*
Débit de la pompe :	–
Capacité de la citerne :	–

Au cours des années 1990, les pompiers volontaires de Neuss optèrent en partie pour le système de cellules amovibles Meiller, des conteneurs à rouleaux pouvant être rapidement chargés et déchargés à l'aide du bras de levage du véhicule porteur. Ce bras télescopique accroche l'anneau du conteneur. Une fois déposé, ce dernier peut être déplacé par le bras grâce aux rouleaux montés sous l'extrémité arrière. Sur cette image, le châssis porteur Mercedes-Benz à deux essieux est équipé d'une cellule de dépollution contenant les matériels essentiels pour faire face à des accidents d'hydrocarbures ou risques apparentés.

Catégorie de véhicule :	*grande puissance aéroport 20*
Type de châssis :	*Faun LF 1412/52 V (8 x 8)*
Année de construction :	*1972*
Débit de la pompe :	*5 000 l/mn*
Capacité de la citerne :	*18 000 l*

Au début des années 1970, l'apparition des Jumbo-jets Boeing 747 donna une nouvelle dimension au trafic aérien. Les aéroports internationaux, fréquentés désormais par ces géants, durent mettre en place des moyens d'extinction d'un ordre de grandeur inconnu jusque-là. Ces Jumbos avaient en effet au décollage un poids de 380 tonnes dans lequel le kérosène, un carburant hautement inflammable, intervenait pour 130 tonnes. Ils transportaient plus de 400 passagers – dans la génération précédente, celle des Boeing 707, ce nombre était de moitié. Ainsi débuta l'ère des puissants véhicules d'incendie aéroportuaires montés sur châssis Faun à transmission intégrale. Entre 1970 et 1990, on mit en service dans les grands aéroports de la République fédérale 25 exemplaires de ces géants à trois ou quatre essieux. Ce « GTLF 20 000 » du Service d'Incendie de l'aéroport de Düsseldorf était emporté par deux moteurs diesel V12 KHD refroidis par air de 500 chevaux chacun. Avec un poids en charge de 51 tonnes, cela suffisait pourtant tout juste pour atteindre les 80 km/h en 45 secondes ; il fallait bien plus d'une minute pour parvenir à la vitesse maximale de 110 km/h. À la réserve d'eau venaient s'ajouter 1 800 litres d'émulseur. Ce véhicule n'est plus en service.

Catégorie de véhicule :	*VPCA*
Type de châssis :	*Magirus-Deutz (KHD) 232 D 15 F*
Année de construction :	*1978*
Débit de la pompe :	–
Capacité de la citerne :	–

Les pompiers de métier de Düsseldorf possédaient un Magirus à cabine avancée monté sur un châssis porteur à deux essieux pour transporter sur les lieux d'intervention des cellules amovibles à rouleaux dont les chargements différaient. Dans le cas présent, le conteneur abritait des matériels de chantier. Le châssis Magirus était équipé du diesel V8 à injection directe, refroidi par air, du type KHD F 8 L 413, qui développait 232 chevaux. La plupart des services d'incendie allemands qui optèrent pour la technique des cellules amovibles choisirent des châssis à deux essieux. La brigade de Duisbourg fait partie des Services d'Incendie allemands possédant le parc le plus étendu de véhicules porte-cellule et de conteneurs à rouleaux.

Catégorie de véhicule :	*grande puissance aéroport Buffalo*
Type de châssis :	*MAN 27.DFAEX (6 x 6)*
Année de construction :	*1999*
Débit de la pompe :	*6 000 l/mn*
Capacité de la citerne :	*9 000 l*

Le Service d'Incendie de l'aéroport régional de Paderborn-Lippstadt reçut ce Buffalo dans la variante 9000/1000-Foamatic de Rosenbauer. On opta pour un châssis militaire MAN trois essieux à transmission intégrale et boîte automatique, équipé d'un moteur de 600 chevaux et d'une cabine pour trois hommes d'équipage. On trouve à bord une puissante pompe à pression normale du type R 600 ; c'est le Foamatic RVMA 5000 qui assure le mélange de l'émulseur (1 000 l). Ce véhicule est équipé d'un canon eau-mousse installé sur le toit et commandé électroniquement à distance, d'un canon mixte à l'avant et de deux dévidoirs d'intervention rapide comportant chacun 30 m de tuyau haute pression.

Catégorie de véhicule :	*fourgon pompe-tonne FPT 24/50*
Type de châssis :	*Mercedes-Benz 1831/38 AK*
Année de construction :	*1997*
Débit de la pompe :	*2 400 l/mn*
Capacité de la citerne :	*4 800 l*

Cette photo prise en usine montre le fourgon pompe-tonne FPT 24/50 commandé chez Metz à Karlsruhe par les pompiers volontaires de Schwerte. On a utilisé un châssis Mercedes-Benz 1831/38 AK à transmission intégrale et pont basculant, d'un P.T.C. de 18 t, doté d'un moteur de 313 ch et d'une boîte automatique. La carrosserie est en fibre de verre renforcée. Outre l'importante réserve d'eau destinée à sa mission principale, la lutte contre le feu sur les grandes routes, ce véhicule dispose de 500 litres d'émulseur.

Catégorie de véhicule :	*véhic. de première intervention FP 8/6*
Type de châssis :	*MAN type 8.153 F*
Année de construction :	*1994*
Débit de la pompe :	*800 l/mn*
Capacité de la citerne :	*600 l*

Les châssis légers MAN à cabine avancée, fabriqués dans l'usine de Wittlich, appartenaient à la nouvelle série L 2000, présentée au Nouvel An 1994. Ils se prêtaient particulièrement bien à la construction de fourgons d'intervention FP 8/6. Ce type de véhicule, standardisé depuis la mi-1991, transporte un groupe complet d'intervention de neuf hommes. On l'a récemment équipé d'une citerne. Ce camion dont le châssis relève de la classe des utilitaires légers peut être conduit avec un permis C. Son empattement est de 3 350 mm. Ici un véhicule aménagé par la FGL, l'équipementier de Luckenwalde.

Catégorie de véhicule :	***véhic. de première intervention FP 16/12***
Type de châssis :	***Mercedes-Benz Atego 1325 AF***
Année de construction :	***2001***
Débit de la pompe :	***1 600 l/mn***
Capacité de la citerne :	***2 000 l***

Pour leur FP 16/12, les pompiers volontaires de Schömberg trouvèrent une solution bien à eux : ils optèrent pour un châssis Mercedes-Benz Atego à transmission intégrale équipé d'un diesel six cylindres de 245 chevaux, Magirus réalisant la carrosserie. Une structure de ce fabricant sur un châssis Mercedes n'est pas chose courante. Un projecteur fixé sur la galerie et des chaînes prévues pour la circulation en conditions hivernales renforcent la sécurité.

Catégorie de véhicule :	***grande puissance aéroport 60/120***
Type de châssis :	***MAN 36.1000 VFAEG (8 x 8)***
Année de construction :	***1992***
Débit de la pompe :	***6 000 l/mn***
Capacité de la citerne :	***12 000 l***

Avec son modèle Z 8, la firme Ziegler s'engagea à partir de 1991 dans la construction de puissants véhicules aéroportuaires affectés aux plus grands aéroports (norme ICAO). En 1992, l'aéroport commercial de Nuremberg réceptionna deux de ces véhicules, montés sur un châssis MAN équipé d'un diesel V 12 de 1 000 chevaux et 21 920 cm³. Leur vitesse maximale avoisinant les 140 km/h, il leur faut 19 secondes pour atteindre les 80 km/h départ arrêté ; sa rampe maximale est de 60 %. La pompe centrifuge à deux étages est entraînée par un moteur séparé. Outre la réserve d'eau, ce véhicule de 36 tonnes emporte 1 500 litres d'émulseur. Lance Monitor sur le toit et à l'avant, mélangeur, dispositifs d'autoprotection et d'intervention rapide sont d'autres équipements remarquables de ce véhicule.

Catégorie de véhicule :	***fourgon pompe-tonne FPT 16/25***
Type de châssis :	***Mercedes-Benz Atego 1225 AF***
Année de construction :	***1999***
Débit de la pompe :	***1 600 l/mn***
Capacité de la citerne :	***2 500 l***

Un châssis Mercedes-Benz Atego à transmission intégrale a servi de base à ce FPT 16/25 monté par Ziegler. Avec un empattement de 3 860 mm, ce châssis est associé à un diesel six cylindres en ligne de 6 370 cm³ et 245 chevaux à 2 300 tr/mn. La cabine de conduite et d'équipage accueillant six hommes est spacieuse et ergonomique. Un projecteur est fixé sur la galerie de toit.

Catégorie de véhicule :	***fourgon d'appui FA 48/20-5***
Type de châssis :	***Mercedes-Benz Actros 1835 F***
Année de construction :	***1999***
Débit de la pompe :	***4 800 l/mn***
Capacité de la citerne :	***2 000 l***

Le Service d'Incendie de l'usine Daimler-Chrysler de Wörth a mis récemment en service deux unités de ce fourgon d'appui, monté par Ziegler sur un châssis Mercedes-Benz-Actros. La carrosserie en aluminium fut réalisée par modules, avec espace d'équipage intégré. Chargement et équipement se composent entre autres d'une citerne d'eau, d'une pompe à l'arrière, de 500 l d'émulseur, d'un générateur de 20 kVA, d'un treuil de 5,8 t, d'un mât d'éclairage et d'une lance Monitor sur le toit capable de projeter 2 500 l/mn à 60 m.

Catégorie de véhicule :	***véhic. de première intervention FP 16/12***
Type de châssis :	***Mercedes-Benz Atego 1325 AF***
Année de construction :	***2000***
Débit de la pompe :	***1 600 l/mn***
Capacité de la citerne :	***1 600 l***

On voit ici la variante Metz de l'ancienne version de série du FP 16/12, montée sur un châssis à transmission intégrale Mercedes-Benz de la série Atego. La carrosserie de ce fourgon d'incendie dit « ours », est en acier et aluminium, version Metz. La cabine ergonomique de neuf hommes dispose d'un accès optimisé. D'un poids total autorisé de 13,5 tonnes, le véhicule est équipé d'un diesel six cylindres en ligne de 254 chevaux. La structure abrite un équipement d'assistance technique très varié.

Allemagne

Catégorie de véhicule :	*échelle pivotante automatique à nacelle EPAN 18-12*
Type de châssis :	*Mercedes-Benz Atego 1225 F*
Année de construction :	*2000*
Débit de la pompe :	–
Capacité de la citerne :	–

Pour ce qui est de la hauteur de sauvetage, la EPAN 18-12 correspond à l'ancienne EP 24. En voici une variante Metz à nacelle, assistée par ordinateur et installée sur un châssis Mercedes-Benz Atego 12 tonnes. Ce véhicule moderne et compact a un rayon de braquage d'à peine 16 m, ce qui en fait un engin très maniable. La hauteur nominale est de 18 m pour 12 m de portée.

Catégorie de véhicule :	*fourgon d'appui FA16/20-2*
Type de châssis :	*Mercedes-Benz Econic 1828 L*
Année de construction :	*2000*
Débit de la pompe :	*1 600 l/mn*
Capacité de la citerne :	*2 000 l*

Monté par Magirus selon la technique AluFire sur un châssis à suspension pneumatique Mercedes-Benz Econic, ce véhicule d'allure futuriste fut présenté à l'EXPO 2000 de Hanovre. C'est un concept totalement nouveau de fourgon d'assistance. D'un poids total autorisé de 16 tonnes, il est équipé d'un essieu arrière directeur et d'un moteur de 280 chevaux. L'équipement comprend une citerne de 200 litres d'émulseur, une lance Monitor sur le toit débitant 1 600 l/mn, un treuil Rotzler 5 tonnes monté à l'avant, un mât d'éclairage avec deux projecteurs de 1 000 W chacun et deux dévidoirs à l'arrière.

Catégorie de véhicule :	*échelle pivotante automatique à nacelle EPAN 23-12*
Type de châssis :	*Mercedes-Benz Econic 1828 L*
Année de construction :	*1998*
Débit de la pompe :	–
Capacité de la citerne :	–

En 1998, le Service des pompiers de métiers de Darmstadt fit construire cette EPAN 23-12 sur un châssis Mercedes-Benz Econic. C'était la première fois qu'un châssis de ce genre était utilisé pour monter cette échelle Metz. Doté d'un empattement de 3 900 mm + 1 400 mm, il est équipé d'un essieu arrière orientable, et entraîné par un diesel six cylindres en ligne de 280 chevaux. La cabine de ce châssis spécial est surbaissée et une seule marche suffit pour y accéder. Boîte automatique et suspension pneumatique font partie de l'équipement de série.

Catégorie de véhicule :	*échelle pivotante automatique à nacelle EPAN 23-12*
Type de châssis :	*Mercedes-Benz Atego 1528 F*
Année de construction :	*2000*
Débit de la pompe :	–
Capacité de la citerne :	–

Voici une EPAN 23-12 de Metz sur un châssis Mercedes-Atego. Pour améliorer la maniabilité dans les rues étroites ou à circulation réduite, les roues arrière directionnelles sont au besoin asservies au braquage des roues avant. Le châssis, d'un poids total autorisé de 14 tonnes, est équipé d'un diesel six cylindres en ligne de 6 370 cm^3 pour 280 chevaux. La 23-12 est pour ainsi dire devenue l'échelle pivotante standard des services d'incendie urbains en Allemagne.

République démocratique allemande (RDA)

En République démocratique allemande – la RDA, qui exista jusqu'en 1989 – les services d'incendie connurent un développement sensiblement divergent de celui de la République fédérale du fait de directives différentes et de conditions d'intervention parfois plus difficiles. Ces services étaient dirigés – comme sous le Troisième Reich – par une Direction centralisée relevant du ministère de l'Intérieur. Les véhicules de pompiers étaient conçus par un Comité de planification de ce Ministère, qui décidait aussi de leur affectation ; toute acquisition individuelle ou réalisation de souhaits par les services étaient exclues. Les services les plus anciens étaient habituellement privilégiés lors de l'attribution des matériels. Les pompiers volontaires, souvent négligés, devaient se débrouiller par eux-mêmes.

Les fabricants d'utilitaires et équipementiers, regroupés au sein des « entreprises du peuple » (VEB), ne construisaient qu'un nombre restreint de modèles, selon un modèle de base existant également à l'Ouest. Les fourgons-pompes FP 16 et fourgons pompes-tonnes FPT 16 en sont un exemple : alors qu'existait en République fédérale, durant les années 1950 et 1960, un grand choix de châssis pour ces véhicules, seul était disponible en RDA le solide châssis IFA-Horch-H 3 A ou S 4000/4001, utilisé pour les carrosseries de fourgons de 1953 à 1967. Le Plan ne retenait souvent que l'achat d'un seul type de véhicules spéciaux, fourgons de transport de matériel ou de sauvetage par exemple. Dans l'ensemble, les véhicules spéciaux ou hors normes de la RDA – qui plus est, souvent importés – étaient loin d'approcher en nombre et variété leurs homologues de l'Ouest. Après la réunification, les services d'incendie des nouveaux Länder enregistraient donc un grand retard dans ce domaine.

Catégorie de véhicule :	*fourgon-pompe FP-MPP 8*
Type de châssis :	*IFA Phänomen Granit 27*
Année de construction :	*1953*
Débit de la pompe :	–
Capacité de la citerne :	–

Les premiers véhicules d'incendie produits en RDA furent surtout des fourgons-pompes FP-MPP 8. Le châssis, déjà fabriqué durant la guerre par les usines Phänomen de Zittau, avait une charge utile de 2 tonnes. Il était équipé d'un moteur quatre cylindres à carburateur de 2 678 cm³ de cylindrée pour une puissance de 50 chevaux. Le chargement se composait d'une motopompe portable TS 8/8 logée à l'arrière ainsi que de tuyaux à pression C et B. Prévus pour transporter un groupe d'intervention de neuf personnes, ces véhicules furent fabriqués par différents carrossiers jusqu'en 1953. Ici, un exemplaire de collection issu de la VEB de Görlitz.

Catégorie de véhicule :	*fourgon-pompe léger FP-MPP 8*
Type de châssis :	*Barkas B 1000*
Année de construction :	*1972*
Débit de la pompe :	–
Capacité de la citerne :	–

Avec le modèle Barkas B 1000, disponible depuis la mi-1961, la RDA disposait pour la première fois d'un utilitaire moderne. Son aménagement en fourgonnette lui permit d'être très souvent utilisé comme petit fourgon-pompe FP-MPP8. C'est l'usine VEB de Görlitz, spécialisée en équipements de lutte contre le feu, qui se chargea de l'aménagement intérieur de ce véhicule utilisé surtout par les Pompiers volontaires. Outre un équipage de cinq hommes, il emportait une motopompe portable TS 8/8. La camionnette était équipée du moteur de camion Wartburg deux temps à trois cylindres développant 46 chevaux. Voici un exemplaire utilisé par la brigade de Leipzig.

Catégorie de véhicule :	***fourgon pompe-tonne***
Type de châssis :	***Lkw 5 t type G 5/2 (6 x 6)***
Année de construction :	***1959***
Débit de la pompe :	***1 500 l/mn***
Capacité de la citerne :	***2 500 l***

L'entreprise VEB de Jöhstadt, spécialisée dans les équipements contre le feu, monta à partir de 1953 près de 130 fourgons pompes-tonnes FPT 15 sur châssis à trois essieux et transmission intégrale du type G 5. Ce châssis, d'un poids autorisé en charge de 13 tonnes, était équipé d'un diesel six cylindres à chambre de précombustion de 120 chevaux (150 à partir de 1958). Outre des tuyaux à pression C et B et une citerne d'eau découverte, il transportait 200 litres d'émulseur. La pompe à trois étages, montée à l'avant, était assortie d'un mélangeur à mousse. Une lance orientable complétait l'équipement.

Catégorie de véhicule :	***camion motopompe portable 8/remorque-dévidoir (LF-Lkw-TS 8-STA)***
Type de châssis :	***Robur Garant 30 K***
Année de construction :	***1961***
Débit de la pompe :	–
Capacité de la citerne :	–

Ce camion motopompe était un véhicule simple, économique et efficace. Ni les équipements, ni la pompe centrifuge n'étaient fixes. Tandis que le matériel d'extinction, la motopompe et l'équipage trouvaient refuge sous une bâche dans la benne, la remorque à un essieu transportait 675 m de tuyaux C et 420 m de tuyaux B. Le châssis à transmission intégrale était équipé d'un quatre cylindres à carburateur de 60 chevaux autorisant pour l'attelage une vitesse maximale de 80 km/h. Ce véhicule est conservé comme pièce de musée.

Catégorie de véhicule :	***fourgon pompe-tonne***
Type de châssis :	***IFA Horch H 3 A***
Année de construction :	***1957***
Débit de la pompe :	***1 500 l/mn***
Capacité de la citerne :	***2 000 l***

En 1953, l'usine de Jöhstadt entreprit la construction d'un FPT 15 sur un châssis moyen Horch H 3 A de 3,5 tonnes. C'était un véhicule semi-ouvert, avec pompe extérieure à l'arrière et dispositifs d'intervention rapide sur les deux côtés. Monté sur un châssis de série ramené à 3 250 mm, il emmenait cinq personnes et un équipement complété par 80 litres d'émulseur et divers tuyaux. Le châssis était doté d'un diesel quatre cylindres de 6 024 cm^3 et 80 chevaux, et la vitesse maximale avoisinait les 70 km/h. Ici, un véhicule des pompiers volontaires de Hoyerswerda, devenu pièce de collection.

Catégorie de véhicule :	***camion motopompe portable 8/remorque-dévidoir (LF 8-TS 8-STA)***
Type de châssis :	***Robur LO 1800 A***
Année de construction :	***1965***
Débit de la pompe :	–
Capacité de la citerne :	–

Le successeur du Robur Garant 30 K fut le Robur LO réalisé en version cabine avancée. La variante LO 1800 A de ce camion léger, que le langage populaire appelait « gueule de poisson », fut utilisée pour les mêmes missions. Un moteur quatre cylindres à carburateur de 70 chevaux et 3 345 cm^3 en assurait la motorisation. Un équipage de neuf hommes et une motopompe portable constituaient le potentiel principal de ce véhicule. La remorque-dévidoir manque sur cette image.

Catégorie de véhicule :	***véhic. de sauvetage/transport de matériel***
Type de châssis :	***IFA S 4000-1***
Année de construction :	***1965***
Débit de la pompe :	–
Capacité de la citerne :	–

Parmi les rares fourgons spéciaux des services d'incendie de RDA, figurait ce véhicule de sauvetage et transport de matériel qui, de 1953 à 1968, fut construit par la fabrique d'État de Luckenwalde. Ce camion, conçu pour apporter une assistance technique, fut presque exclusivement réservé à des services de taille importante. Il embarquait six hommes d'équipage et, outre le canot pneumatique rangé sur le toit et un traîneau, divers matériels spéciaux. Treuil, générateur et mât d'éclairage manquaient encore.

Catégorie de véhicule :	*camion dévidoir CD (SKW 14-TS 8)*
Type de châssis :	*IFA S 4000-1*
Année de construction :	*1967*
Débit de la pompe :	–
Capacité de la citerne :	–

Le camion dévidoir SKW 14-TS 8, entrant également dans la catégorie des véhicules spéciaux, était produit depuis 1953 par la fabrique d'équipements de Luckenwalde. Il accueillait un équipage de deux hommes. Le chargement se composait d'une motopompe portable TS 8/8 et de 1 400 m de tuyaux B. Le châssis 4 tonnes était celui du S 4000-1, équipé d'un diesel quatre cylindres de 90 chevaux. On peut voir ici un exemplaire toujours conservé.

Catégorie de véhicule :	*fourgon-pompe FP 16 risques chimiques*
Type de châssis :	*IFA S 4000-1*
Année de construction :	*1964*
Débit de la pompe :	*1 600 l/mn*
Capacité de la citerne :	*50 l*

Le fourgon-pompe 16 risques chimiques était une version spéciale du FP 16. On l'utilisa en petit nombre, surtout dans les services d'incendie de l'industrie chimique ou des brigades plus importantes. L'équipage se composait de neuf hommes. Par rapport à celui du FP 16 de série, le chargement était réduit au profit des agents d'extinction chimiques. En complément de la citerne d'eau, ceux-ci se composaient de 200 litres d'émulseur (300 litres à partir de 1964) et de quatre bouteilles contenant en tout 120 kg de CO_2, plus un dévidoir de tuyaux à haute pression. Ce véhicule conservé par la Société d'études Riesa, consacrée à l'histoire de la lutte contre le feu, appartenait au Service d'Incendie de l'usine chimique de Nünchritz.

Catégorie de véhicule :	*EPA 25*
Type de châssis :	*IFA S 4000-1*
Année de construction :	*1965*
Débit de la pompe :	–
Capacité de la citerne :	–

Du fait du tracé de frontières arbitraire de 1945, la zone d'occupation russe, qui devint ensuite la RDA, se trouva coupée de l'approvisionnement en échelles pivotantes : tous les fabricants se trouvaient du côté occidental. Comme il était impossible d'en acheter à l'Ouest ou d'en faire venir d'URSS, on dut mettre péniblement en place une fabrication propre au pays. Avant de parvenir à des résultats tangibles, il fallut maintenir l'ancien stock en état grâce à des réparations de fortune. En 1963, la fabrique d'État de Luckenwalde commença la livraison des premières EPA 25 m montées sur châssis S 4000-1. L'entraînement était hydraulique et la stabilisation s'opérait grâce à un système à vis. Le véhicule représenté alla d'abord au Service d'Incendie de Mühlhausen/Thuringe. De 1982 à 1993, il fut utilisé par les pompiers volontaires de Leinfelde, qui le conservent comme véhicule de collection.

Catégorie de véhicule :	*EPA 30*
Type de châssis :	*IFA W 50 L/DL*
Année de construction :	*1968*
Débit de la pompe :	–
Capacité de la citerne :	–

Il fallut attendre 1969 et l'existence d'un châssis au poids adapté – le IFA W 50 L à cabine avancée – pour pouvoir construire une échelle pivotante EPA 30 m en RDA. Ce véhicule fut également produit à Luckenwalde. Les premiers modèles, tel celui-ci, étaient encore pourvus de stabilisateurs à vis. À partir de 1974, on utilisa des stabilisateurs hydrauliques. On pouvait utiliser l'échelle comme mât d'éclairage ou l'équiper d'une lance orientable. Le véhicule ci-dessus appartint d'abord à la brigade de Leipzig avant d'être conservé comme pièce de collection.

RDA

Catégorie de véhicule :	*échelle pivotante automatique à nacelle EPAN 30*
Type de châssis :	*IFA W 50 L/DL*
Année de construction :	*1989*
Débit de la pompe :	–
Capacité de la citerne :	–

En 1987 débuta la construction d'une échelle pivotante hydraulique EPAN 30 optimisée et restructurée. Cette tâche fut confiée à la fabrique d'équipements de Luckenwalde. Cette échelle sans arcs-boutants correspond au dernier stade atteint par l'ex-RDA dans la construction d'échelles. Le véhicule disposait de la cabine de camion de série. Derrière celle-ci était installé un compartiment à matériels fermé par rideaux coulissants. Il contenait un coussin de sauvetage gonflable et un générateur portable de mousse légère. La nacelle prévue pour une personne était positionnée devant la cabine.

Catégorie de véhicule :	*fourgon pompe-tonne FPT 16*
Type de châssis :	*IFA W 50 LA*
Année de construction :	*1971 (transformation 1987)*
Débit de la pompe :	*2 200 l/mn*
Capacité de la citerne :	*2 000 l*

En 1969, le fourgon pompe-tonne FPT 16 prit la suite du FP 16 en adoptant le nouveau châssis W 50 à cabine avancée, dont on retint la variante à transmission intégrale : celle-ci conférait au véhicule une plus grande souplesse sur le terrain. Le châssis W 50 était associé à un diesel quatre cylindres de 6 560 cm³ et 125 chevaux. Outre la réserve d'eau, le chargement comprenait 500 litres d'émulseur. À partir de 1985, on produisit un FPT 16 modifié, en remplaçant la structure composée de différents matériaux par une caisse tout acier. Ce véhicule, fabriqué en 1971, fut ainsi transformé par la suite.

Catégorie de véhicule :	*fourgon poudre FPO 6000*
Type de châssis :	*Tatra 138*
Année de construction :	*1971*
Débit de la pompe :	*3 200 l/mn*
Capacité de la citerne :	–

Par manque de châssis de camions lourds, les fourgons pompes-tonnes spéciaux, destinés en particulier aux aéroports et à l'industrie, durent être importés. On eut recours dans la mesure du possible à des châssis provenant des pays socialistes frères. Le Service d'Incendie des usines chimiques Buna de Schkopau fit monter ce fourgon poudre par Bachert et Total sur un châssis lourd Tatra 138 à trois essieux équipé d'un moteur de 180 chevaux d'origine tchèque. Les deux installations sous pression avaient chacune une contenance de 3 000 kg de poudre. Le véhicule était équipé pour l'usage combiné d'eau et de poudre ; il disposait d'une lance Monitor à poudre d'une portée de 60 m ainsi que d'une lance orientable mixte eau-mousse d'un débit de 2 400 l/mn et d'une portée de 55 m. Comme ce FPT n'emportait pas de réserve ni d'eau ni d'émulseur, il dépendait d'un ravitaillement externe. Il fut plus tard vendu aux pompiers volontaires de Stendal.

Catégorie de véhicule :	*fourgon-pompe FP 16*
Type de châssis :	*IFA W 50 L*
Année de construction :	*1986*
Débit de la pompe :	*2 200 l/mn*
Capacité de la citerne :	*200 l*

Le fourgon-pompe FP 16 fut monté pour la première fois en 1968 par la fabrique d'équipements de Luckenwalde sur le nouveau châssis à cabine avancée IFA W 50 L. On utilisa ici le châssis à propulsion et un an plus tard on eut recours pour la fabrication du FPT 16 à la variante à quatre roues motrices. Ce LF 16-TS 8 des pompiers de métier de Dresde disposait de 200 litres d'émulseur obtenu grâce à un mélangeur automatique. Un petit groupe électrogène de secours et au choix, une pompe TS 8/8 ou un générateur de mousse légère portable complétaient l'équipement.

Autriche

Les services d'incendie autrichiens relèvent de la compétence des Länder. À l'instar de ce qui prévaut dans des pays d'Europe occidentale comparables, ils sont constitués de corps de sapeurs-pompiers de métier, volontaires ou d'entreprise.

La protection contre l'incendie s'inscrit dans une longue tradition. Fondé en 1686, le corps des sapeurs-pompiers de Vienne peut ainsi s'enorgueillir d'être le plus ancien au monde. Ce n'est toutefois que vers la première moitié du XIXe siècle que les services d'incendie se dotèrent d'une organisation durable couvrant l'ensemble du pays. En 1831, le premier corps de pompiers d'entreprise vit le jour à Schwaz dans le Tyrol, tandis que le premier corps de volontaires était créé dans la foulée à Innsbruck, en 1857. L'incendie qui dévasta le Ringtheater de Vienne, le 8 décembre 1881, faisant plusieurs centaines de victimes, eut des répercussions à long terme : cette catastrophe fut à l'origine de l'instauration de centres de secours dans l'ensemble de la monarchie austro-hongroise ; le transport des malades fut dès lors confié aux pompiers.

La motorisation des services de lutte contre l'incendie s'imposa au tournant du siècle dernier. Dans les services de lutte contre le feu d'une certaine importance, les véhicules alimentés par batteries électriques ou entraînés par des moteurs à combustion remplacèrent les pompes à incendie attelées. Construits par un ingénieur encore inconnu à cette époque du nom de Ferdinand Porsche, les véhicules hybrides Lohner devinrent également populaires : dotés d'une génératrice rechargeant la batterie en cours de route, ils permettaient de passer d'une motorisation à essence à un entraînement électrique. Malgré tout, le moteur à essence puis le diesel finirent par emporter la faveur des acheteurs.

Les véhicules étaient carrossés sur des châssis de marques nationales – Austro Fiat, Austro Daimler, Gräf & Stift, Steyr – mais aussi de fabrication étrangère. Les fournisseurs de matériels et équipements de lutte contre l'incendie étaient également bien représentés dans le pays avec les entreprises Knaust, Gugg, Kernreuther, Marte, Haberkorn, Seiwald, Lohr et bien sûr aussi Rosenbauer.

L'annexion au Reich hitlérien en 1938, en imposant l'harmonisation des véhicules et l'acquisition de modèles conformes aux normes allemandes, infléchit durablement l'approvisionnement du parc automobile des pompiers autrichiens. Les années qui suivirent virent ainsi affluer en Autriche quantité de fourgons d'incendie et d'échelles pivotantes normalisés en provenance d'Allemagne ; ils furent essentiellement affectés à la défense antiaérienne. Un nombre de véhicules relativement élevé survécut à la guerre ; ils rendirent d'excellents services,en particulier dans les corps de sapeurs-pompiers de moindre importance, jusque dans les années 1980.

L'après-guerre se caractérisa par bien des improvisations et réaménagements. L'entreprise Rosenbauer transforma ainsi jusque vers la fin des années 1950 de nombreux modèles Opel-Blitz mais aussi d'autres châssis en véhicules d'incendie. Le manque de fourgons pompes-tonnes se faisait également cruellement sentir en Autriche. Ce n'est qu'en 1974 que le dernier Opel datant de la guerre fut retiré de la circulation par les pompiers de métier de Vienne ; ces véhicules restèrent souvent bien plus longtemps en service au sein des corps de sapeurs-pompiers de moindre envergure.

À partir de 1955 environ, apparurent les premiers véhicules d'incendie montés sur des châssis d'après-guerre, dont la proportion s'accrut progressivement. La faveur allait alors aux véhicules mi-lourds à capot de la génération Steyr, équipés de superstructures Rosenbauer. Durant toute une décennie, les modèles 380, 480 et 586 de Steyr régnèrent, à côté des fourgons pompes-tonnes, sur le parc automobile autrichien. Ces nouveaux modèles étaient également indispensables pour étoffer un parc de véhicules clairsemé, constitué en majeure partie de châssis datant de la guerre : les véhicules militaires ayant appartenu aux troupes d'occupation ou à l'armée autrichienne servaient ainsi souvent de camions-grues.

Le constructeur Magirus, spécialiste des camions à capot rond ou carré, partageait avec Metz, fournisseur de véhicules à capot Mercedes, la suprématie dans le secteur des échelles pivotantes. Pour les échelles pivotantes de moindre taille (18 m au maximum) à entraînement manuel, la préférence était généralement accordée aux fabricants nationaux Seethaler ou Just. Il fut assez rare que des échelles pivotantes soient montées sur des camions à capot Steyr. Un grand nombre de ces échelles furent achetées d'occasion en Allemagne.

L'entreprise Rosenbauer se range au tout premier rang des constructeurs de véhicules d'incendie. Célèbre aux quatre coins du monde, elle propose une gamme étendue dans tous les gabarits et fournit la majeure partie des fourgons autrichiens, complétés par les équipementiers Marte et Lohr.

Catégorie de véhicule :	*autopompe*
Type de châssis :	*Austro-Daimler ADV 17/60 PS*
Année de construction :	*1927 (réaménagée en 1928)*
Débit de la pompe :	*1 000 l/mn*
Capacité de la citerne :	–

Conservé comme pièce de musée par les pompiers volontaires de Kirchberg a.d. Raab, ce véhicule historique arbore le vert-sapin de la Police de protection contre l'incendie (Feuerschutzpolizei) de l'époque de la guerre. Cette autopompe à habitacle ouvert montée par le carrossier Spitzer, établi à Graz, était issue d'une ancienne voiture de tourisme lourde de marque Austro-Daimler, pourvue d'un six cylindres à carburateur de 60 chevaux et 4 424 cm³ de cylindrée. Le véhicule pouvait transporter neuf hommes d'équipage ; il possède une pompe à l'extrémité du châssis, un grand coffre de rangement prévu pour les couronnes de tuyaux ainsi qu'une galerie pour l'échelle. Sa vitesse de pointe était de 100 km/h.

Catégorie de véhicule :	*fourgon pompe-tonne FPT 2000*
Type de châssis :	*Austro-Daimler ADGR (6 x 4)*
Année de construction :	*1940*
Débit de la pompe :	*1 600 l/mn*
Capacité de la citerne :	*2 000 l*

Ce camion léger tout terrain, un trois essieux de 2,5 tonnes, fut construit avant-guerre par Austro-Daimler pour l'armée autrichienne. Après 1938, ces véhicules construits à un nombre d'unités relativement faible furent utilisés par l'armée allemande (Wehrmacht). Leur entraînement se faisait grâce à un six cylindres à carburateur de 3 915 cm³ de cylindrée et 72 chevaux à 2 500 tr/mn. Ce véhicule pouvait atteindre l'honorable vitesse de 70 km/h sur le plat. À l'issue de la guerre, quelques exemplaires rescapés furent reconvertis en voitures d'incendie, tel l'engin illustré ci-contre, transformé en pompe-tonne par le soin des pompiers volontaires d'Aspang-am-Wechsel. Il convient de noter la présence de roues centrales d'appui de part et d'autre du véhicule. Ce mode de construction, courant sur les véhicules militaires dans les années 1930, était censé assurer la stabilité de l'engin en terrain accidenté.

Catégorie de véhicule :	*véhicule de transport de personnel VTP*
Type de châssis :	*Steyr type 640 (6 x 4)*
Année de construction :	*1937*
Débit de la pompe :	*800 l/mn*
Capacité de la citerne :	–

Véhicule de configuration analogue, le camion léger 1,5 tonne type 640 de Steyr fut produit entre 1937 et 1941. Construit sous une forme très élaborée, cet engin tout terrain à six roues fut utilisé en nombre, durant la guerre, au sein de certaines unités motorisées autrichiennes. Également mû par un six cylindres à carburateur d'une cylindrée de 2 260 cm³, il était capable de développer 55 chevaux à 3 800 tr/mn. Après la guerre, il fut affecté à divers services de lutte contre l'incendie. Doté d'une pompe à l'avant, ce véhicule des pompiers volontaires de Thalsdorf servit au transport du personnel jusqu'en 1972.

Catégorie de véhicule :	*fourgon-pompe léger*
Type de châssis :	*Mercedes-Benz L 1500*
Année de construction :	*1941*
Débit de la pompe :	*800 l/mn*
Capacité de la citerne :	–

Construit à plus de 3 800 exemplaires, le véhicule léger de première intervention (LLG) faisait partie de ces véhicules d'incendie « typés » qui furent uniformisés durant la guerre, dont ils sortirent tous indemnes ; certains de ces rescapés rendirent de bons et loyaux services jusque dans les années 1980, y compris hors d'Autriche. Appelés plus tard LF 8 en Allemagne (notre FP), ils furent classés en Autriche parmi les véhicules d'incendie légers (LLF). Cet exemplaire des pompiers volontaires de Mattighofen fut carrossé par la société Rosenbauer et équipé ultérieurement d'une pompe frontale. Il est monté sur un ancien châssis L 1500 de Mercedes-Benz, déjà pourvu du six cylindres à carburateur de 60 chevaux et 2 594 cm³ de cylindrée de son successeur, le L 1500 S, dont l'extérieur fut modifié.

Catégorie de véhicule :	*fourgon-pompe léger*
Type de châssis :	*Mercedes-Benz L 1500 S*
Année de construction :	*1942*
Débit de la pompe :	–
Capacité de la citerne :	–

Cet ancien véhicule de première intervention léger (LLG) datant de 1942 possède une carrosserie Daimler-Benz construite à Sindelfingen. Ces véhicules étaient fabriqués par presque tous les équipementiers allemands de l'époque, mais surtout par Daimler-Benz. Le fourgon d'incendie léger présenté ici est équipé d'un six cylindres à carburateur de 60 chevaux. Encore employé, en 1984, par les pompiers volontaires de Laas (Land de Klagenfurt), il est resté pour ainsi dire en l'état d'origine, avec son échelle à crochets. Le véhicule transportait une équipe complète de neuf personnes.

Catégorie de véhicule :	*fourgon lourd incendie/sauvetage*
Type de châssis :	*Mercedes-Benz L 3000 F*
Année de construction :	*1942*
Débit de la pompe :	*1 500 l/mn*
Capacité de la citerne :	–

Ce véhicule lourd de première intervention (SLG) correspondait, dans la gamme des véhicules d'incendie normalisés allemands, au gabarit supérieur. L'infrastructure était généralement un châssis de camion Mercedes-Benz 3 tonnes, entraîné par un diesel quatre cylindres à chambre de précombustion et refroidissement par eau, d'une puissance de 75 chevaux. Un engin semblable, carrossé par Daimler-Benz, était encore utilisé en 1984 par le Service d'Incendie de l'entreprise Eternit-Werke, sise à Vöcklabruck.

Catégorie de véhicule :	*camion-citerne eau et mousse CCEM*
Type de châssis :	*Mercedes-Benz L 4500 F*
Année de construction :	*1943*
Débit de la pompe :	*2 500 l/mn*
Capacité de la citerne :	*5 000 l*

Très répandu durant la dernière guerre, le châssis lourd 4,5 tonnes de Mercedes-Benz servit aussi à monter des carrosseries de fourgons d'incendie, notamment d'autopompes (KS) ou de fourgons lourds de première intervention (GLG). Ce camion-citerne eau et mousse des sapeurs-pompiers de Salzbourg est ainsi issu d'un ancien fourgon-pompe LF 25, rééquipé en 1970 par le carrossier Schwingenschlögel & Sohn. Le châssis possède un diesel six cylindres à chambre de précombustion, refroidi par eau, d'une cylindrée de 7 270 cm³ pour 112 chevaux à 2 250 tr/mn. Un réservoir d'émulseur de 250 litres est installé à côté de la citerne d'eau, tandis qu'une lance Monitor mixte eau-mousse est disposée à l'arrière. D'aspect très massif, ce modèle unique ne fut mis hors service qu'en 1983.

Catégorie de véhicule :	*fourgon pompe-tonne tout terrain FPT 2000*
Type de châssis :	*Opel-Blitz 6700 A*
Année de construction :	*1942*
Débit de la pompe :	*1 500 l/mn*
Capacité de la citerne :	*2 000 l*

Les véhicules rééquipés dans l'après-guerre sur des châssis 3 tonnes Opel-Blitz, notamment par l'entreprise Rosenbauer, étaient courants chez les sapeurs-pompiers autrichiens. Ce châssis Opel-Blitz à quatre roues motrices, transformé en fourgon pompe-tonne à pompe frontale en 1952, servait encore au printemps 1985 à la Section d'intervention de Paasdorf, rattachée au corps des sapeurs-pompiers volontaires de Mistelbach. Il est entraîné par un six cylindres à carburateur, refroidi par eau, d'une cylindrée de 3 626 cm³ pour 75 chevaux.

Catégorie de véhicule :	*fourgon pompe-tonne FPT 1700*
Type de châssis :	*Opel-Blitz 3,6-36*
Année de construction :	*1944*
Débit de la pompe :	*1 500 l/mn*
Capacité de la citerne :	*1 700 l*

Carrossé sur un châssis de 3 tonnes Opel-Blitz à pompe frontale, ce fourgon pompe-tonne fut adapté en 1957 à sa nouvelle finalité par l'entreprise Rosenbauer. Le véhicule possède une cabine pour six membres d'équipage, un dévidoir tournant à l'arrière ainsi que des coffres de rangement de part et d'autre pour les couronnes de tuyaux. Une galerie pour l'échelle surmonte la citerne et la cabine, tandis que des bidons d'émulseur complètent l'équipement de ce véhicule.

Catégorie de véhicule :	*véhicule de première intervention FP 8*
Type de châssis :	*Opel-Blitz 3,6-36*
Année de construction :	*1944*
Débit de la pompe :	–
Capacité de la citerne :	–

Ce fourgon-pompe de première intervention, dit LF 8, arbore une carrosserie de fortune, constituée de plaques de fibres dures, dont l'emploi s'était généralisé dès la seconde moitié de la guerre en raison de la pénurie croissante de matières premières. Ces véhicules « dénaturés » et seulement équipés du strict nécessaire, n'étaient prévus que pour une courte longévité : il est d'autant plus surprenant que certains exemplaires fassent état de 30 années de service et plus ! Ce modèle Opel-Blitz de 3 tonnes, parfaitement restauré par les sapeurs-pompiers volontaires de Wels, ne jouait toutefois plus, au moment de cette prise de vue à la fin des années 1990, qu'un rôle de figuration dans un musée. Le chargement du véhicule consiste en une motopompe portative TS 8/8.

Catégorie de véhicule :	*fourgon-pompe tout terrain*
Type de châssis :	*Dodge T 214 WC 52*
Année de construction :	*1945*
Débit de la pompe :	–
Capacité de la citerne :	–

Ce camion Dodge T 214 léger (0,75 t) de l'armée américaine fut aussi très répandu dans le parc automobile des pompiers autrichiens. Il fut construit en série durant la Seconde Guerre mondiale. Ces véhicules inusables rendirent d'excellents services, notamment aux centres de secours de taille modeste, pendant parfois plusieurs décennies. Ce fourgon servit d'ambulance au sein de l'armée fédérale autrichienne avant d'être réaffecté par l'entreprise Lohner, sise à Vienne. Adapté puis utilisé par les pompiers volontaires de Bad Hall-Hehenberg, ce véhicule possède, au-dessus du poste de conduite couvert, un espace de rangement pour les couronnes de tuyaux.

Catégorie de véhicule :	*fourgon pompe-tonne FPT*
Type de châssis :	*Bedford MWC (4 x 2)*
Année de construction :	*1945*
Débit de la pompe :	*500 l/mn*
Capacité de la citerne :	*1 050 l*

Issu du parc de véhicules militaires de l'armée britannique, ce camion léger Bedford 15 cwt était utilisé comme camion-citerne à eau par le Ministère de la guerre. Plus de 230 000 unités de la taille de ce modèle furent construites au cours de la guerre. Pourvu de pneus en monte simple, ce véhicule possède une conduite à droite, un réservoir de 230 gallons (1 050 litres) ainsi qu'une pompe et un équipement fournis par l'entreprise Thompson Bros. Doté d'une capote pliante, le fourgon est entraîné par un six cylindres à carburateur WD de 72 chevaux. Mis à part le dispositif d'intervention rapide et les enrouleurs aménagés sur le réservoir, ce véhicule rare se présente quasiment dans son état d'origine ; quelques unités furent exploitées par l'armée fédérale autrichienne, comme l'exemplaire illustré ici, employé ensuite par les pompiers volontaires de Sankt Andrä.

Catégorie de véhicule :	*fourgon-pompe léger tout terrain*
Type de châssis :	*Steyr 1500 A (4 x 4)*
Année de construction :	*1942*
Débit de la pompe :	–
Capacité de la citerne :	–

Ce fourgon-pompe léger (LFA) était initialement utilisé par l'armée allemande (Wehrmacht) pour le transport des troupes et du personnel. C'est en 1950 qu'il fut réaménagé en fourgon d'incendie par la société Rosenbauer. Les quatre roues motrices de ce véhicule sont entraînées par un V8 à carburateur refroidi par air, d'une cylindrée de 3 517 cm³ pour 85 chevaux. Ce fourgon, avec une équipe dotée de moyens modernisés, était encore opérationnel, en 1985, au sein du Service d'Incendie de l'entreprise Autexa (anc. Hanf-, Jute- u. Textilit-Industrie AG) établie à Neufeld/Burgenland.

Catégorie de véhicule :	*véhicule de sauvetage*
Type de châssis :	*GMC CCKW 353 (6 x 4)*
Année de construction :	*1943*
Débit de la pompe :	–
Capacité de la citerne :	–

Ce camion tout terrain GMC à trois essieux, équipé d'un treuil à l'avant, fut transformé en véhicule de secours pourvu d'une grue de relevage par les pompiers volontaires de Tullnerbach. La grue coulissante reposait sur le plateau bâché de ce véhicule bien entretenu. Le GMC 2,5 tonnes, avec son six cylindres à carburateur de 104 chevaux, fut le véhicule de référence de l'armée américaine au cours de la Seconde Guerre mondiale, également livré aux unités de nombreux États alliés. La version ci-dessous, à empattement réduit, occupa une place de choix au sein de l'armée autrichienne en qualité de véhicule destiné au transport du canon de campagne de 105 mm.

Catégorie de véhicule :	*fourgon pompe-tonne FPT 2000*
Type de châssis :	*Steyr-Diesel type 380*
Année de construction :	*1955*
Débit de la pompe :	*1 600 l/mn*
Capacité de la citerne :	*2 000 l*

Ce fourgon pompe-tonne monté sur un châssis Steyr-Diesel 4 tonnes fut carrossé par l'entreprise Rosenbauer pour le compte des pompiers volontaires d'Oberalm. Le châssis porteur est doté d'un diesel quatre cylindres refroidi par eau. La pompe à incendie centrifuge est installée à l'extrémité du châssis. Une échelle coulissante en aluminium est arrimée sur le toit de ce véhicule qui dispose aussi d'une cabine d'équipage.

Catégorie de véhicule :	*fourgon pompe-tonne FPT 2000*
Type de châssis :	*Steyr-Diesel type 380*
Année de construction :	*1957*
Débit de la pompe :	*1 600 l/mn*
Capacité de la citerne :	*2 000 l*

Dans quelques rares cas, la société Metz établie à Karlsruhe se chargea aussi de carrosser en fourgons pompes-tonnes des châssis à capot Steyr. Le véhicule reproduit ci-dessus, propriété des sapeurs-pompiers volontaires de Braunau/Inn, embarque, outre sa réserve d'eau, 60 litres d'émulseur concentré. La cabine d'équipage est séparée du compartiment de charge par un joint de caoutchouc qui sert non seulement à protéger des projections d'eau, mais est aussi censé prévenir les éventuels gauchissements de la carrosserie soumise aux cahots d'un sol accidenté. Si ce mode d'assemblage était répandu sur les véhicules à quatre roues motrices, il était rare sur ceux à propulsion.

Catégorie de véhicule :	*fourgon pompe-tonne FPT 2500*
Type de châssis :	*Steyr-Diesel type 480*
Année de construction :	*1960*
Débit de la pompe :	*800 l/mn*
Capacité de la citerne :	*2 500 l*

Équipé d'une motopompe portative TS 8/8, ce fourgon pompe-tonne de fortune, monté sur un châssis Steyr à moteur diesel 380, constitue un autre modèle de « bricolage » et un bel exemple de la capacité d'improvisation des sapeurs-pompiers aux quatre coins du monde. Les pompiers volontaires d'Alland remplacèrent ainsi la carrosserie de la plate-forme d'un camion par une citerne d'eau aplatie, aménagée sur l'essieu arrière. Un coffre de rangement des couronnes de tuyaux fut ajouté entre la cabine et la citerne. Au moment de cette prise de vue, réalisée en l'an 2000, le véhicule n'était plus opérationnel.

Catégorie de véhicule :	*véhicule tous usages VTU*
Type de châssis :	*Steyr-Diesel type 380*
Année de construction :	*1958*
Débit de la pompe :	*800 l/mn*
Capacité de la citerne :	*4 000 l*

Les pompiers volontaires de Frauenkirchen, dans le Burgenland, se chargèrent de rééquiper cet ancien camion-citerne à essence en fourgon d'incendie polyvalent. Outre le réservoir d'eau, ce véhicule réaménagé en 1974 dispose de 250 litres d'émulseur. Il est équipé d'une cabine de camion de série prévue pour trois hommes, d'une échelle coulissante en aluminium posée sur la citerne, ainsi que d'une motopompe portative TS 8/8 fixe installée à l'arrière et surmontée d'un dispositif d'intervention rapide avec 30 m de tuyaux à haute pression.

Catégorie de véhicule :	*fourgon-pompe léger*
Type de châssis :	*Opel-Blitz 1,75 t*
Année de construction :	*1958*
Débit de la pompe :	*800 l/mn*
Capacité de la citerne :	–

Les fourgons d'incendie légers LLF, montés sur châssis Opel-Blitz 1,75 tonne carrossés par la société Rosenbauer, étaient très répandus en Autriche. Ces modèles entraînés par un six cylindres à carburateur de 2 473 cm³ de cylindrée et 62 chevaux existaient avec ou sans pompe à l'avant. Le véhicule figuré ici en est équipé ; il fut utilisé jusqu'en 1984 par le Service d'Incendie de l'entreprise Vereinigte Metallwerke.

Catégorie de véhicule :	*PC de gestion et maîtrise des catastrophes*
Type de châssis :	*Steyr-Diesel type 380*
Année de construction :	*1961*
Débit de la pompe :	–
Capacité de la citerne :	–

Ce véhicule de commandement opérationnel affecté au détachement d'intervention en cas de catastrophe par la Sécurité civile tyrolienne était stationné, au milieu de l'année 1985, auprès du corps de pompiers de métier d'Innsbruck. Ces carrosseries type fourgon montées sur châssis porteurs Steyr à moteur diesel ne furent construites qu'en nombre réduit ; un modèle semblable de la même année – un camion de mesure des rayonnements transformé en véhicule de commandement – se trouvait dans le parc de véhicules du Centre d'instruction régional des pompiers de Klagenfurt. Le véhicule ci-dessus se distingue par sa livrée, son mât d'éclairage à l'arrière ainsi que par sa grande lampe rouge sur le devant.

Catégorie de véhicule :	*véhicule de transport de personnel et de matériel*
Type de châssis :	*Opel-Blitz 1,75 t*
Année de construction :	*1959*
Débit de la pompe :	–
Capacité de la citerne :	–

Partout dans le monde, notamment dans les petits services au budget plus restreint, les pompiers équipent et réaménagent eux-mêmes certains véhicules. Il en va ainsi des pompiers volontaires de Sachendorf en Styrie, qui transformèrent ce châssis Opel-Blitz, doté d'un spacieux compartiment de charge vitré, en véhicule de transport de personnel tous usages. À l'arrière du fourgon, les rideaux coulissants abritent de part et d'autre des coffres à matériel. Ce véhicule d'incendie fournit encore de précieux services.

Catégorie de véhicule :	*fourgon pompe-tonne 4000*
Type de châssis :	*Steyr-Diesel type 586*
Année de construction :	*1961*
Débit de la pompe :	*1 600 l/mn*
Capacité de la citerne :	*4 000 l*

Lorsqu'il s'avéra que les Fourgons Mousse acquis par les pompiers de métier de Vienne auprès de la société Rosenbauer n'étaient pas indispensables, ils furent cédés à des corps de pompiers volontaires. Ce fut également le sort de ce véhicule, dont héritèrent les sapeurs-pompiers volontaires de Tulbing. Il transportait 4 000 litres d'eau dans sa citerne. Le châssis était équipé d'un diesel six cylindres de 120 chevaux et d'une cylindrée de 5 975 cm³. Une échelle coulissante posée sur le toit compléta par la suite l'équipement.

Catégorie de véhicule :	*fourgon pompe-tonne tout terrain FPT 4000*
Type de châssis :	*Mercedes-Benz LAF 322/36*
Année de construction :	*1962*
Débit de la pompe :	*1 600 l/mn*
Capacité de la citerne :	*4 000 l*

Rosenbauer se chargea aussi d'élaborer ce fourgon pompe-tonne à quatre roues motrices, encore utilisé en 1997 par la Section d'intervention d'Amras, rattachée au corps de pompiers volontaires d'Innsbruck. Le châssis à capot court mi-lourd Mercedes-Benz est doté d'un diesel six cylindres à chambre de précombustion, de 5 675 cm³ de cylindrée et 126 chevaux. Sur la carrosserie du camion, pourvu d'une cabine prévue pour trois sapeurs-pompiers, sont disposés des éléments d'échelle à coulisse et une lance orientable.

Catégorie de véhicule :	*fourgon pompe-tonne tout terrain FPT 4000*
Type de châssis :	*Hanomag-Henschel F 150 AK II 320*
Année de construction :	*1974*
Débit de la pompe :	*2 400 l/mn*
Capacité de la citerne :	*4 000 l*

Dans les années 1970, divers châssis Hanomag-Henschel tout terrain furent aussi dotés de carrosseries de fourgon pompe-tonne par l'entreprise Rosenbauer. Ces modèles se caractérisaient par un empattement très court garantissant une excellente maniabilité sur tout terrain. Déjà produits par Mercedes, ils affichaient un poids total autorisé de 14,8 tonnes et étaient entraînés par un diesel six cylindres de 8 720 cm³ et 192 chevaux. Cet exemplaire était stationné chez les pompiers volontaires de Seefeld au Tyrol. Une lance Monitor Rosenbauer est aménagée sur le toit.

Catégorie de véhicule :	*fourgon FPT incendie/sauvetage*
Type de châssis :	*Magirus-Deutz (KHD) F 150 D 14 A (4 x 4)*
Année de construction :	*1966*
Débit de la pompe :	*1 600 l/mn*
Capacité de la citerne :	*2 000 l*

Les pompiers volontaires de St. Radegund en Styrie faisaient encore activement appel, durant l'été 2001, à ce fourgon pompe-tonne incendie/sauvetage tout terrain, carrossé et rééquipé en 1977 par la société Rosenbauer. Une grue hydraulique Hiab est aménagée entre la cabine prévue pour trois membres d'équipage et le coffre à matériel fermé par un rideau à lamelles. Le châssis de Magirus à capot carré est pourvu d'un diesel V6 à chambre de pré-combustion, refroidi par air, d'une cylindrée de 9 500 cm³.

Catégorie de véhicule :	*fourgon pompe-tonne grande puissance FPTGP*
Type de châssis :	*Magirus-Deutz (KHD) F 310 D 26 F (6 x 6)*
Année de construction :	*1979*
Débit de la pompe :	*2 800 l/mn*
Capacité de la citerne :	*12 000 l*

C'est en 1979 que les pompiers de métier d'Innsbruck firent l'acquisition d'un grand fourgon pompe-tonne monté sur châssis lourd Magirus à trois essieux et cabine avancée. Le véhicule, équipé d'une citerne d'eau et de 1 200 litres d'émulseur concentré, dispose d'une pompe centrifuge à l'arrière et de deux lances Monitor. Le châssis de 26 tonnes est doté d'un diesel V10 à injection directe, refroidi par air, de 14 702 cm³ de cylindrée et 305 chevaux. Les pompiers améliorèrent eux-mêmes ce fourgon.

Catégorie de véhicule :	*fourgon tri-extincteur FTE*
Type de châssis :	*Steyr 1490*
Année de construction :	*1980*
Débit de la pompe :	*3 200 l/mn*
Capacité de la citerne :	*2 000 l*

Ce fourgon tri-extincteur élaboré par la société Rosenbauer à partir d'un châssis Steyr à trois essieux et cabine avancée, fut acquis par le Service d'Incendie du site de stockage principal de l'entreprise OMV, à Lobau. Très compact, ce véhicule transporte trois agents d'extinction : 2 000 litres d'eau, 2 000 litres de mousse et 3 000 kg de poudre. L'agrégat de poudre provient de l'établissement Total de Ladenburg. Ce chargement permet au véhicule, entraîné par un diesel V8 de 320 chevaux, de parer à tous les types d'incendie.

Catégorie de véhicule :	*fourgon tri-extincteur FTE tout-terrain*
Type de châssis :	*ÖAF 42.463 VFA*
Année de construction :	*1999*
Débit de la pompe :	*6 000 l/mn*
Capacité de la citerne :	*6 000 l*

Ce fourgon tri-extincteur à quatre essieux et transmission intégrale, assemblé sur un châssis ÖAF par la société Rosenbauer pour le Service d'Incendie de l'entreprise OMV, à Gänserndorf, est un véritable monstre de la lutte contre le feu. Son ample carrosserie abrite, outre une citerne d'eau de grande capacité, 2 000 litres d'émulseur concentré et un agrégat de poudre de 2 000 kg. Une puissante pompe centrifuge à l'arrière et une lance Monitor sont d'autres caractéristiques de ce véhicule développant 463 chevaux.

Catégorie de véhicule :	*fourgon pompe-tonne tout terrain FPT 5000*
Type de châssis :	*MAN 19.291 FA (4 x 4)*
Année de construction :	*1988*
Débit de la pompe :	*3 200 l/mn*
Capacité de la citerne :	*5 000 l*

Ce fourgon pompe-tonne carrossé par la société Rosenbauer sur un châssis à cabine avancée et quatre roues motrices de la marque MAN, est employé depuis 1988 par la Section d'intervention de St Georgen, rattachée au corps des pompiers volontaires de Klagenfurt. Le châssis lourd de 19 tonnes est doté d'un diesel V6 turbocompressé. En plus de la citerne d'eau, le véhicule emporte à son bord 400 litres d'émulseur, un agrégat de poudre de 250 kg et 50 kg de halon. La pompe centrifuge de grande puissance est installée à l'extrémité du châssis.

Catégorie de véhicule :	*fourgon pompe-tonne tout terrain FPT 3000*
Type de châssis :	*Titan TR 15.280 (4 x 4)*
Année de construction :	*1988*
Débit de la pompe :	*3 000 l/mn*
Capacité de la citerne :	*3 000 l*

Vers le milieu des années 1980, la société Rosenbauer mit au point un nouveau modèle de véhicule d'incendie aux caractéristiques résolument adaptées aux besoins des services d'incendie, et qui devint célèbre sous le nom commercial de Falcon. Parmi ses particularités techniques, il convient de citer les entrées larges et marchepieds bas, prévus pour les porteurs d'appareils respiratoires, un accès moins élevé aux appareils, une pompe frontale pourvue d'orifices de refoulement vers l'avant ainsi qu'un système d'extinction à haute pression. Ce véhicule quatre roues motrices permanentes était monté sur un châssis à cadre surbaissé en titane ; entraîné par un diesel Mercedes-Benz turbocompressé six cylindres de 280 chevaux, il transportait dans sa cabine de métal léger six membres d'équipage. En dépit de ces multiples aménagements d'avant-garde, le modèle Falcon ne parvint à s'imposer ni en Autriche, ni en Allemagne, et seules 25 unités en furent livrées dans le monde. Le véhicule ci-dessus fut finalement adopté par les pompiers volontaires de St Oswald-Plankenwarth. Une pompe mixte à pression normale et haute pression est aménagée en dessous du pare-brise.

Catégorie de véhicule :	*échelle pivotante EP 25*
Type de châssis :	*Steyr-Diesel type 380*
Année de construction :	*1960*
Débit de la pompe :	–
Capacité de la citerne :	–

Une plate-forme à capot Steyr supporte cette échelle mécanique Metz EP 25 achetée par les pompiers volontaires de Braunau/Inn. Le châssis possède un moteur diesel quatre cylindres, refroidi par eau, de 5 322 cm³ de cylindrée et 95 chevaux à 2 300 tr/mn. Il s'agit là d'une des rares échelles pivotantes de 25 m sur châssis porteur Steyr. Cette échelle qui repose sur un berceau de dressage est manœuvrée au moyen d'une couronne dentée et d'une chaîne.

Catégorie de véhicule :	*échelle pivotante EP 22*
Type de châssis :	*Mercedes-Benz L 4500 F*
Année de construction :	*1943*
Débit de la pompe :	–
Capacité de la citerne :	–

Cette échelle mécanique EP 22 de Magirus, carrossée sur un châssis à capot Mercedes-Benz 4,5 tonnes, était à l'origine une échelle pivotante lourde (SDL) livrée durant la guerre au ministère de l'Air du Reich. Après 1945, elle servit aux pompiers de métier de Vienne. Lors de ce cliché pris au printemps de l'année 1984, elle était encore indispensable aux sapeurs-pompiers volontaires de Korneuburg. Le châssis dispose d'un diesel six cylindres à chambre de précombustion, de 7 270 cm³ de cylindrée et 112 chevaux.

Catégorie de véhicule :	*échelle pivotante EP 30*
Type de châssis :	*Mercedes-Benz L 4500 D*
Année de construction :	*1942 (rééquipée en 1961)*
Débit de la pompe :	–
Capacité de la citerne :	–

En 1961, cette échelle pivotante mécanique EP 30 sur châssis Mercedes-Benz 4,5 tonnes fut entièrement recarrossée par la société Magirus pour les pompiers de métier de Vienne. Le parc d'échelle à quatre pans possède un nouveau profil, introduit par le fabricant vers 1953, caractérisé par des entretoises soudées en diagonale. La cabine d'équipage prévue pour six hommes est également le fruit d'un réaménagement. Le véhicule était encore utilisé, en 1984, par les pompiers volontaires de Groß-Enzersdorf.

Catégorie de véhicule :	*échelle pivotante EP 26*
Type de châssis :	*Mercedes-Benz LOD 3500*
Année de construction :	*1935*
Débit de la pompe :	–
Capacité de la citerne :	–

D'abord employée par les pompiers volontaires de Loeben, cette échelle pivotante mécanique EP 26 carrossée par Metz sur châssis surbaissé à capot Mercedes-Benz forme un somptueux ensemble. Entraîné par un diesel six cylindres à chambre de précombustion d'une puissance de 95 chevaux, le véhicule possédait une pompe à l'avant qui fut ensuite démontée – en raison d'une part de la difficulté de braquage en l'absence de direction assistée, encore inconnue à cette époque, et d'autre part de la forte charge exercée sur l'essieu avant. Entièrement restaurée, dans les années 1970, par les sapeurs-pompiers de l'entreprise Steiersche Brauindustrie implantée à Leoben en Styrie, cette échelle pivotante reprit du service en qualité de véhicule publicitaire.

Catégorie de véhicule :	*échelle pivotante EP 50 + 2*
Type de châssis :	*Saurer type 8 G-2 HL*
Année de construction :	*1958*
Débit de la pompe :	–
Capacité de la citerne :	–

Pourvue d'une rallonge manuelle de 2 m, cette échelle pivotante hydraulique EP 50 construite par l'équipementier Magirus compte parmi les plus hautes d'Europe ; elle fut livrée en 1958 aux pompiers de métier de Vienne. Carrossée sur un châssis à capot lourd de la société Saurer-Werke AG, sise à Vienne, elle était entraînée par un diesel huit cylindres à chambre de précombustion de 180 chevaux. Le parc d'échelle à six plans dépasse nettement du capot. La cabine d'équipage fut aussi élaborée par Magirus. Tout équipé, ce véhicule pesait 16,9 tonnes. L'immense échelle fut affectée à des interventions jusqu'en 1984 à la caserne des pompiers de Leopoldstadt, puis mise en réserve.

Catégorie de véhicule :	*échelle pivotante EP 37*
Type de châssis :	*Mercedes-Benz LF 1418/46*
Année de construction :	*1964*
Débit de la pompe :	–
Capacité de la citerne :	–

Les pompiers volontaires de St Pölten firent l'acquisition d'une échelle pivotante EP 37 de marque Metz, dotée d'un système d'entraînement hydraulique et montée sur châssis lourd à capot court Mercedes-Benz, avec une cabine prévue pour trois membres d'équipage. Le capot volumineux de ce véhicule de 14 tonnes abrite un diesel six cylindres à chambre de précombustion, refroidi par eau, de 10 810 cm³ de cylindrée et 180 chevaux à 2 200 tr/mn. Cet engin était encore exploité en 1984.

Catégorie de véhicule :	*bras élévateur articulé BEA 20*
Type de châssis :	*Steyr-Diesel type 680*
Année de construction :	*1969*
Débit de la pompe :	–
Capacité de la citerne :	–

Il n'était guère courant de rencontrer des bras élévateurs articulés au sein des corps de sapeurs-pompiers autrichiens. Au nombre des rares exemplaires figure ce modèle Skylift NS 19-3 du fabricant Nummela, autorisant une hauteur de travail de 20 m. La carrosserie Rosenbauer fut montée sur un châssis à quatre roues motrices et cabine avancée de Steyr, pourvu d'un diesel six cylindres de 150 chevaux pour une cylindrée de 5 975 cm³. Une motopompe portative TS 8/8 de la société Rosenbauer est aménagée sur le plateau. Ce bras élévateur articulé était utilisé par le corps des pompiers volontaires de Seefeld, dans le Tyrol.

Catégorie de véhicule :	*échelle pivotante EPAN 23-12 (EP 30 à nacelle)*
Type de châssis :	*Steyr type 19 S 29*
Année de construction :	*1990*
Débit de la pompe :	–
Capacité de la citerne :	–

Propulsée sur un châssis à cabine avancée de Steyr, cette échelle pivotante EPAN 23-12, équipée d'une nacelle rabattable moderne et carrossée par la société Metz de Karlsruhe, fut acquise par les pompiers volontaires de Bludenz, dans le Vorarlberg. Le châssis lourd 19 tonnes est doté d'un diesel Steyr de 290 chevaux et d'une vaste cabine double pouvant accueillir six hommes d'équipage.

Catégorie de véhicule :	*camion-grue CG 10*
Type de châssis :	*Diamond T 969 A (6 x 6)*
Année de construction :	*1953*
Débit de la pompe :	–
Capacité de la citerne :	–

Les services d'incendie autrichiens de moindre importance étaient encore en possession, à la fin des années 1980, de nombreux camions-grues américains repris du parc de véhicules de l'armée autrichienne. Le camion-grue T 969 de l'entreprise Diamond, antérieurement affecté au service de dépannage et réparation en atelier, y fut ainsi très répandu durant un temps. Ce modèle lourd 11,2 tonnes, bâti sur un ancien châssis 4 tonnes introduit en 1941 puis devenu usuel au sein de l'armée américaine, possède un six cylindres à carburateur Hercules de 7 980 cm³ de cylindrée et 106 chevaux ; il supporte une grue mécanique de 10 tonnes ainsi qu'un treuil frontal. Cette ancienne dépanneuse américaine à cabine fermée fut ensuite exploitée par les pompiers volontaires de Micheldorf.

Catégorie de véhicule :	*échelle pivotante EPAN 23-12 (EP 30 à nacelle)*
Type de châssis :	*Steyr type 16 S 26 (4 x 4)*
Année de construction :	*1995*
Débit de la pompe :	–
Capacité de la citerne :	–

À l'image de leurs homologues suisses, les pompiers autrichiens font assez fréquemment appel à des échelles pivotantes tout terrain. Ils tiennent ainsi compte de la topographie particulière du pays et des longs hivers souvent neigeux.

Les pompiers volontaires d'Imst se procurèrent auprès de Metz, qui se chargea de la monter sur un châssis Steyr à cabine avancée, cette échelle EPAN 23-12 PLC sur chariot porteur pivotant moderne, pourvue d'une nacelle rabattable pouvant accueillir trois personnes. Conçu pour supporter un poids total autorisé de 16 tonnes, le véhicule était doté d'un diesel Steyr de 260 chevaux et d'une cabine pour trois membres d'équipage. Tandis que Metz se chargeait de l'installation de l'échelle et du système de stabilisation, l'équipementier Marte, établi dans le Vorarlberg, assura la construction du plateau et l'aménagement de la cabine.

Catégorie de véhicule :	*véhicule de sauvetage*
Type de châssis :	*Gräf & Stift LAFD-200/36*
Année de construction :	*1965*
Débit de la pompe :	–
Capacité de la citerne :	–

Issu du parc de véhicules de l'armée fédérale autrichienne, ce lourd trois essieux tout terrain Gräf & Stift fut racheté à la fin des années 1970 par les pompiers volontaires de Neunkirchen. Équipé d'une grue hydraulique Hiab et d'un treuil frontal, le véhicule d'un poids total autorisé de 26 tonnes était employé par des unités de pionniers pour transporter de pesants éléments de ponts. Les sapeurs-pompiers transformèrent eux-mêmes ce camion à cabine avancée, capable de mouvoir aisément une charge utile de 15 tonnes, en véhicule de sauvetage. La cabine de série de ce camion en définitive peu modifié est dotée, comme il est souvent de règle sur les véhicules militaires, d'un hublot pour le passage des consignes. Les quatre roues sont entraînées par un diesel six cylindres fabriqué sous licence Daimler-Benz, d'une cylindrée de 10 810 cm³ pour 200 chevaux à 2 200 tr/mn.

Catégorie de véhicule :	*camion-grue CG 9*
Type de châssis :	*Tatra 138 AV 8/9 (6 x 4)*
Année de construction :	*1969*
Débit de la pompe :	–
Capacité de la citerne :	–

Quelques rares exemplaires de camions-grues montés sur châssis tchèques Tatra-138, ont été utilisés par les corps de sapeurs-pompiers autrichiens. Ces châssis à la lourdeur caractéristique, fabriqués depuis 1959 dans l'usine de Koprivnice, sont pourvus de diesels V8 à injection directe, refroidis par air, de 11 762 cm³ de cylindrée et 180 chevaux. Les modèles Tatra se distinguent par leur châssis à longeron-poutre central et leurs essieux pendulaires, dotés d'une suspension à barre de torsion. Ce camion-grue du corps des pompiers volontaires d'Altlengbach présente encore une ancienne flèche de mât en treillis, dotée d'une capacité de levage de 9 tonnes.

Catégorie de véhicule :	*camion-grue de sauvetage 10*
Type de châssis :	*Magirus-Deutz (KHD) F – Jupiter A (4 x 4)*
Année de construction :	*1959*
Débit de la pompe :	–
Capacité de la citerne :	–

On ne connaît que deux exemplaires de ce camion-grue de sauvetage (RKW) Magirus en Autriche. Ce véhicule imposant, équipé d'un diesel V8 refroidi par air d'une cylindrée de 10 644 cm³ pour 170 chevaux, et affichant un poids total autorisé de 14,6 tonnes, était affecté, au printemps 1985, à la caserne des pompiers volontaires de Villach. Ceux-ci peuvent se vanter à juste titre d'avoir accompli 1 710 interventions à l'aide de ce bolide. L'engin dispose d'une grue électrique de 10 tonnes, d'un groupe électrogène et d'un treuil frontal. Il convient aussi de signaler la sirène disposée sur l'aile gauche.

Catégorie de véhicule :	*camion-grue CG 16,5*
Type de châssis :	*Scania LBT 110 S (6 x 4)*
Année de construction :	*1967*
Débit de la pompe :	–
Capacité de la citerne :	–

Célèbres pour leurs véhicules bon marché et fonctionnels réaménagés par leurs soins, les pompiers volontaires de Tulln reconvertirent en 1978 en camion-grue ce châssis Scania à trois essieux et cabine avancée, jadis utilisé comme camion à benne basculante. Parallèlement à la grue Effer de 16,5 tonnes type G 140/40, ce véhicule fut muni d'un treuil Windisch-Erlauf 40 tonnes provenant d'un ancien char de combat M 48 de l'armée fédérale : ce camion pouvant supporter une charge de 22,5 tonnes n'avait ainsi rien à redouter, même en cas de missions de sauvetage délicates. Son entraînement est assuré par un turbodiesel six cylindres DS 11 de 280 chevaux. Le numéro de modèle « 111 » qui figure sur le devant du véhicule est erroné ; il semble avoir été apposé lors de sa transformation.

Catégorie de véhicule :	*camion-grue CG 16*
Type de châssis :	*Saurer type 210*
Année de construction :	*1967*
Débit de la pompe :	–
Capacité de la citerne :	–

Monté sur un châssis lourd à conduite avancée de Saurer, ce camion-grue de 16 tonnes, à l'aspect insolite, nous est apparu chez les pompiers volontaires d'Aspang-am-Wechsel, en 1997. Un véhicule similaire est détenu par le Service d'Incendie de Gloggnitz-am-Semmering, où il remplaçait un camion-grue Tatra doté d'une capacité de levage de 9 tonnes. L'entreprise Kirsten s'occupa de l'installation hydraulique de la grue, tandis que la société Rosenbauer se chargeait de la cabine double et de l'équipement restreint de lutte contre l'incendie.

Catégorie de véhicule :	*camion-grue CG 28*
Type de châssis :	*Tatra T 815 PJ (6 x 6)*
Année de construction :	*1987*
Débit de la pompe :	–
Capacité de la citerne :	–

Dans quelques rares cas, les services d'incendie autrichiens disposèrent de camions à grue télescopique montés sur châssis tchèques Tatra T 815 tout terrain, à cabine avancée surbaissée. Ce puissant châssis à trois essieux CSSR d'un poids total autorisé de 29,1 tonnes était équipé d'un diesel V12, refroidi par air, de 230 chevaux, permettant d'atteindre les 70 km/h. La grue télescopique hydraulique à trois éléments possédait une capacité de levage maximale de 28 tonnes et sa hauteur sous crochet s'élevait, avec rallonge, à 33,5 m. Ces véhicules Tatra carrossés par le constructeur tchèque KD, établi à Prague, étaient surtout employés par les pompiers des pays de l'ancien bloc soviétique. Cet exemplaire a été acquis par les pompiers volontaires d'Hollabrunn.

Catégorie de véhicule :	*camion-grue CG 45*
Type de châssis :	*Liebherr LT 1045*
Année de construction :	*1982*
Débit de la pompe :	–
Capacité de la citerne :	–

Du fait de charges toujours plus lourdes, les pompiers autrichiens exigeaient des camions-grues d'une force de levage et surtout d'une portée toujours supérieures. Les pompiers de métier d'Innsbruck firent ainsi construire ce camion-grue de 45 tonnes, carrossé sur un châssis à quatre essieux aux dimensions gigantesques, par le fabricant renommé Liebherr, implanté à Ehingen et numéro un sur le marché des engins élévateurs. Le véhicule était équipé à l'arrière d'un treuil hydraulique Rotzler doté d'une capacité de traction de 150 tonnes vers l'arrière et de 100 tonnes vers l'avant. Ce modèle de grue télescopique Liebherr LT 1045, aux deux essieux avant directeurs, était largement répandu. Son entraînement était assuré par un diesel V10 Deutz refroidi par air, d'une puissance de 310 chevaux.

Catégorie de véhicule :	*camion-grue CG 30*
Type de châssis :	*Liebherr LT 1030*
Année de construction :	*1986*
Débit de la pompe :	–
Capacité de la citerne :	–

Ce véhicule à grue télescopique LT 1030 de Liebherr, carrossé sur un châssis à trois essieux tout terrain pour les pompiers de métier de Vienne, était certes un peu moins performant du fait de ses dimensions inférieures, mais en contrepartie nettement plus maniable, notamment pour circuler en ville. Doté d'une capacité de levage de 30 tonnes, ce camion-grue était en mesure d'exécuter pratiquement tous les travaux de déblaiement imaginables.

Catégorie de véhicule :	*camion-grue de dépannage*
Type de châssis :	*Scania P 144 G 530*
Année de construction :	*2000*
Débit de la pompe :	–
Capacité de la citerne :	–

Propriété des sapeurs-pompiers de métier de Vienne, ce camion-grue de déblaiement et de dépannage à quatre essieux et à la forme élégante faisait partie d'une nouvelle gamme de modèles Scania de la série 4, présentée pour la première fois en 1996. Ce véhicule imposant, équipé d'un poste de conduite surélevé en tôle rainurée (type R), de deux essieux avant directeurs et d'une boîte de vitesses automatique, possède le bloc-moteur d'entraînement le plus performant de cette série, un turbodiesel d'une puissance installée de 530 chevaux. Le montage de la carrosserie fut confié à l'entreprise Tischer, tandis que la société Jerr-Dan se chargea d'élaborer la grue. Ce véhicule est avant tout employé à des tâches ardues de déblaiement lors d'accidents de la circulation impliquant notamment des camions.

Catégorie de véhicule :	*véhic. mousse aérodrome VMA*
Type de châssis :	*ÖAF 26.604 DFAE (6 x 6)*
Année de construction :	*2001*
Débit de la pompe :	*4 000 l/mn*
Capacité de la citerne :	*5 000 l*

Affecté à la protection anti-incendie de la base aérienne de l'armée fédérale située à Nittner, près de Graz, ce véhicule d'incendie aéroportuaire, monté sur un châssis lourd tout terrain à trois essieux et cabine avancée ÖAF, est pourvu d'un moteur diesel de 604 chevaux. Le soin de carrosser l'énorme véhicule de 26 tonnes, à la motorisation très poussée, revint à la société Rosenbauer. Le chargement se compose d'une réserve d'eau et de 1 000 litres d'émulseur concentré, délivré par les lances Monitor grâce à une pompe mixte à basse ou haute pression équipée d'un mélangeur. À basse pression, la pompe débite 4 000 l/mn sous 10 bars, et à haute pression, 300 l/mn sous 40 bars. Le constructeur automobile autrichien ÖAF (Österreichische Automobilfabrik) noua dès 1938 des relations avec MAN, ce dont témoigne l'aspect extérieur des véhicules à partir du milieu des années 1970.

Catégorie de véhicule :	***véhic. mousse aérodrome VMA 13000***
Type de châssis :	***Yankee-Walter Twin CBK 3000***
Année de construction :	***1977***
Débit de la pompe :	***2 x 3 800 l/mn***
Capacité de la citerne :	***11 300 l***

Le Service d'Incendie de l'aéroport international Schwechat, à Vienne, utilisa au total trois unités de ce véhicule d'incendie aéroportuaire spécialement construit par le fabricant américain Walter. Ces véhicules possédaient un espace intérieur franchissable à pied, et sur le toit de leur cabine une lance Monitor mixte eau-mousse télécommandée. L'équipement comprenait deux pompes centrifuges avec mélangeur, une réserve d'eau et 1 900 litres d'émulseur. Ces fourgons furent réformés en 1997.

Catégorie de véhicule :	***véhic. mousse aérodrome VMA 4000/500***
Type de châssis :	***Mercedes-Benz 1050 A 41 (4 x 4)***
Année de construction :	***1994***
Débit de la pompe :	***2 500 l/mn***
Capacité de la citerne :	***4 000 l***

C'est en 1994 que le Service d'Incendie de l'aéroport Hörsching de Linz reçut livraison d'un véhicule d'incendie d'aéroport Buffalo 4000/500 (4 x 4), carrossé par la société Rosenbauer sur un châssis à cabine avancée Mercedes-Benz et pourvu d'un poste de conduite de série, d'une boîte de vitesses automatique et d'un puissant moteur de 505 chevaux permettant d'atteindre la vitesse de pointe de 125 km/h. Outre une réserve d'eau, le véhicule emporte à son bord 500 litres d'émulseur. Le mélange de mousse se fait à 3 %. Deux dévidoirs tournants, pourvus chacun de 60 m de tuyaux eau-mousse sous haute pression, sont disponibles pour intervenir rapidement. Aménagée sur le toit, la lance Monitor eau-mousse d'un débit de 1 600 l/mn est télécommandée par un système électronique. Pour assurer sa propre protection, ce véhicule de 16 tonnes est muni de cinq buses d'aspersion du sol.

Catégorie de véhicule :	***grande puissance aéroport 12 000/1500/500***
Type de châssis :	***MAN 38.1000 VFAEG (8 x 8)***
Année de construction :	***1999***
Débit de la pompe :	***6 000 l/mn***
Capacité de la citerne :	***12 000 l***

En 1999, le Service d'Incendie de l'aéroport international Wolfgang Amadeus Mozart de la ville de Salzbourg mit en service ce véhicule d'incendie Panther 8 x 8 de Rosenbauer, monté sur un châssis MAN, au titre de véritable fleuron. Ce félin majestueux transportant, outre de l'eau, 1 500 litres de mousse et 500 kg de poudre, est doté d'un diesel V12 de 1 000 ch, ainsi que d'un bloc-moteur séparé de 310 ch, affecté à la pompe d'incendie. La carrosserie autoportante, élaborée à base de matériaux synthétiques renforcés de fibres de verre (GFK), présente une ligne élégante et attrayante qui lui a d'ailleurs valu de remporter le prix du meilleur design industriel décerné par l'État autrichien.

Ce véhicule de première intervention, actuellement conservé comme pièce de musée, est unique en Europe. Il s'agit d'une Mercedes-Benz Nürburg des pompiers d'Arbon servant principalement à l'attaque rapide des départs de feu – une pratique qui se développa dans les années 1940. Le modèle Nürburg était une voiture de tourisme lourde, que les pompiers transformèrent en y ajoutant une galerie sur le toit et des caissons à matériel sous les marchepieds. Le moteur à essence huit cylindres, d'une cylindrée de 4 622 cm³, développait 80 chevaux à 3 400 tr/mn et permettait d'atteindre 100 km/h.

Catégorie de véhicule :	***véhicule premier départ feu***
Type de châssis :	***Mercedes-Benz, type Nürburg***
Année de construction :	***1930***
Débit de la pompe :	–
Capacité de la citerne :	–

Suisse

La Suisse, située au centre de l'Europe, est une confédération de cantons, la plupart en altitude, comptant parmi les pays les plus riches du monde. Ceci est dû entre autres à sa stricte neutralité, qui l'a gardée éloignée de tout conflit armé depuis 1815. Voilà aussi pourquoi ce pays défendant les libertés et très respectueux de ses traditions s'est tenu jusqu'à présent à l'écart de la construction européenne. Quatre langues nationales sont parlées en Suisse, à savoir le romanche, l'allemand, le français et l'italien, ces trois dernières étant les langues officielles.

Les services d'incendie sont à la fois empreints de tradition et caractérisés par un équipement et une formation modernes et appropriés. La motorisation des pompiers commença peu après le début du XXe siècle : les pompiers de Berne réceptionnèrent ainsi en 1911 leur premier fourgon d'incendie construit sur un châssis Saurer et doté d'une pompe Sulzer fixe. Ce même Service acheta en 1920 sa première échelle automobile (une échelle pivotante en bois avec renforts en acier et déploiement de 26 m) montée sur un châssis Magirus ; ce véhicule resta en service jusqu'en 1956.

Au cours des années 1920, de nombreuses compagnies de sapeurs suisses firent l'acquisition de véhicules de production nationale ou importés, essentiellement d'Allemagne, de France, d'Italie et en partie des États-Unis. Les véhicules achetés en Suisse étaient produits par Saurer, Berna et FBW, ainsi que d'autres fournisseurs de superstructures spécialisés. Dans l'ensemble, ce petit pays dispose, eu égard à son étendue limitée, d'une importante industrie de véhicules utilitaires et d'équipements de lutte contre le feu. Des entreprises telles que Brändle, Schenk, Ehrsam, Geser, Mowag, Rusterholz, Fega, Vogt ainsi que de nombreux équipementiers de moindre importance permettent aux pompiers de s'équiper en fourgons de série ou spéciaux. Les entreprises allemandes et autrichiennes actives dans ce secteur, comme Ziegler, Metz, Magirus et Rosenbauer ne sont pas en reste. La plupart des échelles pivotantes venaient ainsi jadis d'Allemagne, même si les services d'incendie commandèrent longtemps des châssis produits en Suisse. Dans les années 1960, il apparut pourtant indéniable qu'une échelle pivotante produite par un seul constructeur revenait moins cher. Alors que Magirus se montrait toujours plus réticent à monter ses échelles sur des châssis d'autres marques, l'entreprise Metz de Karlsruhe (Allemagne), continuait d'assembler, à la demande du client, les modèles d'échelles choisis sur tous types de châssis. Il n'est ainsi guère étonnant que les véhicules du type D de Saurer construits dans les années 1960 aient été souvent équipés d'échelles fournies par Metz – la combinaison châssis Mercedes-Benz/superstructures Metz devenant toutefois de plus en plus courante.

Les premiers fourgons pompes-tonnes apparurent relativement tard : les pompiers de métier de Berne furent également les premiers à acquérir en 1956 un FPT Magirus. Appelés « tonne-pompe » en Suisse, ils se sont avérés indispensables aux services de lutte contre l'incendie.

En raison de la production en série de fourgons d'incendie à l'étranger, l'intérêt des pompiers helvétiques pour les châssis produits dans le pays commença inéluctablement à décroître. S'ils avaient jusqu'alors privilégié la qualité du service et la fidélité à la tradition, les prix de vente généralement inférieurs et les délais de livraison plus courts des véhicules étrangers les poussèrent à modifier leur politique d'achat : seules les entreprises suisses produisant à la fois les superstructures et les équipements intérieurs purent se maintenir. Le dernier véhicule monté sur un châssis de camion suisse fut construit en 1982. Après la cessation d'activité des marques Saurer, Berna et FBW, les sapeurs suisses n'eurent d'autre alternative que d'acheter des véhicules de série étrangers, quitte à les faire individuellement équiper ensuite par des entreprises helvétiques.

Les Services d'Incendie suisses relèvent de la compétence des communes et des cantons. Les autorités de tutelle, ainsi que la Fédération des sapeurs-pompiers (cette dernière jouant un rôle important au niveau technique) exercent une influence déterminante dans le choix de l'équipement des véhicules.

Enfin, les Sociétés cantonales d'assurance IARD exercent aussi une grande influence, en particulier dans l'attribution de subventions pour l'acquisition de véhicules.

Catégorie de véhicule :	*échelle pivotante EP 30*
Type de châssis :	*Saurer type 4 A*
Année de construction :	*1928*
Débit de la pompe :	–
Capacité de la citerne :	–

Cette échelle pivotante automobile 30 m livrée par Metz est toujours conservée comme véhicule historique par les pompiers de métier de Lucerne. Dans un état impeccable, elle n'a été réformée qu'en 1974, après 46 ans de service. Encore équipée de pneus à bandages, elle est dotée d'un moteur à essence quatre cylindres de 55 chevaux. En bois avec des renforts en acier, l'échelle est dotée d'une roue à chaîne, un dispositif de dressage caractéristique de ce constructeur.

Catégorie de véhicule :	*autopompe*
Type de châssis :	*Saurer BL*
Année de construction :	*1931*
Débit de la pompe :	*2 800 l/mn*
Capacité de la citerne :	–

Cette autopompe des pompiers volontaires d'Herzogenbuchsee resta en service jusqu'en 1980, les derniers temps comme simple véhicule de réserve. Il s'agit d'une autopompe ouverte construite par l'entreprise zurichoise Fega SA sur un châssis de camion Saurer. Cette voiture de toute beauté était à l'origine équipée de roues à pneus pleins, remplacés ensuite par des pneumatiques. Elle était entraînée par un moteur à essence six cylindres de 9 911 cm³ de cylindrée et 110 chevaux. La pompe rotative placée à l'arrière provenait de l'entreprise Diebold. Ce véhicule historique soigné circule encore à l'occasion d'événements particuliers.

Catégorie de véhicule :	*autopompe*
Type de châssis :	*Saurer*
Année de construction :	*1927*
Débit de la pompe :	*2 000 l/mn*
Capacité de la citerne :	–

Cette jolie autopompe construite sur un châssis Saurer provient du constructeur Schenk Frères, à Worblaufen. Cette entreprise, qui construisait déjà des lances manuelles depuis 1830, se chargea de réaliser la superstructure et la pompe rotative placée à l'arrière. Le véhicule appartient aux pompiers volontaires de Romanshorn. La couverture du poste de conduite ainsi que l'échelle coulissante placée sur le porte-échelle ont été installées plus tard. Ce véritable joyau automobile, en parfait état de marche, ne quitte plus sa remise que pour des occasions particulières.

Catégorie de véhicule :	*porteur d'eau/arroseuse*
Type de châssis :	*FBW type Z*
Année de construction :	*1928*
Débit de la pompe :	*2 400 l/mn*
Capacité de la citerne :	*7 000 l*

Lors de cette prise de vue, en 1985, ce porteur d'eau monté sur un châssis FBW, qui effectua tout son service auprès des pompiers d'Emmen, était sans doute le plus ancien véhicule d'incendie encore utilisé en Suisse. Jusqu'en 1957, il était équipé d'un moteur à essence Henschel six cylindres qui fut remplacé par un diesel six cylindres en ligne plus économique. La citerne d'origine, d'une capacité de 4 000 litres, fut aussi remplacée en 1967 par un réservoir de 7 000 litres. La commune d'Emmen avait acheté ce camion-citerne pour des tâches communales, afin de l'utiliser à la fois comme véhicule d'arrosage et d'incendie. Une pompe combinée à pression normale et haute pression, construite par Schenk, se trouvait en bout de châssis. La couleur rouge caractéristique des fourgons d'incendie ne fut appliquée à ce véhicule qu'au début des années 1980.

Catégorie de véhicule :	*échelle pivotante EP 30*
Type de châssis :	*Berna type G 4 AR*
Année de construction :	*1932*
Débit de la pompe :	–
Capacité de la citerne :	–

Cette automobile dotée de roues à bandages pleins était équipée d'une échelle pivotante mécanique Metz de 30 m et 2 mètres de rallonge manuelle, avec un parc déjà tout acier. Construite sur un châssis Berna, elle fut acquise en même temps qu'une autopompe par les pompiers volontaires d'Olten. Dotée d'un moteur à essence de 100 chevaux (à 1 450 tr/mn), elle disposait aussi d'une luge de secours et resta en service jusqu'en 1968.

Catégorie de véhicule :	*fourgon pompe-tonne FPT 16/24*
Type de châssis :	*Magirus-Deutz (KHD) F Mercur 125 A*
Année de construction :	*1961*
Débit de la pompe :	*1 600 l/mn*
Capacité de la citerne :	*2 400 l*

C'est grâce à l'acquisition d'une « tonne-pompe » Magirus par les pompiers de métier de Berne que ce véhicule fit son entrée en Suisse. Ces camions au capot-moteur rond furent par la suite commandés en grand nombre. Ce fourgon pompe-tonne à transmission intégrale de type 16/24, très semblable (exception faite des jantes Trilex dont il est équipé à l'avant) au modèle 16 vendu en Allemagne de l'Ouest, est devenu un véhicule de réserve des Services d'Incendie bernois depuis le milieu des années 1980.

Catégorie de véhicule :	*fourgon pompe-tonne FPT 28/24*
Type de châssis :	*Saurer 2 DM*
Année de construction :	*1966*
Débit de la pompe :	*2 800 l/mn*
Capacité de la citerne :	*2 400 l*

Ce véhicule monté sur châssis de camion tout terrain Saurer à capot-moteur fut livré par Vogt, à Oberdiessbach. Sa pompe rotative provenait de l'entreprise Ziegler, à Giengen. Ce pompe-tonne acheté par les pompiers volontaires de Coire disposait, outre sa réserve d'eau, de 300 litres de mousse concentrée dans les réservoirs jaunes placés sur le toit. Son long capot-moteur à calandre chromée abritait un diesel six cylindres de 8 720 cm³ pour 160 chevaux.

Catégorie de véhicule :	*fourgon pompe-tonne FPT 16/24*
Type de châssis :	*Mercedes-Benz LAF 1113/36*
Année de construction :	*1967*
Débit de la pompe :	*1 600 l/mn*
Capacité de la citerne :	*2 400 l*

Ce fourgon pompe-tonne, encore en service auprès des pompiers volontaires d'Aesch en 1996, correspond en gros aux FPT 16 produits en Allemagne par Metz dans les années 1960. Alors que la pompe et la carrosserie provenaient de ce dernier constructeur, l'entreprise suisse Aebi se chargea de l'aménagement intérieur et des autres équipements de lutte contre le feu. La cabine du véhicule permettait d'emmener six sapeurs. On aperçoit sur le toit une luge de sauvetage et un canon à mousse.

Catégorie de véhicule :	*fourgon pompe-tonne FPT 28/28*
Type de châssis :	*Hanomag-Henschel F 170 AK-CH (4 x 4)*
Année de construction :	*1971*
Débit de la pompe :	*2 800 l/mn*
Capacité de la citerne :	*2 800 l*

Ce pompe-tonne monté par Ziegler, à Giengen, sur un châssis de camion de chantier tout terrain à cabine avancée Hanomag-Henschel, est resté un exemplaire unique. Il avait été livré aux pompiers volontaires de Langenthal comme véhicule de démonstration et d'essai, en même temps qu'une échelle pivotante installée sur un châssis du même type. Ce véhicule était mû par un diesel six cylindres en ligne à injection directe, d'une cylindrée de 8 198 cm³ pour 180 ch.

Catégorie de véhicule :	*fourgon pompe-tonne FPT 16/25*
Type de châssis :	*Magirus-Deutz (KHD) F 170 D 11 FA*
Année de construction :	*1978*
Débit de la pompe :	*1 600 l/mn*
Capacité de la citerne :	*2 500 l*

Ce FPT à cabine avancée et transmission intégrale livré au Service d'Incendie de la ville de Nyon fut entièrement construit par Magirus. La cabine permettait de transporter six sapeurs, et les compartiments à matériel avaient des à rideaux coulissants. Des éléments d'échelle coulissante en aluminium sont fixés sur le toit, de même qu'un raccordement de lance Monitor. Des aspiraux sont rangés sur les marchepieds.

Catégorie de véhicule :	*fourgon pompe-tonne FPT 28/25*
Type de châssis :	*Mercedes-Benz 1428 AF*
Année de construction :	*1989*
Débit de la pompe :	*2 800 l/mn*
Capacité de la citerne :	*2 500 l*

Ce véhicule Mercedes-Benz à cabine avancée et transmission intégrale fut équipé par l'Autrichien Konrad Rosenbauer et livré au Centre de Secours Incendie de Monthey. Il dispose d'une cabine pour six personnes et d'un réservoir à mousse de 300 litres, tandis que les armoires à matériel sont facilement accessibles grâce aux rideaux coulissants vers le haut. Le moteur est un diesel à huit cylindres en V et injection directe, d'une cylindrée de 14 620 cm³ pour 280 chevaux.

Catégorie de véhicule :	*fourgon pompe-tonne FPT 28/25*
Type de châssis :	*Mercedes-Benz 1428 AF*
Année de construction :	*1988*
Débit de la pompe :	*2 800 l/mn*
Capacité de la citerne :	*2 500 l*

Les pompiers volontaires d'Aigle, en Suisse francophone, commandèrent un fourgon pompe-tonne pratiquement identique. Ziegler et Vogt collaborèrent à son équipement, le premier constructeur livrant la superstructure et la pompe rotative, le second se chargeant de l'équipement intérieur. Les aspiraux sont fixés sur le toit, tandis que des réservoirs jaunes contenant de la mousse concentrée sont placés sur le marchepied gauche.

Catégorie de véhicule :	*fourgon tri-extincteur FTE*
Type de châssis :	*Iveco-Magirus 340 E 52*
Année de construction :	*1998*
Débit de la pompe :	*4 200 l/mn*
Capacité de la citerne :	*5 100 l*

Ce géant livré aux pompiers volontaires d'Uster, dans le canton de Zurich, est d'une puissance étonnante. Monté sur un châssis de camion lourd Iveco à quatre essieux (dont les deux essieux avant sont orientables), il possède un moteur diesel turbocompressé huit cylindres développant 340 chevaux. Équipé par l'entreprise Rusterholz de Richterswil, il emporte, outre une citerne d'eau de dimension respectable, 1 500 litres de mousse et 1 500 kg de poudre d'extinction. Les moyens dont il dispose le rendent apte à faire face à presque tous les types de situation. Il est aussi doté, à l'arrière, d'une pompe rotative combinée à haute et basse pression. À noter la couleur citron, commune à tous les véhicules de pompiers du canton de Zurich.

Catégorie de véhicule :	*fourgon tri-extincteur FTE*
Type de châssis :	*Iveco-Magirus 260 E 42*
Année de construction :	*1998*
Débit de la pompe :	*4 200 l/mn*
Capacité de la citerne :	*6 000 l*

Les pompiers volontaires de Lenzbourg possèdent aussi un fourgon tri-extincteur monté sur un châssis de camion Magirus à trois essieux équipé d'un moteur de 260 chevaux. L'équipement embarqué comprend 1 500 litres de mousse concentrée, une grande citerne d'eau et 750 kg de poudre, afin de maîtriser les feux d'hydrocarbures. S'y ajoute aussi une pompe rotative pouvant fonctionner à basse (4 200 l/mn sous 8 bars) ou haute pression (300 l/mn sous 40 bars).

Catégorie de véhicule :	*échelle pivotante EP 37*
Type de châssis :	*Saurer type V 4 C*
Année de construction :	*1941*
Débit de la pompe :	–
Capacité de la citerne :	–

La plupart des échelles pivotantes commandées par les pompiers suisses dans les années 1950 étaient montées sur des châssis de camions helvétiques. Ces véhicules étaient essentiellement affectés à des postes de première intervention. L'échelle mécanique pivotante Magirus 37 m est fixée sur un châssis de camion Saurer à capot-moteur doté d'un diesel six cylindres de 100 chevaux. Cette échelle automobile acquise en 1941 par les pompiers de métier de Berne fut vendue en 1973 aux pompiers volontaires d'Interlaken. Un banc couvert permettant le transport de quatre sapeurs supplémentaires est adossé à la cabine de conduite fermée. Les échelles Magirus de l'époque se caractérisaient par un entraînement des engrenages par vis sans fin.

Catégorie de véhicule :	*échelle pivotante EP 30*
Type de châssis :	*Saurer type L 4 C*
Année de construction :	*1951*
Débit de la pompe :	–
Capacité de la citerne :	–

Les pompiers de métier de St-Gall commandèrent en 1951 une échelle pivotante Magirus 30 m qu'ils firent eux aussi installer sur un châssis Saurer, équipé d'un diesel CT 2 D de 8 700 cm³ de cylindrée pour 120 chevaux. Le parc de cette échelle en acier à quatre pans et 2 m de rallonge manuelle présentait déjà un profil plus moderne. Ce camion fut retiré du service à la fin des années 1970, et acquis par un collectionneur privé.

Catégorie de véhicule :	*grande puissance mousse*
Type de châssis :	*Saurer 5 DF*
Année de construction :	*1968, réaménagé en 1977*
Débit de la pompe :	*2 800 l/mn*
Capacité de la citerne :	*4 000 l*

Les pompiers de l'entreprise Sandoz, à Bâle, ont fait équiper plusieurs châssis de semi-remorques avec tracteurs à cabine avancée de superstructures Ackermann. Le camion-citerne représenté ici est composé du véhicule tracteur de 1968 et de 230 ch, et d'une remorque construite en 1977 qui, outre sa citerne à eau, peut emporter 2 500 l de mousse. La pompe rotative installée à l'arrière de la remorque est équipée d'un mélangeur. Sur la toiture se trouve une lance Monitor eau-mousse Rosenbauer.

Catégorie de véhicule :	*échelle pivotante EP 30*
Type de châssis :	*Berna type 4 ULT 2*
Année de construction :	*1955*
Débit de la pompe :	–
Capacité de la citerne :	–

Cette échelle pivotante Metz 30 m sur châssis Berna à capot-moteur, stabilisée par des vérins centraux, avait une esthétique plaisante et un aspect imposant. Ce véhicule acheté par les pompiers de Bienne avait un empattement de 4600 mm et possédait le même moteur diesel CT 2 D de 120 chevaux que les modèles Saurer de la gamme C, auxquels il ressemblait beaucoup. Metz construisit une cabine double pour six sapeurs, abritant à l'arrière de petits compartiments latéraux pour le matériel. L'échelle à quatre pans était actionnée au moyen d'une roue à chaîne. Ce véhicule fut retiré du service en 1989.

Catégorie de véhicule :	*échelle pivotante EP 37*
Type de châssis :	*Mercedes-Benz LF 5000/48*
Année de construction :	*1954*
Débit de la pompe :	–
Capacité de la citerne :	–

Ce camion Mercedes-Benz au long capot-moteur à calandre chromée et jantes Trilex fait forte impression. Il est équipé d'une échelle pivotante Metz 37 m. Les échelles automobiles de plus de 30 m, devant répondre à des exigences plus sévères en matière de stabilité et de tenue de route lors des déplacements d'urgence, étaient en général montées sur des châssis lourds. Ce porte-échelle de 10,7 tonnes livré aux pompiers de Fribourg était doté d'un diesel six cylindres à chambre de précombustion d'une puissance de 125 chevaux. La grande cabine d'équipage était arrondie dans sa partie arrière afin de permettre une rotation de l'échelle sur 360°. Ce véhicule parfaitement entretenu faisait encore partie de l'effectif de ce service au début des années 1990.

Catégorie de véhicule :	*échelle pivotante automatique EPA 30*
Type de châssis :	*Saurer type 2 DM (4 x 4)*
Année de construction :	*1972*
Débit de la pompe :	–
Capacité de la citerne :	–

Les pompiers volontaires de Rorschach, sur le Lac de Constance, commandèrent cette échelle pivotante hydraulique Magirus 30 montée sur châssis Saurer à capot-moteur et transmission intégrale. Ce camion est équipé d'un diesel six cylindres CT 5 D de 160 chevaux ; de par sa conception de véhicule tout terrain, il possède un empattement relativement court, ce qui fait que l'échelle à quatre éléments dépasse largement de l'avant du capot. Cette échelle automobile est équipée d'une nacelle, d'une cabine pouvant abriter 3 sapeurs et d'un large plateau sous lequel logent les compartiments à matériel.

Catégorie de véhicule :	*EPA 37*
Type de châssis :	*Mercedes-Benz LP 338/50*
Année de construction :	*1961*
Débit de la pompe :	–
Capacité de la citerne :	–

Ce porte-échelle à cabine avancée acquis par les pompiers de métier de Lausanne ne fut construit qu'à un seul exemplaire. L'échelle hydraulique de 37 mètres et 3 m de rallonge manuelle reposait sur un châssis lourd Mercedes-Benz. Le véhicule faisait particulièrement bonne impression avec sa livrée rouge et blanche. Son poids maximal autorisé était de 12,2 tonnes ; il était entraîné par un diesel six cylindres à chambre de précombustion d'une cylindrée de 10 810 cm³ pour une puissance de 180 chevaux.

Catégorie de véhicule :	*EPA 30*
Type de châssis :	*MAN 8.136 H*
Année de construction :	*1971*
Débit de la pompe :	–
Capacité de la citerne :	–

On voit ici une échelle pivotante Metz 30 à entraînement hydraulique, dotée d'une nacelle et de stabilisateurs obliques, montée sur un châssis mi-lourd de camion MAN à capot-moteur. Ce véhicule a été photographié avant sa livraison au client devant le château de Karlsruhe (Allemagne). Construit par Metz, ce camion de 12 tonnes était destiné aux pompiers de Muttenz. Il se caractérisait par une cabine double et disposait d'un diesel six cylindres à injection directe. Il s'agit là de l'unique échelle pivotante en Suisse construite sur châssis MAN à capot-moteur.

Catégorie de véhicule :	*EPA 30*
Type de châssis :	*Saurer type 5 DF*
Année de construction :	*1966*
Débit de la pompe :	–
Capacité de la citerne :	–

Parallèlement aux modèles à capot-moteur, le fameux constructeur suisse de poids lourds Adolph Saurer proposait dans les années 1960 des châssis à cabine avancée de forme arrondie. Ce type de cabines était symbolisé par la lettre « F ». Les pompiers de métier de Zurich réceptionnèrent en 1966 ce camion à double cabine, doté d'une échelle pivotante Metz 30 m à commande hydraulique. Ce véhicule de 16 tonnes était équipé d'un moteur diesel Saurer CT 2 DL six cylindres de 8 720 cm³ de cylindrée et 192 chevaux à 2 000 tr/mn.

Catégorie de véhicule :	*EPA 30*
Type de châssis :	*Saurer type 5 DF*
Année de construction :	*1972*
Débit de la pompe :	–
Capacité de la citerne :	–

De construction plus récente, ce châssis de camion Saurer à cabine avancée, surmonté d'une échelle pivotante Metz 30 m à nacelle et commande hydraulique, était au service des pompiers de Coire. L'équipement intérieur provenait du fabricant de machines Aebi & Cie, à Berthoud, qui fournissait aussi des équipements de lutte contre le feu. Ce véhicule homologué pour un poids total de 18 tonnes vit sa partie frontale légèrement modifiée. Le moteur diesel six cylindres de 192 chevaux resta par contre inchangé.

Catégorie de véhicule :	*échelle pivotante automatique à nacelle EPAN 30*
Type de châssis :	*Mercedes-Benz LAK 1924/46 (4 x 4)*
Année de construction :	*1972*
Débit de la pompe :	–
Capacité de la citerne :	–

Les porte-échelles à transmission intégrale ont été de tout temps l'exception. Plus qu'ailleurs, les services d'incendie suisses ont toutefois acheté ces modèles, en raison des longs hivers enneigés et des localités nichées dans d'étroites vallées. Les pompiers de Thoune firent installer cette échelle Metz sur un lourd châssis de camion tout terrain Mercedes-Benz à benne basculante. L'échelle à commande hydraulique, dotée de béquilles obliques, pouvait se déployer à 30 mètres et disposait d'une nacelle de sauvetage. Ce véhicule, d'un poids total autorisé de 19 tonnes, abritait sous son capot court un diesel six cylindres à injection directe de 11 580 cm³ de cylindrée et 240 chevaux.

Catégorie de véhicule :	***échelle pivotante automatique à nacelle EPAN 30***
Type de châssis :	***Mercedes-Benz 1530 F***
Année de construction :	***1992***
Débit de la pompe :	–
Capacité de la citerne :	–

Le Service d'Incendie de Montreux reçut en 1992 une échelle pivotante Metz de 30 mètres munie d'une nacelle rabattable et montée sur châssis de camion Mercedes-Benz à cabine avancée. Ce véhicule, d'un poids de 15 tonnes, est doté d'une grande cabine double conçue par l'entreprise Robert Aebi et pouvant accueillir six sapeurs. Il est équipé d'un moteur diesel de 300 chevaux et d'une transmission automatique.

Catégorie de véhicule :	***échelle pivotante automatique à nacelle EPAN 30***
Type de châssis :	***Magirus-Deutz F 232 D 14 F***
Année de construction :	***1978***
Débit de la pompe :	–
Capacité de la citerne :	–

Cette échelle pivotante Magirus 30 m à quatre éléments construite à Ulm (Allemagne), est installée sur un châssis à cabine avancée de la même marque. Une nacelle amovible peut être suspendue sur le côté de l'échelle. Ce véhicule disposant de stabilisateurs obliques possède une cabine double pour six sapeurs ; d'un poids total autorisé de 14 tonnes, il est entraîné par un moteur diesel à huit cylindres en V refroidi par air, d'une cylindrée de 11 310 cm³ et d'une puissance de 232 chevaux.

Catégorie de véhicule :	***BEA 28***
Type de châssis :	***Volvo N 88***
Année de construction :	***1967***
Débit de la pompe :	–
Capacité de la citerne :	–

Ce bras articulé de type SS 28, monté sur un châssis Volvo lourd à capot-moteur, est de dimension impressionnante. Construit par Simon-Snorkel, il était en 1985 au service de l'entreprise ETA à Granges. Le châssis est équipé d'un diesel six cylindres de type D 100, de 9 599 cm³ de cylindrée et 280 chevaux. Le bras est équipé d'une nacelle pouvant s'élever à 28 mètres, d'une échelle et d'une lance Monitor. Il est intéressant de remarquer que cette lourde superstructure repose sur un berceau placé devant le capot-moteur, ce qui améliore la tenue de route.

Catégorie de véhicule :	***échelle pivotante automatique à nacelle EPAN 30***
Type de châssis :	***MAN 14.285 LAC***
Année de construction :	***2002***
Débit de la pompe :	–
Capacité de la citerne :	–

Cette échelle pivotante Metz de type L 26 montée sur châssis MAN à cabine avancée et transmission intégrale a été construite pour les pompiers volontaires d'Egg. Ce véhicule est équipé d'une cabine mi-longue, d'une transmission automatique ZF et d'un moteur diesel de 280 chevaux. Cette échelle 18-12 correspond aux modèles standard de Metz, avec un réglage d'appui vertical et horizontal en continu, une structure acier à quatre éléments et une nacelle basculante admettant une charge maximale de 270 kg. Il convient de remarquer la livrée citron vert, couleur qui tend à s'imposer, notamment dans les cantons de Zurich, de Neuchâtel et du Tessin.

Catégorie de véhicule : *plate-forme télescopique 37*
Type de châssis : *Mercedes-Benz L 3336/45 (8 x 4)*
Année de construction : *1986*
Débit de la pompe : *5 000 l/mn*
Capacité de la citerne : –

Un engin de dimensions inhabituelles et unique en son genre est au service des pompiers d'entreprise du groupe chimique bâlois Sandoz depuis début 1987. Metz se chargea de l'installation du mât télescopique, l'un des rares à pouvoir s'élever jusqu'à 37 mètres, sur un châssis de camion Mercedes à quatre essieux et cabine avancée. Ce véhicule de type 37 S est équipé d'un dix cylindres Daimler-Benz OM 423. Il mesure plus de 11 m de long pour un poids total autorisé de 33 t et est équipé d'une grande cabine pour l'équipage (neuf hommes) et le matériel. Le bras télescopique est composé de cinq éléments, et sa nacelle peut supporter 450 kg. Une conduite d'eau télescopique permet d'apporter jusqu'à 5 000 l/mn à la lance Monitor située dans la nacelle. La pompe rotative FP 40/10 est dotée d'un mélangeur permettant d'utiliser les 1 800 l de mousse embarqués. L'alimentation en eau se fait soit depuis un camion porteur, soit depuis le réseau de bouches d'incendie du site de l'entreprise. Excepté un camion Tatra équipé d'une échelle pivotante Magirus 44 m employé par les pompiers de Prague, il s'agit du seul porte-échelle à quatre essieux en Europe.

Catégorie de véhicule : *CGS 10*
Type de châssis : *Magirus-Deutz (KHD) F Jupiter A (4 x 4)*
Année de construction : *1957*
Débit de la pompe : –
Capacité de la citerne : –

Magirus construisit en assez grande série des camions de sauvetage lourds à capot-moteur arrondi, dotés d'une grue avec une capacité de levage de 7, puis 10 tonnes Une grande partie de ces camions était exportée, comme ce fut le cas de ce véhicule équipé d'une grue de 10 tonnes et livré aux pompiers de Zoug. La grue Demag à commande électromécanique pouvait pivoter sur 360°. Ce véhicule était de plus équipé d'un treuil à tambour de 5 tonnes, d'un groupe électrogène de 18 kVA et d'un mât d'éclairage pouvant se déployer à 7,5 mètres. Le moteur de cet engin à transmission intégrale était un huit cylindres en V refroidi par air.

Catégorie de véhicule : *CGS 10*
Type de châssis : *Magirus-Deutz (KHD) F Jupiter 195 A (4 x 4)*
Année de construction : *1962*
Débit de la pompe : –
Capacité de la citerne : –

C'est un camion lourd à capot-moteur carré qui remplaça les anciens modèles d'engins de sauvetage encore produits par Magirus dans les années 1960. Les pompiers de Lausanne en reçurent un exemplaire à l'habillage particulier. La capacité de levage de la grue qui, comme pour le précédent modèle, se repliait sur le dessus de la superstructure, était toujours de 10 tonnes. La flèche reposait sur le toit de la cabine d'équipage. Les autres équipements et agrès ne furent pas modifiés, seule la superstructure étant plus élancée. Le moteur était un diesel huit cylindres à chambre de précombustion refroidi par air de 12 667 cm³ et 195 chevaux.

Catégorie de véhicule : *véhicule hydrocarbures*
Type de châssis : *Saurer type 5 DM*
Année de construction : *1980*
Débit de la pompe : –
Capacité de la citerne : –

L'entreprise de carrosserie bâloise Heimburger produisit dès 1970 des superstructures de véhicules d'incendie pour ses proches clients. C'est ce carrossier qui équipa sur un châssis de camion Saurer à capot-moteur ce véhicule hydrocarbures destiné aux pompiers de Baden. Le moteur est un diesel six cylindres de 250 chevaux. Les vastes espaces de rangement de ce camion jaune contiennent tous les équipements et outils pour combattre les accidents d'hydrocarbures ou autres matières dangereuses. Une grue avec appui latéral se trouve à l'arrière du véhicule.

Catégorie de véhicule : *camion-grue CG 35*
Type de châssis : *Liebherr LTM 1035*
Année de construction : *1988*
Débit de la pompe : –
Capacité de la citerne : –

Le Service d'Incendie et de Secours de la ville de Genève dispose d'un camion doté d'une grue télescopique de 35 tonnes construit par Liebherr sur un châssis spécial à trois essieux moteurs, dont les roues sont toutes orientables et à suspension hydropneumatique. Ce véhicule très compact, d'un poids total autorisé de 33 tonnes, est mû par un moteur diesel Mercedes de 296 chevaux entraînant aussi la grue. Un treuil est installé à l'arrière.

Catégorie de véhicule :	*véhic. mousse aérodrome VMA*
Type de châssis :	*Mercedes-Benz LAK 2620 (6 x 6)*
Année de construction :	*1966*
Débit de la pompe :	*2 500 l/mn*
Capacité de la citerne :	*8 000 l*

Ce véhicule aérodrome doté d'une superstructure Metz était au service des pompiers de l'aéroport de Berne-Belp en 1996. Il avait été acheté en 1980 auprès de l'aéroport de Zurich-Kloten. Il reposait sur un lourd châssis tout terrain de camion de chantier Mercedes-Benz et était équipé d'un moteur diesel six cylindres à injection directe, d'une cylindrée de 10 810 cm³ pour 210 chevaux à 2 200 tr/mn. Outre une grande quantité d'eau, ce véhicule pouvait emporter 800 litres de mousse concentrée. La pompe rotative à mélangeur était placée au centre du véhicule, d'où elle était aussi commandée. La lance Monitor Rosenbauer se trouvait derrière la cabine, prévue pour trois sapeurs.

Catégorie de véhicule :	*véhic. mousse aérodrome VMA*
Type de châssis :	*Mercedes-Benz LAF 312/42*
Année de construction :	*1956*
Débit de la pompe :	*1 600 l/mn*
Capacité de la citerne :	*3 200 l*

Ce véhicule des années 1950 doté d'une superstructure Metz était encore affecté à l'aérodrome de Sion en 1996. Initialement employé par l'aéroport de Genève, il possédait une cabine pouvant accueillir trois sapeurs et un dispositif central d'intervention rapide avec lances haute pression sur chacun de ses flancs. Il était en outre équipé d'une lance Monitor placée au-dessus de la cabine de conduite, d'un réservoir de 200 litres de mousse, d'une citerne d'eau et d'une pompe rotative. Le châssis de 4,5 tonnes à capot-moteur, fourni par Mercedes, était doté d'un moteur six cylindres de 100 chevaux.

Catégorie de véhicule :	*véhic. transport de personnel et de matériel*
Type de châssis :	*Chevrolet 5400*
Année de construction :	*1956*
Débit de la pompe :	–
Capacité de la citerne :	–

Ce véhicule aménagé par le carrossier Rizza à Bellinzone se trouvait en 1995 au service des pompiers volontaires de Biasca, en Suisse italophone. Il était aussi utilisé comme véhicule de première intervention. La superstructure reposait sur un châssis américain Chevrolet, pour un poids total autorisé de 8 980 kg. La cabine de conduite comportait beaucoup d'ornements, conformément au style des véhicules américains des années 1950. Il est intéressant de relever, entre le poste de conduite et les armoires à matériel, la présence d'une échelle encastrée donnant accès aux équipements placés sur le toit.

Catégorie de véhicule :	*véhic. transport de matériel d'éclairage*
Type de châssis :	*Dodge T 205 WC 42 (4 x 4)*
Année de construction :	*1944*
Débit de la pompe :	–
Capacité de la citerne :	–

Les pompiers volontaires de Romanshorn convertirent eux-mêmes un ancien camion militaire américain Dodge 0,5 tonne en véhicule de transport de matériel d'éclairage. Ce fourgon tout terrain disposait d'un moteur à essence de 92 chevaux et était équipé d'un treuil frontal. Six sapeurs pouvaient prendre place sur les deux bancs couverts derrière lesquels était placé le matériel d'éclairage. Deux éléments d'échelle coulissante se trouvaient sur le toit.

Catégorie de véhicule :	*fourgon poudre FPO*
Type de châssis :	*Magirus-Deutz (KHD) F 150 D 10 A (4 x 4)*
Année de construction :	*1967*
Débit de la pompe :	–
Capacité de la citerne :	–

Les pompiers volontaires de Zofingue acquirent un fourgon d'incendie Magirus à transmission intégrale, doté d'un capot-moteur carré et pouvant emporter 2 000 kg de poudre. Équipé d'une cabine double Magirus, il était motorisé par un diesel V6 KHD de type F 6 L 714, à chambre de pré-combustion refroidi par air, de 9 500 cm³ de cylindrée pour 150 chevaux à 2 300 tr/mn. L'installation d'extinction, qui avait été transformée et comprenait un canon, était commandée depuis le côté du véhicule.

Catégorie de véhicule :	*assistance respiratoire*
Type de châssis :	*Opel Blitz 1,75 t*
Année de construction :	*1960*
Débit de la pompe :	–
Capacité de la citerne :	–

Ce véhicule Opel-Blitz des pompiers de Zofingue fait également très bonne impression. Carrossé par l'entreprise Meyer, à Othmarsingen, il était équipé d'un pare-brise panoramique peu commun, et d'une grande cabine de conduite et d'équipage pour six personnes. Ce modèle d'Opel, très apprécié des petits services d'incendie des années 1950, disposait d'un moteur à essence six cylindres de 62 chevaux lui permettant d'afficher de bonnes performances routières.

Catégorie de véhicule :	*fourgon-pompe spécial*
Type de châssis :	*Dodge 700*
Année de construction :	*1968*
Débit de la pompe :	*3 000 l/min*
Capacité de la citerne :	–

Le Service d'Incendie de la raffinerie Tamoil de Collombey possédait au milieu des années 1990 ce fourgon spécial à la superstructure réalisée par l'équipementier français Sides. Il s'agissait d'un véhicule typiquement adapté aux besoins de protection contre l'incendie d'une usine pétrochimique. Le châssis, un Dodge d'origine américaine, pouvait emporter 3 000 litres de mousse. Ce véhicule pouvait emmener un équipage de trois sapeurs, disposait d'un marchepied à l'arrière et d'un accès à la partie supérieure de la carrosserie afin de pouvoir manœuvrer la lance Monitor mixte poudre-mousse.

Catégorie de véhicule :	*grande puissance mousse*
Type de châssis :	*Mercedes-Benz LAK 1924 B (4 x 4)*
Année de construction :	*1974*
Débit de la pompe :	*2 800 l/mn*
Capacité de la citerne :	*7 000 l*

Le Service d'Incendie et de Secours d'Aigle possédait encore en 1996 ce fourgon spécial, au chargement composé d'eau et d'un réservoir de 4 000 litres de mousse. Ce véhicule, équipé par Metz, était monté sur un lourd châssis tout terrain de camion de chantier Mercedes-Benz à capot court, équipé d'un moteur de 240 chevaux. La cabine pouvait accueillir trois sapeurs. Sur le toit se trouvait une lance Monitor Alco eau et mousse, et à l'arrière du véhicule une pompe centrifuge avec mélangeur.

Catégorie de véhicule :	*grande puissance poudre*
Type de châssis :	*Walter BDQV (4 x 4)*
Année de construction :	*1968*
Débit de la pompe :	–
Capacité de la citerne :	–

Les pompiers de l'entreprise Firmenich à La Plaine reprirent en 1977 ce fourgon poudre, appartenant auparavant au Service d'Incendie de l'aéroport de Genève. Ce véhicule spécial, capable d'emporter l'impressionnante quantité de 6 000 kg de poudre, avait été équipé par Total à Ladenburg sur un châssis lourd toutes roues motrices construit par l'entreprise Walter. Cette dernière, dénommée plus précisément Walter Motor Truck Company, sise et installée à Voorheesville, État de New York, construit de nos jours encore des véhicules spéciaux. Un canon à poudre se trouvait au-dessus du poste de conduite.

Catégorie de véhicule :	*fourgon pionnier*
Type de châssis :	*Saurer D 330*
Année de construction :	*1984*
Débit de la pompe :	–
Capacité de la citerne :	–

Le camion-grue de sauvetage Magirus 10, construit en 1958 pour les pompiers bâlois, fut cédé en 1984 à un service d'incendie d'entreprise et remplacé par ce fourgon de secours doté d'une grue, dont l'équipement était stocké dans des conteneurs amovibles. Ce camion Saurer lourd à quatre essieux (dont les deux essieux avant orientables) était équipé d'une grue Effer à trois éléments télescopiques, disposée au-dessus des essieux arrière. Elle pouvait soulever 15 tonnes avec un déport de 4 mètres, ou 7 tonnes avec un déport de 8,3 mètres. Le bras de la grue disposait d'un second treuil de 5 tonnes, pouvant travailler à la profondeur de 40 mètres. À l'arrière du véhicule se trouvait un treuil de halage Rotzler-Treibmatic de 15 tonnes.

Catégorie de véhicule :	*fourgonnette d'incendie*
Type de châssis :	*Peugeot 403*
Année de construction :	*1962*
Débit de la pompe :	–
Capacité de la citerne :	*300 l*

Le Service d'Incendie de Bouvaincourt réaménagea lui-même cette fourgonnette à partir d'un break Peugeot 403, proposé depuis 1955 en version commerciale à cinq portes, moteur quatre cylindres de 65 chevaux et charge utile de 600 kg. Outre la citerne d'eau entourée à mi-hauteur de coffres à matériel, le véhicule était équipé à l'arrière d'une motopompe portative et d'une galerie supportant échelles et aspiraux. Avec ce chargement, il atteignait les limites de sa capacité de charge.

France

La lutte contre l'incendie est le fruit d'une longue tradition en France. Napoléon Bonaparte en fut le principal instigateur, puisqu'il regroupa et forma des pionniers de l'armée, les sapeurs, au sein d'une brigade ayant pour mission de protéger du feu la ville de Paris : ainsi naquit la célèbre Brigade des « sapeurs-pompiers » – terme générique encore utilisé de nos jours pour désigner les services d'incendie. Dans la capitale comme dans le reste du pays, mais surtout dans les grandes villes, ces services connurent des perfectionnements rapides, passant des lances d'incendie manuelles aux lances à vapeur, puis aux pompes et autres véhicules motorisés. Une fois encore, les Sapeurs-pompiers de Paris firent figure de précurseurs, notamment en matière de motorisation. Parallèlement au système à batterie électrique, ils utilisèrent avec succès en zone urbaine le mode d'entraînement dit mixte. Un bon niveau de motorisation avait été atteint quand éclata la Première Guerre mondiale. Comme dans d'autres pays, le moteur à explosion, du fait de son fonctionnement plus fiable, évinça les systèmes d'entraînement électriques à la fin des hostilités.

L'équipement en véhicules d'incendie modernes fut facilité par une industrie de construction très performante. De multiples fabricants de plus ou moins grande envergure, tels Camiva, Riffaud, Gugumus, Maheu-Labrosse et Sides produisaient différents véhicules de série ou spéciaux. L'industrie des camions était également bien développée, comme en témoignent les réalisations de Renault, Citroën et Saviem jusqu'à son absorption par Renault en 1975. Certains petits constructeurs tels Delahaye, Latil, Laffly, Berliet, Bernard et Panhard durent au fil du temps se retirer du marché. De nos jours, Renault est le numéro un incontesté dans ce secteur. Certains véhicules d'incendie sont cependant importés, surtout sur des châssis de marque Mercedes-Benz ou Iveco. Les camions-citernes affectés à la lutte contre les feux de forêt sont utilisés dans tout le pays, ce qui constitue une particularité de la France. En règle générale, il s'agit de simples fourgons pompes-tonnes tout terrain pourvus de motopompes et de citernes d'eau non carrossées. Une bonne partie de ces modèles provient du vaste parc de camions militaires, notamment américains, de la Seconde Guerre mondiale. Le nombre de ces véhicules toujours en service malgré leur âge tend cependant à diminuer.

Les services d'incendie français sont rattachés au Service de la Sécurité civile, dépendant du ministère de l'Intérieur. Les diverses compagnies affectées aux communes reçoivent le renfort précieux de la Protection civile. Il existe des corps de sapeurs-pompiers de métier dans les grandes villes, des pompiers volontaires à la campagne et dans les petites localités ainsi que des services d'incendie d'entreprise. S'y ajoutent, surtout dans le Sud, quelques unités de sapeurs-pompiers organisées et administrées par l'armée, comme à Marseille et Toulon, mais aussi à Paris.

Catégorie de véhicule :	*fourgon pompe-tonne FPT*
Type de châssis :	*Citroën 55 UDI*
Année de construction :	*1961*
Débit de la pompe :	*1 000 l/mn*
Capacité de la citerne :	*2 500 l*

À en juger par la conception de sa carrosserie, ce curieux fourgon pompe-tonne monté sur un châssis mi-lourd Citroën et propriété du Service d'Incendie de Barbaste, fut vraisemblablement l'œuvre de l'équipementier spécialisé Guinard. Ce châssis fabriqué dès 1956 pouvait être acheté avec un moteur six cylindres diesel ou essence. Le véhicule ci-contre disposait d'un diesel de 4 580 cm^3 et 76 chevaux. Il était pourvu d'une cabine aménagée pour six membres d'équipage, d'une citerne d'eau carrossée de part et d'autre, d'un dévidoir, d'une échelle et d'un extincteur.

Catégorie de véhicule :	*camion-citerne forêts CCF*
Type de châssis :	*GMC CCKW 353 (6 x 4)*
Année de construction :	*1945*
Débit de la pompe :	*1 000 l/mn*
Capacité de la citerne :	*3 000 l*

Ce véhicule d'intervention, transformé en camion-citerne feux de forêts pour les pompiers de Laure, provenait du parc de l'armée américaine de la Seconde Guerre mondiale. Doté d'un treuil frontal, ce camion militaire de 2,5 tonnes disposait d'une citerne d'eau, d'une pompe disposée à l'arrière et surmontée d'un dévidoir tournant pour tuyau à haute pression. Un moteur à carburateur six cylindres de 104 chevaux était logé sous l'imposant capot.

Catégorie de véhicule :	*camion-citerne forêts CCF*
Type de châssis :	*GMC CCKW 353 (6 x 4)*
Année de construction :	*1950*
Débit de la pompe :	*800 l/mn*
Capacité de la citerne :	*3 000 l*

Cet autre camion-citerne feux de forêts était employé en 1984 par les pompiers volontaires de Saint-Avold. Ce véhicule réaménagé par les sapeurs eux-mêmes possédait un habitacle de conduite ouvert, revêtu d'une capote en toile. Une banquette pour l'équipage, devant la citerne d'eau, était protégée par un toit de leur fabrication. La pompe centrifuge était disposée à l'arrière du véhicule, tout comme le dispositif d'intervention rapide placé sur le côté gauche.

Catégorie de véhicule :	*camion-citerne forêts CCF*
Type de châssis :	*GMC CCKW 353 (6 x 4)*
Année de construction :	*1944*
Débit de la pompe :	*1 000 l/mn*
Capacité de la citerne :	*3 000 l*

Le Service d'Incendie de Bourg-le-Roi utilisait encore en 2001 ce camion-citerne monté sur un châssis GMC à trois essieux. La structure comprend la tonne d'eau et une cabine d'équipage judicieusement intégrée, séparée de l'habitacle de conduite tout acier. La pompe se trouve à l'arrière du véhicule ; une galerie porte-échelle est aménagée sur la citerne.

Catégorie de véhicule :	*camion-citerne forêts CCF*
Type de châssis :	*GMC CCKW 353 (6 x 4)*
Année de construction :	*1950*
Débit de la pompe :	*800 l/mn*
Capacité de la citerne :	*3 000 l*

Ce second camion-citerne feux de forêts monté sur châssis GMC à trois essieux, encore employé en 1984 par les pompiers volontaires de Saint-Avold, se présente sous un autre aspect. Il s'agit d'un véhicule pourvu d'un habitacle de conduite en acier. Tout comme les précédents, il possède une citerne d'eau, une pompe montée à l'arrière et un dévidoir tournant pourvu de 30 m de tuyau à haute pression, aménagé cette fois au-dessus de la pompe à incendie.

Catégorie de véhicule :	*camion-citerne forêts CCF*
Type de châssis :	*Dodge T 223 WC 62 (6 x 6)*
Année de construction :	*1946*
Débit de la pompe :	*500 l/mn*
Capacité de la citerne :	*1 500 l*

Le châssis de camion américain Dodge 1,5 tonne, bien que moins souvent utilisé que les châssis GMC, se révéla lui aussi idéal pour monter des camions-citernes feux de forêts. Ce véhicule aux dimensions réduites, pourvu d'un treuil frontal et d'une capote pliante au-dessus de l'habitacle de conduite, équivaut par sa carrosserie et son équipement à de plus grands modèles. Cet exemplaire était encore exploité par les pompiers volontaires de Saint-Etienne-du-Valdonnez.

Catégorie de véhicule :	*camion-citerne forêts CCF*
Type de châssis :	*Acmat (6 x 6)*
Année de construction :	*1967*
Débit de la pompe :	*500 l/mn*
Capacité de la citerne :	*3 000 l*

Pour remplacer les camions-citernes feux de forêts GMC de plus en plus vétustes, on chercha d'autres châssis appropriés : ainsi ce châssis militaire Acmat de conception simple, qui reçut un équipement identique. De nombreuses versions différentes furent montées sur ce châssis. Outre la citerne d'eau, la pompe centrifuge et le dispositif d'intervention rapide, cet exemplaire encore affecté au Service d'Incendie du Porge possédait aussi une lance orientable.

Catégorie de véhicule :	*camion-citerne forêts CCF*
Type de châssis :	*Berliet GLA 5*
Année de construction :	*1955*
Débit de la pompe :	*1 200 l/mn*
Capacité de la citerne :	*2 500 l*

Le châssis à cabine avancée GLA de Berliet fut présenté pour la première fois en mars 1950. Du fait de sa catégorie de poids, il reçut les superstructures de fourgons d'incendie les plus variées. Tel fut le cas de ce camion-citerne attaché au Service d'Incendie de Bavay, doté d'une cabine de conduite et d'équipage prévue pour six hommes. Les jantes Trilex à l'avant sont plutôt inhabituelles. La citerne d'eau, comme souvent en France, est carrossée dans sa partie inférieure.

Catégorie de véhicule :	*fourgon-pompe FP*
Type de châssis :	*Berliet GLA 5*
Année de construction :	*1956*
Débit de la pompe :	*1 200 l/mn*
Capacité de la citerne :	–

Cet autre fourgon d'incendie est monté sur un châssis GLA de Berliet. Ce véhicule de transport de personnel des pompiers volontaires de Nibas, carrossé par le constructeur Berliet lui-même, pouvait accueillir douze soldats du feu dans sa vaste cabine. Ce type de fourgon avec pompe à l'arrière jadis très répandu chez les pompiers français, fut assemblé à partir de 1953 sur des châssis Berliet, Delahaye, Laffly Renault et autres marques, et décliné dans de multiples variantes. L'exemplaire ci-dessus était équipé d'un diesel de 75 chevaux.

Catégorie de véhicule :	*fourgon-pompe mousse*
Type de châssis :	*Saviem LRS R 4153*
Année de construction :	*1960*
Débit de la pompe :	*1 200 l/mn*
Capacité de la citerne :	–

Ce porteur de mousse, monté sur châssis à cabine avancée Saviem, figurait en 1985 dans le parc de véhicules du Service d'Incendie de l'entreprise CDF Chimie E.P., implantée à Carling. Ce véhicule équipé de jantes Trilex à l'avant et affichant un poids total autorisé de 15 tonnes était entraîné par un diesel six cylindres de 120 chevaux. Ce modèle spécial disposait d'une pompe centrifuge à l'arrière et de 7 800 litres d'émulseur concentré.

Catégorie de véhicule :	*fourgon pompe-tonne FP*
Type de châssis :	*Mercedes-Benz LA 911 B (4 x 4)*
Année de construction :	*1971*
Débit de la pompe :	*1 000 l/mn*
Capacité de la citerne :	*3 000 l*

Carrossé par l'entreprise Maheu-Labrosse, ce fourgon pompe-tonne monté sur châssis Mercedes-Benz à quatre roues motrices et capot court était exploité en 1999 par le Service d'Incendie de Mimizan. Le châssis, doté d'une protection de calandre et de phares, était mû par un diesel six cylindres Daimler-Benz OM 352 à injection directe, de 5 675 cm³ et 130 chevaux. La cabine double pouvait accueillir six hommes. Une pompe Camiva était disposée à l'arrière.

Catégorie de véhicule :	*fourgon pompe-tonne FPT*
Type de châssis :	*Berliet GAK 17*
Année de construction :	*1967*
Débit de la pompe :	*1 500 l/mn*
Capacité de la citerne :	*2 500 l*

Dès le milieu des années 1960, le châssis mi-lourd à cabine avancée GAK de Berliet était très répandu chez les pompiers français. Le fourgon pompe-tonne ci-dessus, pourvu d'une carrosserie Berliet, était utilisé par le Service d'Incendie de Rohrbach. Outre la citerne surmontée d'une galerie porte-échelle, ce véhicule tout terrain possédait une pompe centrifuge disposée à l'arrière.

Catégorie de véhicule :	*fourgon pompe-tonne FPT*
Type de châssis :	*Berliet GLB 19 A*
Année de construction :	*1955*
Débit de la pompe :	*1 000 l/mn*
Capacité de la citerne :	*3 000 l*

Ce type de fourgon pompe-tonne, monté sur châssis Berliet mi-lourd à cabine avancée, était assez courant en France. La carrosserie et l'équipement de ce véhicule stationné auprès du Service d'Incendie de Beaurainville avaient été réalisés chez Berliet. À l'arrière se trouvait une pompe centrifuge PA 82, d'un débit de 1 000 l/mn. La citerne comporte jusqu'aux trois quarts de sa hauteur un habillage abritant des coffres à matériels.

Catégorie de véhicule :	*fourgon pompe-tonne/ secours routier FPTSR*
Type de châssis :	*Renault G 210*
Année de construction :	*1986*
Débit de la pompe :	*2 000 l/mn*
Capacité de la citerne :	*1 000 l*

Propriété des pompiers de Paris, ce fourgon mixte est un pompe-tonne affecté au secours routier. Carrossé par Sides sur un châssis Renault à cabine avancée, il comprend une cabine de conduite de camion de série, prévue pour trois membres d'équipage, et une grande carrosserie-coffre (fourgon). Le véhicule dispose d'un turbodiesel six cylindres de 210 chevaux. L'arrière du fourgon abrite une puissante pompe centrifuge, d'un débit de 2 000 l/mn, fonctionnant sous 15 bars, ainsi qu'un dispositif d'intervention rapide comprenant un tuyau à haute pression et deux enrouleurs. Le véhicule transporte par ailleurs une citerne d'eau ainsi que tout le matériel technique, destiné notamment aux opérations de secours lors d'accidents de la circulation.

Catégorie de véhicule :	***fourgon pompe-tonne FPT***
Type de châssis :	***Citroën 600***
Année de construction :	***1966***
Débit de la pompe :	***1 500 l/mn***
Capacité de la citerne :	***3 200 l***

Monté sur un châssis Citroën à cabine avancée du type 600, ce pompe-tonne était détenu par le Service d'Incendie de Fressenneville. Construit dans les années 1960, ce châssis se caractérisait à l'avant par une configuration futuriste ou du moins très atypique. La carrosserie fut réalisée par l'entreprise Maheu-Labrosse. Ce véhicule était équipé d'une pompe centrifuge disposée derrière la citerne, en bout de châssis.

Catégorie de véhicule :	***fourgon pompe-tonne FPT***
Type de châssis :	***Berliet GAK 17***
Année de construction :	***1964***
Débit de la pompe :	***1 500 l/mn***
Capacité de la citerne :	***3 500 l***

Propriété des pompiers volontaires de Rohrbach, ce fourgon pompe-tonne possède une citerne carrossée jusqu'à mi-hauteur, comme souvent en France. Derrière ce revêtement sont aménagés des coffres à matériel et divers espaces de rangement pour loger raccords, tuyaux, outils et divers accessoires. Des extincteurs et les éléments d'une échelle à coulisse sont fixés sur la superstructure.

Catégorie de véhicule :	***fourgon-pompe F***
Type de châssis :	***Citroën 350 NSP (4 x 4)***
Année de construction :	***1971***
Débit de la pompe :	***1 500 l/mn***
Capacité de la citerne :	–

Le Service d'Incendie de Vertus, dans la Marne, disposait de ce véhicule tout terrain à l'aspect insolite, doté d'une vaste cabine de conduite et d'équipage et affichant un poids total autorisé de six tonnes. Monté par l'équipementier Guinard sur un châssis Citroën à cabine avancée, ce fourgon pouvait transporter 12 hommes. Un treuil est encastré à l'avant, et une pompe aménagée à l'arrière.

Catégorie de véhicule :	***fourgon pompe-tonne FPT***
Type de châssis :	***Berliet L 648 R (4 x 4)***
Année de construction :	***1974***
Débit de la pompe :	***1 500 l/mn***
Capacité de la citerne :	***3 000 l***

Construit par l'équipementier Camiva, ce fourgon pompe-tonne du Service d'Incendie de Fresnes-en-Woëvre fut monté sur un châssis Berliet à capot-moteur et quatre roues motrices. Née en 1971 de la fusion de Citroën-Berliet et de Guinard, l'entreprise Camiva dont le siège se trouve à Saint-Alban-Leysse, près de Chambéry, compte parmi les plus grands fournisseurs français de matériels de lutte contre l'incendie. Le véhicule ci-dessus est équipé d'une cabine double, prévue pour accueillir six hommes d'équipage.

Catégorie de véhicule :	***fourgon pompe-tonne FPT***
Type de châssis :	***Renault 130 B 9***
Année de construction :	***1980***
Débit de la pompe :	***1 500 l/mn***
Capacité de la citerne :	***1 500 l***

Cette photographie montre un fourgon pompe-tonne avec son équipement, carrossé sur un châssis Renault à cabine avancée par l'équipementier Maheu-Labrosse. La cabine de conduite et d'équipage de ce véhicule stationné au Service d'Incendie de Saint-Louis est conçue pour abriter huit sapeurs. Le chargement du toit se compose d'une échelle coulissante normalisée, d'éléments d'échelle à emboîtement et d'une grande caisse à matériel.

Catégorie de véhicule :	*fourgon pompe-tonne FPT*
Type de châssis :	*Renault G 230*
Année de construction :	*1986*
Débit de la pompe :	*1 000 l/mn*
Capacité de la citerne :	*3 000 l*

Ce cliché montre un fourgon pompe-tonne de série, très utilisé par les services d'incendie de grande envergure et stationné chez les pompiers volontaires de Molsheim en Alsace. Sa carrosserie fut réalisée par l'entreprise Sides de Saint-Nazaire. Créée en 1951, celle-ci propose une large gamme de modèles englobant fourgons spéciaux et véhicules d'incendie aéroportuaires. La pompe centrifuge fixée à l'arrière est conçue pour débiter 1 000 l/mn sous 15 bars.

Catégorie de véhicule :	*camion-citerne forêts CCF*
Type de châssis :	*Citroën 46 CDU*
Année de construction :	*1958*
Débit de la pompe :	*1 000 l/mn*
Capacité de la citerne :	*3 300 l*

Un châssis Citroën tout terrain à capot-moteur, carrossé par la société Guinard, servit de base à ce camion-citerne feux de forêts livré aux pompiers de Courtisols. Il était équipé d'un diesel six cylindres de 5 180 cm³ et 90 chevaux. Des places assises supplémentaires, non couvertes, étaient aménagées pour l'équipage entre la paroi arrière de la cabine et la citerne.

Catégorie de véhicule :	*camion-citerne forêts CCF*
Type de châssis :	*Mercedes-Benz LAF 911 B/36*
Année de construction :	*1977*
Débit de la pompe :	*1 500 l/mn*
Capacité de la citerne :	*3 000 l*

Affecté à la lutte contre les feux de forêts, ce camion-citerne du Service d'Incendie de Sarreguemines fut monté par l'équipementier Camiva sur un châssis Mercedes-Benz mi-lourd, à quatre roues motrices et capot court. Ce véhicule possède une citerne découverte, une banquette à ciel ouvert pour l'équipage, une pompe à l'arrière, un treuil à l'avant et une grille de protection contre les chocs. La pompe fonctionne sous 10 bars.

Catégorie de véhicule :	*camion-citerne forêts CCF*
Type de châssis :	*Magirus-Deutz (KHD) F 200 D 22 AK*
Année de construction :	*1967*
Débit de la pompe :	*500 l/mn*
Capacité de la citerne :	*4 000 l*

Encore exploité par le Service d'Incendie de Vinon-sur-Verdon en 1995, ce camion-citerne feux de forêts avait été carrossé par l'équipementier Maheu-Labrosse sur un châssis basculant tout terrain à trois essieux Magirus-Deutz. Le capot rectangulaire abrite un diesel V8 à chambre de turbulence, refroidi par air, de 12 667 cm³ et 200 chevaux. Un dispositif d'intervention rapide et une pompe centrifuge fonctionnant sous 10 bars sont installés derrière la citerne.

Catégorie de véhicule :	*camion-citerne forêts CCF*
Type de châssis :	*Magirus-Deutz (KHD) F 200 D 22 AK*
Année de construction :	*1967*
Débit de la pompe :	*500 l/mn*
Capacité de la citerne :	*4 000 l*

Un camion-citerne feux de forêts analogue était employé, la même année, par le Service d'Incendie de Tourtour. À l'inverse du précédent, il possédait une cabine de conduite en acier, un treuil frontal ainsi que des sièges non couverts pour l'équipage. La pompe et le chargement étaient par contre identiques. Des supports pour les aspiraux étaient fixés derrière l'habitacle. L'équipementier BBA se chargea de réaliser la carrosserie.

Catégorie de véhicule :	*camion-citerne forêts CCF*
Type de châssis :	*Mercedes-Benz Unimog 416 (4 x 4)*
Année de construction :	*1977*
Débit de la pompe :	*500 l/mn*
Capacité de la citerne :	*1 700 l*

Les châssis Unimog du constructeur Mercedes-Benz étaient utilisés depuis des décennies pour les camions-citernes affectés à la lutte contre les feux de forêt. Ces véhicules tout terrain et adaptés à presque tous les types d'intervention s'avéraient en effet très fiables. Le Service d'Incendie de Molsheim ne faisait pas exception à la règle et en possédait un exemplaire carrossé par l'équipementier Camiva. Son moteur diesel à six cylindres en ligne affichait 5 675 cm^3 de cylindrée et 125 chevaux à 2 800 tr/mn.

Catégorie de véhicule :	*camion-citerne forêts CCF*
Type de châssis :	*Renault 110.170 (4 x 4)*
Année de construction :	*1992*
Débit de la pompe :	*750 l/mn*
Capacité de la citerne :	*4 000 l*

Les pompiers français font aussi très souvent appel à des châssis Renault à quatre roues motrices pour monter leurs camions-citernes feux de forêts. Seules la version et la carrosserie diffèrent ensuite d'un fabricant à l'autre. Ce véhicule réalisé par l'équipementier Camiva pour le Service d'Incendie de Chamonix présente une cabine double, protégée par des arceaux de sécurité contre les branches et le risque de renversement, ainsi qu'un treuil frontal et une calandre anti-chocs formée de grosses barres de renfort. Un dispositif d'attaque rapide et une pompe centrifuge sont aménagés comme de coutume à l'arrière.

Catégorie de véhicule :	*camion-citerne forêts CCF*
Type de châssis :	*Mercedes-Benz Unimog U 1300 L (4 x 4)*
Année de construction :	*1989*
Débit de la pompe :	*500 l/mn*
Capacité de la citerne :	*2 000 l*

En 1989, le Service d'Incendie de Haguenau ajouta à son parc de véhicules un modèle encore plus récent du châssis Unimog Mercedes-Benz. Spécialement mis au point pour servir de camion militaire léger tout terrain, ce prototype pourvu d'un capot et d'une cabine de conduite reconfigurés était entraîné par un diesel à injection directe à six cylindres en ligne, d'une puissance de 130 chevaux. La carrosserie était l'œuvre de l'équipementier Schultz.

Catégorie de véhicule : *porteur d'eau*
Type de châssis : *Berliet GAK*
Année de construction : *1968*
Débit de la pompe : –
Capacité de la citerne : *13 000 l*

Afin d'acheminer l'eau sur les lieux d'intervention dépourvus ou insuffisamment équipés de bouches d'incendie, il est nécessaire de recourir à des porteurs d'eau. Cette situation peut se rencontrer suite à un carambolage routier provoquant l'embrasement de plusieurs véhicules, ou lors de feux touchant de grandes superficies de forêts, de maquis ou de garrigue, comme il en arrive souvent en France. Les pompiers français ne sauraient donc se passer des camions-citernes grande capacité, dont l'acquisition est liée aux conditions d'intervention locales. Le Service d'Incendie d'Avignon acheta d'occasion cet ancien camion-citerne à essence, et ne lui fit subir que quelques modifications. Une motopompe portative est aménagée à l'arrière.

Catégorie de véhicule : *échelle 18 sur porteur*
Type de châssis : *Renault R 2163*
Année de construction : *1953*
Débit de la pompe : –
Capacité de la citerne : –

Les usines Renault de Billancourt fabriquèrent à partir de 1950 le camion à cabine avancée léger R 2163, doté d'un moteur à carburateur quatre cylindres de 49 chevaux, devenu célèbre sous le nom de Goélette. Ce modèle fut également utilisé pour des véhicules d'incendie, telle cette échelle remorquable du Service d'Incendie de Sarreguemines. Contrairement à ce qui se pratiquait dans la plupart des autres pays, les échelles à coulisse remorquables, chargées à l'arrière du véhicule sur un porteur (chariot) à essieu unique, furent longtemps employées en France. C'était non seulement un moyen d'écouler des appareils existants, mais ces échelles maniables offraient aussi l'avantage de pouvoir intervenir dans des passages étroits, par exemple des arrière-cours, où les échelles pivotantes classiques n'étaient souvent pas opérationnelles. Fabriquée par l'entreprise Gugumus de Nancy, cette échelle à quatre pans pouvait être déployée à 18 m.

Catégorie de véhicule : *grande puissance dévidoir mousse*
Type de châssis : *Renault G 260 Turbo*
Année de construction : *1994*
Débit de la pompe : *5 000 l/mn*
Capacité de la citerne : *1 000 l*

Exploité par les pompiers de métier de Rouen, ce véhicule mixte présente la particularité de réunir un fourgon pompe-tonne mousse et un camion dévidoir. L'équipementier Sides monta ce véhicule sur un châssis Renault à cabine avancée, pourvu d'un turbodiesel de 260 chevaux et d'un très long empattement. La grande cabine d'équipage est prévue pour huit hommes ; la carrosserie est aménagée avec des coffres à matériel pouvant accueillir 2 000 m de tuyaux. Le réservoir de mousse, d'une contenance de 2 500 litres, est disposé au centre du véhicule ; la citerne d'eau se trouve à l'arrière, de même que la puissante pompe avec mélangeur. Étant donnée la capacité insuffisante de sa citerne d'eau, ce véhicule ne peut mélanger et utiliser le concentré de mousse qu'en se raccordant à un fourgon pompe-tonne ou à une bouche d'incendie.

Catégorie de véhicule : *échelle pivotante EP 24*
Type de châssis : *Citroën P 55 U*
Année de construction : *1960*
Débit de la pompe : –
Capacité de la citerne : –

Cette échelle pivotante mécanique Gugumus 24 m, montée sur un châssis à capot-moteur Citroën doté d'un diesel de 73 chevaux, était en excellent état de conservation et d'entretien, en 1984, au Service d'Incendie de l'entreprise CDF Chimie E.P. implantée à Carling. Une lance à mousse est placée sur le pan supérieur de l'échelle à quatre éléments. Adossée à la paroi arrière de l'habitacle, une banquette non couverte permet de transporter des renforts.

Catégorie de véhicule : *camion-citerne forêts CCF*
Type de châssis : *Renault 85.150 (4 x 4)*
Année de construction : *1993*
Débit de la pompe : *750 l/mn*
Capacité de la citerne : *4 000 l*

Cet exemplaire monté sur un châssis Renault à quatre roues motrices appartient au Service d'Incendie de Haguenau en Alsace. L'entreprise Schultz se chargea de le carrosser et de l'équiper. Le véhicule possède une cabine de conduite et d'équipage spacieuse, ainsi qu'une citerne en métal non verni. Un raccord d'alimentation aménagé derrière la cabine permet de connecter une lance Monitor à eau.

Catégorie de véhicule : *échelle pivotante EP 30*
Type de châssis : *Saviem SM 8*
Année de construction : *1971*
Débit de la pompe : –
Capacité de la citerne : –

Cette échelle pivotante Metz EP 30 m à commande hydraulique, pourvue d'une nacelle et de béquilles obliques, fut mise en service en 1971 par le Service d'Incendie de Mulhouse. Son parc était composé de quatre pans et la nacelle circulait le long des montants inférieurs. L'échelle était installée sur un châssis Saviem à cabine avancée prévue pour un équipage de six hommes. Le constructeur de camions Saviem était né en 1955 de la fusion des entreprises Latil, Renault, Somua et Floirat.

Catégorie de véhicule : *échelle pivotante automatique à nacelle EPAN 30*
Type de châssis : *Mercedes-Benz LP 1313 B*
Année de construction : *1975*
Débit de la pompe : –
Capacité de la citerne : –

Les pompiers volontaires de Molsheim, en Alsace, firent l'acquisition d'un camion porte-échelle pour le moins inhabituel. Si ce châssis Mercedes-Benz à cabine avancée de forme cubique est déjà un choix insolite pour un véhicule d'incendie, qu'une échelle y ait été installée par Magirus s'avère encore plus exceptionnel. Le châssis dispose d'un moteur turbodiesel six cylindres développant 168 chevaux. Cette échelle pivotante 30 m à nacelle et stabilisateurs obliques est assortie d'une vaste cabine d'équipage prévue pour six hommes.

Catégorie de véhicule : *fourgon pompe-tonne/échelle pivotante EP 18*
Type de châssis : *Renault S 170*
Année de construction : *1985*
Débit de la pompe : *1 000 l/mn*
Capacité de la citerne : *600 l*

Acquis par le service d'incendie de Noyon, ce fourgon pompe-tonne/échelle pivotante monté sur châssis Renault à cabine avancée en surprendrait plus d'un à l'étranger. Cet exemplaire unique possède une cabine double et des stabilisateurs obliques. L'échelle à quatre pans repose au centre du véhicule et est repliée vers l'arrière. Le compartiment de charge aménagé par l'entreprise BBP abrite la citerne d'eau et le matériel ; la pompe centrifuge est disposée à l'extrémité du châssis.

Catégorie de véhicule : *échelle pivotante automatique à nacelle EPAN 30*
Type de châssis : *Renault G 230 Turbo*
Année de construction : *1985*
Débit de la pompe : –
Capacité de la citerne : –

C'est en 1985 que le Service d'Incendie de Poissy se procura cette échelle pivotante à nacelle du fabricant français Riffaud ; le parc à quatre éléments est monté sur un châssis Renault à cabine avancée, équipé d'un turbodiesel de 240 chevaux. Afin de limiter le plus possible la hauteur du véhicule, la cabine du conducteur avait été surbaissée et placée devant l'essieu avant. Un coffre à matériel muni d'un rideau vertical à lamelles est aménagé à l'arrière du plateau. D'autres espaces de rangement trouvent place sous celui-ci.

Catégorie de véhicule :	*EPAN 30 (DLK 23-12)*
Type de châssis :	*Renault M 200.13*
Année de construction :	*1991*
Débit de la pompe :	–
Capacité de la citerne :	–

Cette échelle pivotante Metz, commandée par ordinateur et dotée d'une nacelle rabattable, fut exploitée à partir de 1991 par le Service d'Incendie de Mulhouse. C'était la première échelle pivotante de ce modèle livrée en France par l'équipementier Metz. La version ci-contre est dotée d'une cabine d'équipage de trois hommes. Elle dispose d'un plateau sous lequel sont aménagés des coffres à rideaux coulissants pour loger commandes et accessoires.

Catégorie de véhicule :	*EPAN 30 (DLK 23-12)*
Type de châssis :	*Mercedes-Benz 1828 LL Econic*
Année de construction :	*2002*
Débit de la pompe :	–
Capacité de la citerne :	–

La société Metz de Karlsruhe livra en 2002 au Service d'Incendie de Strasbourg cette échelle pivotante DLK 23-12 issue de la nouvelle génération L 32, dotée à son extrémité d'une nacelle rabattable. Le « L » de l'abréviation signifie Leiter ou Ladder (échelle), le chiffre « 32 » la hauteur de travail atteinte nacelle relevée. Celle-ci peut accueillir trois personnes, soit une charge de 270 kg. Le châssis à la configuration futuriste était le nouveau modèle Econic de Mercedes-Benz. La vaste cabine, surbaissée, permit de limiter la hauteur à 3,20 m. Un cache verni en bleu sépare l'habitacle du grand coffre à matériel. Le parc d'échelle est en partie pourvu d'un revêtement protecteur.

Catégorie de véhicule :	*échelle pivotante automatique à nacelle EPAN 53*
Type de châssis :	*Mercedes-Benz Actros 2535*
Année de construction :	*2000*
Débit de la pompe :	–
Capacité de la citerne :	–

Pourvue d'un chariot guidé le long des montants inférieurs, et d'une nacelle de sauvetage amovible, cette grande échelle pivotante 53 m à six pans constitue à l'heure actuelle le fleuron de l'entreprise Metz. L'ex-URSS était jadis très demandeuse de cette échelle géante. Le Service d'Incendie de la ville de Metz s'en procura aussi un exemplaire, monté sur un châssis moderne à trois essieux Actros de Mercedes-Benz. D'un poids total autorisé de 25 tonnes, ce chassis est doté d'un essieu arrière jumelé. Ce véhicule impressionnant est l'une des plus hautes échelles pivotantes d'Europe.

Catégorie de véhicule :	*camion-grue CG 7*
Type de châssis :	*Ward LaFrance M 1 AM*
Année de construction :	*1942*
Débit de la pompe :	–
Capacité de la citerne :	–

Nombreux furent les camions-grues issus du parc de véhicules de l'armée américaine (les « Heavy Wreckers », dépanneuses lourdes), à être employés par les services d'incendie français. Il s'agissait de véhicules à trois essieux tout terrain fabriqués par les constructeurs Federal, Reo, Kenworth, Diamond, Ward LaFrance, Mack, Sterling et autres. La plupart de ces camions très solides étaient équipés de grues d'une force de levage comprise entre 4 et 7 tonnes, et quelquefois aussi de treuils frontaux. Les pompiers de Saint-Avold possédaient encore, en 1984, deux exemplaires parfaitement entretenus de ce camion-grue Ward LaFrance, à moteur à carburateur Continental six cylindres et 145 chevaux.

Catégorie de véhicule :	*camion-grue CG 13*
Type de châssis :	*Mercedes-Benz LA 2624 B (6 x 4)*
Année de construction :	*1969*
Débit de la pompe :	–
Capacité de la citerne :	–

Ce camion-grue du Service d'Incendie de Châlons-sur-Marne est carrossé sur un lourd châssis Mercedes-Benz tout terrain à trois essieux et capot court. Élaborée par Holmes, la grue (modèle 750), pouvait soulever 13 tonnes à l'arrière du véhicule grâce à deux bras disposés latéralement à des fins de stabilisation. La portée maximale atteignait 6,40 m. Le capot volumineux de ce camion de 26 tonnes abritait un diesel Daimler-Benz OM 355 six cylindres à injection directe, de 11 580 cm³ et 240 chevaux à 2 200 tr/mn.

Catégorie de véhicule :	*fourgon de secours FS*
Type de châssis :	*Renault S 140*
Année de construction :	*1991*
Débit de la pompe :	–
Capacité de la citerne :	–

Ce véhicule de secours et de transport de matériel du Service d'Incendie de Molsheim fut élaboré sur un châssis Renault à cabine avancée. Il possède une cabine double et un vaste coffre à matériel fermé par des rideaux coulissants, fournis par l'entreprise Schultz. Il intervient principalement dans tous types d'accidents et d'opérations de sauvetage nécessitant des moyens techniques. Il emporte pour cela un mât d'éclairage pourvu de quatre grands projecteurs et un groupe électrogène.

Catégorie de véhicule :	*fourgon de secours FSR*
Type de châssis :	*Ford Cargo 0709*
Année de construction :	*1988*
Débit de la pompe :	–
Capacité de la citerne :	–

Les services d'incendie français ne possèdent que deux exemplaires des modèles de camion Cargo Ford produits dans l'usine de Dagenham en Angleterre, et déclinés dans diverses catégories de poids depuis 1981. Les pompiers de Truchtersheim firent donc exception à la règle en se procurant ce camion de secours avec cabine double pour six hommes d'équipage, carrossé par l'équipementier Schultz sur un châssis mi-lourd. Le matériel embarqué comprend un mât d'éclairage, un générateur, des écarteurs et des cisailles de désincarcération.

Catégorie de véhicule :	*fourgon de secours FS*
Type de châssis :	*Renault G 230 Turbo*
Année de construction :	*1991*
Débit de la pompe :	–
Capacité de la citerne :	–

L'équipementier BBP se chargea d'élaborer ce second fourgon de secours des pompiers de métier de Strasbourg. Carrossé sur un châssis Renault à cabine avancée doté d'un diesel de 240 chevaux, il comporte une cabine d'équipage prévue pour trois hommes, un coffre à matériel très spacieux, et est utilisé comme camion d'appui. Un treuil 5 tonnes est intégré au pare-chocs avant.

Catégorie de véhicule :	*fourgon de secours FS*
Type de châssis :	*Iveco-Magirus 130 E 23*
Année de construction :	*1995*
Débit de la pompe :	–
Capacité de la citerne :	–

Cette illustration présente le premier camion de secours des pompiers de métier de Strasbourg. Ce véhicule, pourvu d'une cabine de camion de série pour trois membres d'équipage, fut carrossé par l'entreprise Bemaex sur un châssis Iveco-Magirus à cabine avancée. Doté d'un diesel V8 à injection directe refroidi par air de 228 chevaux, il correspond à peu près au fourgon de secours moyen (RW 2) utilisé en Allemagne. Deux mâts d'éclairage portant chacun deux projecteurs sont fixés entre le compartiment de charge et la cabine de conduite ; un treuil est installé à l'avant, au niveau du pare-chocs.

Catégorie de véhicule :	*VPCA*
Type de châssis :	*Renault G 280 ACE*
Année de construction :	*1994*
Débit de la pompe :	–
Capacité de la citerne :	–

Les véhicules porte-cellule amovible sont de plus en plus répandus dans le parc français ; ce système de conteneurs interchangeables, utilisé depuis des années dans le secteur des transports routiers, intéresse notamment les grands services de pompiers de métier. Au lieu d'une coûteuse noria de véhicules spéciaux, il suffit en effet d'un parc de un à trois camions porte-cellule – selon les besoins du service – et d'un nombre approprié de cellules et conteneurs rapidement interchangeables. Le Service d'Incendie de Saint-Louis est au nombre de ceux qui acquirent un système de caissons mobiles, mis au point par l'entreprise Mareu. Le véhicule porteur est un lourd camion Renault à cabine avancée de série.

Catégorie de véhicule :	*VTM*
Type de châssis :	*Mercedes-Benz L 328 B*
Année de construction :	*1965/1968*
Débit de la pompe :	–
Capacité de la citerne :	–

Le Service d'Incendie de Wissembourg possède cet exemplaire très rare de véhicule de transport de matériel de catégorie 3, monté sur un lourd châssis Mercedes-Benz à capot court et trois essieux. Non commercialisé, ce châssis fut utilisé en 1965 sur le site de production de Wörth pour monter en coopération avec l'entreprise Metz, à partir de stocks restants ou à titre expérimental, ce fourgon tous usages destiné au Service d'Incendie de l'usine Daimler-Benz de Wörth. Il est étonnant de constater que la première immatriculation n'intervint que le 8 avril 1968. L'entraînement était assuré par un diesel six cylindres à injection directe suralimenté, d'une puissance de 168 chevaux. Ce camion d'un poids total autorisé de 12 tonnes possédait un groupe électrogène de 20 kVA, un treuil frontal 5 tonnes et un équipement technique varié. On utilisa pour la cabine de conduite l'ample pare-brise fabriqué en série dès 1968. Remplacé au début des années 1980, ce véhicule fut vendu aux pompiers de Wissembourg, en Alsace.

Catégorie de véhicule :	*véhic. de dépollution*
Type de châssis :	*Berliet GBC 160 MT (6 x 6)*
Année de construction :	*1973*
Débit de la pompe :	–
Capacité de la citerne :	–

Le Service d'Incendie de Rouen détient cet exemplaire unique de fourgon spécial, affecté à la protection de l'environnement et élaboré par l'équipementier Camiva. Cet utilitaire carrossé sur un lourd châssis Berliet tout terrain existait en version civile ou militaire. La cabine de conduite peut accueillir un équipage de trois hommes ; le coffre à matériel, haut et très spacieux, supporte sur son toit un vaste chargement et comporte une cabine destinée à une équipe d'intervention. Ce véhicule de dépollution intervient très souvent en cas de fuite accidentelle de liquides risquant de contaminer la nappe phréatique. Il possède une puissante unité d'aspiration sous vide et des réservoirs appropriés pour collecter des liquides inflammables et toxiques. Son équipement permet par ailleurs de dresser jusqu'à 200 m de barrages flottants anti-marée noire.

Catégorie de véhicule :	*camion dévidoir CD*
Type de châssis :	*GMC CCKW 353 (6 x 4)*
Année de construction :	*1945*
Débit de la pompe :	–
Capacité de la citerne :	–

Cet ancien camion militaire à trois essieux de l'armée américaine avait été transformé en dévidoir automobile par les pompiers de Biscarosse, qui l'utilisaient encore en 1999. Parfaitement entretenu et équipé d'un treuil frontal, le véhicule possédait une plate-forme bâchée avec arceaux de soutien ; les tuyaux, dans des coffres ouverts, étaient prêts à être établis depuis le camion avançant à faible vitesse. La toit de la cabine de conduite est une capote en toile.

Catégorie de véhicule :	*camion dévidoir CD*
Type de châssis :	*Renault G 230 Turbo*
Année de construction :	*1988*
Débit de la pompe :	*6 000 l/mn*
Capacité de la citerne :	–

Carrossé sur un châssis Renault à cabine avancée, ce dévidoir automobile des pompiers de métier de Strasbourg ne manque pas d'intérêt. Outre les tuyaux, ce véhicule équipé d'un vaste compartiment de charge par l'équipementier Camiva possède un réservoir d'émulseur ainsi qu'une pompe centrifuge Camiva très puissante installée à l'arrière. Une autre pompe se trouve sur la remorque à essieu unique.

Catégorie de véhicule :	***véhicule de dépannage***
Type de châssis :	***Dodge T 214 WC 52 (4 x 4)***
Année de construction :	***1944***
Débit de la pompe :	–
Capacité de la citerne :	–

Ce véhicule de dépannage du Service d'Incendie de Lens, vraiment unique en son genre, témoigne de la capacité d'improvisation et de la créativité des sapeurs-pompiers. Le châssis de camion, un Dodge WC 52 0,75 tonne de l'armée américaine, date de la Seconde Guerre mondiale. Le poste de conduite, qui n'était initialement couvert que d'une capote en toile, fut converti dans les années 1970 en cabine fermée grâce au judicieux ajout d'une cabine de voiture commerciale VW de type 2. Une poutre posée sur des supports triangulaires permettait d'utiliser le treuil frontal à l'avant comme à l'arrière.

Catégorie de véhicule :	***transport de matériel***
Type de châssis :	***Dodge T 214 WC 52 (4 x 4)***
Année de construction :	***1945***
Débit de la pompe :	–
Capacité de la citerne :	–

Ce camion Dodge WC 52 employé comme véhicule de transport de matériel par le Service d'Incendie de Pornichet ne nécessita guère de modifications. Parfaitement entretenu, ce véhicule – exception faite de la peinture rouge, de la galerie porte-échelle et du gyrophare bleu – est tel qu'il fut livré à sa sortie d'usine à l'armée américaine. Équipé d'un treuil frontal, il emporte sur un plateau bâché le matériel nécessaire à des tâches d'assistance technique simples.

Catégorie de véhicule :	***transport de matériel***
Type de châssis :	***Citroën HY***
Année de construction :	***1972***
Débit de la pompe :	–
Capacité de la citerne :	–

La célèbre camionnette HY de Citroën, apparue en 1954, fut construite pendant des décennies à un grand nombre d'exemplaires et utilisée avec succès dans de multiples domaines. Cette fourgonnette simple mais fonctionnelle, aux parois de tôle ondulée, offrait un espace intérieur étonnant et une charge utile de 1 200 kg. Elle était très prisée des services d'incendie – tel celui de Pierrefitte qui utilisa ce modèle pour le transport de matériel.

Catégorie de véhicule :	*fourgon de secours léger*
Type de châssis :	*DKW 3 = 6 (F 800/3)*
Année de construction :	*1958*
Débit de la pompe :	–
Capacité de la citerne :	*200 l*

Le contraste ne saurait être plus grand entre ce fourgon et l'échelle pivotante ci-dessous. Ces deux photographies illustrent à merveille toute la diversité de la gamme du constructeur Magirus qui livra en 1958 aux pompiers de métier de Madrid ce véhicule de premier secours, maniable à souhait et conçu pour intervenir en ville, monté sur le châssis d'une camionnette rapide 0,75 tonne de la marque DKW. Cette fourgonnette utilitaire à traction avant possédait un moteur deux temps à carburateur et trois cylindres de 896 cm^3 et 32 chevaux. La fourgonnette emmenait un équipage de deux hommes, une citerne d'eau ainsi qu'une motopompe portative d'un débit de 800 l/mn, que l'on sortait par la porte arrière. La sirène électrique fixée au-dessus du pare-brise permettait de libérer le passage jusqu'au lieu de l'intervention ; le chargement du toit comprenait les éléments d'une échelle à coulisse, des aspiraux et un croc. Rien n'indique que ce véhicule ait été commandé en série.

Espagne

Ce pays couvrant la majeure partie de la péninsule ibérique, dans le sud-ouest de l'Europe, possède de longues façades méditerranéennes et sur l'Atlantique. Un haut plateau central et aride occupe presque tout le reste du pays. Le risque de grands incendies de forêts est donc particulièrement élevé ; la lutte contre le feu, dans les régions rurales comme dans les villes, est fortement compliquée par le manque d'eau. Les fourgons pompes-tonnes sont de ce fait les véhicules d'incendie les plus utiles et les plus répandus en Espagne. Ils se différencient de la plupart des fourgons d'incendie européens par leurs gyrophares jaunes.

Il n'existe en Espagne aucun constructeur de véhicules d'incendie dont la notoriété dépasse les frontières. Le constructeur et équipementier le plus connu, Fimesa, proposa autrefois une gamme assez complète de véhicules de série. La société Rosenbauer Española SA fabrique des fourgons d'incendie depuis 1983. L'entreprise Saval-Kronenburg occupa provisoirement le devant de la scène ; de nos jours, c'est le fournisseur Protec-Fire qui tient cette place.

Issue en 1949 de l'entreprise Hispano-Suiza, le constructeur de camions Pegaso s'affiche comme le producteur d'utilitaires numéro un. La société fut intégrée au groupe Iveco en 1990. La grande majorité des véhicules d'intervention employés par les pompiers espagnols sont montés sur des châssis d'un style très particulier, assemblés à Barajas près de Madrid. Implantée à Barcelone, l'entreprise Motor Iberica Ebro joua aussi de 1956 à 1983 un certain rôle dans la production de châssis pour fourgons d'incendie. Exerçant initialement ses activités sous licence du constructeur anglais Ford, elle a été depuis absorbée par le groupe Nissan.

Parallèlement, l'équipementier allemand Magirus assit sa position dans le créneau des échelles pivotantes. De nombreuses échelles pivotantes Magirus sont ainsi employées, notamment par les pompiers de métier des grandes villes. Outre les modèles EP 30 acquis en grand nombre, des EP 44, fort prisées, et des EP 50 furent ainsi expédiées à destination de Madrid, Barcelone, Bilbao, Saint-Sébastien, Séville et Murcie. Magirus fournit aussi, mais dans une moindre mesure, d'autres types de véhicules d'incendie. Les pompiers de métier de Barcelone reçurent ainsi en 1959 un camion-grue de sauvetage 10 sur un châssis Magirus à capot rond. Les autres véhicules d'importation ne constituent qu'une part négligeable du parc des sapeurs-pompiers espagnols.

Catégorie de véhicule :	*échelle pivotante EP 52 + 2*
Type de châssis :	*Magirus-Deutz (KHD) S 6500*
Année de construction :	*1955*
Débit de la pompe :	–
Capacité de la citerne :	–

Pourvue d'une rallonge manuelle de 2 m, l'une de ces immenses échelles pivotantes Magirus EP 52 fut livrée en 1955 aux pompiers de métier de Barcelone. Encore actionnée mécaniquement, l'échelle possédait un ancien modèle de parc à sept pans, des stabilisateurs à vis et une nacelle de sauvetage se déplaçant le long des montants supérieurs. La structure portante de ce véhicule doté d'une cabine d'équipage était un châssis lourd à capot rond d'un poids total autorisé de 13 tonnes. Son moteur diesel F 8 L 614 à huit cylindres en V et chambre de turbulence, refroidi par air, affichait une cylindrée de 10 644 cm^3 pour 170 chevaux.

Catégorie de véhicule :	*fourgon pompe-tonne*
Type de châssis :	*Pegaso type 1234*
Année de construction :	*1984*
Débit de la pompe :	*1 600 l/mn*
Capacité de la citerne :	*5 000 l*

Le principal Centre d'Intervention (Parc Central) de Palma de Majorque disposait en 1995 de ce fourgon pompe-tonne tout terrain, monté par l'équipementier Fimesa sur un châssis Pegaso à cabine avancée. D'un poids total autorisé de 20 tonnes, il était pourvu d'une grande cabine double et transportait à son bord une citerne d'eau et 200 litres d'émulseur.

Catégorie de véhicule :	*camion-citerne forêts*
Type de châssis :	*Pegaso type 3046/10 (4 x 4)*
Année de construction :	*1987*
Débit de la pompe :	*1 600 l/mn*
Capacité de la citerne :	*3 000 l*

Ce camion-citerne stationné au « Parc Central » des pompiers de Palma de Majorque (Bomberos) est un modèle très répandu en Espagne. La filiale de Rosenbauer en Espagne, Rosenbauer Española, se chargea d'assembler la carrosserie sur ce châssis militaire à quatre roues motrices. Ces véhicules prêts à lutter contre les grands incendies de forêts fréquents dans ce pays sont mis à disposition par l'Office espagnol de protection de la nature (PMM). L'équipage se compose de cinq hommes. L'entreprise Pegaso voulut vendre ces châssis très stylés à l'Égypte à des fins militaires, mais ce projet échoua.

Catégorie de véhicule :	*fourgon pompe-tonne*
Type de châssis :	*Pegaso type 1065 (4 x 4)*
Année de construction :	*1977*
Débit de la pompe :	*1 600 l/mn*
Capacité de la citerne :	*5 000 l*

Ce modèle élaboré par le carrossier Fimesa sur un châssis Pegaso à cabine avancée et quatre roues motrices constitue un fourgon pompe-tonne typique de la production espagnole. Un équipage de six hommes peut prendre place dans la cabine de ce véhicule doté d'un diesel six cylindres de 170 chevaux et de jantes Trilex à l'avant. La pompe centrifuge et deux dispositifs d'intervention rapide latéraux sont installés en bout de châssis.

Catégorie de véhicule :	*fourgon pompe-tonne*
Type de châssis :	*Pegaso type 2217 (4 x 4)*
Année de construction :	*1986*
Débit de la pompe :	*1 600 l/mn*
Capacité de la citerne :	*3 500 l*

Carrossé par Fimesa sur un châssis Pegaso moderne à cabine avancée, ce fourgon pompe-tonne est exploité par les « Bomberos » de Majorque au Centre d'Intervention Llucmajor. Le chargement de ce véhicule, doté d'une cabine d'équipage pour six hommes et d'un poids total autorisé de 14,8 tonnes, se compose essentiellement d'eau, et accessoirement d'un petit réservoir d'émulseur. Afin de pouvoir intervenir hors routes et chemins carrossables, le châssis est pourvu de quatre roues motrices.

Catégorie de véhicule :	*fourgon pompe-tonne*
Type de châssis :	*Magirus-Deutz (KHD) F Mercur 125*
Année de construction :	*1959*
Débit de la pompe :	*1 600 l/mn*
Capacité de la citerne :	*2 400 l*

Monté sur un châssis Magirus à capot rond, ce fourgon pompe-tonne bien entretenu figurait en 1995 dans le parc de véhicules du principal Centre d'Intervention des pompiers de Palma de Majorque. Ce modèle doté d'un diesel V6 à chambre de turbulence, refroidi par air, de 125 chevaux, et carrossé par Magirus, équivaut pratiquement au FPT (« TLF ») 16 allemand. Conservé comme pièce de collection, ce véhicule n'est plus utilisé depuis longtemps.

Espagne

Catégorie de véhicule :	*fourgon-citerne*
Type de châssis :	*Pegaso type 1091*
Année de construction :	*1977*
Débit de la pompe :	*1 600 l/mn*
Capacité de la citerne :	*8 000 l*

Les pompiers de la caserne de Manacor, sur l'île de Majorque, possédaient plusieurs modèles de ce châssis Pegaso à cabine avancée, carrossé par Fimesa en camion-citerne grande capacité. D'un poids de 14,2 tonnes, le véhicule possédait une cabine de série prévue pour trois membres d'équipage et une immense citerne d'eau ovale, dont la structure servait à supporter les échelles et les équipements encombrants. L'entraînement était assuré par un diesel six cylindres, refroidi par eau.

Catégorie de véhicule :	*fourgon pompe-tonne*
Type de châssis :	*Renault DG 290-19 (4 x 4)*
Année de construction :	*1988*
Débit de la pompe :	*2 400 l/mn*
Capacité de la citerne :	*5 000 l*

Nouveau venu dans la branche, l'équipementier Protec-Fire s'est hissé au premier rang des fournisseurs de matériels d'incendie en Espagne. Les pompiers affectés à la base militaire de l'aéroport de Palma de Majorque (Bomberos de Base Militar) utilisent pour protéger les installations un fourgon pompe-tonne carrossé par ce fabricant sur un châssis Renault tout terrain à cabine avancée, pourvu d'un diesel de 290 chevaux et d'une cabine d'équipage. Ce véhicule emportant 400 litres d'émulseur en plus de sa citerne d'eau est doté d'une pompe centrifuge avec mélangeur. L'eau et la mousse sont délivrées grâce à deux dispositifs d'attaque rapide aménagés à l'arrière ou par la lance Monitor placée sur le toit. Installées sous le pare-chocs, deux buses d'aspersion du sol assurent l'autoprotection du véhicule.

Catégorie de véhicule :	*fourgon pompe-tonne*
Type de châssis :	*Mercedes-Benz 1226 AF*
Année de construction :	*1993*
Débit de la pompe :	*1 600 l/mn*
Capacité de la citerne :	*3 500 l*

Ce fourgon pompe-tonne carrossé par la société Rosenbauer Española figure également dans le parc des véhicules du Centre de Secours Platja de Palma de Majorque. Ce camion doté d'une cabine double fut monté sur un châssis Mercedes-Benz à quatre roues motrices, d'un poids total autorisé de 15,5 tonnes, pourvu d'un diesel six cylindres de 256 chevaux. Les gyrophares jaunes sont entourés d'un grillage de protection.

Catégorie de véhicule :	*grande puissance aéroport*
Type de châssis :	*Saval-Kronenburg MAC-11 (6 x 6)*
Année de construction :	*1990*
Débit de la pompe :	*6 000 l/mn*
Capacité de la citerne :	*10 000 l*

L'entreprise Saval-Kronenburg fut le principal concepteur de véhicules d'incendie destinés aux aéroports internationaux espagnols. Ce châssis à trois essieux des pompiers de l'aéroport (Bomberos de Aeroporto) de Palma de Majorque transporte de l'eau, 1 200 litres d'émulseur, 250 kg de poudre et est équipé d'une pompe centrifuge avec mélangeur. Outre le puissant moteur Detroit Diesel 548 ch et la boîte de vitesses automatique, il convient aussi de mentionner une lance Monitor aménagée sur le toit à l'avant, deux dispositifs d'attaque rapide du feu ainsi que des buses d'aspersion du sol.

Catégorie de véhicule :	***grande puissance aéroport***
Type de châssis :	***Kronenburg (8 x 8)***
Année de construction :	***1983***
Débit de la pompe :	***6 000 l/mn***
Capacité de la citerne :	***12 000 l***

Également stationné sur l'aéroport international de Palma de Majorque, ce grand véhicule d'incendie aéroportuaire à quatre essieux du constructeur Kronenburg dispose d'un réservoir de 1 200 litres d'émulseur en plus de l'énorme capacité de sa citerne. La pompe centrifuge avec mélangeur, installée à l'arrière, permet de projeter l'eau et le mélange eau-mousse au moyen des dispositifs d'intervention rapide ou de la lance Monitor disposée sur le toit.

Catégorie de véhicule :	***échelle pivotante automatique à nacelle EPAN 30***
Type de châssis :	***Ebro type 171***
Année de construction :	***1981***
Débit de la pompe :	–
Capacité de la citerne :	–

Cette échelle pivotante Magirus EPAN 30 m, à nacelle amovible et stabilisateurs obliques, est montée sur un châssis Ebro à cabine avancée. Ce constructeur de camions, en activité jusqu'en 1983, installait des moteurs diesel Perkins fabriqués sous licence sur des camions de production espagnole. Il en fut ainsi de cette échelle pivotante, pourvue d'une cabine d'équipage et d'un diesel Perkins six cylindres de 200 chevaux.

Catégorie de véhicule :	***échelle pivotante automatique à nacelle EPAN 30***
Type de châssis :	***Pegaso type 1223***
Année de construction :	***1986***
Débit de la pompe :	–
Capacité de la citerne :	–

Les sapeurs-pompiers du Centre de Secours de Calvia à Majorque firent l'acquisition de cette échelle pivotante EPAN 30 Magirus à nacelle amovible, montée sur un châssis Pegaso plutôt que sur un châssis Magirus, comme on aurait pu s'y attendre. Cette échelle pourvue d'étais obliques possède une cabine pour trois membres d'équipage et du coffre à matériels réglementaire aménagé entre la cabine et le plateau de chargement.

Catégorie de véhicule :	***échelle pivotante automatique à nacelle EPAN 30***
Type de châssis :	***Renault M 200.13***
Année de construction :	***1991***
Débit de la pompe :	–
Capacité de la citerne :	–

Les échelles produites par l'équipementier français Camiva sont encore peu répandues chez les pompiers espagnols. Cette échelle pivotante EPAN 30 m à nacelle rabattable (non visible sur l'illustration) fut montée sur un châssis Renault 13 tonnes à cabine avancée. L'utilisation d'une cabine de conduite amplement avancée et surbaissée permit de conserver une hauteur très réduite, ce qui se révéla un précieux avantage dans les passages étroits.

Portugal

Le Portugal est un pays essentiellement agricole ; son climat tempéré s'accompagne de sécheresse, notamment dans sa partie méridionale. Les feux de forêt n'y sont donc pas rares.

Ces conditions climatiques influent beaucoup sur les missions et l'équipement des services d'incendie. Le rôle des pompiers volontaires (Bombeiros Volontarios) est primordial : il n'existe en effet guère plus d'une demi-douzaine de brigades de pompiers de métier dans tout le pays, organisées selon un schéma militaire. Parallèlement, on trouve de multiples compagnies de pompiers bénévoles, dotés de forces d'intervention à plein temps, ainsi que quelques services d'incendie d'entreprise.

Le pays ne possède aucune industrie de construction de châssis. C'est pourquoi de nombreuses marques, pour la plupart américaines ou anglaises, sont représentées dans le parc de véhicules. Les échelles pivotantes proviennent de Magirus ou Metz, et ces derniers temps aussi du fabricant français Riffaud. On trouve par ailleurs quelques équipementiers locaux. Quoi qu'il en soit, il est fréquent que les camions d'incendie soient élaborés ou transformés par les sapeurs-pompiers eux-mêmes ou par de petites entreprises locales. Enfin, bon nombre de véhicules d'incendie considérés comme obsolètes chez nous, mais encore parfaitement opérationnels, sont livrés au Portugal.

Au début des années 1990, les véhicules et leur équipement n'étaient pas toujours des plus modernes. Le périmètre souvent excessif des secteurs d'intervention était un autre inconvénient. Certaines améliorations ont été apportées au cours des dix dernières années, tant sur le plan de l'organisation que du matériel. De nombreux matériels ont été renouvelés, si bien que les sapeurs-pompiers portugais ont de nos jours un niveau d'équipement globalement satisfaisant.

Catégorie de véhicule :	*véhic. de commandement opérationnel*
Type de châssis :	*Mercedes-Benz type Nürburg 500*
Année de construction :	*1930*
Débit de la pompe :	*600 l/mn*
Capacité de la citerne :	*350 l*

C'est au printemps 1930 que les pompiers de métier de Lisbonne passèrent une importante commande à l'entreprise allemande Metz ; portant sur 29 véhicules, elle devait être uniformément réalisée sur des châssis Mercedes-Benz. Cinq véhicules de commandement, carrossés sur des modèles lourds de voiture de tourisme à cinq places, figuraient dans la livraison. Le moteur à carburateur huit cylindres de 4 918 cm³, affichait 100 ch et autorisait une vitesse de pointe de 90 km/h. Ces véhicules pimpants équipés d'une pompe, d'une citerne d'eau, de 200 m de tuyaux sous pression, d'une échelle à crochets (disposée sur le flanc gauche du véhicule) et d'un seau-pompe pesaient 3 400 kg. Ce matériel permettait d'éteindre de petits incendies, ou de circonscrire un départ de feu et d'empêcher sa propagation avant l'arrivée des véhicules d'intervention classiques.

Catégorie de véhicule :	*camion-citerne*
Type de châssis :	*Mercedes-Benz L 5000*
Année de construction :	*1930*
Débit de la pompe :	*2 000 l/mn*
Capacité de la citerne :	*4 500 l*

La commande passée auprès de Metz par les pompiers de Lisbonne comprenait aussi deux camions-citernes à habitacle ouvert, carrossés sur châssis surbaissés Mercedes-Benz 5 tonnes. Le capot de ces camions de 12,5 tonnes tout équipés abritait un moteur à carburateur six cylindres de 7 790 cm³ et 110 chevaux, autorisant une vitesse de 65 km/h. La pompe centrifuge était placée sous le siège du conducteur. Derrière celui-ci on aperçoit une banquette de quatre places pour les autres membres de l'équipage, avec des coffres à matériel agencés au-dessous. Les éléments d'une échelle à coulisse et des crochets étaient posés sur la citerne.

Catégorie de véhicule :	*véhic. mousse aérodrome VMA 25*
Type de châssis :	*Mercedes-Benz LAF 1113/36*
Année de construction :	*1964*
Débit de la pompe :	*2 500 l/mn*
Capacité de la citerne :	*2 800 l*

Ce véhicule aéroportuaire d'intervention rapide, monté sur un châssis Mercedes-Benz à capot court et quatre roues motrices, fut livré au Portugal par Metz. Le capot abrite un turbodiesel six cylindres à injection directe, de 5 675 cm³ et 150 ch. La pompe centrifuge était aménagée au centre du fourgon qui emmenait trois hommes d'équipage, une citerne d'eau et un réservoir de 520 l d'émulseur. Une lance orientable mixte à eau et à mousse se trouvait derrière l'habitacle. Des dispositifs d'intervention rapide et deux lances à mousse portables étaient disposés de part et d'autre à l'arrière.

Catégorie de véhicule :	*VIR*
Type de châssis :	*Land-Rover L 109*
Année de construction :	*1963*
Débit de la pompe :	–
Capacité de la citerne :	–

Ce véhicule d'intervention rapide, stationné à la caserne d'Albufeira, avait été équipé par ces pompiers volontaires sur un châssis de Land-Rover. Le compartiment de charge abrite une motopompe portative et transporte sur le toit toute une réserve d'échelles à coulisse et d'aspiraux. Ces véhicules tout terrain inusables sont pourvus de moteurs à carburateur six cylindres de 2 605 cm³ et 86 chevaux à 4 500 tr/mn.

Catégorie de véhicule :	*camion-benne*
Type de châssis :	*Mercedes-Benz LP 710/32*
Année de construction :	*1965*
Débit de la pompe :	–
Capacité de la citerne :	–

Qualifié de « camion universel Mercedes », ce camion-benne Mercedes-Benz à cabine avancée, propriété des pompiers volontaires de Lagoa, provient – comme en témoigne sa plaque minéralogique allemande – de la région de Lüdenscheid dans la Marche du Brandebourg. Polyvalent à souhait, il sert à différentes tâches de transport et d'intervention. Le châssis de 4 tonnes est doté d'un diesel à injection directe six cylindres de 5 675 cm³ et 100 chevaux.

Catégorie de véhicule :	*camion-citerne*
Type de châssis :	*Mercedes-Benz LP 1620*
Année de construction :	*1966*
Débit de la pompe :	–
Capacité de la citerne :	*6 000 l*

Typique des services d'incendie portugais, ce camion-citerne grande capacité acquis d'occasion par les pompiers volontaires (Bombeiros Voluntarios) d'Albufeira était monté sur un châssis Mercedes-Benz à cabine avancée cubique. Ce modèle, équipé d'une motopompe portative à l'arrière, a également conservé la plaque d'immatriculation de son lieu d'affectation d'origine.

Catégorie de véhicule :	*échelle pivotante EP 30*
Type de châssis :	*Magirus-Deutz (KHD) S 6500*
Année de construction :	*1955*
Débit de la pompe :	–
Capacité de la citerne :	–

Rachetée aux pompiers de métier de Stuttgart, cette échelle pivotante mécanique EP 30, pourvue d'un nouveau profil et montée sur un lourd châssis Magirus à capot rond, est également stationnée à la caserne d'Albufeira. Le véhicule possède une cabine double et un diesel à huit cylindres en V, refroidi par air, de 170 chevaux. Ce vétéran, qui porte encore sur la calandre la plaque minéralogique de son pays d'origine, était pleinement opérationnel en dépit de son aspect légèrement poussiéreux.

Italie

Limitée au nord par les Alpes, la péninsule italienne, en forme de botte, et ses deux grandes îles – la Sicile et la Sardaigne – sont bien connues de tous les lecteurs.
Les services d'incendie italiens relèvent de la Direction de la Protection civile, elle-même rattachée au ministère de l'Intérieur, établi à Rome. Certaines régions autonomes, telles que le Trentin-Haut-Adige font exception à la règle. Il existe en Italie des pompiers de métier, volontaires et des services d'incendie d'entreprises, et les constructeurs d'utilitaires ou d'équipements de lutte contre le feu y sont assez nombreux. Le plus grand fabricant de camions du pays reste la société Fiat, implantée à Turin. Le groupe Iveco (Industrial Vehicle Corporation) fut créé en 1975 pour réunir les branches véhicules utilitaires des établissements Fiat et Klöckner-Humboldt-Deutz (Magirus-Deutz). Fiat intégra dans cette holding la production de véhicules utilitaires Lancia et O. M.
L'entreprise Baribbi, de Brescia, le plus grand équipementier de véhicules d'incendie, fut mise en liquidation judiciaire au début des années 1980 et reprise par Magirus. Elle fabriquait des carrosseries et superstructures spéciales pour divers constructeurs de camions ainsi que pour l'armée italienne ; elle ne commença à équiper des véhicules d'incendie qu'à partir des années 1950, en étroite coopération avec l'entreprise autrichienne Rosenbauer. Elle fabriqua alors ses premiers véhicules d'incendie pour le ministère de l'Intérieur italien et différentes compagnies de la région du Trentin-Haut-Adige, devenant pour un temps le principal fournisseur des services d'incendie italiens : près de 90 % des véhicules commandés par le ministère de l'Intérieur le furent ainsi à la maison Baribbi. L'usine produisit dans un premier temps plus de 500 véhicules par an, dont 60 % environ étaient destinés à l'exportation. Les principaux clients étaient le Portugal, l'Espagne, la Turquie ainsi que certains pays d'Afrique et du Proche-Orient. Quelques exemplaires prirent aussi le chemin du Luxembourg. Une grande souplesse présidait à la réalisation des versions, l'acheteur pouvant choisir le type de châssis et le fabricant de la pompe. Les marques Iveco-Fiat, Iveco-Magirus et Mercedes-Benz dominaient le secteur des châssis ; les pompes à incendie provenaient soit du fabricant italien Antonicelli, soit des sociétés étrangères Rosenbauer, Magirus ou Ziegler. La gamme de production couvrait tous les modèles, du véhicule d'intervention léger aux véhicules d'incendie spéciaux, de sauvetage et d'aéroport.
Suite à la disparition de l'entreprise Baribbi, d'autres fabricants de matériels de lutte contre le feu ont repris le flambeau. Il convient de citer l'entreprise Silvani établie à Bareggio, près de Milan, qui monte des carrosseries complètes, ainsi que le carrossier BAI (Brescia Antincendio International) implanté à Brescia. Cette entreprise s'est hissée au cours de ces dernières années sur le devant de la scène en construisant plusieurs centaines de fourgons pompes-tonnes de tailles variées pour le compte du ministère de l'Intérieur, et un plus grand nombre encore de véhicules d'exportation.
Le constructeur allemand Magirus bénéficie depuis le début du XXe siècle d'une solide position dans la fourniture d'échelles pivotantes. Entre 1957 et 1975, il vendit ainsi aux pompiers italiens plus de 100 modèles EP 30 m, montés en général sur des châssis Fiat.

Catégorie de véhicule :	*fourgon pompe-tonne*
Type de châssis :	*Mercedes-Benz 1419*
Année de construction :	*1984*
Débit de la pompe :	*2 400 l/mn*
Capacité de la citerne :	*5 000 l*

C'est visiblement en raison de la proximité géographique avec l'Autriche, que les pompiers volontaires de Terlan détiennent ce fourgon pompe-tonne Rosenbauer, doté d'une cabine de camion routier. Le châssis 8 tonnes à cabine avancée est un Mercedes-Benz pourvu d'un diesel turbocompressé à six cylindres en ligne et injection directe, à refroidissement par air, de 5 675 cm³ de cylindrée et 192 chevaux. Entre autres caractéristiques, ce véhicule possède une citerne d'eau, 100 litres d'émulseur et deux dispositifs d'intervention rapide.

Catégorie de véhicule :	*fourgon pompe-tonne*
Type de châssis :	*O.M. Tigrotto 50*
Année de construction :	*1967*
Débit de la pompe :	*1 600 l/mn*
Capacité de la citerne :	*2 000 l*

Stationné chez les pompiers volontaires de Terlan (Terlano) dans le Haut-Adige, ce fourgon pompe-tonne est pourvu d'une carrosserie Baribbi. Il s'agit là d'un véhicule d'incendie typique, répandu dans les années 1960 et 1970. Le châssis O. M. mi-lourd à cabine avancée, d'un poids total autorisé de 8 tonnes et doté d'un diesel de 92 chevaux, est équipé de jantes Trilex ainsi que d'une cabine d'équipage pour six hommes. Une citerne d'eau et 100 litres d'émulseur sont transportés à bord.

Catégorie de véhicule :	*camion-citerne forêts*
Type de châssis :	*Fiat 75 PC (4 x 4)*
Année de construction :	*1993*
Débit de la pompe :	*800 l/mn*
Capacité de la citerne :	*3 000 l*

Destiné à combattre les incendies de forêts, ce fourgon pompe-tonne carrossé par Baribbi sur un châssis tout terrain Fiat à cabine avancée est exploité par les pompiers de métier de Milan. La plate-forme découverte sert au transport d'une citerne d'eau en aluminium non verni et non carrossée, d'une pompe centrifuge à l'arrière, ainsi que d'un dispositif d'attaque rapide. La cabine peut accueillir trois hommes.

Catégorie de véhicule :	*véhic. d'assistance technique*
Type de châssis :	*Fiat-Iveco Turbo Daily 35-10 (4 x 4)*
Année de construction :	*1993*
Débit de la pompe :	–
Capacité de la citerne :	–

Ce véhicule d'assistance des pompiers volontaires de Terlano a été carrossé par Rosenbauer sur un châssis tout terrain Fiat-Iveco de type Turbo-Daily. Ce châssis à quatre roues motrices débrayables possède un diesel turbocompressé quatre cylindres refroidi par eau, de 3 908 cm^3 et 165 chevaux. La cabine de conduite peut emmener trois hommes. Les coffres à matériel fermés par des rideaux coulissants abritent une motopompe portative et les appareils nécessaires à de petites tâches d'assistance technique.

Catégorie de véhicule :	*camion-grue CG 20*
Type de châssis :	*Astra HFD 64.38 (6 x 4)*
Année de construction :	*1985*
Débit de la pompe :	–
Capacité de la citerne :	–

Cette grue télescopique hydraulique Cormach 20 tonnes des pompiers de métier de Milan est toujours prête à intervenir dans des opérations de sauvetage. Réalisé dans une version peu encombrante et maniable, afin de pouvoir circuler dans les grandes villes, ce camion-grue fut carrossé sur un châssis à trois essieux et cabine avancée par l'entreprise Astra (Astra Construzione Speciali), sise à Piacenza. Fondé dès la fin de la guerre, cet établissement fabrique depuis 1954 des bennes basculantes et des véhicules spéciaux, montés sur châssis Fiat de 13 à 36 tonnes. Ce véhicule possède une cabine de série et un treuil de levage 10 tonnes disposé à l'avant.

Catégorie de véhicule :	*fourgon pompe-tonne*
Type de châssis :	*Ford Cargo 1117*
Année de construction :	*1983*
Débit de la pompe :	*3 400 l/mn*
Capacité de la citerne :	*3 000 l*

Cet exemplaire sur châssis Ford Cargo provient d'une commande portant sur plusieurs fourgons pompes-tonnes montés sur différents châssis, livrée par l'entreprise allemande Ziegler à la région du Trentin. Équipé d'une cabine prévue pour trois membres d'équipage, ce véhicule est entraîné par un diesel six cylindres de 170 chevaux. Le groupe motopompe FP 3000 H est muni d'un prémélangeur de la marque Venturi. Une citerne d'eau et un réservoir de 300 litres d'émulseur se trouvent aussi à bord. Un canon mixte à eau et mousse, d'un débit de 1 600 l/mn, et un mât d'éclairage télescopique pneumatique de 7 m muni de trois projecteurs figurent au nombre des autres caractéristiques de l'équipement.

Catégorie de véhicule :	*échelle pivotante automatique à nacelle EPAN 50*
Type de châssis :	*Iveco-Magirus 330-35*
Année de construction :	*1988*
Débit de la pompe :	–
Capacité de la citerne :	–

Le Service d'Incendie de la ville de Milan est le seul en Italie à posséder une échelle pivotante à nacelle EPAN 50 m à six pans, livrée sur un lourd châssis Iveco-Magirus à trois essieux et cabine avancée. Prévue pour trois hommes, elle est équipée d'un diesel V10 à injection directe, refroidi par air, de 15 945 cm³ et 330 chevaux. Cette échelle pivotante en remplaçait une de grandeur équivalente, livrée en 1960.

Catégorie de véhicule :	*EPAN 18-12 CC*
Type de châssis :	*Iveco-Magirus EuroCargo E 22*
Année de construction :	*1994*
Débit de la pompe :	–
Capacité de la citerne :	–

L'entreprise Magirus livra cette échelle pivotante à nacelle aux pompiers volontaires de Tione di Trento, dans le Trentin-Haut-Adige. Cette échelle pivotante 24 m, pilotée par ordinateur, fut montée sur un châssis porteur Iveco Euro Cargo. Le véhicule possède un poste de conduite prévu pour trois membres d'équipage, un plateau en aluminium Alufire, une nacelle amovible télécommandée pouvant accueillir trois personnes, un support de brancard pour l'évacuation des victimes, une lance orientable et une installation d'éclairage de 2 x 1 000 watts.

Catégorie de véhicule :	*véhicule de secours tunnel*
Type de châssis :	*MAN 19.414*
Année de construction :	*2001*
Débit de la pompe :	*4 000 l/mn*
Capacité de la citerne :	*4 000 l*

Trois fourgons spéciaux insolites sont affectés à la protection du tunnel du Mont-Blanc, qui relie l'Italie à la France sur 11,6 km. Il s'agit de véhicules du modèle Janus 4000 Bifronte, équipés d'une cabine de conduite à l'avant et à l'arrière, conçus et réalisés par l'équipementier italien BAI. Le châssis porteur était un modèle MAN 19 tonnes à transmission automatique, doté d'un moteur de 414 chevaux autorisant une vitesse de 115 km/h dans les deux sens de déplacement. Une grande réserve d'eau, 500 litres d'émulseur, une pompe mixte à haute pression et à pression normale dotée d'un mélangeur, une lance Monitor sur le toit à l'avant, deux dispositifs d'attaque rapide des flammes, un mât d'éclairage télescopique pourvu de trois projecteurs, une génératrice électrique de 15 kVA, un treuil de levage 5 tonnes, des buses d'aspersion du sol diffusant de l'eau et de la mousse pour l'autoprotection du véhicule sont les principaux équipements de celui-ci. L'équipage peut s'orienter au moyen d'un radar ou d'une caméra de recul.

Catégorie de véhicule :	*véhic. transport de personnel*
Type de châssis :	*Ford V 8 type G 917 T*
Année de construction :	*1939*
Débit de la pompe :	–
Capacité de la citerne :	–

Un carrossier letton dont le nom n'a pas été communiqué utilisa un châssis Ford du modèle G 917 T V 8, fabriqué sous licence par l'entreprise Vairogs, pour assembler ce véhicule d'incendie à la ligne très élégante. La forme ovale de la calandre existait aux États-Unis depuis 1938, et fut reprise un an plus tard dans la production allemande. Le moteur à carburateur à huit cylindres en V, d'une cylindrée de 3 613 cm^3, développait 90 chevaux et autorisait une vitesse de 85 km/h. Ce véhicule acquis par le Service d'Incendie de Jelgava y resta opérationnel jusqu'en 1963.

Lettonie

Figurant au nombre des trois pays baltes, la Lettonie partagea le même sort que la Lituanie et fut occupée en 1940 par l'Union soviétique. Ce n'est qu'en 1991, dans le droit fil de la perestroïka, que la Lettonie retrouva son indépendance en qualité de République, avant de devenir membre de l'Union européenne. Comme celui de la Lituanie, le parc de véhicules des pompiers lettons est calqué sur celui de l'URSS. Particulièrement hétérogène et nécessitant en partie d'être modernisé, il comprend nombre de véhicules provenant de l'ancien bloc soviétique, mais aussi de Scandinavie et de certains États d'Europe occidentale.

Catégorie de véhicule :	*fourgon pompe-tonne*
Type de châssis :	*IFA W 50 LA (4 x 4)*
Année de construction :	*1986*
Débit de la pompe :	*2 200 l/mn*
Capacité de la citerne :	*2 000 l*

Ce fourgon pompe-tonne FPT 16 provenant de l'ex-RDA (République démocratique allemande) faisait encore partie, au printemps 2004, des véhicules d'intervention du Service d'Incendie de Dobele. Monté sur un châssis à cabine avancée IFA W 50 LA à quatre roues motrices, il était pourvu d'un diesel quatre cylindres de 6 560 cm^3 et 125 chevaux. L'entreprise d'État VEB Feuerlöschgerätewerk Luckenwalde fut chargée de carrosser ce véhicule dans cette version plus récente, avec un coffre à matériel entièrement métallique fermé par des rideaux coulissants. Le fourgon emmenait six hommes d'équipage, une citerne d'eau et 500 litres d'émulseur. La lance Monitor à deux tubes permettait de projeter de l'eau et de la mousse même en cours de déplacement.

Catégorie de véhicule :	*BEA 25*
Type de châssis :	*Sisu R 142*
Année de construction :	*1986*
Débit de la pompe :	–
Capacité de la citerne :	–

Les pompiers de métier de la capitale lettone, Riga, s'enorgueillissent de posséder ce bras élévateur articulé du modèle Sky-Lift NS 25-3, fleuron du fabricant finnois Nummela. Le mât articulé hydraulique peut être déployé jusqu'à une hauteur de 25 m et la plate-forme de travail peut porter plus de 300 kg. Également d'origine finnoise, le châssis Sisu à trois essieux est entraîné par un moteur diesel Cummins. Il faut noter au passage que l'entreprise Sisu, implantée à Helsinki, est le seul fabricant finlandais d'utilitaires à avoir pu conserver son autonomie, grâce au soutien de l'État, en dépit de la poussée commerciale de Renault.

Lituanie

L'un des trois pays baltes, la Lituanie, devenue indépendante à la suite de la Première Guerre mondiale, fut annexée en 1940 à l'Union soviétique et resta dans le bloc de l'Est jusqu'en 1991, au titre de République soviétique. Depuis, la Lituanie est redevenue un État indépendant ; cette nation appartient également depuis peu à l'Union européenne. Du fait de l'étroite relation politique et géographique avec l'URSS., 50 à 80 % des véhicules d'incendie étaient d'origine soviétique. Après l'indépendance, certains véhicules d'occasion parvinrent parfois d'Europe occidentale, de Scandinavie et d'autres pays jusqu'en Lituanie. Depuis 2001, l'entreprise ISKADA implantée à Vilnius (Wilna) s'est spécialisée dans la construction de fourgons d'incendie conformes aux standards européens. Elle emploie de préférence des châssis russes et français. Les véhicules d'incendie modernes restent cependant l'exception.

Catégorie de véhicule :	*fourgon pompe-tonne*
Type de châssis :	*Mercedes-Benz LAF 1113/36*
Année de construction :	*1975*
Débit de la pompe :	*1 600 l/mn*
Capacité de la citerne :	*2 400 l*

Un ancien fourgon pompe-tonne de série FPT 16 tout terrain, carrossé par l'entreprise allemande Ziegler sur un châssis Mercedes-Benz, fut offert par un service d'incendie allemand aux pompiers de Trakai comme véhicule d'intervention. Bien entretenu, il transporte un équipage de six hommes. Il est entraîné par un diesel turbocompressé à injection directe et six cylindres de 168 chevaux.

Catégorie de véhicule :	*fourgon pompe-tonne AZ-3,0-40 – modèle M-1*
Type de châssis :	*Ural 43206 (4 x 4)*
Année de construction :	*1993*
Débit de la pompe :	*2 400 l/mn*
Capacité de la citerne :	*3 000 l*

Le châssis militaire Ural 43206 (4 x 4), produit à Miass, et la carrosserie de ce fourgon pompe-tonne tout terrain AZ-3,0-40 modèle M-1 présentent un aspect qui trahit leur origine soviétique. Conçu et réalisé par la société Ural-AZ-Poshtechnika SA située à Torzhok au nord-ouest de Moscou, ce véhicule possède un diesel V8 à injection directe de la marque KamAZ, de 10 850 cm^3 de cylindrée et 230 chevaux. L'équipage est composé de six hommes.

Catégorie de véhicule :	*fourgon pompe-tonne AZ-2,5-40*
Type de châssis :	*ZIL 131 (6 x 6)*
Année de construction :	*2002*
Débit de la pompe :	*2 400 l/mn*
Capacité de la citerne :	*2 500 l*

ISKADA, le nouvel équipementier lituanien, monta ce fourgon pompe-tonne AZ-2,5-40 sur un châssis tout terrain ZIL 131. Cette abréviation est celle du nom de l'entreprise Zavod Imieni Lichacheva, de Moscou. Le capot arrondi de ce robuste châssis de camion militaire soviétique à trois essieux abrite un V8 à carburateur de 150 chevaux. Ce FPT dispose d'une cabine de six hommes ; son châssis est pourvu de pneus en monte simple et d'un régulateur de pression d'air garantissant une excellente motricité sur tous types de terrains.

Catégorie de véhicule :	*camion dévidoir AP 2*
Type de châssis :	*KamAZ 43105 (6 x 6)*
Année de construction :	*1998*
Débit de la pompe :	–
Capacité de la citerne :	–

Fabriqué par l'équipementier et le constructeur de véhicules d'incendie Poshmaschina établi à Priluki, ce camion dévidoir du modèle AP-2(43105)215 fut élaboré sur un lourd châssis KamAZ à trois essieux et cabine avancée. Il est en service auprès des pompiers de métier de la capitale lituanienne, Vilnius. Ce véhicule tout terrain affichant un poids total autorisé de 15,1 tonnes emmène un équipage de trois hommes. Les tuyaux (2 000 m au total) sont déroulés et raccordés mécaniquement.

Catégorie de véhicule :	*EPAN 30 (DLK 23-12)*
Type de châssis :	*Mercedes-Benz 1419 F*
Année de construction :	*1979*
Débit de la pompe :	–
Capacité de la citerne :	–

Cette échelle pivotante à nacelle DLK 23-12, carrossée par Metz à Karlsruhe et montée sur un châssis Mercedes-Benz 1419 F, fut mise à la disposition des pompiers de métier de Vilnius par des collègues allemands. Aménagé avec une cabine pour trois sapeurs, ce véhicule de la catégorie des 14 tonnes est animé par un diesel V6 à injection directe de 9 570 cm^3 et 192 chevaux. Cette échelle hydraulique peut être dressée à l'oblique de 17 à 75 degrés.

Catégorie de véhicule :	*grande puissance aéroport AA-60 (543)*
Type de châssis :	*MAZ-543 (8 x 8) 15 t*
Année de construction :	*1983*
Débit de la pompe :	*3 600 l/mn*
Capacité de la citerne :	*15 140 l*

Monté sur le châssis lourd d'un camion de transport de missile MAZ-543, le premier véhicule d'incendie aéroportuaire apparut en 1973 sous la désignation AA-60 (543), à l'initiative de l'entreprise Poshmaschina, située à Priluki. Le châssis MAZ-543, fabriqué par l'usine automobile biélorusse de Minsk, fut présenté pour la première fois au public en novembre 1964 ; ce fut aussi le châssis de camion le plus lourd de l'Armée rouge. Utilisé pour véhiculer d'énormes charges, il servit ainsi de tracteur pour remorquer des missiles et des chars sur une plate-forme surbaissée, mais aussi de véhicule porteur et de rampe de lancement pour des missiles balistiques à moyenne portée. Ce fourgon de près de 33 tonnes est équipé d'un diesel V12 de 38 880 cm³ et 525 chevaux. La vitesse de pointe avoisine 70 km/h, tandis que la consommation de carburant varie entre 80 et 120 l/100 km. Outre l'énorme réserve d'eau, le chargement comprend 850 litres d'émulseur et une lance combinée à eau et mousse très puissante. La pompe centrifuge est entraînée par un moteur séparé de 180 chevaux. Ce monstre était encore en service en 2002 à l'aéroport de Vilnius.

Catégorie de véhicule :	*bras élévateur articulé 30*
Type de châssis :	*KamAZ 53229*
Année de construction :	*1996*
Débit de la pompe :	–
Capacité de la citerne :	–

Fabriqué par le carrossier finlandais Bronto-Skylift Oy, établi à Tampere, ce bras articulé hydraulique 30 m du modèle 30-3 est aussi la propriété des pompiers de la capitale, Vilnius. Il fut monté sur un châssis russe KamAZ 53229, dont le moteur développait 240 chevaux. La plate-forme de travail peut porter une charge de 350 kg et le mât articulé a une portée de 17,40 m. Une lance Monitor d'un débit de 1 200 l/m est aménagée à l'extrémité du bras. Ce véhicule lourd à cabine avancée et trois essieux a un poids total autorisé de 20 tonnes et peut atteindre une vitesse de pointe de 80 km/h. Les engins Bronto sont diffusés à plus de 5 000 exemplaires dans plus de 110 pays.

Catégorie de véhicule :	*véhic. mousse aérodrome FCT 669*
Type de châssis :	*Volvo F 89 (6 x 6)*
Année de construction :	*1976*
Débit de la pompe :	*4 000 l/mn*
Capacité de la citerne :	*9 000 l*

Trois exemplaires de ce véhicule d'incendie aéroportuaire FCT 669, élaboré par le carrossier norvégien Skuteng, étaient utilisés jusqu'en 2003 par le Service d'Incendie de l'aéroport international de Vilnius. Le châssis était un Volvo F 89 tout terrain à trois essieux et cabine avancée, entraîné par un diesel douze cylindres TD 120 de 330 chevaux. D'un poids total autorisé de 30,5 tonnes, ce lourd véhicule était chargé de 1 000 litres d'émulseur et pourvu d'une lance Monitor combinée à mousse et eau, disposée sur le toit.

Catégorie de véhicule :	*véhic. mousse aérodrome VMA 80*
Type de châssis :	*Mercedes-Benz Actros 2840 (6 x 6)*
Année de construction :	*2004*
Débit de la pompe :	*4 800 l/mn*
Capacité de la citerne :	*9 000 l*

Le Service d'Incendie de l'aéroport international de Vilnius reçut deux nouveaux véhicules aéroportuaires montés sur un lourd châssis Mercedes-Benz tout terrain à trois essieux de modèle Actros. Ce châssis d'un poids total autorisé de 28 tonnes est doté d'une boîte automatique et d'un diesel V6 de 11 946 cm³ et 408 chevaux. L'entreprise Bronto-Saurus se chargea de l'équipement technique et de la carrosserie. En plus de la citerne d'eau, ce véhicule compact dispose de 1000 litres d'émulseur.

Pologne

Située en Europe orientale, la Pologne étend ses basses plaines de la côte Baltique, au nord, jusqu'aux Monts Tatra à sa frontière méridionale avec la République tchèque et la Slovaquie. Au cours de son histoire, elle fut dépecée plusieurs fois entre les grandes puissances limitrophes – l'Autriche, la Prusse et la Russie – et ne fut rétablie qu'en 1918 en qualité d'État pleinement souverain. À l'issue de la Seconde Guerre mondiale, le pays tomba sous la domination communiste. Des élections libres eurent enfin lieu en 1991, consacrant le passage à la démocratie et à l'économie de marché. La Pologne fait partie de l'Union européenne depuis 2004.

La protection contre l'incendie y est assurée par des pompiers de métier, d'entreprise et des volontaires. Alors que les sapeurs-pompiers bénévoles exercent leurs activités dans tout le pays et couvrent des secteurs d'intervention bien définis, les sapeurs-pompiers de métier agissent surtout dans les grandes villes. Les services d'incendie d'entreprise se cantonnent avant tout aux établissements industriels de grande envergure ou à hauts risques.

La construction d'utilitaires resta très limitée en Pologne jusqu'après la Seconde Guerre mondiale ; elle consistait essentiellement en des productions sous licence étrangère. Le modèle Polski-Fiat y devint ainsi célèbre. Le décor a bien changé depuis et des fabricants tels que Star, Jelcz et Zuk permettent de répondre à la plupart des besoins en châssis, y compris pour monter des véhicules d'incendie. À côté des nombreux châssis soviétiques et tchèques en circulation, il convient de mentionner également ceux des constructeurs Mercedes-Benz, MAN, Renault, mais aussi Scania et Volvo.

Les équipementiers profitent d'excellentes conditions en Pologne, et sont ainsi en mesure de satisfaire l'essentiel de la demande des sapeurs-pompiers du pays. Si les véhicules spéciaux et les fourgons pompes-tonnes grande puissance proviennent toujours d'Europe occidentale et de la société Rosenbauer en Autriche, une proportion croissante de véhicules sont construits et équipés sur place. Le secteur des échelles pivotantes est dominé comme par le passé par les entreprises allemandes Metz et surtout Magirus. Les parcs d'échelle achetés auprès de ces fournisseurs sont généralement montés sur des châssis de camion polonais, notamment des Jelcz à cabine avancée. Le français Camiva s'implanta aussi avec succès en Pologne. Entre 1969 et 1989, près de 90 échelles pivotantes furent livrées par la VEB-Feuerwehrgerätewerk Luckenwalde (ex-RDA). Entre-temps, un fabricant polonais sis à Koszalin livre des échelles pivotantes et des bras élévateurs articulés atteignant 42 mètres.

S'il y a 20 ans encore, l'équipement et les matériels de la plupart des services d'incendie, abstraction faite de ceux des grandes villes, étaient souvent insuffisants et vétustes, cette époque est bel et bien révolue. Presque tous disposent désormais d'un matériel approprié, moderne et fabriqué en grande partie dans le pays.

Catégorie de véhicule :	*échelle pivotante EP 45 + 2*
Type de châssis :	*Magirus M 50 L*
Année de construction :	*1938*
Débit de la pompe :	–
Capacité de la citerne :	–

L'entreprise Magirus livra cette échelle pivotante mécanique 45 m, dotée d'une rallonge manuelle de 2 m, au Service d'Incendie des autorités portuaires de Gdingen. Le parc d'acier à six pans était entraîné par un engrenage K-30. Le châssis était un Magirus 5 tonnes à capot avancé, pourvu d'un moteur à carburateur six cylindres de 7 739 cm³ et 110 chevaux. Il est surprenant de constater qu'en dépit du rude climat de ce pays de l'Est, ce véhicule fut réalisé avec une cabine de conduite ouverte.

Catégorie de véhicule :	*échelle pivotante EP 37*
Type de châssis :	*Magirus M 50 L*
Année de construction :	*1938*
Débit de la pompe :	–
Capacité de la citerne :	–

Le Service d'Incendie de Bielsko, dans les Carpates, reçut en novembre 1938 du constructeur Magirus une échelle pivotante 37 m à cinq pans « Drabina Magirusa », à entraînement mécanique. Également signé Magirus, le châssis porteur M-50-L d'une capacité portante de 5 tonnes était doté d'un moteur à carburateur de 110 chevaux. Ce véhicule impressionnant possédait un habitacle de conduite fermé et une calandre joliment chromée.

Catégorie de véhicule :	*fourgon pompe-tonne*
Type de châssis :	*Mercedes- Benz LF 911 B/36*
Année de construction :	*1978*
Débit de la pompe :	*1 600 l/mn*
Capacité de la citerne :	*2 400 l*

Ce fourgon pompe-tonne de la marine néerlandaise, carrossé sur un châssis Mercedes-Benz à capot court, était en service en été 2004 auprès des pompiers de Slubice. L'entraînement de ce châssis d'un poids total autorisé de 9 tonnes s'effectuait grâce à un diesel six cylindres OM 352 A turbocompressé à injection directe, de 5 675 cm³ et 168 chevaux à 2 900 tr/mn. La cabine de conduite et d'équipage pouvait accueillir six hommes. Il convient de remarquer, au-dessus de la calandre, le clignotant bleu classique dit « ouvreur de route ».

Catégorie de véhicule :	*fourgon pompe-tonne*
Type de châssis :	*Jelcz 422*
Année de construction :	*1995*
Débit de la pompe :	*3 200 l/mn*
Capacité de la citerne :	*5 000 l*

Ce fourgon pompe-tonne, monté sur châssis Jelcz à cabine avancée par l'équipementier Zaklady Samochodowe Jelcz, de Jelcz, porte la désignation GCBA 5/32. Stationné à la caserne des pompiers de métier de Nysa, ce véhicule dispose d'une cabine d'équipage pour six hommes et d'un vaste compartiment de charge surbaissé, fermé par des rideaux à lamelles coulissants. En plus de l'eau, 500 litres d'émulseur sont emportés à bord. Aménagée à l'extrémité du châssis, la pompe centrifuge, très puissante, fonctionne sous 10 bars.

Catégorie de véhicule :	*fourgon tri-extincteur*
Type de châssis :	*Star 14.227 LF de type 662*
Année de construction :	*1999*
Débit de la pompe :	*2 400 l/mn*
Capacité de la citerne :	*2 000 l*

Désigné sous le sigle GBAPr 2/24/750, ce fourgon tri-extincteur, propriété des pompiers de métier de Slubice, emporte à son bord trois agents d'extinction (eau, mousse et poudre) pour parer à tous les risques d'incendie. Le châssis Star à cabine double avancée, fabriqué à Starachowice, permet de transporter une réserve d'eau, 200 litres d'émulseur et un agrégat de poudre de 750 kg. La pompe à incendie peut fonctionner soit à pression normale soit à haute pression (2 400 l/mn sous 8 bars ou 250 l/mn sous 40 bars).

Catégorie de véhicule :	*FPTGP*
Type de châssis :	*Tatra T 148 (6 x 6)*
Année de construction :	*1982*
Débit de la pompe :	*3 200 l/mn*
Capacité de la citerne :	*6 000 l*

Ce grand fourgon pompe-tonne, carrossé avec une cabine prévue pour trois membres d'équipage sur un châssis lourd Tatra tout terrain à trois essieux et capot avancé, présente un poids total autorisé de 18 600 kg ; il est propulsé par un diesel V8 de 212 chevaux. Ce véhicule stationné auprès des pompiers de métier de Nysa possède une pompe installée au centre, ainsi qu'un réservoir d'émulseur de 600 litres. Le dispositif d'intervention rapide, aménagé à l'arrière, est accessible grâce à une trappe s'ouvrant par le dessus. La lance Monitor disposée sur le toit a une portée de 60 m.

Catégorie de véhicule :	*camion-citerne*
Type de châssis :	*Jelcz 417 K*
Année de construction :	*1995*
Débit de la pompe :	–
Capacité de la citerne :	*18 000 l*

Ce semi-remorque composé d'un tracteur Jelcz et d'une remorque à citerne, fait partie du parc de véhicules des pompiers de métier de Slubice. Utilisé comme un camion citerne de grande capacité lors de gros incendies, il est désigné sous le sigle GCBM 18/8 et dispose d'un diesel six cylindres à injection directe de 11 100 cm^3 et 243 chevaux à 2 200 tr/mn. Il est équipé d'une motopompe portative TS 8/8 d'un débit de 800 l/mn.

Catégorie de véhicule :	*véhic. porte-cellule d'éclairage*
Type de châssis :	*ZuK A 14*
Année de construction :	*1990*
Débit de la pompe :	–
Capacité de la citerne :	–

Ce petit véhicule à superstructure interchangeable du constructeur ZuK est produit depuis 1959 dans l'usine FSC, implantée à Lublin. Destiné aux services d'incendie, ce châssis est surtout employé pour assembler des camions à motopompe portative ou des fourgons légers. Cet exemplaire des pompiers de métier de Slubice fut pourvu par un fabricant polonais d'une cellule d'éclairage, sur laquelle est installé un mât télescopique hydraulique muni de huit projecteurs. Ce petit camion est aussi doté d'une génératrice électrique.

Biélorussie

L'effondrement de l'ex-Union soviétique fit accéder l'ancienne République soviétique de Biélorussie au rang de république autonome dans le cadre de la Communauté des États indépendants (CEI), avec Minsk pour capitale. Comme en URSS, les services d'incendie relèvent du ministère de l'Intérieur. Châssis et carrosseries sont en majeure partie d'origine soviétique. Toutefois, une proportion croissante de véhicules provient également d'Europe occidentale et de Scandinavie. Les véhicules allemands, même obsolètes, sont très appréciés. Faute de moyens financiers, les sapeurs-pompiers ne modernisent que très lentement leur équipement.

Catégorie de véhicule :	***fourgon pompe-tonne AZ-40 (5337)***
Type de châssis :	***MAZ 5337***
Année de construction :	***1995***
Débit de la pompe :	***2 400 l/mn***
Capacité de la citerne :	***3 000 l***

Ce fourgon pompe-tonne AZ-40 (5337) exploité par les pompiers de métier de Minsk repose sur un châssis MAZ fabriqué par l'entreprise locale Minsk Automobilnij Zavod. Ce véhicule à quatre roues motrices est le fruit d'études menées par le groupement de production Belkommunmasch ; il est entraîné par un diesel à six cylindres en V de 230 chevaux. L'équipage se compose de six hommes. Outre les citernes d'eau, le véhicule transporte un réservoir de 300 litres d'émulseur.

Catégorie de véhicule :	***véhicule d'intervention rapide ABR-0,6/100***
Type de châssis :	***ZIL-5301***
Année de construction :	***2001***
Débit de la pompe :	***1 200 l/mn***
Capacité de la citerne :	***600 l***

En service auprès des pompiers de métier de Minsk, ce véhicule d'intervention rapide ABR-0,6/100 (5301) fut carrossé sur un châssis de série ZIL-5301 par le groupement de production Belkommunmasch. Ce fourgon rapide et maniable emmenant un équipage de sept hommes est fabriqué depuis 1999. Son entraînement est assuré par un diesel quatre cylindres de 136 chevaux.

Catégorie de véhicule :	***fourgon pompe-tonne AZ-6,0-40/4***
Type de châssis :	***KamAZ 53211***
Année de construction :	***1992***
Débit de la pompe :	***2 400 l/mn***
Capacité de la citerne :	***6 000 l***

Ce fourgon pompe-tonne AZ-6,0-40/4 (53211)-1-DD monté sur châssis KamAZ résulte de la coopération entre l'équipementier autrichien Rosenbauer et le fabricant russe Poshmaschina, établi à Priluki. Ce véhicule équipé d'un diesel de 240 chevaux emmène sept membres d'équipage. Le matériel comprend la citerne d'eau, un mât d'éclairage muni de 4 projecteurs de 1 000 watts et un groupe électrogène de 5 kVA. Des aspiraux et une lance Monitor sont disposés sur le toit.

Catégorie de véhicule :	*EPAN 30 (DLK 23-12)*
Type de châssis :	*Mercedes-Benz LF 1313/48*
Année de construction :	*1974*
Débit de la pompe :	–
Capacité de la citerne :	–

Les pompiers volontaires allemands de Nussloch mirent cette échelle pivotante à nacelle DLK 23-12, montée sur un châssis porteur Mercedes-Benz LF 1313/48, à la disposition de leurs homologues biélorusses de Borissov, qui la classèrent dans la catégorie des échelles automatiques EPAN 30. Cette échelle pivotante carrossée par l'équipementier allemand Metz, de Karlsruhe, avec une cabine d'équipage de six hommes, est entraînée par un diesel turbocompressé six cylindres à injection directe OM 352 A de 5 675 cm^3 et 168 chevaux à 2 800 tr/mn. Cette ancienne version au plateau doté de portes relevables dispose déjà de stabilisateurs modernes horizontaux et verticaux.

Catégorie de véhicule :	*échelle automatique 50*
Type de châssis :	*Magirus-Deutz (KHD) FM 310 D 22 F (6 x 4)*
Année de construction :	*1982*
Débit de la pompe :	–
Capacité de la citerne :	–

Dès le début des années 1980, la demande des pays de l'Est en échelles 44 m, jadis très prisées, commença à décliner. Un nombre croissant d'échelles 50 m fut commandé à Metz et Magirus qui livrèrent, entre 1981 et 1995, près de 40 unités du modèle EP 50 à l'URSS et aux nouvelles républiques de l'Est. Elles furent utilisées exclusivement par les services d'incendie des grandes villes. Cet exemplaire monté sur un ancien châssis Magirus-Deutz à trois essieux FM 310 D 22 F, destiné initialement aux pompiers de métier de Moscou, faisait partie des premières livraisons Magirus des années 1981-1982. Ce véhicule repris ensuite par les pompiers de métier de Minsk est aménagé avec une cabine pour six membres d'équipage ; il dispose d'un diesel V10 du modèle KHD F 10 L 413 à injection directe, refroidi par air, de 14 702 cm^3 et 305 chevaux. Cette imposante échelle pivotante à six pans dispose de stabilisateurs variables horizontaux et verticaux.

Catégorie de véhicule :	*plate-forme élévatrice 50*
Type de châssis :	*M3KT-6923 (8 x 4)*
Année de construction :	*2000*
Débit de la pompe :	–
Capacité de la citerne :	–

L'entreprise Poshtechnika implantée à Torzhok compte depuis les années 1990 parmi les plus grands équipementiers de la CEI (Communauté des États indépendants). Ce fournisseur dispose désormais d'une gamme très variée de véhicules d'incendie de toutes catégories, du véhicule d'intervention rapide jusqu'aux échelles pivotantes et bras élévateurs articulés les plus hauts. Ces camions, généralement très robustes et durables, sont conçus pour intervenir dans un environnement hostile et des conditions climatiques défavorables. Cette plate-forme élévatrice à bras articulé d'une hauteur de travail de 50 m, stationnée à la caserne de Minsk, fait partie de cette gamme. Le châssis du type M3KT-6923 est entraîné par un diesel V8 de 330 chevaux. La plate-forme de travail peut supporter 400 kg ; le bras articulé, équipé d'une lance Monitor d'un débit de 1 200 l/mn, a une portée de 19 m.

Russie

Les services d'incendie russes sont constitués dans les villes et les communes de pompiers de métier ; dans les plus grandes villes, ils sont organisés de façon militaire et dépendent du ministère de l'Intérieur. Dans les villages et en milieu rural, les soldats du feu sont volontaires ; ceux des services d'incendie des grandes entreprises sont employés à plein temps. Le dispositif de protection contre l'incendie est dirigé par une administration spéciale relevant du ministère de l'Intérieur.

Au cours des dernières décennies, la modernisation des services d'incendie a connu des progrès fulgurants. Les principaux bénéficiaires sont les grands centres d'intervention ; bien dotés en matériel et véhicules, ils bénéficient aussi d'une formation centralisée et très rigoureuse. La situation se présente sous un jour beaucoup moins favorable dans les petites villes ou à la campagne : les moyens financiers y faisant la plupart du temps défaut, les pompiers doivent se contenter d'utiliser des véhicules et appareils des années 1960. Le secteur des équipements de lutte contre le feu a néanmoins enregistré un véritable envol depuis 1991 et s'avère tout à fait performant. Après le passage de l'économie dirigiste, planifiée et centralisée à l'économie de marché, de nouveaux constructeurs de véhicules d'incendie se sont implantés dans le pays, proposant leurs produits à des prix concurrentiels et adaptés au marché. Sise à Torzhok, l'entreprise Poshtechnika compte parmi les plus grands fabricants et propose une gamme complète de véhicules d'incendie. Le mode de construction, très uniformisé, adopte souvent le système de blocs modulaires, peu onéreux et interchangeables, ce qui facilite la sélection du châssis.

Les fourgons d'intervention de marque étrangère sont de plus en plus répandus. Il s'agit surtout de véhicules spéciaux, échelles pivotantes et bras élévateurs articulés déployables à grande hauteur.

Catégorie de véhicule :	*fourgon pompe-tonne PMZ-11*
Type de châssis :	*ZIS-5 V*
Année de construction :	*1951*
Débit de la pompe :	*1 200 l/mn*
Capacité de la citerne :	*800 l*

Fabriqué à Moscou, à partir de 1933, dans une usine rebaptisée ZIS (Zavod Imieni Stalina) en l'honneur de Staline, ce camion ZIS-5 de 3 tonnes fut produit en grande série. Aussi simple que robuste, il répondait à merveille aux conditions climatiques et de circulation particulières du pays. Les véhicules d'incendie assemblés sur son châssis furent généralement réalisés, jusque dans les années 1930, dans des versions à habitacle ouvert. Les carrosseries fermées s'imposèrent par la suite, comme sur ce fourgon pompe-tonne PMZ-11. Ce modèle pourvu d'une cabine d'équipage de six hommes fut l'un des premiers d'après-guerre.

Catégorie de véhicule :	*fourgon pompe-tonne*
Type de châssis :	*GAZ-51*
Année de construction :	*1954*
Débit de la pompe :	*1 200 l/mn*
Capacité de la citerne :	*900 l*

Le châssis de camion 2,5 tonnes du constructeur GAZ-51 fut de loin le plus répandu dans l'URSS des années 1950. Devenu célèbre sous la marque commerciale Molotov, il disposait d'un moteur à carburateur six cylindres de 70 chevaux. Construit en série entre 1950 et 1959 par l'équipementier Grabowo, ce fourgon pompe-tonne PMG-6, doté d'une carrosserie fermée et d'une pompe centrifuge à l'arrière – l'un des premiers modèles d'après-guerre – est monté sur un châssis de ce type. Il transportait un équipage de sept hommes et 50 litres d'émulseur.

Catégorie de véhicule :	***fourgon pompe-tonne (PMZ-27)***
Type de châssis :	***ZIS-151 (6 x 6)***
Année de construction :	***1960***
Débit de la pompe :	***3 000 l/mn***
Capacité de la citerne :	***3 000 l***

Entraîné par un moteur à carburateur six cylindres de 100 chevaux, le châssis soviétique ZIS-151 à trois essieux fut très populaire dans les années 1950. Massif mais élégant, ce fourgon pompe-tonne PMZ-27, monté à partir de décembre 1959 sur un châssis à trois essieux (6 x 6) de ce type, reçut une nouvelle pompe PH-30-K. Il fut par ailleurs le premier véhicule tout acier. Plus de 750 exemplaires sortirent de l'usine Poshmaschina de Priluki. Certains fourgons pompes-tonnes emmenant sept membres d'équipage possédaient des portes relevables ; l'exemplaire ci-dessous possède des portes à ouverture latérale.

Catégorie de véhicule :	***échelle automatique ALM-45 (M 200) LA***
Type de châssis :	***MAZ 200***
Année de construction :	***1958***
Débit de la pompe :	–
Capacité de la citerne :	–

Construit par l'entreprise Minsk Avtomobilnij Zavod (MAZ) établie à Minsk, jusqu'en 1965, ce camion 7 tonnes MAZ 200 fut le premier camion diesel exploité en Union soviétique. Il était propulsé par un moteur quatre cylindres de 135 chevaux. La première échelle pivotante 45 m ALM-45 (M 200) LA à entraînement mécanique fut montée sur un châssis de ce type vers la fin des années 1950. Le parc d'échelle à six pans était inspiré des modèles Magirus. Ce fut là la plus haute échelle pivotante livrée par l'industrie du pays. Ce prototype, insuffisamment élaboré, ne fut produit qu'à quelques exemplaires.

Catégorie de véhicule :	***fourgon pompe-tonne FPT 7600***
Type de châssis :	***KamAZ 53.211 (6 x 4)***
Année de construction :	***1990***
Débit de la pompe :	***2 400 l/mn***
Capacité de la citerne :	***6 900 l***

Ce fourgon pompe-tonne (TLF 7600) fut élaboré par Poshmaschina de Priluki, en coopération avec l'entreprise autrichienne Rosenbauer, dans le but de couvrir les besoins propres de la Russie mais aussi l'exportation. La cabine avancée basculante peut accueillir sept membres d'équipage. Outre la citerne d'eau, le véhicule emporte 700 litres d'émulseur. Une pompe mixte à basse et haute pression est disposée à l'arrière. Un prémélangeur, une lance Monitor sur le toit d'un débit de 2 400 l/mn et d'une portée de 65 m, un dispositif d'attaque rapide, un mât d'éclairage et une génératrice électrique de 5 kVA sont les autres éléments qu'embarque ce lourd châssis 19,5 tonnes à trois essieux. Très robuste, ce véhicule opérationnel de -40° C à +50° C est par conséquent adapté aux conditions sibériennes.

Catégorie de véhicule :	***échelle pivotante EP 52***
Type de châssis :	***Mercedes-Benz L 1920/52***
Année de construction :	***1968***
Débit de la pompe :	***2 400 l/mn***
Capacité de la citerne :	–

Du fait de sa technologie peu avancée et de l'insuffisance des connaissances en la matière, l'Union soviétique préférait importer de l'Ouest les échelles pivotantes de grande hauteur et fit appel aux fournisseurs allemands Metz et Magirus. En mai 1968, l'équipementier Metz livra ainsi une échelle pivotante mécanique 52 m à nacelle amovible aux pompiers de Moscou. Ce véhicule aménagé avec une cabine double et une pompe frontale fut carrossé sur un châssis Mercedes-Benz L 1920 de 19 tonnes, pourvu d'un diesel à injection directe et six cylindres de 210 chevaux.

Ukraine

Ce qui a déjà été dit sur les pays membres de la CEI (Communauté des États indépendants) s'applique également à l'Ukraine. Le parc de véhicules des pompiers ukrainiens reste naturellement très fortement dominé par les châssis et carrosseries soviétiques. L'acquisition de nouveaux véhicules se déroule à un rythme lent et hésitant, si bien que de multiples véhicules anciens mais bien entretenus, hérités de l'ex-URSS, côtoient de nos jours des modèles en provenance de l'Occident.

Catégorie de véhicule :	*fourgon pompe-tonne (type AP)*
Type de châssis :	*ZIS 150*
Année de construction :	*1955*
Débit de la pompe :	*1 200 l/mn*
Capacité de la citerne :	*3 000 l*

Depuis 1946, les usines automobiles Lichatschow, de Moscou, produisaient en grand nombre le châssis de camion 4 tonnes ZIS 150, calqué sur le modèle américain International K, fabriqué depuis 1940. Son entraînement était assuré par un moteur à carburateur six cylindres de 5 550 cm^3 et 90 chevaux. Ce châssis robuste fut souvent utilisé pour les véhicules d'incendie. Ce modèle, à la carrosserie élégante pour un fourgon russe, est un pompe-tonne du type AP, pourvu d'une pompe centrifuge à l'arrière. L'équipage se composait de trois hommes.

Catégorie de véhicule :	*autopompe d'incendie*
Type de châssis :	*Ural-ZIS 355*
Année de construction :	*1940*
Débit de la pompe :	*1 200 l/mn*
Capacité de la citerne :	*150 l*

Des pompes automobiles de ce modèle ou d'un modèle proche furent utilisées par presque toutes les grandes unités de pompiers soviétiques, aussi bien avant qu'après la Seconde Guerre mondiale. Il s'agissait de véhicules solides, adaptés à des conditions d'intervention difficiles et de mauvaises routes et n'exigeant que des réparations simples. Les châssis étaient la plupart du temps ceux d'autocars américains 3 tonnes, fabriqués sous licence avec la désignation ZIS-5. En 1942, les usines ZIS (Zavod Imieni Stalina) furent transférées de Moscou à Miass, dans l'Oural, où la construction des châssis des types Ural-ZIS-355, puis 355 M, se poursuivit. Ces véhicules équipés d'un moteur à carburateur six cylindres de 73 chevaux, possédaient en général une pompe centrifuge en bout de châssis, et parfois aussi un petit réservoir d'eau. L'équipage devait prendre place sur des banquettes longitudinales non protégées des intempéries, et dangereuses du fait de leur position en hauteur.

Catégorie de véhicule :	*échelle automatique ALR-17 (51) LT*
Type de châssis :	*GAZ 51 A*
Année de construction :	*1953*
Débit de la pompe :	–
Capacité de la citerne :	–

L'usine automobile GAZ (Gorkovskij Automobilnyj Zavod) de Gorki avait été créée en 1932 avec le concours de la société Ford. Le châssis 2,5 tonnes GAZ 51, entraîné par un moteur à carburateur six cylindres de 70 chevaux et 3 480 cm^3, figurait dans la gamme de production depuis 1946 ; produit en très grande série, il devint rapidement le camion soviétique de référence dans sa catégorie. Ce châssis fut également très utilisé pour la construction de véhicules d'incendie, principalement des camions-citernes ou des autopompes. Il reçut aussi un petit nombre d'échelles actionnées manuellement du modèle ALR 17 (51) LT. Cette échelle pouvait être inclinée jusqu'à 80°, ce qui suffisait pour mener à bien des opérations jusqu'au sixième étage d'un immeuble. Ce bel exemplaire restauré pouvait être admiré, en 2003, dans le cadre d'une exposition de véhicules organisée à Kiev.

Catégorie de véhicule :	*véhicule d'intervention rapide (APP-2)*
Type de châssis :	*GAZ 33021*
Année de construction :	*1997*
Débit de la pompe :	*1 200 l/mn*
Capacité de la citerne :	*300 l*

Propriété des pompiers de métier de Kiev, le véhicule d'intervention rapide APP-2 reproduit ici, fut conçu et réalisé par l'équipementier Poshtechnika de Torschok. Il reposait sur un châssis GAZ 33021 d'un poids total autorisé de 3,5 tonnes et était pourvu d'un moteur à carburateur quatre cylindres de 90 chevaux. Il transportait à son bord trois hommes d'équipage, un groupe électrogène portable de 6 kVA, une citerne d'eau et une pompe à incendie.

Catégorie de véhicule :	*véhicule de ventilation et désenfumage GDZS-90*
Type de châssis :	*ZIL 130-76 (4314)*
Année de construction :	*1977*
Débit de la pompe :	–
Capacité de la citerne :	–

Inspiré de modèles américains, le châssis de la marque ZIL 130-76 était, dans les années 1960 et 1970, apprécié et distribué aux quatre coins de l'Union soviétique. Ce robuste châssis de série était entraîné par un moteur V8 à carburateur de 150 chevaux. Il servit à ce véhicule de ventilation et de désenfumage du modèle GDZS-90 (4314)-251, élaboré par le carrossier Poshmaschina, de Priluki, et employé par les pompiers de Tchernikov. Ce type de véhicule provenant lui aussi du parc soviétique possédait un équipage de trois hommes et était chargé d'aspirer la fumée ou les gaz à l'extérieur pour ensuite ventiler avec de l'air frais. La puissante installation de ventilation aménagée à cet effet présentait un débit très élevé de 12 000 m³ par heure.

Catégorie de véhicule :	*fourgon pompe-tonne AZ-2,5-40 (433362)*
Type de châssis :	*ZIL 4331 (433362)*
Année de construction :	*1998*
Débit de la pompe :	*2 400 l/mn*
Capacité de la citerne :	*2 500 l*

Ce fourgon pompe-tonne de la marque AZ-2,5-40 fut monté sur le châssis ZIL 4331, modernisé par rapport au modèle précédent ZIL 130-76. Ces véhicules très répandus dans les pays de la CEI y sont considérés comme des véhicules de référence. L'entraînement était toujours assuré par le moteur à carburateur V8 désuet de 150 chevaux, ce qui nuisait à la rentabilité ; un diesel de 185 chevaux fut proposé par la suite. L'équipage comprend sept membres. Une pompe centrifuge à l'extrémité du châssis et un réservoir d'émulseur de 170 litres sont les autres éléments du chargement.

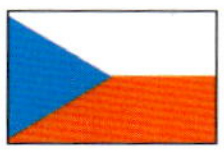

République tchèque

Émanation de l'ex-Tchécoslovaquie, cet État acquit son indépendance suite à sa séparation d'avec la Slovaquie en 1993. Il comprend les provinces de Bohême et de Moravie. Sa capitale est Prague et il compte plus de 10 millions d'habitants.

Les sapeurs-pompiers du pays disposent d'un équipement moderne et ils sont bien formés. Le secteur des opérations techniques de sauvetage, jadis plutôt délaissé, revêt aussi une importance croissante dans ce pays. Les services d'incendie tchèques sont surtout constitués de volontaires ; des professionnels sont aussi présents dans les grandes villes et les services d'incendie d'entreprises, à titre bénévole ou permanent.

L'industrie automobile est bien développée : Skoda, Tatra, Avia et Praga sont autant de noms de marques de tradition dont la réputation dépasse les frontières. Ces entreprises couvrent la majeure partie des besoins en châssis pour les fourgons d'incendie. Les carrosseries sont souvent fournies par la société Karosa. Il n'est pas rare que des véhicules d'incendie complets soient exportés – comme ils l'étaient déjà, dans le passé, vers l'ancien espace économique des États socialistes.

On continue d'importer de chez Rosenbauer des fourgons d'incendie spéciaux ou réservés aux sites industriels ; les échelles pivotantes, longtemps montées sur des châssis de l'entreprise nationale Tatra, proviennent surtout de chez Metz et Magirus. Il n'était autrefois pas rare de rencontrer des véhicules originaires de l'Union soviétique ou de l'ex-RDA. Ces dernières années, d'autres fabricants étrangers, comme le britannique Dennis ou le suédois Scania, ont réussi à s'imposer auprès des services d'incendie tchèques.

D'une manière générale, la préférence va aux grands fourgons pompes-tonnes ou aux véhicules d'incendie spéciaux, souvent montés sur des châssis à trois ou quatre essieux, ou même tout terrain.

Catégorie de véhicule :	*fourgon pompe-tonne (CAS-AZ 40)*
Type de châssis :	*ZIL 131 (6 x 6)*
Année de construction :	*1983*
Débit de la pompe :	*2 400 l/mn*
Capacité de la citerne :	*2 500 l*

Ce fourgon pompe-tonne parfaitement entretenu, photographié en 2003, carrossé sur un châssis militaire ZIL à trois essieux, appartient aux pompiers volontaires de Zelezná Ruda. Ce châssis tout terrain, très robuste et surdimensionné, est mû par un moteur à carburateur V8 de 6 000 cm³ et 150 chevaux. Il possède un régulateur de pression des pneus et il est parfaitement manœuvrable sur tous les terrains. Doté d'une grande cabine double prévue pour six hommes, et d'une lance orientable, le véhicule est chargé d'une citerne d'eau et de 170 litres d'émulseur.

Catégorie de véhicule :	*fourgon pompe-tonne (CAS-32)*
Type de châssis :	*Tatra 138*
Année de construction :	*1970*
Débit de la pompe :	*3 200 l/mn*
Capacité de la citerne :	*6 000 l*

Ce grand fourgon pompe-tonne (CAS-32), monté sur un châssis à trois essieux du modèle Tatra 138, était aussi en service auprès des pompiers de Zelezná Ruda. Le véhicule entraîné par un diesel huit cylindres, refroidi par air, de 180 chevaux, est chargé d'eau, de 600 litres d'émulseur et de 150 kg de poudre. La pompe centrifuge, le mélangeur et le poste de commande sont aménagés au centre. Le poids total autorisé s'élève à 17 480 kg, l'équipage comprend trois hommes et la vitesse de pointe atteint 75 km/h.

Catégorie de véhicule :	*premiers secours tonne (CAS-27)*
Type de châssis :	*Dennis Sabre*
Année de construction :	*1998*
Débit de la pompe :	*2 700 l/mn*
Capacité de la citerne :	*1 800 l*

Construits sur des châssis à cabine avancée de la marque britannique Dennis, plusieurs fourgons de premiers secours du type CAS-27 se trouvent désormais en état d'alerte permanent auprès des pompiers professionnels de Prague. Ce camion de 12 tonnes entraîné par un diesel de 9 268 cm³ pour 260 chevaux peut accueillir six sapeurs dans sa cabine entièrement vitrée. Outre une pompe Godiva, le véhicule carrossé par l'entreprise JDC transporte un groupe électrogène de 4,5 kVA et un treuil de levage.

Catégorie de véhicule :	*fourgon pompe-tonne (CAS-K 25)*
Type de châssis :	*Liaz 101.860*
Année de construction :	*1990*
Débit de la pompe :	*2 500 l/mn*
Capacité de la citerne :	*2 500 l*

Carrossé sur un châssis à cabine avancée Liaz, ce fourgon pompe-tonne désigné en tchèque sous l'appellation Cisternová automobilová strikacka (CAS), est exploité en plusieurs exemplaires par les pompiers professionnels de Prague. La carrosserie de ce modèle aménagé avec une cabine spacieuse, prévue pour neuf membres d'équipage, est l'œuvre de l'entreprise Karosa. Le châssis Liaz, une marque commerciale employée par Skoda entre 1984 et 1995, dispose d'un diesel suralimenté six cylindres en ligne à injection directe, refroidi par air, de 11 940 cm³ et 290 chevaux à 2 000 tr/mn. Hormis la citerne d'eau, 200 litres d'émulseur se trouvent à bord du véhicule.

Catégorie de véhicule :	*fourgon pompe-tonne (CAS-32)*
Type de châssis :	*Tatra 815 S 3 (6 x 6)*
Année de construction :	*1986*
Débit de la pompe :	*3 200 l/mn*
Capacité de la citerne :	*8 200 l*

Un châssis tout terrain 815 S 3 du constructeur Tatra servit de base à ce fourgon pompe-tonne du modèle CAS-32 carrossé par l'entreprise Karosa. Acquis par les pompiers volontaires de Zelezná Ruda, ce véhicule à l'aspect imposant peut circuler sans problème sur tous les terrains grâce au régulateur de pression des pneus. Il dispose d'un diesel V10 à injection directe d'une énorme cylindrée de 15 825 cm³. Le poids total autorisé atteint 22 390 kg et la grande cabine de conduite peut accueillir six hommes d'équipage.

Catégorie de véhicule :	*fourgon pompe-tonne grande puissance (CAS-24)*
Type de châssis :	*Iveco-Magirus Euro Fire MP 260 E 37 (6 x 6)*
Année de construction :	*1999*
Débit de la pompe :	*2 400 l/mn*
Capacité de la citerne :	*9 000 l*

Les pompiers professionnels de Prague reçurent en 1999 de la société Iveco Magirus Brandschutztechnik GmbH un nouveau pompe-tonne grande puissance du modèle 24/90-10. Il reposait sur un châssis porteur Euro Fire, équipé d'un diesel de 372 chevaux. La cabine est aménagée pour accueillir un équipage de trois hommes. Parallèlement à la citerne d'eau, 1 000 litres d'émulseur sont transportés à bord. Disposée sur le toit, la lance Monitor possède un débit maximal de 1 600 l/mn. Ce véhicule long de 8,85 m affiche un poids total autorisé de 24,5 tonnes.

Catégorie de véhicule :	*fourgon-pompe*
Type de châssis :	*Avia A 31*
Année de construction :	*1984*
Débit de la pompe :	*1 200 l/mn*
Capacité de la citerne :	–

Ce fourgon-pompe carrossé sur un châssis de camion léger à cabine avancée Avia était en service au printemps 2003 auprès des pompiers volontaires de Cicice. Il possède une cabine de camion de série prévue pour trois membres d'équipage. Le compartiment de charge abrite six places assises supplémentaires. L'entraînement de ce véhicule d'un poids total de 5 320 kg est assuré par un diesel six cylindres de 3 596 cm³ et 82 chevaux, autorisant une vitesse de pointe de 85 km/h.

Catégorie de véhicule :	*camion-benne avec grue*
Type de châssis :	*Tatra 148 (6 x 6)*
Année de construction :	*1983*
Débit de la pompe :	–
Capacité de la citerne :	–

Les pompiers volontaires de Domazlice détenaient pour différents types d'interventions ce camion Tatra tout terrain à trois essieux, pourvu d'une grue hydraulique de 1 800 kg. Doté depuis 1970 d'un capot modifié et d'un moteur plus puissant, ce modèle Tatra 148 succéda à la version Tatra 138. Son diesel V8 refroidi par air affichait 12 600 cm³ de cylindrée et 232 chevaux. Sa consommation avoisinait les 33 l/100 km et sa vitesse maximale était de 80 km/h.

Catégorie de véhicule : *camion-grue CG 28*
Type de châssis : *Tatra 815 PJ (6 x 6)*
Année de construction : *1986*
Débit de la pompe : –
Capacité de la citerne : –

Exploité par les pompiers volontaires de Znaim, ce camion équipé d'une grue télescopique hydraulique capable de lever 28 tonnes (AD 28) fut élaboré par le carrossier tchèque CKD sur un châssis Tatra 815 tout terrain à trois essieux, doté d'une cabine de conduite surbaissée, installée en amont de l'essieu avant. Ce type de camion-grue 28,8 tonnes, surtout répandu dans les pays de l'ancien bloc de l'Est, se rencontrait parfois ailleurs. La longueur du véhicule atteignait 10,75 m, sa vitesse maximale 70 km/h et sa consommation 45 l/100 km. Le châssis porteur était propulsé par un diesel V8 de 232 chevaux. La grue comprenait trois éléments télescopiques.

Catégorie de véhicule : *camion-grue CG 20*
Type de châssis : *Tatra 815 P 14 (6 x 6)*
Année de construction : *1996*
Débit de la pompe : –
Capacité de la citerne : –

Équipé d'une carrosserie du constructeur CKD, ce camion à trois essieux, pourvu d'une grue télescopique 20 tonnes, est prêt à intervenir ; il est stationné chez les pompiers professionnels de Prague. Le moteur de ce lourd châssis Tatra tout terrain à cabine avancée est un diesel V10 à injection directe. La cabine de conduite est prévue pour deux hommes d'équipage. Un treuil de levage performant se trouve à l'arrière.

Catégorie de véhicule : *échelle pivotante EP 52*
Type de châssis : *Mercedes-Benz L 334/52*
Année de construction : *1963*
Débit de la pompe : –
Capacité de la citerne : –

Les pompiers professionnels de Brno se procurèrent en 1963 une échelle pivotante mécanique EP 52 Metz – la plus haute échelle pivotante jamais livrée à l'ex-Tchécoslovaquie (CSSR). L'imposant parc d'échelle à six pans et entraînement mécanique disposait d'un élévateur guidé le long des montants pour procéder à l'évacuation des blessés. Ce véhicule affichant un poids total autorisé de 16 tonnes était équipé d'une cabine d'équipage de six hommes. Il reposait sur un lourd châssis Mercedes-Benz à capot court, pourvu d'un diesel six cylindres à chambre de précombustion de 10 810 cm^3 et 200 chevaux à 2 200 tr/mn. Le camion que l'on voit sur ce cliché pris à l'usine est prêt à être livré.

Catégorie de véhicule : *échelle pivotante EP 44*
Type de châssis : *Tatra 138 PP (6 x 6)*
Année de construction : *1971*
Débit de la pompe : –
Capacité de la citerne : –

Dans les années 1960 et 1970, les échelles 44 m firent l'objet d'un véritable engouement de la part des pompiers d'Europe de l'Est. La première échelle pivotante EPAN 44 m Metz à entraînement hydraulique fut livrée en décembre 1971 aux pompiers professionnels de Prague sur un châssis Tatra tout terrain à trois essieux. C'était le premier véhicule d'une série de six unités identiques commandées jusqu'en 1973. Les deux derniers exemplaires furent montés sur le châssis amélioré Tatra 148. Ces véhicules disposaient de stabilisateurs hydrauliques obliques et d'une nacelle de travail suspendue aux montants inférieurs.

Catégorie de véhicule :	***bras élévateur articulé BEA 27***
Type de châssis :	***Tatra 148 (6 x 6)***
Année de construction :	***1975***
Débit de la pompe :	–
Capacité de la citerne :	–

Monté sur un châssis tout terrain à capot avancé Tatra 148, ce bras élévateur articulé d'une hauteur de travail de 27 m fut acquis par les pompiers professionnels de Prague. D'une longueur totale de 11,96 m, ce véhicule pèse 21 265 kg. La cabine est prévue pour trois membres d'équipage ; la plate-forme qui surmonte le bras élévateur peut également accueillir trois hommes.

Catégorie de véhicule :	***échelle pivotante EP 30***
Type de châssis :	***IFA W 50 L***
Année de construction :	***1977***
Débit de la pompe :	–
Capacité de la citerne :	–

Supportée par un châssis à cabine avancée IFA W 50 L, cette échelle pivotante hydraulique EP 30 m provenait du combinat VEB Feuerlöschgerätewerk de Luckenwalde en ex-RDA. Elle était en service auprès des pompiers volontaires de Znaim. Nettement moins chères que les modèles analogues des pays de l'Ouest, les échelles est-allemandes eurent la préférence des États du bloc de l'Est. La Tchécoslovaquie en reçut à elle seule près de 240 unités. Ce véhicule équipé d'une cabine double porte le premier modèle d'échelle hydraulique 30 m sans nacelle – mais encore pourvue de stabilisateurs manuels à vis. Cette version, très répandue en RDA, était aussi très appréciée dans les pays frères de l'ancien bloc de l'Est. Le châssis d'un poids tota autorisé de 10,2 tonnes possédait un diesel à injection circecte et quatre cylindres de 6 560 cm^3 et 125 chevaux.

Catégorie de véhicule :	***échelle pivotante automatique à nacelle EPAN 52***
Type de châssis :	***Iveco-Magirus 260 E 34 (6 x 4)***
Année de construction :	***1994***
Débit de la pompe :	–
Capacité de la citerne :	–

Énorme véhicule monté sur un lourd châssis Iveco-Magirus 260 E 34 à trois essieux et cabine avancée, cette échelle pivotante à nacelle EPAN 52 m de Magirus fut livrée aux pompiers professionnels de Prague. C'était la première utilisation du nouveau modèle de châssis Euro Trakker. Équipé d'une cabine pour trois membres d'équipage, il est pourvu d'un puissant diesel de 340 chevaux.

Catégorie de véhicule :	***échelle pivotante automatique à nacelle EPAN 46***
Type de châssis :	***Scania P 113 E (6 x 4)***
Année de construction :	***1994***
Débit de la pompe :	–
Capacité de la citerne :	–

Carrossée sur un lourd châssis Scania à cabine avancée, cette échelle pivotante EPAN 46 à nacelle, non moins impressionnante, fut acquise en 1994 par les pompiers professionnels de Prague. Ce châssis à trois essieux et cabine double fait partie des véhicules qui furent vendus à certains services d'incendie d'Europe de l'Est après la reprise du fabricant américain LTI par l'entreprise britannique Simon. Long de 11 m et haut de 3,60 m, le camion est entraîné par un turbodiesel de 380 chevaux. Une grande lance orientable est fixée à l'extrémité de l'échelle.

Catégorie de véhicule :	***bras élévateur articulé***
Type de châssis :	***Skoda 706 (4 x 2)***
Année de construction :	***1973***
Débit de la pompe :	–
Capacité de la citerne :	–

Employé par les pompiers professionnels de Prague, ce bras articulé d'une hauteur de travail de 20 m fut monté sur un ancien châssis à cabine avancée du constructeur Skoda. Le moteur diesel à injection directe et six cylindres en ligne, d'une cylindrée de 11 781 cm³, développe 160 chevaux à 1 900 tr/mn. Ce véhicule d'un poids total autorisé de 13 730 kg mesure 10,97 m de long. La nacelle de travail de ce bras à deux éléments peut supporter une charge de 360 kg.

Catégorie de véhicule :	***bras élévateur articulé BEA 40***
Type de châssis :	***Tatra 815 PR 3 (6 x 6)***
Année de construction :	***1991***
Débit de la pompe :	–
Capacité de la citerne :	–

Cet autre bras élévateur articulé du modèle Bronto Skylift 40 2TI fut installé sur un châssis Tatra à trois essieux du modèle 815. Long de 12,50 m, ce camion de 21 tonnes est propulsé par un moteur V8, refroidi par air, de 12 666 cm³ et 232 chevaux. La hauteur de travail maximale est de 40 m ; la nacelle peut supporter 400 kg. Le véhicule possède une cabine de camion de série pour deux membres d'équipage.

Catégorie de véhicule :	***échelle pivotante automatique à nacelle EPAN 40***
Type de châssis :	***Tatra 815 2 PR 3 (6 x 6)***
Année de construction :	***1993***
Débit de la pompe :	–
Capacité de la citerne :	–

Les pompiers volontaires de Kolín commandèrent en 1993 cette échelle pivotante à nacelle EPAN 40, élaborée par l'entreprise Simon-LTI, et purent la mettre en service dès l'année suivante. Le châssis Tatra tout terrain à trois essieux, du modèle 815, dispose d'un diesel V10 à injection directe de 15 825 cm³. Ce monstre long de 12,62 m pèse 26 tonnes. La nacelle peut supporter 181 kg. Une lance orientale est aménagée à l'extrémité de l'échelle.

Slovaquie

La Slovaquie ou République slovaque selon son nom officiel a constitué pendant près de 50 ans la partie orientale et moins développée de l'ancienne Tchécoslovaquie. Depuis 1993, le pays est une démocratie indépendante comptant 5 bons millions d'habitants, dont Bratislava est la capitale. La Slovaquie fait également partie depuis 2004 de l'Union européenne. Les services d'incendie sont organisés et équipés de façon similaire à ceux de la République tchèque. Les châssis pour les superstructures sont essentiellement de marque Tatra, Skoda et Avia, qui couvrent la majeure partie des besoins nationaux. On trouve également des superstructures Karosa ainsi que des véhicules spéciaux de Rosenbauer ou d'autres constructeurs d'Europe de l'Ouest, mais en nombre bien inférieur qu'en République tchèque. Les échelles pivotantes provenaient autrefois essentiellement de chez Magirus, à Ulm.

Les pompiers de la République slovaque sont en majeure partie volontaires. Ils doivent, surtout à la campagne et dans les Monts Tatra, s'adapter à des hivers longs et neigeux. Le seul corps de pompiers de métier du pays est celui de Bratislava ; il existe aussi quelques services d'incendie d'entreprises, responsables de la protection de leurs installations.

Catégorie de véhicule :	*fourgon pompe-tonne*
Type de châssis :	*Liaz 101.860*
Année de construction :	*1990*
Débit de la pompe :	*2 500 l/mn*
Capacité de la citerne :	*2 500 l*

Ce modèle de fourgon pompe-tonne sur châssis à cabine avancée est courant auprès des pompiers de République tchèque et de Slovaquie – comme ici à Bratislava. Cet exemplaire d'une longueur de 7,79 m et d'un poids de 15,6 tonnes a été assemblé par Karosa ; son chargement se compose d'eau, de 400 litres de mousse et de 200 kg de poudre sèche. La spacieuse cabine de conduite et d'équipage est conçue pour un groupe d'intervention de 9 personnes. La vitesse maximale est de 90 km/h. Le grand gyrophare bleu avancé au dessus du pare-brise est une particularité de ce véhicule.

Catégorie de véhicule :	*fourgon pompe-tonne*
Type de châssis :	*Tatra T 815 PR (6 x 6)*
Année de construction :	*1990*
Débit de la pompe :	*3 200 l/mn*
Capacité de la citerne :	*8 200 l*

Depuis 1985, ce fourgon pompe-tonne (CAS 32) est monté sur le châssis à cabine avancée moderne T 815. Ce véhicule, qui pèse 22,4 tonnes lorsqu'il est entièrement équipé, est entraîné par un moteur diesel à 12 cylindres en V à injection directe, d'une cylindrée de 19 000 cm^3 et d'une puissance de 320 chevaux, portant la vitesse de ce camion à trois essieux à presque 100 km/h. La consommation est de 37 litres aux 100 km. Ces véhicules assemblés par Karosa ne sont utilisés que par les services incendie d'usines et les casernes de grande taille. Le chargement se compose d'eau et de deux citernes contenant chacune 400 litres de mousse. La pompe centrifuge située à l'arrière est équipée d'un mélangeur. La lance Monitor sur le toit a une portée de 70 m pour l'eau et de 60 m pour la mousse. L'équipage se compose de deux personnes. Ce camion est utilisé par les pompiers de métier de Bratislava.

Catégorie de véhicule :	*fourgon-pompe mousse*
Type de châssis :	*Tatra 148 (6 x 6)*
Année de construction :	*1982*
Débit de la pompe :	*3 200 l/mn*
Capacité de la citerne :	–

Ce fourgon-pompe mousse fourni par Rosenbauer est également utilisé par les pompiers de métier de Bratislava. La superstructure de ce grand camion à trois essieux comporte deux citernes distinctes contenant au total 8 500 l d'émulseur. La pompe à l'arrière du véhicule débite 3 200 l/mn à une pression de 12 bars. La pompe à mousse disposée à côté de la pompe à eau fournit un débit de 400 l/mn sous 20 bars. Sur le toit se trouve une lance Monitor du type RM 30 permettant de projeter entre 1 600 et 3 000 l d'eau ou de mousse par minute à une distance de 60 ou 50 m. L'alimentation en eau est assurée via le réseau de bouches d'incendie local.

Catégorie de véhicule :	*fourgon poudre*
Type de châssis :	*Tatra 148 PPR 14 (6 x 6)*
Année de construction :	*1976*
Débit de la pompe :	*3 200 l/mn*
Capacité de la citerne :	–

Ce fourgon poudre sur châssis Tatra 148, assemblé par la société Total à Ladenburg, se trouve également à Bratislava. Le véhicule dispose de deux installations d'extinction à poudre équipées de citernes sous pression de 3 000 kg chacune, ainsi que d'une lance manuelle sur le toit de la superstructure, d'une puissance maximale de 2 400 l/mn. Le camion est équipé respectivement de deux installations d'intervention rapide pour l'eau et la poudre. Ne disposant ni d'eau ni de mousse, il dépend d'un ravitaillement externe qui peut être traité grâce à un mélangeur. La pompe centrifuge mixte à pression normale et haute pression est située en bout de châssis. Ce véhicule 6 x 6 de 22 tonnes est équipé d'un moteur diesel huit cylindres en V d'une puissance de 232 chevaux. Il dispose également d'un grand gyrophare bleu avancé.

Catégorie de véhicule :	*fourgon poudre*
Type de châssis :	*Mercedes-Benz LAF 1113 B/36 (4 x 4)*
Année de construction :	*1975*
Débit de la pompe :	*1 600 l/mn*
Capacité de la citerne :	–

La société Minimax de Urach se chargea d'installer un dispositif d'extinction à poudre de 2 000 kg sur ce châssis 4 x 4 à capot court Mercedes-Benz utilisé par les pompiers de métier de Bratislava. Le châssis 11 tonnes est équipé d'un diesel à 6 cylindres en ligne et injection directe d'une cylindrée de 5 675 cm³, dont la puissance maximale est de 130 chevaux à 2 800 tr/mn. Les bonnes qualités tout terrain sont en partie dues à l'empattement court.

Catégorie de véhicule :	*véhic. transport de matériel*
Type de châssis :	*Avia A 30*
Année de construction :	*1982*
Débit de la pompe :	–
Capacité de la citerne :	–

Ce fourgon à matériel installé sur le châssis d'un camion à cabine avancée Avia A 30 semi-lourd fait partie du parc de véhicules des pompiers de métier de Bratislava. La cabine est prévue pour trois personnes et le poids total autorisé de 5 950 kg. La puissance du diesel 6 cylindres est de 82 chevaux pour une cylindrée de 3 596 cm³. La caisse volumineuse permet de transporter des outils et appareils pour des interventions techniques mineures en tout genre.

Catégorie de véhicule :	*EPA 50*
Type de châssis :	*Magirus-Deutz (KHD) F 200 D 19*
Année de construction :	*1968*
Débit de la pompe :	–
Capacité de la citerne :	–

Outre une EP 44 sur châssis Magirus à capot carré du début des années 1960, les pompiers de métier de Bratislava ont également obtenu une EPA 50 hydraulique à 6 éléments et double cabine. La superstructure est montée sur un lourd châssis 19 tonnes à capot carré, équipé d'un diesel 8 cylindres en V à refroidissement par air et chambre de turbulence, d'une cylindrée de 12 667 cm^3 pour 200 chevaux à 2 300 tr/mn. Les échelles d'une telle longueur sont toujours très recherchées dans les anciens pays de l'Est, du fait de l'existence de nombreux immeubles ne répondant pas aux normes modernes en matière d'issues de secours. Le sauvetage des personnes n'est alors généralement possible qu'à l'aide de telles échelles pivotantes.

Catégorie de véhicule :	*bras élévateur articulé*
Type de châssis :	*Tatra 815 PJ (6 x 6)*
Année de construction :	*1990*
Débit de la pompe :	–
Capacité de la citerne :	–

Cette plate-forme à mât articulé 27 m de la marque britannique Simon Engineering (Simon Snorkel) fait également partie du parc de véhicules des pompiers de Bratislava. Le véhicule est commandé par deux personnes et dispose d'un châssis à trois essieux moteurs Tatra ; la puissance est de 230 chevaux et la cylindrée de 12 666 cm^3, pour une vitesse de pointe de 75 km/h. Afin de réduire la hauteur totale du véhicule, la cabine de conduite est surbaissée et disposée devant l'essieu avant. La longueur totale du véhicule est de 12,50 m, son poids total autorisé de 21 tonnes. En l'an 2000, Magirus, le partenaire allemand d'Iveco, a racheté l'entreprise britannique avec tous les droits de brevet.

Catégorie de véhicule :	*plate-forme télescopique 50*
Type de châssis :	*Tatra 815 PJ (8 x 8)*
Année de construction :	*1995*
Débit de la pompe :	–
Capacité de la citerne :	–

Le véhicule du type Bronto Skylift 50 2TI représenté ici compte parmi les plus hautes plates-formes télescopiques d'Europe. Il est stationné à la caserne de pompiers principale de Bratislava, la capitale. Le grand mât télescopique à 5 éléments permet une hauteur de travail maximale de 50 m. Les deux essieux avant du châssis porteur à cabine avancée à quatre essieux sont directionnels. Le véhicule dispose également de la cabine de conduite surbaissée et avancée pour deux personnes.

Hongrie

Ce pays, le plus nordique des pays de l'Est méridionaux, est limitrophe de sept autres États. La Hongrie, avec sa capitale Budapest, était jadis un centre culturel cosmopolite de la monarchie austro-hongroise. Durant l'ère communiste qui dura jusqu'en 1989, des éléments de l'économie de marché ont été introduits dans le système socialiste, de sorte que ce pays fut plus riche que ses voisins. Depuis 1990, la Hongrie est une République qui a rejoint en 2004 l'Union européenne.

Les services d'incendie du pays ne peuvent pas s'appuyer sur une industrie automobile spécialisée dans les fourgons d'intervention. En dehors de la production très développée des bus Ikarus, d'un intérêt très limité pour les pompiers, seul Csepel construit des poids lourds ; cette entreprise produisait depuis 1950 des camions Steyr sous licence, avant de fabriquer ses propres camions à capot-moteur ou à cabine avancée. Un grand nombre de véhicules d'incendie ont été montés sur ces châssis, notamment des fourgons-pompes. Un autre fabricant, l'entreprise traditionnelle Raba à Györ, s'est remis à produire depuis 1970 des poids lourds sur la base de véhicules MAN. Citons également la société MAVAG, qui a construit des camions sous licence Mercedes-Benz jusque dans les années 1940. Les pompiers de métier de Budapest avaient obtenu en 1949 trois échelles Metz EP 46 montées sur châssis lourd Mercedes-Benz.

Tous les autres véhicules doivent être importés – surtout des pays de l'Est dans le passé, et aujourd'hui davantage des pays de l'Ouest. La fourniture d'échelles pivotantes est assurée depuis des dizaines d'années par l'entreprise allemande Magirus et dans une moindre mesure par Metz de Karlsruhe. La firme autrichienne Rosenbauer joue également un certain rôle lors de l'achat de véhicules spéciaux. Un programme de modernisation du parc globalement vétuste est en cours.

Du point de vue de l'organisation, les pompiers se regroupent en pompiers volontaires et de métier, et services d'incendie d'entreprises.

Catégorie de véhicule :	*fourgon-pompe*
Type de châssis :	*Csepel D 420*
Année de construction :	*1957*
Débit de la pompe :	*1 500 l/mn*
Capacité de la citerne :	–

Ce fourgon-pompe monté sur un châssis Csepel à capot long constituait le véhicule standard des pompiers hongrois à la fin des années 1950 et dans les années 1960. La cabine d'équipage de ce véhicule construit par la société Csepel est conçue pour 9 personnes. La pompe centrifuge est placée en bout de châssis. L'entraînement du châssis porteur est réalisé par un diesel quatre cylindres à préchambre Steyr fabriqué sous licence, de 5 322 cm³ de cylindrée et 85 chevaux à 2 200 tr/mn. Ce véhicule de collection, l'un des rares camions de ce type en état, peut être admiré assez régulièrement lors de rassemblements internationaux de pompiers.

Catégorie de véhicule :	*fourgon pompe-tonne*
Type de châssis :	*IFA W 50 LA (4 x 4)*
Année de construction :	*1987*
Débit de la pompe :	*2 200 l/mn*
Capacité de la citerne :	*2 000 l*

Ce fourgon pompe-tonne, monté sur un châssis IFA W50 4 x 4 produit dans l'ancienne RDA, appartient au service d'urgence des pompiers de Sopron. Il fait partie de ces camions fabriqués à partir de 1985 par l'usine de matériels de lutte contre le feu VEB de Luckenwalde, et équipés d'un nouveau compartiment de charge tout métal. Séparée de celui-ci, la cabine d'équipage est conçue pour six personnes. Sur le toit de la cabine se trouve une lance orientable. Le chargement se compose d'une citerne d'eau et d'une citerne de 500 litres de mousse. Le châssis est équipé d'un diesel quatre cylindres de 6 560 cm³ pour 125 chevaux. Une housse de protection est fixée devant la calandre, afin de protéger le bloc moteur du froid en hiver.

Catégorie de véhicule :	*fourgon pompe-tonne grande puissance*
Type de châssis :	*Raba 26.230 (6 x 6)*
Année de construction :	*1989*
Débit de la pompe :	*3 800 l/mn*
Capacité de la citerne :	*6 000 l*

Ce pompe-tonne de grande capacité construit sur châssis Raba 6 x 6 à cabine avancée et trois essieux faisait partie, au moment de cette prise de vue en mai 2003, du parc d'intervention des pompiers de métier de Györ, dans le Nord de la Hongrie. Ce châssis lourd de 26 tonnes est équipé d'un diesel six cylindres en ligne de 10 689 cm³, capable de fournir 230 chevaux à 2 200 tr/mn. Le chargement se compose d'eau et d'une réserve de 600 litres de mousse. La pompe centrifuge est logée en bout de châssis, tandis que la majeure partie des sorties de pompe est située au centre du véhicule. Des tuyaux à mousse sont visibles sur le toit.

Catégorie de véhicule :	*fourgon pompe-tonne*
Type de châssis :	*GAZ 66 (4 x 4)*
Année de construction :	*1980*
Débit de la pompe :	*1 200 l/mn*
Capacité de la citerne :	*800 l*

Ce fourgon pompe-tonne des pompiers de métier de Sopron, installé sur un châssis à cabine avancée GAZ 66, est un modèle de construction soviétique. Ce châssis de camion 4 x 4 de 2 tonnes, construit dans les usines russes GAZ de Gorki, a été utilisé presque exclusivement à des fins militaires. Tandis que la cabine est prévue pour trois personnes, quatre autres places se trouvent dans la partie avant de la caisse. L'entraînement de ce véhicule particulièrement bien adapté à l'utilisation tout terrain est réalisé par un moteur à essence 8 cylindres en V d'une cylindrée de 4 250 cm^3 pour 130 chevaux à 3 200 tr/mn.

Catégorie de véhicule :	*fourgon pompe-tonne*
Type de châssis :	*Csepel 755*
Année de construction :	*1994*
Débit de la pompe :	*1 600 l/mn*
Capacité de la citerne :	*2 500 l*

Cette photo prise en 1996 à Sopron montre un fourgon pompe-tonne sur châssis à cabine avancée Csepel. L'entraînement de ce véhicule est assuré par un diesel anglais Cummins fabriqué sous licence, fournissant 235 chevaux. Le camion possède une cabine de conduite et d'équipage (sept personnes) et une caisse séparées. Il transporte outre de l'eau 200 litres de mousse. Une pompe et un dispositif d'attaque rapide sont installés à l'arrière du véhicule.

Catégorie de véhicule :	*fourgon pompe-tonne*
Type de châssis :	*Csepel 755*
Année de construction :	*1999*
Débit de la pompe :	*1 600 l/mn*
Capacité de la citerne :	*2 500 l*

Le châssis de ce fourgon pompe-tonne utilisé par les pompiers de métier de Sopron est un Csepel 755 à cabine avancée, prévu pour une équipe d'intervention de sept personnes. Bien qu'il ne s'agisse pas d'un 4 x 4, il est équipé en vue des déplacements tout terrain d'une solide grille anti-chocs devant la calandre, protégeant les phares, les deux warnings bleus et les clignotants. Ce véhicule aussi dispose d'une citerne de mousse de 200 litres.

Catégorie de véhicule :	*fourgon poudre*
Type de châssis :	*MAN-VW 9150 F (4 x 4)*
Année de construction :	*1995*
Débit de la pompe :	–
Capacité de la citerne :	–

Le châssis de camion 4 x 4 à cabine avancée de ce fourgon poudre est issu d'une série commune de MAN-VW, lancée en 1977. Il dispose d'une citerne à poudre sous pression de 750 kg. En 2003, ce véhicule équipé d'une cabine de camion de série était stationné à la caserne de pompiers de métiers de Györ. Ce modèle de camion léger, avec un empattement de 3 600 mm, est équipé d'un diesel six cylindres à injection directe, de 6 871 cm^3 et 150 chevaux à 2 700 tr/mn.

Catégorie de véhicule :	*camion bâché*
Type de châssis :	*IFA W 50 L*
Année de construction :	*1986*
Débit de la pompe :	–
Capacité de la citerne :	–

Ce camion semi-lourd de fabrication est-allemande, à cabine avancée et arceaux bâchés, appartient aux pompiers de Sopron. Le modèle W 50, fabriqué depuis 1965, existait avec une soixantaine de superstructures différentes. Jusqu'à l'arrêt de la production en 1990, 571 800 véhicules avaient été fabriqués. Non seulement ce camion a joué un rôle important dans les transports routiers de la RDA, mais 70 % de la production ayant été exportés, l'usine de Ludwigsfelde est devenue l'un des premiers fournisseurs de devises du pays. Le W 50 était simple et robuste, mais quelque peu obsolète dans les dernières années de son existence. Un de ses défauts résidait dans la faible puissance de son moteur, uniquement disponible en version diesel quatre cylindres selon le procédé de combustion M, et ne développant que 125 chevaux.

Catégorie de véhicule :	***camion de sauvetage avec grue***
Type de châssis :	***Csepel 744***
Année de construction :	***1983***
Débit de la pompe :	–
Capacité de la citerne :	–

Les pompiers de Györ disposaient en mai 2003 d'un véhicule de sauvetage avec grue hydraulique de 2 tonnes montée à l'extrémité du châssis. Le châssis à cabine avancée Csepel est équipé d'un diesel six cylindres en ligne à injection directe de 11 100 cm^3 développant 243 chevaux à 2 200 tr/mn. Ce véhicule très compact dispose d'une cabine pour 3 personnes ; sa caisse spacieuse contient les appareils et outils en tout genre adaptés à des interventions techniques d'importance. Les côtés de la caisse sont fermés par des rideaux coulissants. En dessous se trouvent des coffres fermés pour le petit matériel.

Catégorie de véhicule :	***bras élévateur articulé***
Type de châssis :	***Iveco-Magirus 330-25***
Année de construction :	***1994***
Débit de la pompe :	–
Capacité de la citerne :	–

Une plate-forme à mât articulé Simon d'une hauteur utile de 25 m faisait également partie, en mai 2003, du parc d'intervention des pompiers de métier de Györ. Cet engin monté sur châssis Iveco-Magirus lourd à capot carré est très certainement une pièce unique au monde, ces châssis anguleux modernes n'ayant que très rarement été utilisés pour des véhicules de pompiers. Ce camion à empattement prolongé est propulsé par un diesel huit cylindres en V à refroidissement à air de 12 763 cm^3 et d'une puissance de 256 chevaux à 2 500 tr/mn. Avec son poids maximal autorisé de 33 tonnes, ce véhicule équipé de roues jumelées à l'arrière était parfaitement exportable. Les jantes Trilex à l'avant méritent aussi d'être notées.

Catégorie de véhicule :	***fourgon-pompe mousse***
Type de châssis :	***Renault 3.40.26 (6 x 2)***
Année de construction :	***1999***
Débit de la pompe :	***6 000 l/mn***
Capacité de la citerne :	***10 800 l***

La société autrichienne Rosenbauer a livré en 1999 un fourgon-pompe mousse particulièrement puissant au service d'incendie d'une entreprise hongroise. Ce véhicule de 340 chevaux, monté sur un châssis lourd Renault 26 tonnes à 3 essieux et cabine avancée de série pour deux personnes, transporte un réservoir d'eau assorti d'une pompe à pression normalisée du type R 600 installée l'arrière, et d'une lance Monitor montée sur le toit capable de projeter 6 000 l/mn à une distance de 85 m. Deux dispositifs d'attaque rapide disposant chacun de 60 m de flexible haute pression sont installés à l'arrière de part et d'autre du véhicule. Le système mélangeur se compose de quatre groupes Deltamatic, dont deux sont destinés à l'alimentation du véhicule par des bornes d'incendie et les deux autres à la fourniture de mousse.

Slovénie

La Slovénie, petit pays alpin à l'extrême nord-est de la Mer Adriatique, est devenu une République indépendante en 1991, et ce sans les effusions de sang qui ont accompagné ensuite le démantèlement de l'ex-Yougoslavie. La Slovénie est, de tous les États de l'ex-République populaire de Yougoslavie, celui qui est le plus proche de l'Europe de l'Ouest et affiche le niveau de vie le plus élevé parmi les anciens pays de l'Est. Depuis 2004, elle fait partie de l'Union européenne.

Les véhicules d'incendie sont essentiellement équipés de châssis fabriqués sous licence. L'entreprise TAM – Tovarna Automobilov Maribor – de Maribor est l'une des plus connues. Elle a d'abord produit sous licence à partir de 1947 des camions tchèques Prag, avant de passer en 1957 à la fabrication sous licence de véhicules Klöckner-Humboldt-Deutz (Magirus-Deutz) puis à celle de véhicules MAN. Aujourd'hui, elle coopère étroitement avec le groupe italien Fiat-Iveco, mais a également développé ses propres productions. Ce fabricant est le leader absolu du marché slovène dans le domaine des châssis porteurs pour véhicules de pompiers. Il en est de même pour les équipementiers et fabricants de superstructures Vatrosprem et Karoserist, qui fournissent essentiellement des véhicules d'intervention aux services d'incendie.

D'autre part Magirus, le fabricant allemand d'échelles pivotantes, détient depuis des années une part essentielle du marché de véhicules élévateurs. Des véhicules spéciaux ont de temps en temps été importés, entre autres de chez Rosenbauer ou encore de chez Metz (Karlsruhe).

Au cours des dernières années, d'autres entreprises étrangères ont réussi à percer sur le marché slovène, notamment Mercedes-Benz et l'équipementier allemand spécialisé Ziegler.

Catégorie de véhicule :	*fourgon pompe-tonne*
Type de châssis :	*TAM 170 T 14*
Année de construction :	*1984*
Débit de la pompe :	*1 600 l/mn*
Capacité de la citerne :	*4 500 l*

Ce fourgon pompe-tonne des pompiers volontaires de Skovja Vas, équipé d'une caisse à rideaux coulissants, a été réalisé par l'entreprise Karoserist. La superstructure a été montée sur un châssis 4 x 4 Magirus-Deutz à capot carré fabriqué sous licence sous le nom TAM. Le véhicule est équipé d'un diesel à six cylindres en V, refroidi par air, de 170 chevaux. Outre la citerne d'eau, ce véhicule prévu pour trois personnes transporte 500 litres de mousse.

Catégorie de véhicule :	*fourgon pompe-tonne*
Type de châssis :	*TAM 170 T 14*
Année de construction :	*1982*
Débit de la pompe :	*1 600 l/mn*
Capacité de la citerne :	*3 000 l*

Ce fourgon pompe-tonne monté par Karoserist sur un châssis 4 x 4 à capot carré dispose d'une cabine prévue pour six personnes et fait partie du parc des pompiers volontaires de Krsko. Le véhicule est équipé d'une citerne d'eau, de 300 litres de mousse, d'une pompe située à l'arrière et d'une lance Monitor installée sur le toit de la caisse.

Catégorie de véhicule :	*fourgon pompe-tonne*
Type de châssis :	*TAM 5500*
Année de construction :	*1973*
Débit de la pompe :	*1 600 l/mn*
Capacité de la citerne :	*4 000 l*

Ce fourgon pompe-tonne monté sur un châssis à capot carré 5,5 tonnes de la société TAM fut fabriqué en 1988 à partir d'un camion de transport. Une entreprise locale construisit la caisse fermée par des rideaux à lamelles, tandis que les autres travaux d'équipement étaient réalisés par les pompiers volontaires de Poljcane, qui équipèrent aussi le véhicule d'une lance Monitor. Le châssis TAM fabriqué sous licence est doté d'un moteur diesel six cylindres en V à injection directe de 5 655 cm^3 et 120 chevaux.

Catégorie de véhicule :	*FPTGP*
Type de châssis :	*Mercedes-Benz 1926 K*
Année de construction :	*1979*
Débit de la pompe :	*2 400 l/mn*
Capacité de la citerne :	*7 000 l*

Ce fourgon pompe-tonne grande capacité reposant sur un châssis lourd à cabine avancée Mercedes-Benz a été acheté en l'état par les pompiers de métier de Celje auprès de l'équipementier allemand Ziegler à Giengen. L'entraînement est assuré par le moteur diesel huit cylindres en V à injection directe Daimler-Benz de type OM 402, de 12 760 cm³ et 256 chevaux. Le véhicule dispose d'une cabine pour trois personnes, d'une lance Monitor et d'une solide protection anti-chocs devant la calandre.

Catégorie de véhicule :	*fourgon pompe-tonne*
Type de châssis :	*TAM 190 T 15 (4 x 4)*
Année de construction :	*1985*
Débit de la pompe :	*2 400 l/mn*
Capacité de la citerne :	*5 000 l*

Un nouveau châssis 4 x 4 à cabine avancée de TAM, également fabriqué sous licence Magirus, a servi de base pour ce fourgon pompe-tonne assemblé par l'équipementier Karoserist pour les pompiers de métier de Maribor. Le châssis est entraîné par un moteur diesel six cylindres en V d'une puissance de 192 chevaux, et dispose d'excellentes qualités tout terrain du fait de son empattement très court et de sa garde au sol élevée. Outre la réserve d'eau, le chargement de ce véhicule se compose de 500 litres de mousse.

Catégorie de véhicule :	*fourgon poudre*
Type de châssis :	*TAM 5500 (4 x 4)*
Année de construction :	*1976*
Débit de la pompe :	–
Capacité de la citerne :	–

Le Service d'Incendie de l'aéroport régional de Maribor utilise ce fourgon poudre (FPO 3000) doté d'une cabine pour l'équipage. La superstructure de ce véhicule disposant de deux citernes de poudre sous pression de 1 500 kg est montée sur un châssis 4 x 4 à capot carré TAM. L'installation d'extinction à poudre avec son dispositif d'attaque rapide et sa lance Monitor, ainsi que les superstructures ont été réalisées par l'entreprise locale Paston. Le poste de commande ouvert est situé au-dessus de l'essieu arrière.

Catégorie de véhicule :	*grande puissance aéroport*
Type de châssis :	*Mercedes-Benz 2632 (6 x 6)*
Année de construction :	*1975*
Débit de la pompe :	*3 200 l/mn*
Capacité de la citerne :	*11 000 l*

Ce puissant fourgon pompe-tonne, qui fait partie du parc du Service d'Incendie de l'aéroport de Maribor, a été fabriqué par l'entreprise autrichienne Rosenbauer. Le châssis Mercedes-Benz 6 x 6 à trois essieux et cabine avancée, d'un poids de 26 tonnes, est mû par un diesel dix cylindres en V à injection directe de 15 950 cm³ et 320 chevaux à 2 500 tr/mn. L'essentiel du chargement et de l'équipement est constitué de 1 000 litres de mousse, d'une grande réserve d'eau, d'une lance Monitor sur le toit, de deux dispositifs d'attaque rapide et d'une pompe centrifuge avec mélangeur. Ce véhicule est prévu pour trois personnes.

Catégorie de véhicule :	*FPTGP*
Type de châssis :	*TAM 260 T 25 (6 x 6)*
Année de construction :	*1984*
Débit de la pompe :	*2 400 l/mn*
Capacité de la citerne :	*9 000 l*

Parmi les véhicules du parc des pompiers de métier de Maribor se trouve ce fourgon pompe-tonne grande puissance, assemblé par l'équipementier Karoserist. La structure est montée sur un châssis 3 essieux 6 x 6 à cabine avancée TAM, d'un poids total en charge autorisé de 25 tonnes. Il est équipé d'une cabine de camion de série prévue pour 3 personnes et dispose d'un diesel huit cylindres en V refroidi par air de 12 763 cm³, capable de fournir 256 chevaux à 2 500 tr/mn. Les dispositifs d'attaque rapide, la pompe à l'arrière du véhicule et la lance Monitor sur le toit constituent l'essentiel de l'équipement.

Catégorie de véhicule :	*véhic. transport de matériel*
Type de châssis :	*TAM 150 T 11 (6 x 6)*
Année de construction :	*1983*
Débit de la pompe :	–
Capacité de la citerne :	–

Ce fourgon à matériel emmenant deux personnes fait partie du parc de véhicules des pompiers de métier de Maribor. Le châssis est celui d'un camion 6 x 6 à trois essieux et cabine avancée développé pour l'armée. La vaste caisse dans laquelle sont transportés des outils et appareils pour les différentes interventions de secours techniques a été fabriquée par Karoserist. L'entraînement est assuré par un moteur diesel six cylindres refroidi par air de Magirus fabriqué sous licence et développant 192 chevaux.

Catégorie de véhicule :	*fourgon de secours*
Type de châssis :	*Mercedes-Benz LAF 1113/B*
Année de construction :	*1979*
Débit de la pompe :	–
Capacité de la citerne :	–

Les pompiers de Maribor possèdent également un fourgon de secours assemblé et équipé par Rosenbauer sur un châssis 4 x 4 Mercedes-Benz semi-lourd à capot court. Ce véhicule équipé d'une cabine d'équipage, d'un treuil 5 tonnes à l'avant, d'une grue de levage hydraulique à l'arrière et de grands coffres à équipements sur le toit dispose d'un compartiment de charge à rideaux coulissants contenant, outre un équipement technique volumineux, un groupe électrogène fixe actionné par le moteur du fourgon. Le châssis est entraîné par un moteur diesel six cylindres à injection directe d'une puissance de 130 chevaux.

Catégorie de véhicule :	*échelle pivotante à nacelle EPA 30*
Type de châssis :	*Magirus-Deutz (KHD) F 170 D 12 F*
Année de construction :	*1977*
Débit de la pompe :	–
Capacité de la citerne :	–

Cette échelle EPA 30, dotée à son extrémité d'une nacelle amovible pour deux personnes et de stabilisateurs obliques, fut montée par Magirus sur un châssis à cabine avancée de la même marque et livrée aux pompiers de métier de Maribor. Ce modèle de véhicule dont la grande cabine double pouvait accueillir six personnes était en fait l'échelle pivotante standard de Magirus pendant les années 1970. L'entraînement est assuré par un diesel six cylindres en V à injection directe refroidi par air, de 8 482 cm³ et 176 chevaux.

Catégorie de véhicule :	***bras élévateur articulé***
Type de châssis :	***TAM 130 T 10***
Année de construction :	***1980***
Débit de la pompe :	–
Capacité de la citerne :	–

Cette plate-forme à mât articulé et stabilisateurs obliques utilisée par les pompiers volontaires de Zalec, montée sur un châssis TAM à capot carré de 1980, est un véhicule rare en Slovénie. Le bras qui atteint une hauteur maximale de 19 m a été fourni en 1988 par l'entreprise locale Tehnomehanika Marija Bistrica. Il est monté sur un petit plateau situé au-dessus de l'essieu arrière. Entre celui-ci et la cabine se trouve une spacieuse caisse à matériels. La puissance du diesel six cylindres refroidi par air est de 130 chevaux à 2 800 tr/mn.

Catégorie de véhicule :	***bras élévateur articulé***
Type de châssis :	***Mercedes-Benz 2628 K***
Année de construction :	***1987***
Débit de la pompe :	–
Capacité de la citerne :	–

Les pompiers de métier de Krsko en Slovénie possèdent cette plate-forme à mât articulé de type Bronto Skylift NS 28-3, installée sur un châssis Mercedes-Benz lourd à trois essieux et cabine avancée. Le plateau de ce véhicule équipé avec une cabine de camion de série a été assemblé par l'équipementier allemand Ziegler. Le bras articulé atteint une hauteur de 28 m et la nacelle prévue pour trois personnes est pourvue d'une lance Monitor. Un moteur diesel huit cylindres en V d'une puissance de 280 chevaux et d'une cylindrée de 14 620 cm assure la propulsion du véhicule.

Roumanie

Ce pays balkanique du Sud-Est de l'Europe est limité au sud par le Danube et s'étend vers l'est jusqu'à la Mer Noire. Plus au nord, les Carpates dessinent une courbe autour du bassin central du pays. Depuis 1989, et après 45 ans de domination communiste, le pays est entré en démocratie et développe une économie de marché.

Les services d'incendie, à l'organisation centralisée, comprennent des pompiers de métier et des pompiers volontaires. L'industrie d'équipements de lutte contre le feu est peu développée ; dans le domaine des véhicules utilitaires en revanche, les usines Roman à Braşov ont une certaine importance. Elles fabriquent depuis 1969 les camions du même nom sous licence MAN. La majeure partie des véhicules de pompiers reste néanmoins importée. Les constructeurs allemands fournissent depuis longtemps au pays véhicules d'incendie et échelles pivotantes. L'entreprise Rosenbauer, quant à elle, joue toujours un rôle important dans la livraison de véhicules spéciaux.

Catégorie de véhicule :	*fourgon pompe-tonne*
Type de châssis :	*Magirus FS 45*
Année de construction :	*1941*
Débit de la pompe :	*2 500 l/mn*
Capacité de la citerne :	*2 000 l*

Ce véhicule, désigné officiellement par son constructeur comme « autopompe avec tonne » PH 115, dispose d'une citerne ouverte et d'une pompe centrifuge à l'extrémité du châssis. Il fut livré en février 1941 par Magirus d'Ulm aux pompiers de Hermannstadt en Transylvanie, l'actuelle Sibiu. Un châssis Magirus lourd à capot long, équipé d'un diesel six cylindres refroidi par eau de 110 chevaux et 7 739 cm³ a servi de base à ce véhicule disposant d'une cabine d'équipage et d'une échelle en galerie.

Catégorie de véhicule :	*échelle pivotante EP 45*
Type de châssis :	*MAN MK*
Année de construction :	*1949*
Débit de la pompe :	–
Capacité de la citerne :	–

En 1949, les pompiers de métier de Bucarest se virent attribuer trois échelles Magirus exceptionnelles. Il s'agissait d'échelles pivotantes mécaniques EP 45 m à six éléments, montées sur châssis MAN 4,5 tonnes à capot long. La motorisation, un diesel six cylindres de 120 chevaux était un peu juste pour ces puissants véhicules de 5 200 mm d'empattement et jantes Trilex à l'avant, mais correspondait tout à fait aux normes de l'époque. L'Industrial Products Trading Company Ltd. de Zurich servit d'intermédiaire pour cette commande. Cette photo montre l'une de ces échelles avant livraison. Elle avait été placée sur le site de référence pour les photos de l'usine à l'époque, avec la cathédrale d'Ulm en arrière-plan.

Bulgarie

L'ancien royaume de Bulgarie est un pays essentiellement montagneux. De la fin de la Seconde Guerre mondiale jusqu'en 1989, le pays était une République populaire communiste. Depuis, la Bulgarie est entrée dans une série de réformes économiques et démocratiques. Comme elle ne dispose d'aucune industrie de fabrication d'utilitaires ou de fourgons d'incendie, tous les véhicules doivent être importés. À l'occasion de la modernisation du parc de véhicules, l'entreprise allemande Metz à Karlsruhe a pris ces dernières années l'essentiel des parts de marché.

Catégorie de véhicule :	*échelle pivotante EP 45*
Type de châssis :	*MAN MK 25 L*
Année de construction :	*1954*
Débit de la pompe :	–
Capacité de la citerne :	–

La capitale bulgare Sofia fit en 1954 l'acquisition pour ses pompiers de métier d'une échelle pivotante mécanique Magirus EP 45 m avec 2 m de rallonge manuelle. Le châssis porteur était un modèle MAN 5 tonnes à capot long, doté d'un empattement de 5 200 mm et d'un diesel six cylindres de 120 chevaux. L'échelle disposait d'un chariot élévateur se déplaçant le long des montants supérieurs et jouant un rôle important dans les sauvetages.

Catégorie de véhicule :	*fourgon pompe-tonne*
Type de châssis :	*Mercedes-Benz Unimog type 1300 L (4 x 4)*
Année de construction :	*1986*
Débit de la pompe :	*1 800 l/mn*
Capacité de la citerne :	*1 000 l*

Une commande de dix véhicules tout terrain fut livrée à la Bulgarie en 1986 par l'entreprise Metz. Ces FPT (TLF 8-S) montés sur châssis Mercedes-Benz Unimog et équipés de moteurs diesel six cylindres de 168 chevaux avaient un poids total en charge de 8 000 kg. La superstructure était une construction légère en aluminium. Outre la réserve d'eau, le fourgon dispose d'une réserve de mousse de 100 litres et de 250 kg de poudre. Un dispositif d'attaque rapide avec 30 m de tuyau se trouve à l'arrière. Le canon à mousse et poudre installé sur le toit de la cabine fournit un débit de 1 000 l/mn.

Catégorie de véhicule :	*fourgon poudre FPO*
Type de châssis :	*Tatra T 815 PJ (6 x 4)*
Année de construction :	*1986*
Débit de la pompe :	*6 000 l/mn*
Capacité de la citerne :	*5 000 l*

Un FPO (TroTLF) sur châssis Tatra à trois essieux et cabine avancée faisait également partie de cette commande. Le chargement de ce véhicule se compose de CO_2 (120 kg), de poudre (1 500 kg), de mousse (1 500 l) et d'eau. La pompe centrifuge à deux étages FP 60/10 fournit un débit pouvant aller jusqu'à 6 000 l/mn sous 10 bars. Entre l'aspiration et le refoulement de la pompe se trouvent deux prémélangeurs fournissant la mousse d'extinction. Outre deux dispositifs d'attaque rapide à l'arrière, le véhicule dispose d'une lance à mousse et eau d'un débit de 2 000 l/mn. Un moteur diesel dix cylindres en V à injection directe, de 15 825 cm³ pour 280 chevaux à 2 200 tr/mn, assure la propulsion.

Grèce

Ce pays situé à l'extrémité sud des Balkans et comportant plus de 2 000 îles est essentiellement montagneux : à peine un tiers de sa superficie est arable.
Les services d'incendie du pays sont organisés pour la plupart selon un modèle militaire et gérés de façon centralisée par un organisme situé à Athènes – un système lourd. La Grèce ne dispose pas de pompiers volontaires ; on distingue les pompiers de métier et de districts, ainsi que les services de lutte contre les incendies de forêt, essentiellement composés de civils auxquels l'État fournit l'ensemble des matériels. Comme il n'existe pas d'industrie d'utilitaires ni d'équipementiers notables en matière de lutte contre le feu, les véhicules d'importation dominent l'ensemble du parc. Les entreprises Rosenbauer et Magirus, notamment, occupent des positions importantes sur ce marché. Les montagnes du centre du pays souffrant d'un déficit en eau presque permanent, les fourgons pompes-tonnes ainsi que les porteurs d'eau sont d'une importance capitale.

Catégorie de véhicule :	*autopompe*
Type de châssis :	*Magirus FS 45*
Année de construction :	*1940*
Débit de la pompe :	*2 500 l/mn*
Capacité de la citerne :	–

Au début de l'année 1940, Magirus livra à Athènes une importante commande de la Direction des services d'incendie (Ministère royal de Grèce pour la Sécurité de l'État), comportant en tout 4 échelles pivotantes EP 26, 20 camions-citernes et 20 autopompes. Les 44 véhicules, équipés à l'avant de pompes de 2 500 l/mn, étaient montés sur des châssis 5 tonnes FL ou FS propulsés par des moteurs diesel six cylindres de 105 chevaux. La photo montre une autopompe pourvue d'une grande cabine de conduite et d'équipage.

Catégorie de véhicule :	*EPA 50*
Type de châssis :	*Magirus-Deutz (KHD) S 7500 Jupiter*
Année de construction :	*1961*
Débit de la pompe :	–
Capacité de la citerne :	–

Entre 1960 et 1963, le ministère de l'Intérieur grec fit l'acquisition de trois grandes échelles EPA 50 m pour les pompiers de métier d'Athènes. Ces puissants véhicules remplaçaient les échelles 26 m datant de 1940. Ces échelles disposaient d'un nouveau parc à six éléments et entraînement hydraulique. Elles étaient montées sur châssis lourds à capot rond Jupiter S 7500 équipés de moteurs diesel huit cylindres refroidis par air, de 12 667 cm^3 et 200 chevaux. La photo montre un véhicule livré en 1961. Au début des années 1980, ces exemplaires furent remplacés par deux échelles Magirus EPA 50 sur châssis à trois essieux.

Catégorie de véhicule :	*fourgon pompe-tonne FPT 24/120-5*
Type de châssis :	*Iveco Euro Fire MP 380 E 47 (6 x 6)*
Année de construction :	*2000*
Débit de la pompe :	*2 400 l/mn*
Capacité de la citerne :	*12 000 l*

Ce pompe-tonne monté sur un lourd châssis Iveco Euro Fire 6 x 6 à cabine avancée et équipé d'un turbodiesel de 470 chevaux a été acquis pour une caserne de pompiers grecque. La cabine est prévue pour trois personnes. Ce FPT transporte, outre sa réserve d'eau, 500 litres de mousse. Une pompe centrifuge installée à l'arrière, une lance Monitor d'un débit de 2 400 l/mn, ainsi que 5 buses d'aspersion du sol servant à assurer l'autoprotection du véhicule, sont les autres éléments de l'équipement de ce camion impressionnant.

1113

Afrique

Cette partie du globe s'étend sur près de 7 000 km selon un axe nord-sud ; c'est, après l'Asie, le deuxième continent par sa superficie. Le Sahara, le plus grand désert du monde, occupe le nord de l'Afrique ; il est pratiquement inhabité. Il cède progressivement place à la savane beaucoup plus au sud, qui elle-même jouxte une large bande de forêts tropicales. Les pays africains, où vivent plus de 850 millions d'habitants, comptent parmi les plus pauvres de la planète. La plupart étaient des colonies européennes qui n'accédèrent à l'indépendance que dans les années 1950 et 1960.
Le développement des services d'incendie fut fonction de l'évolution politique. Les véhicules et équipements sont encore souvent obsolètes, voire défectueux. Presque partout, l'organisation des services d'incendie vit le jour sous la tutelle des autorités coloniales. Ceci est surtout vrai pour les ex-colonies françaises et anglaises, mais aussi portugaises, belges, allemandes et italiennes. Ce sont souvent des équipements et des véhicules d'origine anglaise qui contribuèrent à la timide création des services de lutte contre le feu et à leur motorisation.
Il n'y avait, au début du XXe siècle, que deux grandes métropoles en Afrique : l'une au nord, Le Caire, et l'autre au sud, Le Cap. C'est à cette époque que furent mises en service au Caire et à Alexandrie des échelles pivotantes hippomobiles, probablement les premières du continent. La motorisation des pompiers du Cap devint effective en 1905, avec la mise en service d'autopompes et d'une échelle orientable Magirus. Cette dernière, montée sur châssis britannique et dotée d'un moteur à essence, fut le premier véhicule de ce genre au monde. D'autres villes sud-africaines suivirent, comme Pretoria et Johannesburg : là encore on opta pour des équipements provenant de chez Magirus d'Ulm. La plupart des grandes villes du continent étaient parvenues à développer des services de pompiers motorisés avant le début de la Seconde Guerre mondiale. Comme l'Afrique ne dispose d'aucun constructeur d'utilitaires, ni d'aucun fournisseur d'équipements important, l'ensemble des véhicules et du matériel doit être importé. L'administration coloniale française de Madagascar acheta ainsi en 1951 le premier camion-grue de sauvetage Magirus, destiné à la ville de Tananarive (aujourd'hui Antananarivo). Cet engin (RKW 7) avait été exposé la même année à

l'Exposition automobile internationale de Francfort-sur-le-Main. Le fabricant ayant curieusement perdu toute trace de ce véhicule spécial, rien n'indique que ce Magirus existe encore. Des hypothèses selon lesquelles l'engin aurait basculé dans l'océan Indien lors de son déchargement du bateau depuis un ponton ouvert n'ont pu être étayées. En raison de l'accroissement de la population et de l'extension toujours plus rapide des agglomérations et

des villes, les sapeurs-pompiers des États africains se doivent de moderniser leurs organisations de lutte contre l'incendie. La création de nombreux aéroports entraîne un développement du trafic qui impose l'emploi d'un matériel moderne et performant pour combattre les sinistres. La plupart des services du feu africains sont rattachés aux ministères de la Défense.

Catégorie de véhicule :	*fourgon tri-extincteur FTE 25 S*
Type de châssis :	*Magirus-Deutz (KHD) Jupiter 195 A*
Année de construction :	*1959*
Débit de la pompe :	*2 400 l/mn*
Capacité de la citerne :	*8 000 l*

Dans le cadre d'un contrat passé avec l'État en 1959, quatre véhicules aéroportuaires avec semi-remorque dotée d'une citerne furent livrés à la Tunisie par Magirus. Le tracteur était un Magirus à capot carré toutes roues motrices, doté d'un diesel V8 refroidi par air de 195 chevaux. Le chargement se composait essentiellement d'eau, de 800 litres de mousse et 32 bouteilles de CO_2. Plusieurs dispositifs d'intervention rapide à eau et à mousse étaient placés à l'avant de la semi-remorque, ainsi qu'une lance Monitor.

Tunisie

La Tunisie, le plus petit État d'Afrique du Nord, est située entre l'Algérie et la Libye. Ce pays était sous protectorat français jusqu'en 1956 avant d'accéder à l'indépendance. Le Nord fortement peuplé, fertile et montagneux, dispose d'une longue façade méditerranéenne, alors que le Sud est essentiellement désertique. Le tourisme joue un grand rôle dans l'économie du pays depuis les années 1960. En raison de l'absence de fournisseurs nationaux, les véhicules d'intervention sont importés. Avec les constructeurs français, les fabricants allemands Metz et Magirus se sont forgé une bonne réputation ces dernières années en livrant de nombreux véhicules spéciaux. Magirus reste un fournisseur d'échelles pivotantes demandé, tandis que le fournisseur d'équipements autrichien Rosenbauer a gagné des parts de marché dans le domaine des véhicules spéciaux et des véhicules d'incendie aéroportuaires. Les corps de pompiers sont organisés de façon militaire.

Catégorie de véhicule :	*fourgon tri-extincteur FTE 25 V2*
Type de châssis :	*Magirus-Deutz (KHD) F Mercur 125 A*
Année de construction :	*1961*
Débit de la pompe :	*2 500 l/mn*
Capacité de la citerne :	*2 000 l*

Ce véhicule d'incendie aéroportuaire fut également livré en Tunisie. Le châssis à capot arrondi et transmission intégrale de 3 700 mm d'empattement, doté de pneus tout terrain, était équipé d'un V6 diesel à chambre de turbulence, refroidi par air, de 125 ch. Ce véhicule possédait une superstructure Magirus contenant une citerne à eau, 250 litres de mousse et 180 kg de CO_2. Ces agents d'extinction étaient mis en œuvre grâce aux dispositifs d'intervention rapide situés de chaque côté et à la lance Monitor sur le toit. La cabine double permettait de transporter six sapeurs.

Catégorie de véhicule :	***fourgon poudre FPO 750***
Type de châssis :	***Mercedes-Benz Unimog S, type 404 (4 x 4)***
Année de construction :	***1971***
Débit de la pompe :	–
Capacité de la citerne :	–

Ce fourgon poudre, dont le compartiment abritait une installation d'extinction spéciale fournie par Metz, était monté sur un châssis Mercedes-Benz Unimog et avait été commandé pour un aéroport tunisien. Il transportait 750 kg de poudre et était doté de deux dispositifs d'extinction rapide, ainsi que d'une coupole en plexiglas placée au-dessus d'une ouverture du toit et permettant de diriger les opérations. Il était entraîné par un moteur à essence six cylindres de 2 195 cm^3 et 82 chevaux à 4 950 tr/mn.

Catégorie de véhicule :	***véhicule mousse aérodrome VMA***
Type de châssis :	***Mercedes-Benz 2632 (6 x 6)***
Année de construction :	***1978***
Débit de la pompe :	***3 800 l/mn***
Capacité de la citerne :	***11 000 l***

Ce grand véhicule Mercedes-Benz à transmission intégrale, d'un poids total de 26 tonnes, était doté d'une superstructure Metz et destiné à l'aéroport de Tozeur. Son moteur diesel V10 à injection directe de 15 950 cm^3 développait 320 chevaux à 2 500 tr/mn. Il était équipé, outre sa réserve d'eau, d'une réserve de 1 200 litres de mousse, d'un mélangeur, de deux dispositifs d'intervention rapide ainsi que d'une lance Monitor sur le toit. Le filtre à air du moteur était placé en hauteur, à droite du pare-brise.

En 2001, Rosenbauer livra un nouveau véhicule d'incendie aéroportuaire Buffalo aux aéroports tunisiens. Monté sur un châssis de camion Mercedes-Benz Actros doté d'une cabine pour trois sapeurs, il est équipé d'un moteur de 571 chevaux. La puissante pompe rotative avec mélangeur est entraînée par un moteur séparé de 354 chevaux. Outre une citerne d'eau, ce véhicule emmène 1 400 litres de mousse. La lance Monitor sur le toit est commandée électroniquement depuis la cabine de conduite. Plusieurs buses d'aspersion du sol assurent l'autoprotection de ce camion 27,4 tonnes à trois essieux.

Catégorie de véhicule :	***grande puissance aéroport Buffalo***
Type de châssis :	***Mercedes-Benz Actros 3357/AK 39 (6 x 6)***
Année de construction :	***2001***
Débit de la pompe :	***6 100 l/mn***
Capacité de la citerne :	***10 000 l***

Maroc, Algérie, Libye et Égypte

Ce qui a été dit au sujet de la Tunisie s'applique aussi au cas des pays ci-dessus. Aucune industrie locale ne pouvant fournir fourgons ou équipements, les besoins ne peuvent être couverts que par des importations de véhicules complets, en premier lieu de France et d'Allemagne, mais aussi d'Italie (Baribbi) et d'Autriche (Rosenbauer).

Catégorie de véhicule :	*échelle pivotante EP 37*
Type de châssis :	*Krupp-Südwerke LD 50*
Année de construction :	*1950*
Débit de la pompe :	–
Capacité de la citerne :	–

Les autorités marocaines commandèrent en 1950 une échelle mécanique pivotante 37 m chez Magirus. Destinée aux pompiers de Casablanca, elle disposait de 2 mètres de rallonge manuelle et d'une nacelle pouvant se déplacer le long des montants supérieurs. En raison du choix restreint de lourds châssis de camions dans les premières années de l'après-guerre, on retint un châssis Krupp-Südwerke de 5 tonnes, équipé d'un diesel à deux temps et 3 cylindres en ligne de 4 086 cm^3 et 110 chevaux. L'échelle à 5 éléments dépassait largement l'avant du capot moteur du fait de l'empattement relativement court du véhicule. Il est intéressant de remarquer la sirène électrique fixée sur le pare-chocs.

Catégorie de véhicule :	*VMA*
Type de châssis :	*Mercedes-Benz LAK 2623/36 (6 x 6)*
Année de construction :	*1970*
Débit de la pompe :	*3 200 l/mn*
Capacité de la citerne :	*8 000 l*

Metz construisit ce véhicule d'incendie aérodrome sur un châssis basculant de camicn tout terrain Mercedes-Benz à capot court et trois essieux. Ce véhicule, destiné à l'Algérie, avait un poids total autorisé de 26 tonnes et était équipé d'un diesel six cylindres à injection directe de 11 580 cm^3 et 230 chevaux ; cette motorisation plutôt modeste ne permettait pas de dépasser les 70 km/h. Les agents d'extinction se composaient d'eau et de 800 litres de mousse. Sous la superstructure se trouvait de part et d'autre un dispositif d'intervention rapide. La toiture de la cabine était accessible, afin de commander la lance Monitor.

Catégorie de véhicule :	*fourgon poudre*
Type de châssis :	*Bedford TK 860*
Année de construction :	*1977*
Débit de la pompe :	–

Ce fourgon poudre monté sur un châssis Bedford à cabine avancée fut livré par Kronenburg à la Société égyptienne des pétroles. Le réservoir sous pression contenant 2 500 kg de poudre était ceinturé à mi-hauteur d'une plate-forme accessible. Le canon à poudre placé sur le réservoir pouvait débiter 40 kg de poudre par seconde. Un banc à ciel ouvert pour trois pompiers était installé entre la cabine de conduite et l'installation d'extinction.

Catégorie de véhicule :	*FPTGP*
Type de châssis :	*Mercedes-Benz 2632 AK (6 x 6)*
Année de construction :	*1982*
Débit de la pompe :	*3 800 l/mn*
Capacité de la citerne :	*10 000 l*

Au début des années 1980, le gouvernement libyen lança plusieurs appels d'offres importants portant sur la fourniture de véhicules de pompiers de tous types. Parmi ceux-ci figuraient 150 véhicules d'extinction spéciaux destinés à être employés sur les bases aériennes militaires. La commande fut remportée par le fournisseur allemand d'équipements et de superstructures Bachert Frères, qui réussit à l'honorer en 18 mois. Cette livraison comprenait 30 fourgons pompes-tonnes de grande capacité montés sur châssis Mercedes-Benz à trois essieux 26 tonnes et 320 chevaux. Outre une grande citerne à eau, ces véhicules embarquent un réservoir de 1 000 litres de mousse placé à l'arrière, au-dessus de la pompe rotative. Cette dernière, équipée d'un mélangeur, travaille sous 10 bars. Ce véhicule dispose enfin de deux installations d'intervention rapide et d'une lance Monitor à eau et mousse.

Catégorie de véhicule :	*premier secours*
Type de châssis :	*Land Rover 109 (4 x 4)*
Année de construction :	*1980*
Débit de la pompe :	*800 l/mn*
Capacité de la citerne :	–

Ce fourgon de premiers secours de la Société égyptienne des pétroles fut également livré par Kronenburg. Le véhicule de base est un Land-Rover tout terrain équipé de deux installations à poudre Monnex de 90 kg chacune et de deux dispositifs d'intervention rapide comprenant 15 m de tuyaux à haute pression. À l'arrière, une motopompe 8/8 montée sur un berceau (pompe Skid) permet de combattre l'incendie avec de l'eau ou de la mousse. La cabine du véhicule est surmontée de deux robustes porte-bagages sur lesquels sont placés le matériel de signalisation et d'avertissement, ainsi que deux projecteurs à faisceaux concentrés.

Catégorie de véhicule :	*fourgon tri-extincteur FTE*
Type de châssis :	*Mercedes-Benz LA 1519/42 (4 x 4)*
Année de construction :	*1974*
Débit de la pompe :	*2 800 l/mn*
Capacité de la citerne :	*4 500 l*

Ce fourgon tri-extincteur livré par l'entreprise Ziegler et monté sur un châssis de camion tout terrain Mercedes-Benz à capot-moteur court fut livré à un commanditaire égyptien. Ses moyens d'extinction comprennent de l'eau, de la mousse et une installation à CO_2. La pompe rotative est située à l'arrière du châssis. Deux dispositifs d'intervention rapide munis de tuyaux à haute pression se trouvent à l'arrière du véhicule, ainsi qu'une lance Monitor. Le moteur est un six cylindres diesel à injection directe de 8 720 cm³ et 192 chevaux. La peinture de camouflage du véhicule laisse à penser qu'il a été utilisé à des fins militaires.

Éthiopie, Togo, Namibie, Afrique du Sud et Madagascar

Des cinq pays ci-dessus, c'est incontestablement la République d'Afrique du Sud qui possède les services d'incendie les plus avancés. Ce pays à l'économie hautement développée, resté sous domination britannique jusqu'en 1934, fut le premier territoire du continent où un service du feu fut mis en place. Le premier corps de pompiers fut fondé en 1845 au Cap. Au début de la Seconde Guerre mondiale, les services d'incendie des grandes villes du pays étaient déjà tous équipés de moyens modernes, telle cette échelle automobile ouverte Magirus EP 45 m acquise en 1936 par les pompiers de Johannesburg. Cette évolution s'est poursuivie jusqu'à nos jours, avec d'autres échelles pivotantes livrées par les constructeurs allemands Magirus et Metz.

La situation est très différente dans les États d'Afrique noire, où, exception faite des villes et des installations aéroportuaires, il n'existe la plupart du temps aucun service de lutte contre le feu. Ainsi, en Namibie, colonie allemande jusqu'en 1915 et n'ayant acquis son indépendance qu'en 1990, seule la capitale, Windhoek, possède un service d'incendie important. Ce dernier dispose depuis 1976 de la seule échelle pivotante du pays.

Catégorie de véhicule :	*fourgon-pompe mousse FPM*
Type de châssis :	*Mercedes-Benz L 1113 B/42*
Année de construction :	*1969*
Débit de la pompe :	*2 400 l/mn*
Capacité de la citerne :	*3 000 l*

Les fournisseurs allemands Metz et Magirus livrèrent à plusieurs États africains non seulement des échelles pivotantes, mais aussi plusieurs véhicules spéciaux. L'un des ces derniers était ce camion de type 24 destiné à Lomé (Togo), photographié dans l'enceinte des usines Metz et carrossé sur un châssis Mercedes-Benz à capot-moteur court équipé d'un diesel six cylindres de 130 chevaux. Il était pourvu au centre d'une pompe à poste de commande extérieur avec raccords de tuyaux, et disposait de 320 litres de mousse, d'un dévidoir amovible sur chaque flanc, de deux dispositifs d'intervention rapide à l'arrière ainsi que d'une échelle de grande taille.

Catégorie de véhicule :	*porteur d'eau*
Type de châssis :	*Mercedes-Benz LA 1413/42*
Année de construction :	*1968*
Débit de la pompe :	*1 600 l/mn*
Capacité de la citerne :	*6 000 l*

Ce porteur d'eau construit par Metz fut livré à Addis-Abeba, en Éthiopie. Il disposait d'une cabine de grande dimension et d'une pompe placée à l'arrière. Sa superstructure reposait sur un châssis mi-lourd Mercedes-Benz à transmission intégrale et capot-moteur court. La lance Monitor placée entre la cabine et la superstructure franchissable était orientable manuellement depuis le toit.

Catégorie de véhicule :	*grande puissance aéroport 9000*
Type de châssis :	*Mercedes-Benz 2629 (6 x 6)*
Année de construction :	*1993*
Débit de la pompe :	*6 000 l/mn*
Capacité de la citerne :	*8 000 l*

L'entreprise Rosenbauer livra en 1993 deux véhicules Mercedes-Benz lourds toutes roues motrices destinés à l'Éthiopie. Montés sur un châssis à trois essieux, ils sont dotés d'une cabine avancée et d'un moteur de 290 chevaux leur permettant d'atteindre 105 km/h. Une cabine de conduite de série en version longue permet d'accueillir quatre sapeurs. La superstructure est en acier recouvert d'aluminium. En plus de sa réserve d'eau, ce véhicule possède un réservoir de 1 000 litres de mousse ainsi qu'une pompe rotative « Midship » fonctionnant sous 10 bars et munie d'un mélangeur. Il dispose enfin d'une lance Monitor et de deux dispositifs d'intervention rapide.

Catégorie de véhicule :	*grande puissance aéroport Supreme Buffalo*
Type de châssis :	*MAN 27.603 DFAERG (6 x 6)*
Année de construction :	*1999*
Débit de la pompe :	*4 000 l/mn*
Capacité de la citerne :	*8 000 l*

Ce véhicule de type Supreme Buffalo fut construit en 1999 par Rosenbauer pour l'Afrique du Sud. Le châssis est celui d'un camion militaire tout terrain MAN à roues non jumelées, doté d'une boîte de vitesses automatique, de l'ABS et d'un blocage de différentiel. Le moteur de cet engin d'un poids total autorisé de 28 tonnes développe 600 chevaux. Les agents d'extinction, variés, comprennent de l'eau, 400 litres de mousse et 2 x 250 kg de poudre. Ce véhicule dispose aussi sur le toit d'une lance Monitor à eau et mousse capable de débiter jusqu'à 4 000 l/mn, d'un canon à eau à l'avant débitant 1 000 l/mn, de deux dispositifs d'intervention rapide, d'un dévidoir pour les lances à poudre, d'un treuil, d'un écarteur et d'une cisaille, d'un groupe électrogène et d'un mât d'éclairage télescopique.

Catégorie de véhicule :	*véhicule d'instruction (Mobile education unit)*
Type de châssis :	*Mercedes-Benz LAP 311/36*
Année de construction :	*1960*
Débit de la pompe :	*2 400 l/mn*
Capacité de la citerne :	–

Ce fourgon d'incendie spécial doté d'une pompe au centre appartenait aux pompiers de Windhoek, en Namibie, qui le transformèrent en véhicule d'instruction toujours utilisé en 2006. Il est pourvu d'un châssis Mercedes-Benz mi-lourd à cabine avancée et toutes roues motrices. Son moteur est un diesel six cylindres à chambre de précombustion développant 100 chevaux. Les conditions climatiques régnant dans ce pays expliquent le choix d'une cabine ouverte.

Catégorie de véhicule :	*échelle pivotante EP 30*
Type de châssis :	*Citroën P 55 U*
Année de construction :	*1955*
Débit de la pompe :	–
Capacité de la citerne :	–

L'administration coloniale française de Madagascar commanda vers la fin de l'année 1955 ce camion Citroën à capot-moteur long, doté d'une échelle 30 m à quatre pans construite par Metz à Karlsruhe. Commandée mécaniquement, elle reposait sur des vérins à vis et disposait d'une grue. Deux béquilles disposées de part et d'autre de l'échelle, permettaient de la soutenir par-devant quand elle était employée comme grue.

DIAL
9-1-1
F3023
BURLINGTON
TOWNSHIP
3023

BEVERLY ROAD
ERLY ROAD
2
E COMPANY
Pierce
3023

Amérique du Nord

L'Amérique du Nord se compose géographiquement des États-Unis d'Amérique et du Canada, mais aussi du Mexique. Il ne sera question ici que des services d'incendie du Canada et des États-Unis, deux pays s'étendant sur toute la largeur de la partie nord du continent américain. Aucune haute chaîne de montagne ne retenant les vents du nord, les hivers peuvent y être très rudes et enneigés, et les fourgons d'incendie doivent être adaptés en conséquence. L'équipement des services d'incendie (Fire Departments) passa par les mêmes étapes qu'en Europe ou dans d'autres parties du monde, mais avec des différences marquées dans la construction des véhicules. La motorisation des pompiers américains, qui se fit à peu près à la même époque qu'en Europe, fut entièrement dominée par les moteurs à essence. En effet, contrairement à l'Europe, l'abondance et le bas prix des ressources pétrolières permettaient d'obtenir du carburant à volonté : le moteur électrique ne joua donc jamais un rôle significatif. Ce n'est qu'en 1906 qu'une compagnie de pompiers de Pennsylvanie mit en service la première autopompe à essence d'Amérique du Nord. Le nombre de véhicules d'incendie mus par un moteur à explosion atteignait 600 unités en 1912, nombre modeste par rapport à certains pays européens ; la motorisation des services ne tarda cependant pas à prendre une ampleur inimaginable pour le Vieux Continent. Alors que le Service d'Incendie de New York (Fire Department New York, FDNY) ne comptait qu'un seul fourgon en 1909, sa motorisation était achevée en 1922 avec un effectif de 310 unités, mettant à la retraite plus de 1 552 chevaux. En 1996, ce service comptait après réorganisation 1 800 véhicules et plus de 12 000 pompiers de métier.

En matière de « Fire Apparatus » (véhicules d'incendie), l'Amérique du Nord est encore une fois le pays des superlatifs. Où trouver en effet des engins dont les pompes peuvent débiter plus de 20 000 l/mn (sans parler du « Super Pumper » mis en service par le FDNY en 1965, le plus grand fourgon d'incendie au monde, qui porta cette capacité à 33 000 l/mn !) – des porteurs d'eau semi-remorque pouvant emmener 40 000 litres d'eau, ou des véhicules d'incendie aéroportuaires de 1 600 chevaux ? Ce sont là des chiffres qui dépassent l'imaginable. Le dimensionnement des véhicules est cependant plus modeste au Canada.

Parmi les autres différences avec les véhicules européens, il faut noter la préférence, durant une longue période, pour des cabines de conduite ou d'équipage ouvertes (Open Cabs), désormais remplacées par des cabines fermées (Closed Cabs). Les camions de pompiers (Fire Trucks) américains ne sont pas non plus construits selon des standards ou des normes donnés. Chaque véhicule est plus ou moins unique en son genre, ses spécificités et son équipement étant définis par chaque utilisateur. Parallèlement à leur taille imposante et à la diversité de types et de superstructures, ces véhicules fascinent par la variété de teintes

de leur habillage, leurs chromes rutilants et leur débauche de projecteurs, clignotants, sirènes et cloches diverses. Les « Murals », ces sympathiques peintures et inscriptions décoratives faites à la main et dont la pratique est inhabituelle en Europe, exercent notamment un attrait particulier. Ces décorations inspirées d'images ou de personnages de bandes dessinées, ou remémorant des incendies passés ou des événements à caractère patriotiques, suscitent durablement l'admiration du public.

Cette manière de personnaliser les fourgons montre la fierté et l'attachement personnel des pompiers à leur endroit – ce que confirme le soin apporté au parc de véhicules et son entretien irréprochable, en particulier chez les sapeurs volontaires.

Les fournisseurs de véhicules utilitaires et d'équipement spécialisés sont très nombreux et à la pointe de la technique : cet immense marché se suffit à lui-même et est très difficile à pénétrer par les constructeurs européens.

Catégorie de véhicule :	*engin-pompe historique*
Type de châssis :	*Autocar*
Année de construction :	*1948*
Débit de la pompe :	*750 gpm (2 839 l/mn)*
Capacité de la citerne :	*1 000 gal (3 785 l)*

Ce véhicule magnifiquement restauré des pompiers volontaires de Landisville dans l'État de New York, monté par le constructeur sur un châssis Autocar, est conservé comme pièce de musée. Il est équipé d'une pompe centrale et d'une capote en toile.

États-Unis

La diversité d'apparence et de types des fourgons d'incendie est pratiquement illimitée aux États-Unis. Étant donné qu'il n'existe pas comme en Europe de normes régissant la construction et l'équipement des véhicules, les fabricants américains ont les coudées beaucoup plus franches lors de la conception d'un camion. Aujourd'hui comme autrefois, c'est l'avis personnel de chaque commandant de compagnie qui prime. Presque tous les souhaits peuvent être pris en considération, pour autant que les exigences minimales fixées par l'Association nationale de protection contre les incendies (National Fire Protection Association, NFPA) en matière de châssis, de pompes, d'échelles pivotantes et bras articulés soient respectées. Ces directives veillent essentiellement au respect des standards de sécurité ; tout le reste étant laissé à l'appréciation des différents services, aucun véhicule – aussi bien les fourgons d'incendie que les échelles pivotantes – ne ressemble entièrement à un autre. Cette diversité s'observe en particulier au niveau des peintures : n'obéissant à aucune norme ou recommandation, elles présentent une variété unique au monde. Les couleurs couvrent donc toute la palette chromatique, du rouge classique jusqu'au turquoise, en passant par d'élégantes livrées noires ou des combinaisons de couleurs parfois tout à fait inhabituelles. Comme en Europe, le rouge reste toutefois la couleur dominante de la plupart des véhicules d'intervention.

La variété des constructions est encore accrue par le grand nombre de constructeurs. À côté d'entreprises établies depuis des lustres comme American LaFrance et Seagrave, déjà présentes à l'époque de la motorisation des services d'incendie, existaient autrefois nombre de constructeurs renommés, tels qu'Ahrens-Fox, Hahn, Pirsch & Sons, Crown et Mack, qui ont définitivement fermé leurs portes ou dont les noms ont disparu suite à des fusions. L'entreprise Emergency One (E-one), fondée en 1974, connut un développement inhabituel et parvint en peu de temps, malgré une forte concurrence, à se hisser parmi les entreprises de pointe telles que Pierce, Oshkosh, KME, Saulsbury, Sutphen et Ferrara, présentes dans toute l'Amérique du Nord aux côtés d'une multitude de petites entreprises locales.

Le véhicule le plus courant des pompiers américains est le « Pumper », assimilable à nos pompes-tonnes. La puissance des pompes de modèle américain est par contre incomparablement plus élevée, de même que la capacité d'eau emportée par les « Tankers » (camions-citernes) et les « Brush-Trucks », utilisés comme porteurs d'eau. Il existe une grande variété d'« Aerials », autrement dit d'échelles pivotantes. Les véhicules polyvalents, appelé « Quints », très appréciés, disposent en plus d'une échelle pivotante ou d'un bras élévateur articulé, d'une pompe, d'une citerne à eau, de tuyaux et d'échelles portables. Les fourgons de secours (transportant outillage et matériel de sauvetage) sont désignés sous le nom de « Rescues », alors que les « Hazmats » interviennent en cas de contamination par des matières dangereuses. Cette liste des véhicules les plus courants s'achève avec les « Special Units », qui sont des camions de ravitaillement ou assurant des tâches spécialisées.

Les États-Unis ont des unités de mesure et de poids spécifiques, qui s'expriment en gallons, livres *(pounds)* et pieds *(feet)*. Le débit des pompes est donné en gallons US par minute (gpm), la capacité des citernes à eau ou à mousse en gallons US (gal), la hauteur de déploiement des engins élévateurs en pieds (*feet*, ft), alors que les substances pulvérulentes sont mesurées en livres. Par rapport aux mesures du système d'unités international, utilisé en Europe, les conversions sont les suivantes : 1 gpm correspond à 3,785 l/mn, 1 gal correspond à 3,785 l, 1 ft correspond 0,3048 m et 10 pounds correspondent à 4,54 kg. Lors de la description des véhicules, les valeurs sont données à la fois selon le système américain et dans les unités du système international.

Catégorie de véhicule :	*engin-pompe historique*
Type de châssis :	*Ford V 8*
Année de construction :	*1947*
Débit de la pompe :	*500 gpm (1 893 l/mn)*
Capacité de la citerne :	–

Cet ancien Ford V8 de 1,5 tonne fait excellente impression. Il est conservé au Service d'Incendie de Seattle, État de Washington. Équipé d'une cabine fermée, il dispose d'un moteur à essence de 100 chevaux et d'une pompe Hale, mais est par contre dépourvu de citerne d'eau.

Catégorie de véhicule :	*engin-pompe historique*
Type de châssis :	*Mack L*
Année de construction :	*1948*
Débit de la pompe :	*750 gpm (2 839 l/mn)*
Capacité de la citerne :	–

Ce véhicule, également construit en 1948, est doté d'un châssis et d'un équipement provenant de l'entreprise Mack. Il appartient au Service d'Incendie de Charlotte, en Caroline du Nord. Il pouvait emmener plusieurs sapeurs dans sa cabine fermée et disposait d'une pompe placée au milieu du véhicule, mais pas d'une citerne d'eau. Le type L de Mack fut construit de 1940 à 1956.

Catégorie de véhicule :	*Pumper (engin-pompe historique)*
Type de châssis :	*Ward LaFrance*
Année de construction :	*1946*
Débit de la pompe :	*500 gpm (1 893 l/mn)*
Capacité de la citerne :	*500 gal (1 893 l)*

Le Service d'Incendie de Cassville, État de New York, est l'heureux détenteur de cet engin-pompe Ward LaFrance nº 416, qui a bien mérité sa retraite. L'ensemble du véhicule (châssis et équipements) provient du même constructeur. Ce dernier l'avait équipé d'une pompe Midship typique, d'un projecteur, d'aspiraux ainsi que d'un dispositif d'intervention rapide. Les pare-boue coiffant les roues arrière sont particulièrement élégants.

Catégorie de véhicule :	*Pumper (engin-pompe historique)*
Type de châssis :	*International D 30*
Année de construction :	*1943*
Débit de la pompe :	*600 gpm (2 271 l/mn)*
Capacité de la citerne :	*200 gal (757 l)*

Ce fourgon-pompe 140 construit sur un châssis International était en 1997 une pièce de collection des pompiers du Lane Rural Fire District, dans l'Oregon. Ce châssis équipé d'un moteur six cylindres à essence développant 81 chevaux portait pendant la Seconde Guerre mondiale un camion 1,5 tonne de l'armée américaine. Ce véhicule comprenait une pompe Midship, un dispositif d'intervention rapide et emmenait un équipage de trois sapeurs.

Catégorie de véhicule :	*engin-pompe historique*
Type de châssis :	*GMC G 30*
Année de construction :	*1951*
Débit de la pompe :	*750 gpm (2 839 l/mn)*
Capacité de la citerne :	*250 gal (946 l)*

Cet « Engine 53-1 », qu'en 1995, les pompiers de Steelton en Pennsylvanie conservaient comme pièce de collection, avait été équipé par le fournisseur d'équipements de lutte contre le feu Peter Pirsch & Sons Co., à Kenosha dans le Wisconsin. Ce fourgon monté sur un châssis GMC disposait de l'indispensable pompe Midship, ainsi que de deux projecteurs de travail.

Catégorie de véhicule :	*engin-pompe historique*
Type de châssis :	*Mack B 85 Thermodyne*
Année de construction :	*1957*
Débit de la pompe :	*750 gpm (2 839 l/mn)*
Capacité de la citerne :	*500 gal (1 893 l)*

Cet engin-pompe Mack nº 84 du Service d'Incendie de Bethany, massif et impressionnant, possède un moteur à essence six cylindres de 200 chevaux, des jantes Trilex à l'avant et de multiples éléments chromés. La superstructure et tous ses équipements – pompe centrale, tableau de commande latéral ouvert et dispositifs d'intervention rapide situés au-dessus furent livrés par le constructeur. Cette série Mack fut produite sans grandes modifications durant 11 ans.

Catégorie de véhicule :	*engin-pompe historique*
Type de châssis :	*Corbitt*
Année de construction :	*1953*
Débit de la pompe :	*500 gpm (1 893 l/mn)*
Capacité de la citerne :	–

Ce fourgon-pompe monté sur un châssis Corbitt et autrefois détenu par le Service d'Incendie de Cape May, État du New Jersey, appartient actuellement à un particulier. La superstructure de ce véhicule ouvert équipé d'une lance orientable fut réalisée par le constructeur spécialisé Oren-Roanoke Corp. L'entreprise Corbitt Co., de Henderson en Caroline du Nord, produisit durant longtemps des camions dont la charge utile pouvait atteindre 15 tonnes et qui se vendaient très bien, avant de disparaître en 1958.

Catégorie de véhicule :	*engin-pompe historique*
Type de châssis :	*Mack L*
Année de construction :	*1951*
Débit de la pompe :	*750 gpm (2 839 l/mn)*
Capacité de la citerne :	*700 gal (2 650 l)*

Ce joli camion Mack était conservé en 2001 comme pièce de collection par les pompiers de Hummels Wharf, en Pennsylvanie. Ce véhicule disposait d'une cabine fermée, d'une pompe Midship et d'un réservoir d'eau d'assez grande capacité. Les tuyaux, déjà dotés de leurs raccords et prêts à l'emploi, étaient placés au centre du véhicule, ce qui n'était guère esthétique, mais efficace. Ce châssis Mack fut produit de 1940 à 1956.

Catégorie de véhicule :	*engin-pompe historique*
Type de châssis :	*Mack E 45*
Année de construction :	*1947*
Débit de la pompe :	*500 gpm (1 893 l/mn)*
Capacité de la citerne :	*150 gal (568 l)*

Ce véhicule traditionnel paré d'étendards nationaux ainsi que de nombreuses pièces en laiton et en chrome, un engin-pompe Mack de 1947, est actuellement détenu par un particulier. Parfaitement restauré, il appartenait avant d'être réformé au Service d'incendie de Mutual (Mutual Fire-Departments).

Catégorie de véhicule :	*Pumper*
Type de châssis :	*Ford C 800*
Année de construction :	*1976*
Débit de la pompe :	*1 250 gpm (4 731 l/mn)*
Capacité de la citerne :	*750 gal (2 839 l)*

Le Service d'Incendie de l'aéroport de Spokane, dans l'État de Washington, possède cet engin-pompe immatriculé sous le numéro 505. Le châssis est un Ford à cabine avancée doté d'une superstructure American LaFrance. Le modèle présenté ici est équipé d'une cabine de conduite de série (Commercial Cab) qui peut être basculée pour des tâches d'entretien (Tilt Cab).

Catégorie de véhicule :	*Pumper*
Type de châssis :	*Ford C 900*
Année de construction :	*1978*
Débit de la pompe :	*1 000 gpm (3 785 l/mn)*
Capacité de la citerne :	*500 gal (1 893 l)*

Les pompiers volontaires de LaBelle, en Floride, utilisaient encore en 1998 ce fourgon pompe-tonne Seagrave particulièrement soigné. Monté sur un châssis Ford, il dispose de toutes sortes d'avertisseurs optiques et acoustiques, d'une pompe Midship et d'une cabine de conduite de série. Ce véhicule est de plus équipé d'un dispositif d'intervention rapide ainsi que de projecteurs de chantier.

Catégorie de véhicule :	*Pumper*
Type de châssis :	*Ford LN 9000*
Année de construction :	*1976*
Débit de la pompe :	*1 250 gpm (4 731 l/mn)*
Capacité de la citerne :	*2 000 gal (7 570 l)*

Le Service d'Incendie de Lebanon dans l'Oregon disposait en 1997 de ce fourgon pompe-tonne 334, monté par Western States sur un châssis Ford à trois essieux et capot-moteur. Ce véhicule se distingue par sa pompe à l'avant directement raccordable à une lance à eau pour une intervention immédiate. La fixation des pompes à l'avant est une pratique très courante dans les États de l'Oregon et de Washington. Ce camion est équipé d'un diesel six cylindres de 6 480 cm^3 et 260 chevaux.

Catégorie de véhicule :	*Pumper*
Type de châssis :	*Ford LN 700*
Année de construction :	*1982*
Débit de la pompe :	*1 000 gpm (3 785 l/mn)*
Capacité de la citerne :	*300 gal (1 136 l)*

Le Service d'Incendie de Pittsburg en Pennsylvanie possède un véhicule peint de manière très attrayante, en jaune avec cabine de conduite noire – association de couleurs propre à ce service dans les années 1970 et 1980. L'engin-pompe léger présenté ici, construit par Grumman sur un châssis Ford, portait le nº 39. Les fourgons pompes-tonnes américains emportent en général, outre une pompe centrale et une citerne d'eau, des tuyaux rangés sur le véhicule. Le transport de sapeurs sur le marchepied arrière ayant été interdit, ces fourgons dotés d'une cabine simple sont appelés à disparaître progressivement des grands services d'incendie.

Catégorie de véhicule :	*Pumper*
Type de châssis :	*Ford LN 8000*
Année de construction :	*1982*
Débit de la pompe :	*1 250 gpm (4 731 l/mn)*
Capacité de la citerne :	*1 000 gal (3 785 l)*

Ce pompe-tonne jaune des pompiers du Woodburn Fire District dans l'Oregon est doté d'une superstructure construite par l'entreprise Western States sur un châssis à capot long Ford. La pompe de ce véhicule portant le numéro 235 est placée à l'avant, de manière à pouvoir se ravitailler facilement dans les plans d'eau à ciel ouvert. Au centre du véhicule sont disposés de part et d'autre des dispositifs d'intervention rapide.

Catégorie de véhicule :	*Pumper*
Type de châssis :	*Ford C*
Année de construction :	*1983*
Débit de la pompe :	*1 250 gpm (4 731 l/mn)*
Capacité de la citerne :	*700 gal (2 650 l)*

Les pompiers volontaires de Sterling, en Virginie, possèdent ce pompe-tonne monté sur châssis Ford moyen par le fournisseur d'équipements renommé Pierce Manufacturing Inc. d'Appleton, dans le Wisconsin. La cabine de conduite et d'équipage est de type « Canopy Cab », ce qui signifie que cette cabine large, sans paroi arrière, dispose de deux sièges de part et d'autre du moteur, placés dans le sens inverse à celui de la marche.

Catégorie de véhicule :	*Pumper*
Type de châssis :	*Ford LN 8000*
Année de construction :	*1979*
Débit de la pompe :	*1 000 gpm (3 785 l/mn)*
Capacité de la citerne :	*750 gal (2 829 l)*

Le Service d'Incendie de White Plains, État de New York, dispose de ce Pumper nº 8, doté d'une grande cabine réalisée par l'entreprise Ward. Le châssis à capot-moteur Ford est équipé d'un moteur diesel. Les tuyaux, placés dans des caissons ouverts au centre du véhicule, au-dessus du poste de commande de la pompe, sont prêts à être établis. Les raccordements pour bouches d'incendie se trouvent contre le pare-chocs avant.

Catégorie de véhicule :	*Pumper-Tanker*
Type de châssis :	*Ford LTL 9000*
Année de construction :	*1984*
Débit de la pompe :	*1 000 gpm (3 785 l/mn)*
Capacité de la citerne :	*2 500 gal (9 463 l)*

Ce fourgon impressionnant et massif, portant le n° 8, fut monté sur un châssis Ford à trois essieux par l'entreprise Farrar Co. à Woodville, dans le Massachusetts. Ce pompe-tonne grande capacité pouvant emmener un équipage de trois hommes et disposant d'une importante réserve d'eau appartient au parc de véhicules du Service d'Incendie de Wells, dans le Maine.

Catégorie de véhicule :	*Pumper*
Type de châssis :	*Ford LS 8000*
Année de construction :	*1986*
Débit de la pompe :	*1 000 gpm (3 785 l/mn)*
Capacité de la citerne :	*1 200 gal (4 542 l)*

Le Service d'incendie de Freeville, État de New York, possède un pompe-tonne monté par l'entreprise Saulsbury Fire Equipment Co., de Tully, sur un châssis Ford à capot long. Les tuyaux d'intervention rapide sont disposés dans des casiers ouverts placés au dessus du poste de commande de la pompe.

Catégorie de véhicule :	*Pumper*
Type de châssis :	*Ford LN 8000 (4 x 4)*
Année de construction :	*1986*
Débit de la pompe :	*750 gpm (2 829 l/mn)*
Capacité de la citerne :	*1 000 gal (3 785 l)*

Le Service d'Incendie de l'aéroport régional de Blue Grass à Lexington, dans le Kentucky, disposait en 1999 d'un engin-pompe toutes roues motrices monté par Pierce sur un châssis Ford à capot long. Ce fourgon portant le n° 58 transportait, outre une réserve d'eau, 140 gallons (530 l) de mousse. La pompe, actionnée par un moteur séparé, permettait de combattre un sinistre tandis que le véhicule roulait. À l'avant se trouvait un raccord pour une lance Monitor.

Catégorie de véhicule :	*Pumper*
Type de châssis :	*Ford C 8000*
Année de construction :	*1984*
Débit de la pompe :	*1 000 gpm (3 785 l/mn)*
Capacité de la citerne :	*750 gal (2 829 l)*

En 1995, ce fourgon pompe-tonne n° 382, construit par Grumman Emergency Products à Roanoke, en Virginie, était au service des pompiers de Long Green dans le Maryland. Le châssis utilisé était un Ford à cabine avancée basculant vers l'avant de type « Tilt Cab ». Ce modèle de type C, lancé en 1957, était à la fois robuste et bon marché, ce qui le rendit très populaire auprès des pompiers, qui l'achetèrent en grand nombre. Jusqu'à l'arrêt de sa production en juin 1990, il fut fabriqué à plus de 300 000 exemplaires.

Catégorie de véhicule :	*Pumper-Tanker*
Type de châssis :	*International Harvester Transtar type 4300*
Année de construction :	*1974*
Débit de la pompe :	*1 000 gpm (3 785 l/mn)*
Capacité de la citerne :	*2 200 gal (8 327 l)*

Les pompiers de Grant County Fire District 5, à Moses Lake, État de Washington, détenaient en 1997 ce pompe-tonne grande capacité n° 512, anguleux et massif, qu'ils avaient monté eux-mêmes sur un châssis International à trois essieux. Le véhicule transporte une réserve de mousse de 150 gal (568 l). Une lance Monitor est disposée entre la superstructure arrière et la cabine de conduite.

Catégorie de véhicule :	*Pumper-Tanker*
Type de châssis :	*Ford L 9000*
Année de construction :	*1991*
Débit de la pompe :	*1 250 gpm (4 731 l/mn)*
Capacité de la citerne :	*3 000 gal (1 355 l)*

Ce pompe-tonne des pompiers volontaires de Bradley Prosperity, État de Virginie-Occidentale, a un aspect très élégant avec sa livrée noire et ses éléments métalliques. Il a été monté par l'équipementier Grumman sur un châssis Ford. Ce véhicule portant le n° 3 dispose d'une lance Monitor de toit ; le poste de commande de la pompe est placé comme d'habitude sur le côté gauche. Les tuyaux sont logés au-dessus ; déjà assemblés sur les guides, ils sont prêts à être établis en cas de nécessité.

Catégorie de véhicule :	*Pumper*
Type de châssis :	*International Harvester S 1800*
Année de construction :	*1980*
Débit de la pompe :	*750 gpm (2 839 l/mn)*
Capacité de la citerne :	*500 gal (1 893 l)*

C'est le fournisseur d'équipements spécialisé Welch Fire Equipment Co. de Marion, dans le Wisconsin, qui livra en 1997 ce véhicule sur châssis International Harvester aux pompiers de Springfield, dans l'Oregon. Portant le n° 842, il dispose d'une pompe et d'un tableau de commande placés devant le radiateur, et a été peint en jaune-orangé.

Catégorie de véhicule :	*Pumper*
Type de châssis :	*International Navistar 4900*
Année de construction :	*1996*
Débit de la pompe :	*1 250 gpm (4 731 l/mn)*
Capacité de la citerne :	*750 gal (2 829 l)*

Ce Pumper réalisé par l'équipementier spécialisé KME Fire Apparatus à Nesquehoning (Pennsylvanie), est au service des pompiers de Newport dans l'Oregon. Cette entreprise qui s'est fortement développée depuis s'était diversifiée dans les années 1980 en produisant des véhicules d'incendie. Cet exemplaire monté sur châssis International possède une pompe Midship et une lance Monitor sur le toit.

Catégorie de véhicule :	*Pumper*
Type de châssis :	*International Harvester V 190*
Année de construction :	*1968*
Débit de la pompe :	*1 000 gpm (3 785 l/mn)*
Capacité de la citerne :	*500 gal (1 893 l)*

Le Service d'Incendie de Littleton, dans le New Hampshire, possédait en 1995 ce pompe-tonne Pirsch portant le nº 2. Ce véhicule en bon état, construit sur un châssis International Harvester, avait déjà presque 30 ans à l'époque ; il disposait de deux dispositifs d'intervention rapide placés au centre de la superstructure.

Le Service d'Incendie de Jeanette, en Pennsylvanie, reçut en 1999 un fourgon pompe-tonne monté par l'entreprise Mack d'Allentown sur l'un de ses propres châssis, et le mit en service sous le numéro 6. Ce véhicule à cabine avancée, âgé de plus de 33 ans, paraît neuf ; il dispose de plusieurs projecteurs de travail.

Catégorie de véhicule :	*Pumper*
Type de châssis :	*Mack C 95*
Année de construction :	*1966*
Débit de la pompe :	*1 000 gpm (3 785 l/mn)*
Capacité de la citerne :	*300 gal (1 136 l)*

Catégorie de véhicule :	*Pumper*
Type de châssis :	*Mack C 95*
Année de construction :	*1968*
Débit de la pompe :	*1 000 gpm (3 785 l/mn)*
Capacité de la citerne :	*500 gal (1 893 l)*

Ce fourgon pompe-tonne Mack de 1968 était encore employé il y a peu comme véhicule n° 3 par les pompiers de Winchester, État du Tennessee. Ce camion entièrement construit par Mack est pourvu d'une cabine « Canopy » ouverte à l'arrière, où peuvent prendre place deux sapeurs.

Catégorie de véhicule :	*Pumper*
Type de châssis :	*International Navistar 4900*
Année de construction :	*1999*
Débit de la pompe :	*1 250 gpm (4 731 l/mn)*
Capacité de la citerne :	*500 gal (1 893 l)*

Cet engin-pompe Sutphen possède une cabine d'équipage adossée à un poste de conduite de camion de série. Monté sur châssis International, ce véhicule est affecté au Service d'Incendie de Colombus, dans l'Ohio. Il porte le n° 17 et était flambant neuf au moment de ce cliché. L'entreprise Sutphen est le plus ancien constructeur de véhicules d'incendie appartenant encore à ses fondateurs.

Catégorie de véhicule :	*Pumper*
Type de châssis :	*Mack MB 685*
Année de construction :	*1977*
Débit de la pompe :	*1 250 gpm (4 731 l/mn)*
Capacité de la citerne :	*500 gal (1 893 l)*

Ce fourgon pompe-tonne jaune n° 3 du Service d'Incendie de Portland, dans l'Oregon, est l'un des plus petits véhicules de sa catégorie. Il a intégralement été construit par Mack. Derrière la cabine ouverte à l'arrière se trouve le poste de commande de la pompe, surmonté d'un dispositif d'intervention rapide. Les tuyaux sont déjà assemblés et raccordés aux sorties de pompe.

Catégorie de véhicule :	*Pumper*
Type de châssis :	*Mack CF*
Année de construction :	*1978*
Débit de la pompe :	*1 500 gpm (5 678 l/mn)*
Capacité de la citerne :	*500 gal (1 893 l)*

Ce camion orange des pompiers de Springfield, dans l'Oregon, porte le numéro 822. L'ensemble du véhicule (châssis à cabine avancée et équipement) a été fourni par Mack. Il dispose d'une pompe relativement puissante et d'une cabine de conduite ouverte à l'arrière (Canopy Cab).

Catégorie de véhicule :	*Pumper*
Type de châssis :	*American LaFrance Century*
Année de construction :	*1979*
Débit de la pompe :	*1 000 gpm (3 785 l/mn)*
Capacité de la citerne :	*1 000 gal (3 785 l)*

Ce pompe-tonne classique, entièrement construit par American LaFrance, était en 1994 au service des pompiers de l'aéroport international de Philadelphie, en Pennsylvanie. Ce véhicule portant le n° F10 était équipé d'une pompe disposée au centre, d'un dispositif d'intervention rapide et d'un raccordement de lance Monitor à l'arrière.

Catégorie de véhicule :	*Pumper*
Type de châssis :	*Mack MC*
Année de construction :	*1981*
Débit de la pompe :	*1 500 gpm (5 678 l/mn)*
Capacité de la citerne :	*500 gal (1 893 l)*

Voici un pompe-tonne monté en 1981 sur châssis Mack pour le Service d'Incendie de Seattle, État de Washington. La superstructure de ce véhicule n° 35 provenait du fournisseur d'équipements Anderson ; elle présentait la particularité d'avoir une cabine d'équipage avec accès latéral, placée près de la pompe derrière le poste de conduite ouvert à l'arrière.

Catégorie de véhicule :	*Pumper*
Type de châssis :	*American LaFrance Century*
Année de construction :	*1983*
Débit de la pompe :	*1 000 gpm (3 785 l/mn)*
Capacité de la citerne :	*500 gal (1 893 l)*

Les pompiers de New York passèrent commande du modèle Century entre 1980 et 1983. Durant 15 ans, ce Service d'Incendie considéré comme le plus exigeant des États-Unis s'était exclusivement fourni en engins-pompes chez Mack. Les véhicules American LaFrance, ayant été spécialement adaptés aux desiderata du service new-yorkais, furent baptisés « New Yorker » ; 103 d'entre eux furent acquis en l'espace de 4 ans. Le fourgon 522 photographié ici est un camion de réserve.

Catégorie de véhicule :	*Pumper/Hazmat*
Type de châssis :	*American LaFrance 900*
Année de construction :	*1962*
Débit de la pompe :	*1 250 gpm (4 731 l/mn)*
Capacité de la citerne :	*300 gal (1 136 l)*

Propriété du Service d'Incendie de South Portland, ce pompe-tonne spécial n° 9, prévu pour les risques chimiques, fut équipé par le fameux fournisseur américain American LaFrance sur un châssis à cabine avancée de la série 900. L'équipement de lutte contre les substances dangereuses (Hazmat, Hazardous Materials) date des années 1980. Ce camion dispose d'une réserve de 200 gal (757 l) de mousse, ce qui a réduit la taille de la citerne d'eau.

Catégorie de véhicule :	*Pumper*
Type de châssis :	*American LaFrance Century*
Année de construction :	*1982*
Débit de la pompe :	*1 500 gpm (5 678 l/mn)*
Capacité de la citerne :	*500 gal (1 893 l)*

L'élégante livrée verte de cet engin-pompe entièrement construit par American LaFrance lui a valu chez les pompiers le surnom de « Green Monster ». En service chez les pompiers de Castle Shannon, Pennsylvanie, sous le n° 11, il est équipé sur le toit de projecteurs et d'une lance Monitor.

Catégorie de véhicule :	*Rescue-Pumper*
Type de châssis :	*Pierce Lance*
Année de construction :	*1991*
Débit de la pompe :	*1 250 gpm (4 731 l/mn)*
Capacité de la citerne :	*500 gal (1 893 l)*

Ce fourgon d'incendie et de secours du Service d'Incendie du comté de Fairfax (Station 21 Fair Oaks Fire & Rescue Co.), État de Virginie, est entièrement peint en blanc avec une bande bleu foncé. La superstructure, montée par Pierce sur un châssis Pierce-Lance à moteur central, comporte une grande cabine avec 2 portes d'accès latérales. Outre un engin de sauvetage hydraulique, ce véhicule transporte un réservoir de mousse de 40 gal (151 l).

Catégorie de véhicule :	*Pumper*
Type de châssis :	*E-One Hurricane*
Année de construction :	*1987*
Débit de la pompe :	*1 000 gpm (3 785 l/mn)*
Capacité de la citerne :	*500 gal (1 893 l)*

Le Service d'Incendie de Philadelphie, en Pennsylvanie, possédait en 1994 ce pompe-tonne 58 entièrement construit par Emergency One Inc. (E-One). Ce véhicule à cabine avancée dispose d'un moteur diesel Cummins de 400 chevaux placé au centre du véhicule, ainsi que d'une cabine fermée offrant de la place pour six sapeurs. Le fondateur d'E-One, créée en 1974, qui n'était pas spécialiste de ce domaine, sut rapidement s'imposer sur un marché pourtant hautement compétitif grâce à un mode de construction modulaire permettant des prix avantageux, des délais de livraison très courts (de l'ordre de 45 à 60 jours) et de nombreuses autres innovations techniques.

Catégorie de véhicule :	*Pumper*
Type de châssis :	*E-One Hush*
Année de construction :	*1988*
Débit de la pompe :	*1 500 gpm (5 678 l/mn)*
Capacité de la citerne :	*500 gal (1 893 l)*

La conception du modèle Hush présenté par Emergency One en 1985 était entièrement nouvelle. Le moteur n'était plus placé à l'avant, mais à l'arrière du véhicule, ce qui permettait de disposer d'une cabine plus spacieuse, plus silencieuse et moins exposée à la chaleur du moteur. E-One obtint un grand succès commercial avec son modèle Hush (« silence » en anglais). Voici un exemplaire appartenant aux pompiers volontaires du comté de Fairfix (Station 5 Franconia), doté d'une cabine de conduite et d'équipage plutôt courte.

Catégorie de véhicule :	*Pumper*
Type de châssis :	*E-One Hush*
Année de construction :	*1991*
Débit de la pompe :	*2 000 gpm (7 570 l/mn)*
Capacité de la citerne :	*500 gal (1 893 l)*

Cet engin-pompe E-One rouge et blanc, photographié en 1999, porte le nº 1 chez les pompiers de Charlotte, État de Caroline du Nord. Ce véhicule possède sur le côté droit, au centre, une installation d'intervention rapide à hauteur du poste de commande de la pompe, ainsi qu'un raccord pour lance Monitor. En plus de la citerne d'eau, il dispose d'un réservoir de mousse de 35 gal (132 l). Le moteur est à l'arrière ; le système de boîtier unique pour la pompe et le mécanisme de distribution a été breveté par E-One en 1989.

Catégorie de véhicule :	*Rescue-Pumper*
Type de châssis :	*E-One Cyclone II*
Année de construction :	*1998*
Débit de la pompe :	*1 250 gpm (4 731 l/mn)*
Capacité de la citerne :	*750 gal (2 839 l)*

Un châssis E-One Cyclone II avec moteur à l'avant sert de base à ce fourgon d'incendie et de secours utilisé par le Service d'Incendie de Florissant Valley. Ce camion doté d'une cabine pour quatre sapeurs et entraîné par un Detroit Diesel de 430 chevaux dispose d'une pompe à eau rotative CM, d'une citerne d'eau et d'une réserve de 30 gal (114 l) de mousse.

Catégorie de véhicule :	*Pumper*
Type de châssis :	*E-One Cyclone*
Année de construction :	*1998*
Débit de la pompe :	*1 250 gpm (4 731 l/mn)*
Capacité de la citerne :	*500 gal (1 893 l)*

La série des modèles Cyclone de E-One est équipée d'un moteur à l'avant du châssis ; il est placé à l'arrière de la cabine de conduite sur les modèles Hurricane, mais à l'avant sur les modèles Protector. Seul le modèle Hush a un moteur arrière. Ce pompe-tonne sur châssis Cyclone, doté d'une grande cabine de conduite et acquis par les pompiers de Durham, en Caroline du Nord, est entraîné par un moteur Detroit Diesel.

Catégorie de véhicule :	*Pumper*
Type de châssis :	*E-One Protector*
Année de construction :	*1991*
Débit de la pompe :	*1 250 gpm (4 731 l/mn)*
Capacité de la citerne :	*1 000 gal (3 785 l)*

Le modèle Protector présenté par E-One en 1989 possède un moteur placé à l'avant de la cabine. C'est un véhicule de ce type, permettant de transporter six sapeurs, qui fut acheté par le Service d'Incendie de Spring Lake, en Carcline du Nord. Il est équipé de dévidoirs d'intervention rapide et d'un raccord pour lance Monitor.

Catégorie de véhicule :	*Pumper*
Type de châssis :	*E-One Hurricane*
Année de construction :	*1995*
Débit de la pompe :	*1 500 gpm (5 678 l/mn)*
Capacité de la citerne :	*750 gal (2 839 l)*

Les pompiers de Davie, en Floride, commandèrent chez Emergency One ce camion presque tout aluminium. Ce matériau beaucoup plus cher que l'acier, mais plus léger et durable, a été retenu par ce constructeur pour les superstructures. Ce véhicule est équipé d'un diesel Cummins de 400 chevaux, d'une cabine pour six sapeurs ainsi que d'une pompe rotative Hale.

Catégorie de véhicule :	*Pumper*
Type de châssis :	*GMC 7500*
Année de construction :	*1967*
Débit de la pompe :	*750 gpm (2 839 l/mn)*
Capacité de la citerne :	*1 000 gal (3 785 l)*

Les pompiers volontaires d'East Vineland (canton de Buena Vista, New Jersey) utilisaient encore en 1997 cet engin-pompe construit 30 ans plus tôt par l'entreprise TASC. Ce véhicule sur châssis GMC à capot-moteur court porte le numéro F 1221. Deux dévidoirs d'intervention rapide se trouvent sur le milieu de la superstructure. Ce camion, monté sur une plate-forme de série, est typique des fourgons utilisés en zone rurale.

Catégorie de véhicule :	*Pumper*
Type de châssis :	*GMC 427*
Année de construction :	*1971*
Débit de la pompe :	*750 gpm (2 839 l/mn)*
Capacité de la citerne :	*600 gal (2 271 l)*

Cet engin-pompe léger équipé par l'entreprise FTI Fire Trucks Inc. de Mt-Clemens, dans le Minnesota, était encore utilisé en 1997 par le Service d'Incendie de Tenmile, Oregon. Ce camion nº 2030 était monté sur un châssis à cabine avancée GMC ; un dispositif d'installation rapide était installé sur le milieu de la superstructure.

Catégorie de véhicule :	*Pumper-Tanker*
Type de châssis :	*GMC 6000*
Année de construction :	*1977*
Débit de la pompe :	*250 gpm (946 l/mn)*
Capacité de la citerne :	*1 000 gal (3 785 l)*

Le Service d'Incendie de Wilderness Ranch, dans l'Idaho, possède un intéressant camion-citerne transformé par les pompiers en pompe-tonne. Il porte le numéro 250 et dispose d'une pompe d'assez faible puissance selon les critères américains, ainsi que d'un dévidoir d'intervention rapide placé derrière la cabine de conduite.

Catégorie de véhicule :	*Foam-Pumper*
Type de châssis :	*GMC Top Kick*
Année de construction :	*1993*
Débit de la pompe :	*1 250 gpm (4 731 l/mn)*
Capacité de la citerne (mousse) :	*1 000 gal (3 785 l)*

Ce fourgon-pompe mousse réalisé par l'équipementier Pierce Manufacturing Inc., à Appleton, est employé sous le numéro 14 par le Service d'Incendie de l'aéroport international du comté d'Allegheny, Pennsylvanie. Ce véhicule équipé d'une citerne à mousse est monté sur un châssis à deux essieux GMC Top Kick, doté d'un diesel Caterpillar de 6 480 cm³ et 250 chevaux. Fréquemment utilisé en Amérique latine et employé aux États-Unis par les services d'incendie ruraux, ce châssis se distingue par sa robustesse et sa simplicité.

Catégorie de véhicule :	*Pumper*
Type de châssis :	*GMC 7000*
Année de construction :	*1984*
Débit de la pompe :	*1 000 gpm (3 785 l/mn)*
Capacité de la citerne :	*1 000 gal (3 785 l)*

Les pompiers volontaires de Cassville (district II), dans le New Jersey, mirent en service en 1997 cet engin-pompe 5607, œuvre de l'équipementier spécialisé FMC – Van Pelt d'Oakdale (Californie). Ce véhicule jaune, monté sur châssis GMC à capot-moteur massif, était doté d'une cabine de camion de série.

Catégorie de véhicule :	*Pumper*
Type de châssis :	*Pierce Arrow*
Année de construction :	*1984*
Débit de la pompe :	*1 250 gpm (4 731 l/mn)*
Capacité de la citerne :	*500 gal (1 893 l)*

Les pompiers volontaires de Earleigh Heights, dans le Maryland, mirent en service en 1994 ce pompe-tonne construit 10 ans plus tôt. La superstructure et la plate-forme avaient été fournies par l'entreprise Pierce. Pierce avait repris du constructeur de voitures de tourisme Arrow, actif jusqu'en 1938, les droits de protection du nom de ce châssis. C'est sur un châssis Arrow (« flèche » en anglais), que fut construit le premier fourgon-pompe avec cabine en aluminium.

Catégorie de véhicule :	*Pumper*
Type de châssis :	*GMC Brigadier*
Année de construction :	*1987*
Débit de la pompe :	*1 250 gpm (4 731 l/mn)*
Capacité de la citerne :	*1 000 gal (3 785 l)*

Le Service d'incendie d'Idaho Falls/Bonneville utilise ce fourgon pompe-tonne 406-C fourni par l'entreprise FMC. Les châssis GMC, classés aux États-Unis parmi les utilitaires de poids moyen, continuent à être équipés de V8 à essence de 320 chevaux, gourmands en carburant, alors que la plupart des services d'incendie préfèrent les véhicules diesel. Cet exemplaire doté d'une commande de pompe placée sur le côté gauche et d'une pompe au centre du véhicule, est un modèle de série.

Catégorie de véhicule :	*Pumper*
Type de châssis :	*Pierce Dash*
Année de construction :	*1985*
Débit de la pompe :	*1 500 gpm (5 678 l/mn)*
Capacité de la citerne :	*500 gal (1 893 l)*

Le châssis Dash (« ruée » ou « coup ») doté d'une superstructure Pierce appartient, comme le modèle Arrow, à cette lignée de plates-formes aux noms attractifs mises sur le marché par Pierce à partir de la fin des années ´970. Il s'agissait du second nom de la gamme proposé par Pierce. Ce fourgon numéro 29 du Service d'Incendie de Pittsburg, en Pennsylvanie, est monté sur ce type de châssis.

Catégorie de véhicule :	*Pumper*
Type de châssis :	*Pierce Lance*
Année de construction :	*1990*
Débit de la pompe :	*1 500 gpm (5 678 l/mn)*
Capacité de la citerne :	*500 gal (1 893 l)*

Les pompiers de la ville de Raleigh, en Caroline du Nord, reçurent en 1999 ce pompe-tonne n° 8 monté par Pierce sur un châssis Pierce Lance. Dès la fin des années 1970, Pierce proposa six types de nouveaux châssis aux dimensions différentes ; proposés au choix avec moteur avant ou arrière, à toutes roues motrices ou à toutes roues orientables, ils devaient couvrir toutes les demandes de la clientèle.

Catégorie de véhicule :	*Pumper*
Type de châssis :	*Pierce Dash*
Année de construction :	*1996*
Débit de la pompe :	*1 750 gpm (6 624 l/mn)*
Capacité de la citerne :	*750 gal (2 839 l)*

Les châssis proposés par Pierce Arrow en plusieurs tailles portaient des noms attractifs comme Dash (ruée, coup), Lance (lance), Arrow (flèche), Saber (sabre) et Quantum (quantité, grandeur). Ce fourgon pompe-tonne bleu métallisé nº 3023 des pompiers de Beverly Road, canton de Burlington dans le New Jersey, fait vraiment forte impression. Ce véhicule équipé par Pierce possède une grande cabine susceptible d'accueillir six sapeurs.

Catégorie de véhicule :	*Pumper*
Type de châssis :	*Hahn*
Année de construction :	*1982*
Débit de la pompe :	*1 000 gpm (3 785 l/mn)*
Capacité de la citerne :	*750 gal (2 839 l)*

La fabrique de diligences William G. Hahn, fondée en 1898, commença en 1915 à produire des véhicules de pompiers motorisés. Étant donnée l'excellente qualité de sa production, Hahn se bâtit rapidement une solide réputation auprès des services d'incendie, en particulier sur la côte est. Ce Pumper à l'élégant habillage blanc était, en 1997, au service des pompiers de Jackson Mills, État de New York, sous le numéro 5401. Le châssis avait aussi été fourni par Hahn.

Catégorie de véhicule :	*Pumper*
Type de châssis :	*Hahn*
Année de construction :	*1970*
Débit de la pompe :	*1 250 gpm (4 731 l/mn)*
Capacité de la citerne :	*750 gal (2 839 l)*

Au début des années 1960, Hahn commença à construire ses propres camions à cabine avancée en les équipant de moteurs Detroit Diesel – comme ce pompe-tonne à la plaisante livrée construit en 1970, toujours en service en 1994 sous le nº 17 auprès des pompiers de Lebanon, Pennsylvanie. Ce véhicule avait été entièrement révisé quatre ans auparavant.

Catégorie de véhicule :	*Pumper*
Type de châssis :	*Pierce Lance*
Année de construction :	*1992*
Débit de la pompe :	*1 250 gpm (4 731 l/mn)*
Capacité de la citerne :	*750 gal (2 839 l)*

Ce châssis « Lance » faisait partie de la gamme des produits proposés par Pierce. Ce véhicule des pompiers volontaires de Middleburg en Virginie, équipé par Pierce, avait été pourvu d'une grande cabine de conduite et d'équipage.

Les nombreuses lampes clignotantes, à l'avant du véhicule, passent difficilement inaperçues en cas d'alarme.

Catégorie de véhicule :	*Pumper*
Type de châssis :	*Spartan*
Année de construction :	*1986*
Débit de la pompe :	*1 250 gpm (4 731 l/mn)*
Capacité de la citerne :	*750 gal (2 839 l)*

Le Service d'incendie de Portland, Oregon, disposait en 1997 de ce pompe-tonne nº 19 monté sur un châssis Spartan par l'équipementier Western States Fire Apparatus Inc. de Cornelius (Oregon). L'entreprise Western States est un petit constructeur local, dont la spécialité est – comme ici – l'installation devant la cabine de pompes fixes Intracab avec poste de commande intégré.

Catégorie de véhicule :	*Pumper-Tanker*
Type de châssis :	*Seagrave H*
Année de construction :	*1986*
Débit de la pompe :	*1 250 gpm (4 731 l/mn)*
Capacité de la citerne :	*2 500 gal (9 463 l)*

Le fournisseur d'équipements Seagrave Fire Apparatus, de Clintonville, dans le Wisconsin, construisit le châssis et la superstructure de ce pompe-tonne à trois essieux utilisé par les pompiers volontaires de Chestnut Ridge (Maryland). Ce véhicule particulièrement plaisant, porteur du nº 503, était doté d'une cabine de conduite de grande dimension ainsi que d'une réserve d'eau considérable.

Catégorie de véhicule :	*Pumper*
Type de châssis :	*Seagrave JB*
Année de construction :	*1990*
Débit de la pompe :	*1 750 gpm (6 624 l/mn)*
Capacité de la citerne :	*300 gal (1 136 l)*

Ce pompe-tonne Seagrave, dans un parfait état d'entretien, est utilisé sous le nº 202 par les pompiers volontaires de Marlboro (Station nº 1), dans le Maryland. Il dispose d'une puissante pompe rotative placée au centre du véhicule ainsi que d'un poste de commande de la pompe de type « Top-mount ». Sa citerne à eau est par contre de taille plutôt réduite.

Catégorie de véhicule :	*Pumper*
Type de châssis :	*Pirsch*
Année de construction :	*1971*
Débit de la pompe :	*750 gpm (2 839 l/mn)*
Capacité de la citerne :	*500 gal (1 893 l)*

Cet engin-pompe de forme très originale, intégralement construit par la Peter Pirsch & Sons Company de Kenosha, dans le Wisconsin, était en 1994 au service des pompiers volontaires du comté de Fairfax (Station nº 1) à Mac Lean, en Virginie. La jolie forme du capot-moteur et la cabine semi-ouverte ont un aspect anachronique compte tenu de l'année de construction du véhicule. L'entreprise familiale Pirsch, présente depuis 1857 dans ce secteur, fut contrainte de fermer ses portes en 1989, en raison de difficultés financières.

Catégorie de véhicule :	*Pumper*
Type de châssis :	*Pirsch*
Année de construction :	*1970*
Débit de la pompe :	*1 000 gpm (3 785 l/mn)*
Capacité de la citerne :	*500 gal (1 893 l)*

Ce joli pompe-tonne Pirsch appartenait en 1997 au Service d'Incendie de Green Brook, État de New Jersey, où il portait le numéro 18. Il était équipé d'un moteur à essence six cylindres de 127 chevaux. Ce véhicule, doté d'une classique pompe Midship, possédait sur la droite du pare-chocs avant chromé une cloche, dispositif obligatoire sur nombre de véhicules de pompiers américains.

Catégorie de véhicule :	*Pumper*
Type de châssis :	*Spartan Gladiator*
Année de construction :	*1987*
Débit de la pompe :	*2 000 gpm (7 570 l/mn)*
Capacité de la citerne :	*500 gal (1 893 l)*

Ce fourgon pompe-tonne n° 2121 des pompiers de Breton Woods, dans le New Jersey, est peint dans un agréable ton vert foncé et possède beaucoup d'éléments décoratifs chromés. Monté par l'entreprise 3-D Fire Apparatus Inc. de Shawano, dans le Wisconsin, sur un châssis Spartan Gladiator, il est entraîné par un moteur Detroit Diesel. Le fabricant 3-D, qui a commencé à produire des véhicules d'incendie à partir du milieu des années 1970, construit des fourgons à cabine de série ou, comme c'est le cas ici, à cabine double. Cette entreprise a réussi à s'étendre au-delà de sa région d'origine.

Catégorie de véhicule :	*Pumper*
Type de châssis :	*Sutphen*
Année de construction :	*1975*
Débit de la pompe :	*1 500 gpm (5 678 l/mn)*
Capacité de la citerne :	*500 gal (1 893 l)*

Cet engin-pompe orange et blanc est immatriculé sous le n° 3 auprès du Service d'Incendie de Wheeling, en Virginie-Occidentale. Il a été entièrement réalisé par la Sutphen Corporation, une entreprise familiale d'Amlin (Ohio) – le plus ancien fournisseur de véhicules d'incendie des États-Unis à n'avoir jamais connu d'interruption de sa production. Ce constructeur s'est forgé une excellente réputation grâce à la conception massive et très solide des véhicules qu'il produit. Le camion ci-dessous est équipé d'une double cabine et d'une lance Monitor.

Catégorie de véhicule :	*Pumper*
Type de châssis :	*Spartan Gladiator*
Année de construction :	*1991*
Débit de la pompe :	*1 500 gpm (5 678 l/mn)*
Capacité de la citerne :	*500 gal (1 893 l)*

Le Service d'Incendie d'Atlanta, en Géorgie, dispose d'un Pumper n° 26 construit par Quality Manufacturing Inc., à Talladaga (Alabama). Cette entreprise, fondée en 1962, fut reprise en 1997 par la Spartan Motors Corporation. Le châssis est du type Spartan Gladiator. Une lance Monitor est installée sur le milieu de la superstructure.

États-Unis

Catégorie de véhicule :	*Pumper*
Type de châssis :	*Chevrolet 70*
Année de construction :	*1980*
Débit de la pompe :	*1 000 gpm (3 785 l/mn)*
Capacité de la citerne :	*1 000 gal (3 785 l)*

Lors de cette prise de vue en 1997, ce Pumper monté sur un châssis Chevrolet était au service des pompiers du district rural de Seal Rock, dans l'Oregon. Ce véhicule était équipé d'une pompe massive à l'avant, fournie comme le reste des équipements par l'entreprise Welsh Fire Apparatus, de Marion (Wisconsin). Une partie des tuyaux, déjà assemblés, est placée sous le corps de pompe. Ce camion par ailleurs pourvu d'un dispositif d'intervention rapide et d'une lance Monitor est doté d'une cabine de conduite de série.

Catégorie de véhicule :	*Pumper*
Type de châssis :	*Chevrolet Kodiak*
Année de construction :	*1983*
Débit de la pompe :	*1 000 gpm (3 785 l/mn)*
Capacité de la citerne :	*750 gal (2 839 l)*

Ce pompe-tonne du Service d'incendie de St-Johnsburg dans le Vermont, porte le numéro 2 et est construit sur un châssis Chevrolet à capot-moteur et transmission intégrale. Équipé à l'avant de jantes Trilex, il possède en son centre une pompe rotative avec poste de commande, un dévidoir pour l'attaque rapide et une lance Monitor, le tout fourni par Pirsch. Des projecteurs de travail sont fixés à l'arrière.

Catégorie de véhicule :	*Pumper*
Type de châssis :	*Sutphen*
Année de construction :	*1994*
Débit de la pompe :	*2 000 gpm (7 570 l/mn)*
Capacité de la citerne :	*750 gal (2 839 l)*

L'équipementier Sutphen se chargea en totalité de la construction de ce Pumper nº 181 du Service d'incendie de Middletown, dans le New Jersey. Ce véhicule, doté d'une cabine surbaissée, est équipé dans sa partie centrale de plusieurs projecteurs de travail.

Catégorie de véhicule :	*Pumper*
Type de châssis :	*Kenworth W 921 S 12*
Année de construction :	*1972*
Débit de la pompe :	*1 500 gpm (5 678 l/mn)*
Capacité de la citerne :	*500 gal (1 893 l)*

Le Service d'incendie de Seattle, État de Washington, disposait en 1997 de cet impressionnant fourgon lourd Kenworth, portant le nº 30 et servant de véhicule de réserve. La fabrique Kenworth se trouvant à proximité, les véhicules d'incendie et les échelles pivotantes des pompiers de métier de cette ville étaient montés sur des châssis de la marque. La superstructure Curtis-Heiser, un carrossier local, comporte pour l'équipage des sièges qui n'étaient pas couverts à l'origine. Ces fourgons pompes-tonnes, dont il existait à l'époque plusieurs exemplaires, ont été remplacés par des véhicules à cabine Custom, livrés entre autres par Emergency One.

Catégorie de véhicule :	*Pumper*
Type de châssis :	*Peterbilt 377*
Année de construction :	*1994*
Débit de la pompe :	*1 500 gpm (5 678 l/mn)*
Capacité de la citerne :	*750 gal (2 839 l)*

L'entreprise d'équipements Custom Fire Apparatus Inc., fondée en 1978 à Osceola (Wisconsin), était spécialisée dans la construction de véhicules appelés « Minnesota Pumper », montés sur de lourds châssis à capot-moteur. Ces modèles se caractérisaient par des cabines et postes de commande de pompes surélevés, fermés et climatisés, afin de protéger les sapeurs des rigueurs climatiques de cette région (étés brûlants et hivers froids). Le Service d'Incendie de Spring Lake, en Caroline du Nord, fit l'acquisition de l'un de ces véhicules et le mit en service sous le numéro 22. Il est équipé d'un diesel à six cylindres Peterbilt de 350 chevaux.

Catégorie de véhicule :	*Pumper*
Type de châssis :	*Peterbilt 379*
Année de construction :	*1992*
Débit de la pompe :	*1 750 gpm (6 624 l/mn)*
Capacité de la citerne :	*1 000 gal (3 785 l)*

Ce Pumper des pompiers et sauveteurs volontaires d'Inwood à South Berkeley (Virginie-Occidentale), immatriculé sous le n° 21, impressionne par ses dimensions massives. Le châssis est un Peterbilt lourd à capot long doté d'un puissant diesel V8 de 14 680 cm³ et 440 chevaux. Le fournisseur de la superstructure fut racheté au bout de peu de temps par Emergency One.

Catégorie de véhicule :	*Pumper*
Type de châssis :	*Imperial*
Année de construction :	*1972*
Débit de la pompe :	*1 000 gpm (3 785 l/mn)*
Capacité de la citerne :	*500 gal (1 893 l)*

Cet engin-pompe à capot-moteur portant le numéro 854 fut entièrement réalisé par le fournisseur d'équipements Imperial Fire Apparatus Company, qui débuta ses activités en 1971. Ce véhicule était au service des pompiers volontaires de Jenkinstown, en Pennsylvanie.

Catégorie de véhicule :	*Pumper*
Type de châssis :	*FWD (4 x 4)*
Année de construction :	*1943*
Débit de la pompe :	*500 gpm (1 893 l/mn)*
Capacité de la citerne :	*500 gal (1 893 l)*

L'entreprise FWD, abréviation de Four-Wheel-Drive, « véhicules à quatre roues motrices », fondée en 1912 à Clintonville (Wisconsin), se spécialisa dès ses débuts dans les châssis à transmission intégrale. L'armée américaine fut le principal client pour ces camions à cabine avancée ou à capot-moteur ; bon nombre d'entre eux furent cependant utilisés comme fourgons d'incendie. Tel est le cas de ce pompe-tonne classique, qui était, en 1997, en parfait état de fonctionnement chez les pompiers volontaires de Wilderness Ranch, dans les montagnes de l'Idaho. Affecté du n° 231, il est doté d'un châssis de 4 tonnes et d'un moteur à essence six cylindres Waukesha de 88 chevaux.

Catégorie de véhicule :	*Pumper*
Type de châssis :	*Crown Firecoach*
Année de construction :	*1979*
Débit de la pompe :	*1 250 gpm (4 731 l/mn)*
Capacité de la citerne :	*500 gal (1 893 l)*

La Crown Fire Coach Corporation, qui avait son siège à Los Angeles (Californie), se chargea de l'équipement spécialisé de cet engin-pompe nº 3 des pompiers de Montvale, dans le New Jersey qui l'utilisent depuis 1995. Il est équipé d'une cabine double avancée, d'une pompe Mid-ship, d'un poste de commande de pompe ouvert et de deux dévidoirs d'attaque rapide placés au centre.

Catégorie de véhicule :	*Pumper*
Type de châssis :	*Ward LaFrance*
Année de construction :	*1980*
Débit de la pompe :	*1 500 gpm (5 678 l/mn)*
Capacité de la citerne :	*500 gal (1 893 l)*

Ce véhicule nº 6 des pompiers de Portland dans l'Oregon, photographié en 1993 et construit par la Maxim Motor Corporation de Middleboro (Massachusetts) sur un châssis Ward LaFrance, présente un aspect assez inhabituel : si la cabine fortement avancée, dotée d'un bas de pare-brise incliné, est restée inchangée, la partie arrière du véhicule a été complètement transformée par les pompiers eux-mêmes.

Catégorie de véhicule :	*Pumper*
Type de châssis :	*Hendrickson 1871*
Année de construction :	*1987*
Débit de la pompe :	*1 000 gpm (3 785 l/mn)*
Capacité de la citerne :	*1 000 gal (3 785 l)*

L'entreprise KME Fire Apparatus, créée en 1946 à Nesquehoning (Pennsylvanie) sous le nom de Kovatch Mobile Equipment, ne commença à produire des équipements de fourgons d'incendie que dans les années 1980. Cet engin-pompe affecté au comté d'Albemarke, en Virginie, est stationné auprès du Service d'Incendie de Charlotteville. Monté par KME sur un châssis à cabine avancée Hendrickson, il porte le nº 10 et fut photographié en 1999.

Catégorie de véhicule :	*Pumper*
Type de châssis :	*Brockway/Maxim*
Année de construction :	*1978*
Débit de la pompe :	*1 500 gpm (5 678 l/mn)*
Capacité de la citerne :	*500 gal (1 893 l)*

La marque de poids lourds Brockway, autrefois très renommée, fusionna en 1956 avec Mack puis cessa complètement sa production en 1977, pour des raisons d'insuffisance de rentabilité. Aussi les châssis de cette marque sont-ils peu courants dans les Services d'Incendie. Les pompiers de Pittsburg, en Pennsylvanie, possèdent encore un fourgon pompe-tonne sur châssis Brockway. Ce modèle unique en son genre avec sa superstructure plutôt peu commune, fut transformé en 1993. C'est assurément l'un des derniers camions livrés par ce constructeur.

Catégorie de véhicule :	*Pumper*
Type de châssis :	*Freightliner FL 80*
Année de construction :	*1995*
Débit de la pompe :	*1 000 gpm (3 785 l/mn)*
Capacité de la citerne :	*750 gal (2 839 l)*

Ce pompe-tonne sur châssis Freightliner à capot-moteur court fut monté par l'entreprise Luverne Fire Apparatus Company de Brandon (Dakota du Sud). Il est utilisé par le Service d'Incendie du comté de Baltimore, dans le Maryland, où il porte le n° 1. Une lance Monitor se trouve à l'arrière de la cabine à quatre portes, prévue pour six sapeurs. L'entreprise Luverne a été reprise en 1997 par la Spartan Motor Corporation.

Catégorie de véhicule :	*Pumper*
Type de châssis :	*Volvo-White*
Année de construction :	*1987*
Débit de la pompe :	*1 000 gpm (3 785 l/mn)*
Capacité de la citerne :	*500 gal (1 893 l)*

Une fusion intervint en 1988 entre les fameux constructeurs américains de poids lourds White et GMC et l'entreprise suédoise renommée Volvo, donnant naissance à la Volvo-White Truck Corporation. L'équipementier Marion Body Works Inc. monta ce superbe Pumper destiné au Service d'incendie de Kirkland, État de Washington, sur un puissant châssis à capot-moteur Volvo-White. Ce véhicule portant le n° 25 possède une pompe intégrée dans la partie arrière (ouverte) de la cabine Custom. Les tuyaux sont disposés dans des coffres placés sur le toit de la superstructure. Ils peuvent être établis pendant la marche du véhicule, une disposition commune à tous les fourgons-pompes des États-Unis.

Catégorie de véhicule :	***Pumper***
Type de châssis :	***Duplex D 350***
Année de construction :	***1989***
Débit de la pompe :	***1 250 gpm (4 731 l/mn)***
Capacité de la citerne :	***500 gal (1 893 l)***

Le Service d'Incendie d'Arlington, en Virginie, dispose de ce Pumper de modèle Crusader II, portant le numéro 77 et monté par la Young Fire Equipment Corporation sur un châssis Duplex-Custom. Ce véhicule dispose d'une superstructure entièrement en fibres de verre – une version réalisée pour la première fois en 1985. Le moteur se trouve derrière la cabine de conduite ; la cabine d'équipage possède des portes d'autobus repliables. Les tuyaux, rangés dans des coffres ouverts et déjà assemblés sur leurs guides, peuvent être immédiatement déroulés en cas de nécessité.

Catégorie de véhicule :	***Mini-Pumper***
Type de châssis :	***Dodge Power Wagon 300***
Année de construction :	***1970***
Débit de la pompe :	***350 gpm (1 325 l/mn)***
Capacité de la citerne :	***300 gal (1 136 l)***

Ce fourgon-pompe léger, monté par Morysville sur un châssis Dodge, fut repris en 1997 par les pompiers volontaires de Landisville, dans le New Jersey. Ce camion nº 1107 possède un treuil à l'avant, un système de buses d'aspersion du sol pour l'autoprotection du véhicule, et un dévidoir pour l'attaque rapide du feu. Ce véhicule peut ainsi être utilisé pour combattre des incendies de forêts.

Catégorie de véhicule :	***Pumper***
Type de châssis :	***HME 1871***
Année de construction :	***1998***
Débit de la pompe :	***1 250 gpm (4 731 l/mn)***
Capacité de la citerne :	***1 000 gal (3 785 l)***

L'entreprise HME (Hendrickson Mobile Equipment Co.), spécialisée dans les châssis à cabines Custom, livra la plate-forme de ce véhicule qui reçut une superstructure dotée d'une grande cabine à quatre portes (pouvant accueillir 10 sapeurs) fournie par la Smeal Fire Apparatus Company de Snyder, en Nouvelle-Angleterre. Cet engin-pompe nº 411 est allé au Service d'Incendie d'Aberdeen, en Caroline du Nord. Il emporte aussi une réserve de 20 gal (76 l) de mousse.

Catégorie de véhicule :	***Tanker***
Type de châssis :	***White 9000***
Année de construction :	***1970***
Débit de la pompe :	***350 gpm (1 325 l/mn)***
Capacité de la citerne :	***7 000 gal (26 495 l)***

Les porteurs d'eau, notamment les camions-citernes et fourgons pompes-tonnes grande capacité, sont très répandus chez les pompiers américains, en particulier dans les zones rurales. Seule une petite partie des campagnes dispose en effet d'un réseau de bouches d'incendie. Ce camion citerne semi-remorque portant le nº 1109 appartient aux pompiers volontaires de Landisville, dans le New Jersey. Lorsqu'il a été photographié en 1999, il était en parfait état d'entretien et se composait d'un véhicule tracteur White et d'une semi-remorque Fruehauf.

Catégorie de véhicule :	*Pumper-Tanker*
Type de châssis :	*White Road Boss 2*
Année de construction :	*1988*
Débit de la pompe :	*750 gpm (2 839 l/mn)*
Capacité de la citerne :	*2 250 gal (8 516 l)*

Le Service d'Incendie du comté de Thurston East Olympia, État de Washington, possède ce fourgon pompe-tonne de grande capacité enregistré sous le numéro 64. Ce véhicule a été monté par l'entreprise Omco sur un châssis lourd à trois essieux et capot-moteur White. Il est équipé d'une cabine de camion de série et d'une pompe rotative placée ainsi que le tableau de commande devant la calandre. Le volumineux capot de ce véhicule dissimule un diesel V8 de 15 890 cm³ et 480 chevaux.

Catégorie de véhicule :	*Tanker*
Type de châssis :	*White Road Commander*
Année de construction :	*1985*
Débit de la pompe :	*300 gpm (1 136 l/mn)*
Capacité de la citerne :	*6 400 gal (23 681 l)*

C'est auprès du Service d'Incendie et de Sauvetage de Golden Gate, en Floride, que fut photographié ce véhicule à trois essieux monté sur un châssis White. En parfait état, il dispose d'une citerne partiellement carrossée, d'une pompe Midship de relativement faible puissance commandée depuis un tableau latéral, ainsi que d'une lance Monitor.

Catégorie de véhicule :	*Tanker*
Type de châssis :	*Ford F 600*
Année de construction :	*1953*
Débit de la pompe :	–
Capacité de la citerne :	*750 gal (2 839 l)*

Ce camion-citerne historique était encore utilisé en 1995 par le Service d'Incendie de Salisbury, dans le Massachusetts. Ce véhicule monté par les pompiers sur un châssis de camion Ford ne pouvait servir que de porteur d'eau, car il n'était pas doté d'une pompe.

Catégorie de véhicule :	*Pumper-Tanker*
Type de châssis :	*Ford C 900*
Année de construction :	*1975*
Débit de la pompe :	*1 250 gpm (4 731 l/mn)*
Capacité de la citerne :	*2 500 gal (9 463 l)*

Les pompiers de Blooming Grove, en Pennsylvanie, possèdent ce pompe-tonne grande capacité carrossé par l'entreprise Amthor sur un châssis Ford-C à cabine basculable vers l'avant (Tilt Cab). Ce véhicule portant le numéro 255 est pourvu d'une pompe rotative placée entre la cabine de conduite et la citerne.

Catégorie de véhicule :	***Tanker***
Type de châssis :	***Ford LN 800***
Année de construction :	***1979***
Débit de la pompe :	–
Capacité de la citerne :	***3 000 gal (11 355 l)***

Ce camion-citerne faisait partie en 1997 du parc de véhicules du Service du feu de Post Falls, dans l'Idaho. Carrossé par l'entreprise General Tank sur un châssis à trois essieux Ford, il est équipé d'un diesel V8 de 290 chevaux. Il dispose aussi d'une petite pompe pour le remplissage et la vidange de la citerne.

Catégorie de véhicule :	***Tanker***
Type de châssis :	***Ford F 600***
Année de construction :	***1980***
Débit de la pompe :	–
Capacité de la citerne :	***1 200 gal (4 542 l)***

Ce porteur d'eau 30 sur châssis Ford, au service de l'Office des forêts de l'État de l'Oregon (Oregon Department of Forestry), avait été équipé par les pompiers eux-mêmes. Une petite pompe de 65 gpm (246 l/mn) servait au remplissage et à la vidange de la citerne.

Catégorie de véhicule :	***Pumper-Tanker***
Type de châssis :	***Ford LN 900***
Année de construction :	***1979***
Débit de la pompe :	***750 gpm (2 839 l/mn)***
Capacité de la citerne :	***2 500 gal (9 463 l)***

Ce lourd pompe-tonne se trouvait au service des pompiers de Peninsula (Fire District 1), à Ocean Park, État de Washington. La pompe rotative Darley et le poste de commande étaient placés à l'avant de ce camion carrossé sur un châssis Ford à trois essieux.

Catégorie de véhicule :	*Pumper-Tanker*
Type de châssis :	*Ford LN 8000*
Année de construction :	*1981*
Débit de la pompe :	*750 gpm (2 839 l/mn)*
Capacité de la citerne :	*3 000 gal (11 355 l)*

Ce puissant véhicule immatriculé sous le n° 4316 fut photographié en 1997 auprès de la Brigade volontaire de Medford Farms (canton de Tabernacle), dans la partie sud du New Jersey. Peint dans un ton de jaune bien visible et équipé d'une pompe Midship, il avait été monté sur un châssis de camion Ford à capot-moteur et trois essieux par l'équipementier 4-Guys Inc. de Meyersdale en Pennsylvanie, une entreprise fondée en 1974. Sur le côté de la superstructure est rangé un bassin de rétention plié, que l'on déploie et remplit sur les lieux d'intervention avec l'eau de la citerne pour alimenter les autres véhicules.

Catégorie de véhicule :	*Pumper-Tanker*
Type de châssis :	*Ford 9000*
Année de construction :	*1970*
Débit de la pompe :	*1 000 gpm (3 785 l/mn)*
Capacité de la citerne :	*3 000 gal (11 355 l)*

Ce fourgon pompe-tonne n° 568 du Service d'Incendie 5 du comté de Grant, à Moses Lake, État de Washington, a été équipé par les pompiers eux-mêmes sur un châssis de camion d'occasion. Le moteur est un diesel V8 de 305 chevaux.

Catégorie de véhicule :	*Pumper-Tanker*
Type de châssis :	*International Loadstar 1800*
Année de construction :	*1972*
Débit de la pompe :	*750 gpm (2 839 l/mn)*
Capacité de la citerne :	*1 500 gal (5 678 l)*

Ce fourgon pompe-tonne grande capacité portant le n° 10 appartenait au Service d'Incendie de l'aéroport de Roanoke, en Virginie. Monté sur un châssis International à trois essieux, il était équipé d'un moteur à essence V8 de 210 chevaux. La superstructure avait été construite par l'entreprise locale Oren Roanoke Corporation, reprise ensuite par Grumman. Ce véhicule de dimension respectable dispose d'une pompe centrale ainsi que d'un dévidoir d'intervention rapide.

Catégorie de véhicule :	*Tanker*
Type de châssis :	*Ford LTL 9000*
Année de construction :	*1984*
Débit de la pompe :	*500 gpm (1 893 l/mn)*
Capacité de la citerne :	*9 800 gal (37 093 l)*

Le Service d'Incendie de Hammonton, dans le New Jersey a mis en service sous le n° 9 ce gigantesque camion-citerne semi-remorque. Le tracteur était un lourd camion Ford à capot carré, un modèle rarement utilisé par les pompiers, doté d'un diesel V8 de 14 880 cm³ et 400 chevaux. La remorque a été construite par l'entreprise Heil.

Catégorie de véhicule :	*Tanker*
Type de châssis :	*International Loadstar 1700 (4 x 4)*
Année de construction :	*1976*
Débit de la pompe :	*250 gpm (946 l/mn)*
Capacité de la citerne :	*1200 gal (4542 l)*

Ce camion n° 1 du Service d'Incendie de Bluefield, en Virginie-Occidentale, avait été monté par les pompiers eux-mêmes sur un châssis International à transmission intégrale. Le capot-moteur court abritait un moteur à essence à huit cylindres en V de 157 chevaux. Ce véhicule disposait d'un treuil à l'avant ainsi que de deux dévidoirs d'intervention rapide sur la superstructure.

Catégorie de véhicule :	*Tanker*
Type de châssis :	*International Loadstar*
Année de construction :	*1975*
Débit de la pompe :	*250 gpm (946 l/mn)*
Capacité de la citerne :	*3 500 gal (13 248 l)*

Les pompiers volontaires de Rivera Beach, dans le Maryland, mirent en service en 1975 ce pompe-tonne de grande capacité portant le n° 13. Il s'agissait d'un camion-citerne à essence International à trois essieux transformé par les pompiers. La petite pompe de ce véhicule sert principalement au remplissage et à la vidange de la citerne, mais peut au besoin alimenter un canon à eau.

Catégorie de véhicule :	*Tanker*
Type de châssis :	*Dodge (6 x 4)*
Année de construction :	*1973*
Débit de la pompe :	*–*
Capacité de la citerne :	*5 000 gal (13 210 l)*

Le Service d'Incendie de l'aéroport international de Sanford (Sanford International Airport) à Orlando, en Floride, utilisait en 1998 ce camion-citerne nº 51. Cet imposant véhicule, construit sur un châssis Dodge à trois essieux, a été repris de l'armée américaine où il servait au ravitaillement en carburant (Refueler). Il ne dispose que d'une pompe de remplissage de faible puissance.

Catégorie de véhicule :	*Pumper-Tanker*
Type de châssis :	*IHC Fleetstar 2050 A*
Année de construction :	*1975*
Débit de la pompe :	*1 000 gpm (3 785 l/mn)*
Capacité de la citerne :	*1 750 gal (6 624 l)*

La compagnie nº 1 Jackson des pompiers volontaires de Cassville, dans le New Jersey, possédait encore en 1997 ce beau pompe-tonne 5 601 doté de jantes Trilex à l'avant. La superstructure avait été montée par l'équipementier régional TASC sur un châssis IHC toutes roues motrices à trois essieux.

Catégorie de véhicule :	*Tanker*
Type de châssis :	*Freightliner Cabover*
Année de construction :	*1982*
Débit de la pompe :	*800 gpm (3 028 l/mn)*
Capacité de la citerne :	*5 200 gal (19 682 l)*

Ce camion-citerne nº 239 du Service d'Incendie de Woodburn (Oregon), a été monté par le fabricant Beall Transline sur un châssis à trois essieux et cabine avancée Freightliner. Bien que doté d'une pompe relativement puissante, il s'agit d'un simple porteur d'eau ne disposant pas de moyens d'extinction. Ce véhicule massif et compact est représentatif des modèles de type « Cabover » répandus aux États-Unis, et dotés d'un moteur placé sous le siège (fortement surélevé) du conducteur. Les premiers camions de ce genre virent le jour avant la Première Guerre mondiale.

Catégorie de véhicule :	*Tanker*
Type de châssis :	*International S 2674*
Année de construction :	*1991*
Débit de la pompe :	*400 gpm (1 514 l/mn)*
Capacité de la citerne :	*1 500 gal (5 678 l)*

La Compagnie Alpha de State College, en Pennsylvanie, possédait en 1999 ce camion-citerne nº 519 construit par KME Fire Apparatus à Nesquehoning. C'est un lourd châssis International à capot-moteur avancé qui soutient la superstructure de ce joli véhicule, sur lequel on aperçoit des tuyaux déjà assemblés.

Catégorie de véhicule :	*Mini-Pumper*
Type de châssis :	*International S 1800*
Année de construction :	*1989*
Débit de la pompe :	*300 gpm (1 136 l/mn)*
Capacité de la citerne :	*300 gal (1 136 l)*

Tous les fourgons d'incendie du Service de Syracuse, État de New York, sont montés sur des châssis à transmission intégrale, à l'instar de ce Mini 8, installé par KME Fire Apparatus sur un châssis léger International à capot-moteur. Ce véhicule rapide est engagé pour combattre les départs de feu ; sa maniabilité est surtout appréciée dans le trafic urbain.

Catégorie de véhicule :	*Tanker*
Type de châssis :	*Freightliner FLL*
Année de construction :	*1997*
Débit de la pompe :	*750 gpm (2 839 l/mn)*
Capacité de la citerne :	*5 000 gal (19 250 l)*

Ce porteur d'eau Freightliner à trois essieux et cabine avancée était encore flambant neuf lorsqu'il fut photographié en 1997. Doté d'une superstructure Alwis, il est utilisé par le Service d'Incendie et de Sauvetage de Littlerock, État de Washington. Il est équipé d'une citerne de grande capacité et d'une pompe Midship assez puissante.

Catégorie de véhicule :	*Pumper-Tanker*
Type de châssis :	*Mack R*
Année de construction :	*1988*
Débit de la pompe :	*750 gpm (2 839 l/mn)*
Capacité de la citerne :	*2 000 gal (7 570 l)*

Ce fourgon pompe-tonne de capacité moyenne fait vraiment forte impression. Il porte le nº 49 auprès du Service d'Incendie du comté de Prince George, dans le Maryland. Très bien entretenu et brillant de tous ses chromes, il possède une pompe rotative placée à l'avant, avec le tableau de commande. Un bassin de rétention dépliable se trouve à droite de la citerne en aluminium. Réalisé par l'entreprise 4-Guys Inc. sur un classique châssis Mack à trois essieux, ce camion dispose d'un diesel V8 de 14 174 cm³ et 325 chevaux.

Catégorie de véhicule :	*Tanker*
Type de châssis :	*Mack F*
Année de construction :	*1979*
Débit de la pompe :	*500 gpm (1 893 l/mn)*
Capacité de la citerne :	*3 800 gal (14 060 l)*

Ce porteur d'eau 21-35 du district 1 du Service d'Incendie d'Ocean Park dans le comté de Pacific, État de Washington, était un ancien camion-citerne à essence de l'armée de l'Air américaine. Les pompiers le transformèrent eux-mêmes sur un châssis Mack à trois essieux et cabine avancée de type « Cabover », équipé d'un diesel six cylindres de 315 chevaux. La pompe se trouve au centre du flanc gauche du véhicule.

Catégorie de véhicule :	*Water Tender (Tanker)*
Type de châssis :	*Peterbilt 359*
Année de construction :	*1972*
Débit de la pompe :	*300 gpm (1 136 l/mn)*
Capacité de la citerne :	*3 200 gal (12 112 l)*

Peu de camions américains classiques à capot-moteur produisent une aussi forte impression que les modèles à calandre carrée de Peterbilt. L'administration forestière de l'Oregon en possède à Reedsport un exemplaire transformé par ses soins. Ce porteur d'eau nº 41 est doté d'une pompe peu puissante.

Catégorie de véhicule :	*Pumper-Tanker*
Type de châssis :	*Mack R*
Année de construction :	*1992*
Débit de la pompe :	*1 250 gpm (4 731 l/mn)*
Capacité de la citerne :	*2 000 gal (7 570 l)*

Ce « Tanker 36 » des pompiers volontaires de Baden, dans le Maryland, est également l'œuvre de l'équipementier 4-Guys de Meyersdale en Pennsylvanie. La pompe rotative de ce camion monté sur un châssis Mack à trois essieux et capot-moteur long se trouve avec le tableau de commande au milieu du véhicule.

Catégorie de véhicule :	*Water Tender (Tanker)*
Type de châssis :	*Peterbilt 359*
Année de construction :	*1978*
Débit de la pompe :	*200 gpm (757 l/mn)*
Capacité de la citerne :	*3 000 gal (11 355 l)*

Ce porteur d'eau 45 au service de l'administration des forêts de l'Oregon (Department of Forestry) repose sur un châssis Peterbilt à capot-moteur avancé, doté d'un diesel V10 de 16 400 cm³ et 360 chevaux. La superstructure de ce camion, stationné à Coos Bay, a été installée par ces services.

Catégorie de véhicule :	*Pumper-Tanker*
Type de châssis :	*Peterbilt 357*
Année de construction :	*1994*
Débit de la pompe :	*1 500 gpm (5 678 l/mn)*
Capacité de la citerne :	*3 500 gal (13 248 l)*

Ce superbe pompe-tonne de grande capacité, parfaitement entretenu, des pompiers volontaires de New Egypt dans le canton de Plumsted (New Jersey), est l'œuvre du fournisseur spécialisé Saulsbury Fire Apparatus Corporation, à Tully (État de New York). Les peintures décoratives (Murals) ornant les flancs du camion sont inspirées du nom de cette compagnie de pompiers. L'entreprise Saulsbury, réputée pour la qualité de ses produits, fut reprise en 1997 par la Federal Signal Corporation.

Catégorie de véhicule :	*Tanker*
Type de châssis :	*Peterbilt 357*
Année de construction :	*1995*
Débit de la pompe :	*500 gpm (1 893 l/mn)*
Capacité de la citerne :	*3 000 gal (11 355 l)*

Le Service d'Incendie de Great Hill Hose, à Seymour, dans le Connecticut, porta aussi son choix sur un camion-citerne Peterbilt. Ce véhicule étincelant était pratiquement neuf quand il fut photographié en 1995. La superstructure de ce fourgon à trois essieux portant le nº 19 avait été livrée par l'entreprise U.S. Tank. Des tuyaux pliés et assemblés se trouvent dans un compartiment ouvert, au-dessus de la pompe centrale.

Catégorie de véhicule :	*Tanker*
Type de châssis :	*Kaiser Jeep M 52 A 2*
Année de construction :	*1968*
Débit de la pompe :	–
Capacité de la citerne :	*5 000 gal (18 925 l)*

Ce camion-citerne semi-remorque numéro 299 des pompiers de Malabar, en Floride, ne renie pas ses origines militaires. Le tracteur à trois essieux comme la remorque construite par Heil furent convertis par ce service en véhicule d'incendie. Cet attelage est doté d'une petite pompe de remplissage.

Catégorie de véhicule :	*Tanker*
Type de châssis :	*Kaiser Jeep M 35*
Année de construction :	*1962*
Débit de la pompe :	*500 gpm (1 893 l/mn)*
Capacité de la citerne :	*1 000 gal (3 785 l)*

Le Service d'incendie de Chattanooga, dans le Tennessee, trouva une solution économique pour se doter d'un porteur d'eau. Les pompiers de cette ville, théâtre d'âpres combats durant la guerre de Sécession, achetèrent un ancien camion militaire et le transformèrent eux-mêmes en ce camion-citerne nº 14. Si de nombreux petits services d'incendie ruraux utilisent ce moyen peu onéreux pour se procurer un porteur d'eau, cette méthode était plutôt inhabituelle pour un grand service. Ce véhicule tout terrain à trois essieux est doté d'une pompe centrale et de dévidoirs d'intervention rapide.

Catégorie de véhicule :	*Tanker*
Type de châssis :	*Peterbilt 379*
Année de construction :	*1990*
Débit de la pompe :	*600 gpm (2 271 l/mn)*
Capacité de la citerne :	*8 500 gal (32 173 l)*

La compagnie n° 1 des pompiers volontaires de Cassville à Jackson, dans le New Jersey, possède ce pompe-tonne très plaisant mais vraiment peu courant. Cet élégant semi-remorque (appelé « Rolling River ») portant le numéro d'immatriculation 5608 est tracté par un lourd camion Peterbilt à trois essieux et capot-moteur construit en 1990. Derrière la cabine de conduite se trouve l'ex-compartiment couchette (Sleeper), converti en poste de commandement. La remorque a quant à elle été construite en 1964 par l'entreprise de carrosserie Butler. La capacité de la citerne de ce véhicule est aussi impressionnante que son aspect extérieur. Une pompe rotative est installée à l'avant des essieux de la remorque.

Catégorie de véhicule :	*Pumper-Tanker*
Type de châssis :	*Peterbilt 377*
Année de construction :	*1997*
Débit de la pompe :	*1 250 gpm (4 731 l/mn)*
Capacité de la citerne :	*3 500 gal (13 248 l)*

Ce pompe-tonne n° 23 de la de la compagnie n° 1 des Pompiers d'Avondale (poste 23), en Pennsylvanie, est de taille un peu plus réduite. Ce véhicule construit par 4-Guys est basé sur un châssis lourd à capot-moteur Peterbilt. Cette marque, renonçant aux capots anguleux qui prévalaient jusqu'alors, propose depuis 1995 des châssis de camions aux formes arrondies. Le moteur est un volumineux diesel six cylindres de 13 890 cm^3 et 350 chevaux.

Catégorie de véhicule :	*Crash Fire Truck CFR, grande puissance aéroport*
Type de châssis :	*Freightliner FL 112*
Année de construction :	*1991*
Débit de la pompe :	*2 000 gpm (7 570 l/mn)*
Capacité de la citerne :	*5 000 gal (18 925 l)*

Les Services d'Incendie du constructeur aéronautique Boeing utilisent depuis les années 1970 des véhicules semi-remorque aéroportuaires grande puissance (Crash Fire Trucks). Le modèle illustré ici, tracté par un camion Freightliner, est employé par les pompiers de l'usine principale de Seattle. Ce géant répertorié en tant que CFR 11 emporte une réserve d'eau et 600 gal (2 271 l) de mousse lui permettant de circonscrire feux de bâtiments et incendies d'avions ou de réserves de carburants, ainsi qu'une pompe rotative avec mélangeur et deux lances Monitor sur le toit. La remorque est l'œuvre de l'entreprise Crash Rescue Equipment. Cet ensemble est mû par un diesel V8 de 420 chevaux. Le deuxième essieu avant du tracteur a été rajouté.

Catégorie de véhicule :	*Pumper-Tanker*
Type de châssis :	*Diamond Reo*
Année de construction :	*1974*
Débit de la pompe :	*1 000 gpm (3 785 l/mn)*
Capacité de la citerne :	*3 000 gal (11 355 l)*

Plusieurs fourgons pompes-tonnes de grande capacité sont utilisés par les pompiers de Bethany dans le Connecticut. On voit ici le véhicule n° 85, monté par le carrossier Farrar sur un châssis lourd Diamond-Reo à trois essieux. Ce camion, élégamment peint en blanc avec une large bande jaune, est doté d'une pompe centrale.

Catégorie de véhicule :	*Pumper-Tanker*
Type de châssis :	*Kenworth C 525*
Année de construction :	*1973*
Débit de la pompe :	*1 250 gpm (4 731 l/mn)*
Capacité de la citerne :	*2 000 gal (7 570 l)*

Ce lourd pompe-tonne à trois essieux n° 9 des Pompiers d'Eugene, dans l'Oregon, a été construit par l'entreprise Western States Fire Apparatus Inc. En plus de sa réserve d'eau, il transporte 35 gal (132 l) de mousse de classe A et 70 gal (265 l) de mousse de classe B. Il est en outre doté dans la partie supérieure de la superstructure d'une petite installation d'extinction alimentée par 500 lbs. (227 kg) de poudre. La pompe rotative placée au centre est actionnée par un moteur séparé, lui permettant de combattre des incendies – feux de forêts par exemple – pendant la marche du véhicule.

Catégorie de véhicule :	*Pumper-Tanker*
Type de châssis :	*Simon-Duplex type D 500*
Année de construction :	*1990*
Débit de la pompe :	*1 750 gpm (6 624 l/mn)*
Capacité de la citerne :	*3 000 gal (11 355 l)*

Depuis les années 1980, beaucoup de fourgons pompes-tonnes de grande puissance sont construits sur des châssis spéciaux à cabine Custom. Les pompiers volontaires d'Odessa, dans le Delaware, possèdent un véhicule de ce type. Son immense châssis provient de l'entreprise Simon-Duplex et sa superstructure de chez Grumman. Il est équipé d'une grande cabine de conduite et d'équipage ainsi que d'une puissante pompe Midship. Il transporte en outre 50 gal (189 l) de mousse.

Catégorie de véhicule :	*Pumper-Tanker*
Type de châssis :	*Kenworth T 600*
Année de construction :	*1985*
Débit de la pompe :	*750 gpm (2 839 l/mn)*
Capacité de la citerne :	*3 600 gal (13 626 l)*

Malgré sa forme aérodynamique, ce fourgon pompe-tonne à trois essieux, inscrit sous le nº 341 auprès des pompiers de Lebanon, dans l'Oregon, a un aspect massif et puissant. Le châssis Kenworth utilisé ici correspondait à une nouvelle génération de modèles au capot-moteur plus arrondi et esthétique, ce qui, ajouté à de nouveaux moteurs, améliora la consommation de carburant. La superstructure fut construite par les pompiers eux-mêmes.

Catégorie de véhicule :	*Tanker*
Type de châssis :	*Kenworth K 100 COE*
Année de construction :	*1974*
Débit de la pompe :	–
Capacité de la citerne :	*3 000 gal (11 355 l)*

Ce porteur d'eau lourd nº 69, utilisé par le Service d'Incendie de Fern Creek, dans le Kentucky, fut monté sur un lourd châssis de camion Kenworth K 100 COE. Cet imposant véhicule à cabine avancée (Cabover) disposait d'un diesel V6 de 12 890 cm³ et 280 chevaux. Équipé par le carrossier Summit, il n'entra au service des pompiers qu'en 1985, et ne dispose que d'une petite pompe de remplissage. Ce véhicule possède aussi un bassin de rétention pliable, placé ici sur le côté droit.

Catégorie de véhicule :	*Brush-Truck*
Type de châssis :	*Dodge WC 62 (6 x 6)*
Année de construction :	*1942*
Débit de la pompe :	*100 gpm (379 l/mn)*
Capacité de la citerne :	*300 gal (1 136 l)*

Les Brush-Trucks, très répandus dans les Services d'Incendie américains, servent à combattre les feux de forêts et de broussailles. Même dans les grandes villes, rares sont les services qui ne possèdent pas au moins un des ces véhicules. Les incendies de forêts constituent en effet un grand danger aux USA ; les zones forestières de l'Ouest, en partie inaccessibles, sont particulièrement menacées lors de longues périodes de sécheresse. À côté des pick-up de série, ce sont souvent d'anciens véhicules militaires qui sont utilisés pour combattre ces sinistres. Voici un camion Dodge tout terrain à trois essieux, datant de la Seconde Guerre mondiale, transformé en « Bush Wacker » par les pompiers de North Brunswick, dans le New Jersey. Le dévidoir d'intervention rapide se trouve à l'arrière.

Ce pompe-tonne de grande capacité portant le nº 20 est employé au poste 20 de Gunston (Service d'Incendie et de Sauvetage du comté de Fairfax, Virginie). Ce châssis Kenworth à trois essieux, conçu à l'origine pour des camions de ramassage des ordures, ne fut que rarement utilisé pour des véhicules de pompiers. C'est E-One qui se chargea d'équiper ce camion à cabine très avancée. Le comté fit l'acquisition de trois véhicules de ce type.

Catégorie de véhicule :	*Pumper-Tanker*
Type de châssis :	*Kenworth*
Année de construction :	*1988*
Débit de la pompe :	*1 250 gpm (4 731 l/mn)*
Capacité de la citerne :	*2 500 gal (9 463 l)*

Catégorie de véhicule :	***Brush-Truck***
Type de châssis :	***Dodge T 214 WC 52 (4 x 4)***
Année de construction :	***1952***
Débit de la pompe :	***100 gpm (379 l/mn)***
Capacité de la citerne :	***250 gal (946 l)***

Le camion militaire Dodge 0,75 tonne, produit à des centaines de milliers d'exemplaires, a été assez souvent utilisé par les services d'incendie. Les pompiers volontaires de Chestnut Ridge, dans le Maryland, utilisaient encore en 1995 un tel Brush-Truck transformé par leurs soins. Ce véhicule en excellent état fut ainsi équipé d'une cabine fermée, d'un treuil frontal ainsi que d'un dévidoir fixé sur le plateau. Le moteur est un six cylindres à essence de 92 chevaux.

Catégorie de véhicule :	***Brush-Truck***
Type de châssis :	***Dodge (4 x 4)***
Année de construction :	***1964***
Débit de la pompe :	***250 gpm (946 l/mn)***
Capacité de la citerne :	***200 gal (757 l)***

Ce pick-up Dodge, désigné par l'appellation Brush 44-0, est un véhicule unique en son genre, transformé et équipé par les pompiers de Smyrna. Ce véhicule tout terrain de lutte contre les feux de forêts est équipé d'un treuil frontal et d'un dévidoir d'intervention rapide sur le plateau.

Catégorie de véhicule :	***Brush-Truck***
Type de châssis :	***Studebaker (6 x 6)***
Année de construction :	***1968***
Débit de la pompe :	–
Capacité de la citerne :	***300 gal (1 136 l)***

Les pompiers de la commune de Butler, en Pennsylvanie, trouvèrent un moyen très économique de se doter d'un fourgon d'incendie feux de forêts. Ils reprirent à l'armée américaine ce camion militaire tout terrain à trois essieux, et l'équipèrent eux-mêmes d'une citerne. Aucune autre modification importante ne fut nécessaire.

Catégorie de véhicule :	***Brush-Truck***
Type de châssis :	***International Harvester Loadstar 1700 (4 x 4)***
Année de construction :	***1974***
Débit de la pompe :	***350 gpm (1 325 l/mn)***
Capacité de la citerne :	***300 gal (1 136 l)***

C'est sur un châssis International Harvester toutes roues motrices doté d'un treuil frontal que fut réalisé ce camion-citerne feux de forêts ; d'abord utilisé par le Service d'Incendie des feux de forêt californien, il fut repris en 1995 par les pompiers de Corvalis, dans l'Oregon. Équipé à cette occasion d'une cabine double à quatre portes par l'entreprise Master Body, il devint le « Brush 161 » de cette compagnie.

Catégorie de véhicule :	*Brush-Truck*
Type de châssis :	*Gama Goat M 561 (6 x 6)*
Année de construction :	*1971*
Débit de la pompe :	*34 gpm (129 l/mn)*
Capacité de la citerne :	*200 gal (757 l)*

Un véhicule de lutte contre les incendies de forêts tout à fait inhabituel est employé par les pompiers d'Ocean Park, district 1 du comté de Pacific, État de Washington. Ce véhicule dit Gama Goat, construit pour l'armée américaine par l'entreprise britannique Consolidated Diesel Electric Co., est pourvu de trois essieux moteurs, lui assurant une incomparable motricité sur le terrain. Il est par contre difficile à piloter sur route, car seuls le premier et le dernier essieu sont directionnels. Le moteur est un diesel six cylindres de 102 chevaux.

Catégorie de véhicule :	*Brush-Truck*
Type de châssis :	*Ford F 250*
Année de construction :	*1985*
Débit de la pompe :	*150 gpm (568 l/mn)*
Capacité de la citerne :	*150 gal (568 l)*

Le Service d'Incendie et de Secours de la Station 32 Burke dans le comté de Fairfax, en Virginie, se chargea de transformer ce pick-up Ford de série en camion-citerne feux de forêts (Brush 32) doté d'une réserve d'eau, d'une petite pompe et d'un dévidoir d'attaque rapide des flammes.

Catégorie de véhicule :	*Brush-Truck*
Type de châssis :	*AM General M 818 (6 x 6)*
Année de construction :	*1967*
Débit de la pompe :	*250 gpm (946 l/mn)*
Capacité de la citerne :	*1 500 gal (5 678 l)*

Cet ancien camion militaire fut repris en 1992 par les pompiers de la Station 6 d' East Olympia (comté de Thurston, État de Washington). Le châssis de ce camion à trois essieux, baptisé Brush 64, provenait de l'entreprise AM General – « AM » signifiant American Military –, spécialisée dans la construction de camions militaires. Le carrossier H & W le dota, selon les instructions des sapeurs, d'une superstructure fermée et le convertit ainsi en un imposant camion-citerne feux de forêts.

Catégorie de véhicule :	*Brush-Truck*
Type de châssis :	*Kaiser Jeep M 45 A 2 (530 B)*
Année de construction :	*1972*
Débit de la pompe :	*500 gpm (1 893 l/mn)*
Capacité de la citerne :	*500 gal (1 893 l)*

Ce fourgon d'incendie à trois essieux, construit par la Kaiser Jeep Corporation de Toledo, avait déjà la même fonction dans l'armée américaine avant d'être repris, au début des années 1990, par le Service d'Incendie de Wilderness Ranch, dans l'Idaho. Ce véhicule doté d'une pompe M dship ne fut que peu modifié pour l'usage civil.

Catégorie de véhicule :	*Brush-Truck*
Type de châssis :	*GMC Top Kick (4 x 4)*
Année de construction :	*1990*
Débit de la pompe :	*350 gpm (1 325 l/mn)*
Capacité de la citerne :	*850 gal (3 217 l)*

Les services d'incendie disposant de moyens financiers suffisants font l'acquisition de camions feux de forêts neufs. Tel fut le cas des pompiers de Junction City, dans l'Oregon, qui avaient commandé à l'entreprise Hurds Custom Machinery ce « Brush 260 » sur châssis à transmission intégrale GMC. Ce véhicule très compact, équipé d'un dispositif d'intervention rapide et d'un canon à eau, dispose d'un puissant diesel six cylindres de 250 chevaux.

Catégorie de véhicule :	*Crash Fire Rescue Vehicle CFR*
Type de châssis :	*Oshkosh M-12*
Année de construction :	*1981*
Débit de la pompe :	*1 800 gpm (6 813 l/mn)*
Capacité de la citerne :	*3 170 gal (11 998 l)*

Aux États-Unis, l'aviation civile joue un rôle unique au monde. Outre de nombreux aéroports internationaux, il existe une multitude de petits aérodromes régionaux destinés au trafic intérieur. Des véhicules d'incendie équipés pour parer aux dangers spécifiques à l'aéronautique ont donc été développés voici fort longtemps. Les forces armées eurent comme souvent une fonction de précurseur et sont à l'origine de la plupart des innovations. Les véhicules aéroportuaires d'incendie et de secours sont désignés sous l'appellation générique de « Airport Rescue and Fighting Vehicles » (ARFF). Comme dans d'autres États, on distingue les véhicules d'intervention rapide (Rapid Intervention Vehicle, RIV), servant à combattre les départs d'incendie, et les fourgons grande puissance aéroport (Crash Fire Rescue Vehicle, CFR). La transmission intégrale est obligatoire pour tous ces camions. Les principaux constructeurs spécialisés dans ce secteur sont Oshkosh, E-One ainsi que Walter et Amertek, une entreprise reprise en 1998 par KME mais ayant entre-temps cessé son activité. Le véhicule illustré ici est un énorme véhicule d'incendie aéroportuaire Oshkosh, portant le numéro 1 et utilisé par le Service d'Incendie de l'aéroport international de Phoenix Sky Harbor, dans l'Arizona. Il transporte, en plus de sa citerne d'eau, 515 gal (1 949 l) de mousse concentrée, et 1 000 lbs. (454 kg) de poudre. Plusieurs dispositifs d'extinction rapide et lances Monitor servent à épandre ces produits.

Catégorie de véhicule :	***Brush-Truck***
Type de châssis :	***GMC CXM 211 (6 x 6)***
Année de construction :	***1952***
Débit de la pompe :	***250 gpm (946 l/mn)***
Capacité de la citerne :	***600 gal (2 271 l)***

Ce véhicule était employé par les forces armées américaines avant d'être transformé en 1975 en pompe-tonne feux de forêts par les pompiers du district 1 de Lane Rural, dans l'Oregon. Portant désormais le numéro 527, il possède un dispositif d'intervention rapide à l'arrière et une sortie de pompe devant le radiateur, lui permettant de fournir de l'eau instantanément.

Catégorie de véhicule :	***Crash Fire Rescue Vehicle CFR***
Type de châssis :	***Oshkosh M-1500***
Année de construction :	***1982***
Débit de la pompe :	***1 250 gpm (4 731 l/mn)***
Capacité de la citerne :	***1 500 gal (5 678 l)***

Ce véhicule à trois essieux, entièrement construit par Oshkosh, fut photographié en 1996 sur l'aéroport T.F. Green de Warwick, Rhode Island. Ce CFR 4 possède, outre sa citerne d'eau, une réserve de 180 gal (681 l) de mousse concentrée, des lances Monitor à l'avant et sur le toit, et des dispositifs d'intervention rapide.

Catégorie de véhicule :	***Crash Fire Rescue Vehicle CFR***
Type de châssis :	***Oshkosh T-3000***
Année de construction :	***1990***
Débit de la pompe :	***1 500 gpm (5 678 l/mn)***
Capacité de la citerne :	***3 000 gal (11 355 l)***

Les véhicules d'incendie aéroportuaires Oshkosh de la série T connurent un succès commercial rapide et propulsèrent cette entreprise au rang de leader dans ce secteur d'activité. Un exemplaire de l'un des plus grands modèles, le type T-3000, est immatriculé en tant que CFR 10 auprès des pompiers de l'aéroport international de Boise, cans l'Idaho. Il possède une réserve de 410 gal (1 552 l) de mousse concentrée.

Catégorie de véhicule :	***Crash Fire Rescue Vehicle CFR***
Type de châssis :	***Spartan (6 x 6)***
Année de construction :	***1985***
Débit de la pompe :	***1 250 gpm (4 731 l/mn)***
Capacité de la citerne :	***3 000 gal (11 355 l)***

Ce véhicule, initialement utilisé sur la base spatiale de Cap Canaveral, fut repris en 1998 par le Service d'Incendie de l'aéroport international d'Orlando, en Floride, et baptisé CFR 30. La superstructure de ce massif camion à trois essieux, réalisée par Fire-Tec, abrite une réserve de 400 gal (1 514 l) de mousse.

Catégorie de véhicule :	*Crash Fire Rescue Vehicle CFR*
Type de châssis :	*International Navistar 4800 (4 x 4)*
Année de construction :	*1992*
Débit de la pompe :	*500 gpm (1 893 l/mn)*
Capacité de la citerne :	*500 gal (1 893 l)*

Le Service d'Incendie de l'aéroport régional de Greenbrier Valley, en Virginie-Occidentale, utilisait en 1999 ce véhicule d'incendie construit par l'entreprise CRES (Crash Rescue Equipment Service) à Dallas,Texas. Portant le nº 2, ce petit camion est monté sur un châssis toutes roues motrices International et transporte, outre sa réserve d'eau, 75 gal (284 l) de mousse concentrée et 550 lbs. (250 kg) de poudre.

Catégorie de véhicule :	*Crash Fire Rescue Vehicle CFR*
Type de châssis :	*Oshkosh TB-1500*
Année de construction :	*1997*
Débit de la pompe :	*1 500 gpm (5 678 l/mn)*
Capacité de la citerne :	*1 500 gal (5 678 l)*

Le TB-1500 à deux essieux est le plus petit des nouveaux modèles de la série TB lancée par Oshkosh au début des années 1990. Le Service d'Incendie de l'aéroport de Blue Grass à Lexington, dans le Kentucky, employait ce véhicule portant le numéro 57. La citerne d'eau est complétée par une réserve de 220 gal (833 l) de mousse. Ce camion dispose d'un bras d'extinction (Snozzle) de 50 ft (15,24 m) permettant de percer le fuselage d'un avion pour éteindre un feu de cabine.

Catégorie de véhicule :	*Crash Fire Rescue Vehicle CFR*
Type de châssis :	*Walter BDQG*
Année de construction :	*1974*
Débit de la pompe :	*750 gpm (2 839 l/mn)*
Capacité de la citerne :	*1 000 gal (3 785 l)*

L'entreprise Walter Motor Truck Corporation s'est spécialisée depuis les années 1940 dans la construction de véhicules de sauvetage, d'incendie et de voirie. Une part importante de son activité était dédiée à la production de grands véhicules d'incendie aéroportuaires employés, jusque dans les années 1970, sur presque tous les grands aéroports américains. Les pompiers de l'aéroport de Pocatello, dans l'Oregon, utilisaient en 1997 un tel véhicule, affecté du nº 1. Il dispose, en plus de sa réserve d'eau, de 110 gal (416 l) de mousse concentrée et de 500 lbs. (227 kg) de poudre.

Catégorie de véhicule :	*Crash Fire Rescue Vehicle CFR*
Type de châssis :	*Oshkosh TB-3000*
Année de construction :	*1998*
Débit de la pompe :	*1 800 gpm (6 813 l/mn)*
Capacité de la citerne :	*3 000 gal (11 355 l)*

Ce modèle Oshkosh de type TB-3000, qui appartenait à la nouvelle génération de véhicules d'incendie aéroportuaires de ce constructeur, remplaça les véhicules du type T. Ce fourgon, basé à l'aéroport international de Port Columbus dans l'Ohio, est équipé d'un bras d'extinction de 50 ft (15,24 m) et dispose, en plus de la citerne d'eau, d'un réservoir de 420 gal (1 590 l) de mousse et de 500 lbs. (227 kg) de poudre.

Catégorie de véhicule :	***Crash Fire Rescue Vehicle CFR***
Type de châssis :	***Walter Z-CQS***
Année de construction :	***1978***
Débit de la pompe :	–
Capacité de la citerne :	–

D'une taille encore plus réduite, ce véhicule très compact entièrement construit par Walter et également utilisé par le Service d'Incendie de l'aéroport international de Philadelphie, porte le n° 3. Le bras d'extinction de 50 ft fut installé plus tard par l'entreprise CRES. Ce véhicule transformé en 1991 dispose désormais de 500 lbs. (227 kg) de poudre et de la même quantité d'Halotron, un agent d'extinction spécial.

Catégorie de véhicule :	***Crash Fire Rescue Vehicle CFR***
Type de châssis :	***Walter B-1500***
Année de construction :	***1986***
Débit de la pompe :	***1 200 gpm (4 542 l/mn)***
Capacité de la citerne :	***1 500 gal (5 678 l)***

Ce véhicule n° 2, en service auprès du Service d'Incendie de l'aéroport international de Philadelphie, en Pennsylvanie, est un modèle plus petit de la même catégorie. Entièrement réalisé par l'entreprise Walter, il possède deux lances Monitor, une frontale et une sur le toit, et un réservoir de mousse de 300 gal (1 136 l).

Catégorie de véhicule :	***Crash Fire Rescue Vehicle CFR***
Type de châssis :	***Peterbilt 357 (6 x 6)***
Année de construction :	***1996***
Débit de la pompe :	***1 250 gpm (4 731 l/mn)***
Capacité de la citerne :	***2 800 gal (10 598 l)***

Les véhicules d'incendie aéroportuaires sont rarement construits sur des châssis produits en grande série. Les pompiers de l'aéroport de Jackson Hole dans le Wyoming, étant seuls dans la région, souhaitaient disposer d'un véhicule aussi maniable et polyvalent que possible : aussi optèrent-ils pour ce fourgon mixte, pouvant aussi bien servir de véhicule d'incendie aéroportuaire que de pompe-tonne ordinaire. L'équipementier spécialisé W. S. Darley & Co. de Melrose Park, dans l'Illinois, se chargea de construire cet engin unique en son genre sur un châssis lourd Peterbilt. Ce pompe-tonne est équipé d'une pompe Midship ainsi que d'un bras d'extinction de 50 ft. Il embarque en outre 90 gal (341 l) de mousse concentrée. Ce véhicule dispose d'une transmission sur les trois essieux, assez inhabituelle pour un Peterbilt.

Catégorie de véhicule :	*Crash Fire Rescue Vehicle CFR*
Type de châssis :	*Walter BDT-3000*
Année de construction :	*1985*
Débit de la pompe :	*2 000 gpm (7 570 l/mn)*
Capacité de la citerne :	*3 000 gal (11 355 l)*

Ce fourgon grande puissance Walter immatriculé sous le nº 816 est employé par le Service d'Incendie de l'aéroport international de Portland, dans l'Oregon. Jusque dans les années 1980, Walter était le principal fournisseur de véhicules d'extinction aéroportuaires aux États-Unis. Cette entreprise, qui avait intégré le groupe KME en 1997, céda ensuite sa place aux entreprises E-One et Oshkosh. Outre l'eau, ce camion transporte 350 gal (1 325 l) de mousse.

Catégorie de véhicule :	*Crash Fire Rescue Vehicle CFR*
Type de châssis :	*E-One Titan*
Année de construction :	*1990*
Débit de la pompe :	*1 000 gpm (3 785 l/mn)*
Capacité de la citerne :	*1 500 gal (5 678 l)*

Ce fourgon d'incendie et de sauvetage des pompiers de l'aéroport régional de Greenville-Spartanburg, en Caroline du Sud, est revêtu d'une livrée rouge classique. Ce camion, construit par E-One et portant le nº 3, dispose, en plus de sa citerne d'eau, de 180 gal (681 l) de mousse et de 500 lbs. (227 kg) de poudre Purple-K.

Catégorie de véhicule :	*Crash Fire Rescue Vehicle CFR*
Type de châssis :	*E-One Titan*
Année de construction :	*1997*
Débit de la pompe :	*750 gpm (2 839 l/mn)*
Capacité de la citerne :	*1 500 gal (5 678 l)*

Ce CFR nº 1 construit par E-One et appartenant au Service d'Incendie de l'aéroport de Missoula, État du Montana, était pratiquement neuf quand il fut immortalisé par le photographe en 1997. Il peut emporter, en plus de l'eau contenue dans sa citerne, 200 gal (757 l) de mousse concentrée et 500 lbs. (227 kg) de poudre. Le modèle Titan peut être obtenu en deux versions, à deux ou trois essieux, avec une citerne à eau de capacité différente. Le modèle ci-dessus possède deux essieux et une pompe à l'arrière.

Catégorie de véhicule :	*Crash Fire Rescue Vehicle CFR*
Type de châssis :	*E-One Titan IV*
Année de construction :	*1989*
Débit de la pompe :	*1 500 gpm (5 678 l/mn)*
Capacité de la citerne :	*3 000 gal (11 355 l)*

Emergency One, qui débuta ses activités dans le secteur des véhicules d'incendie aéroportuaires en 1982, concurrence toujours davantage le leader du marché, Oshkosh. Ce CFR 3 monté sur un châssis Titan à trois essieux de E-One est utilisé par le Service d'Incendie de l'aéroport international de Logan à Boston, dans le Massachusetts. Outre une très grande réserve d'eau, ce véhicule possède 400 gal (1 514 l) de mousse concentrée et 950 lbs. (431 kg) de poudre. Ses principaux autres équipements sont un dispositif d'intervention rapide sur chacun de ses flancs, deux lances Monitor (une à l'avant et une sur le toit), ainsi que des buses d'aspersion du sol pour l'autoprotection.

Catégorie de véhicule :	*Crash Fire Rescue Vehicle CFR*
Type de châssis :	*E-One Titan*
Année de construction :	*1995*
Débit de la pompe :	*1 800 gpm (6 813 l/mn)*
Capacité de la citerne :	*3 000 gal (11 355 l)*

Ce fourgon grande puissance aéroport nº 4 utilisé par le Service d'Incendie de Donaldson Center, État de Caroline du Sud, est un lourd Titan à trois essieux. Modèle le plus performant de la gamme de véhicules aéroportuaires E-One, il peut emporter 400 gal (1 514 l) de mousse.

Catégorie de véhicule :	*Ladder 75 ft. MM*
Type de châssis :	*International*
Année de construction :	*1963*
Débit de la pompe :	–
Capacité de la citerne :	–

Les véhicules dotés d'un échelle pivotante sont appelés aux États-Unis « Aerial Ladder » ou « Truck ». Ces plates-formes élévatrices se différencient tant au niveau terminologique que technique des engins européens courants. Les premières échelles pivotantes américaines reposaient sur des semi-remorques, et étaient repliées vers l'arrière. Grâce à la manœuvrabilité de la remorque, ces échelles, appelées communément « Tillered Aerials », ou « Tillers », étaient aisément maniables. Les échelles dites « Mid Mounted » apparurent aussi assez tôt ; montées sur des véhicules à deux essieux, elles reposaient derrière la cabine et se rabattaient aussi vers l'arrière. Également appelé « Midship Aerial » ou « Mid Mounted Aerial » et jadis peu utilisé par les pompiers américains, ce type d'échelles connaît un regain d'intérêt ces dernières années. Ce n'est que bien plus tard que les pompiers américains se dotèrent d'échelles reposant à l'arrière du véhicule, à l'instar de ce qui se fait couramment en Europe. L'entreprise Seagrave fut la première à construire en 1963 une échelle de ce type, dite « Rear Mounted Aerial ». Dans les années 1970 apparurent les « Towers-Ladders », des échelles dotées d'une nacelle dans leur partie supérieure. Les noms de « Quintuples », ou « Quints » désignent des véhicules supportant une échelle pivotante et équipés d'une pompe, d'une citerne à eau, de tuyaux et d'échelles portables. C'est en 1958 qu'apparurent les « Snorkel » ou camions à bras élévateurs articulés. Le Service d'incendie de Chicago fut le premier à mettre dès cette année-là en service un véhicule de ce type. Il ne s'agissait au début que de bras à deux éléments surmontés d'une nacelle ; d'autres types vinrent s'y ajouter par la suite, tels que des mâts télescopiques ou des mâts combinés, à la fois articulés et télescopiques. Ces véhicules sont beaucoup moins fréquemment utilisés de nos jours. Une autre catégorie est constituée par les « Squirts », lancés sur le marché en 1968 : il s'agit de fourgons-pompes armés de bras d'extinction articulés ou télescopiques, à même d'éjecter de l'eau d'une hauteur appréciable – 55 ft (16,76 m) pour les bras à deux éléments, et 75 ft (22,86 m) pour les bras à trois éléments. Compte tenu de leur hauteur de déploiement limitée, et de la faible charge qu'ils peuvent supporter, ces bras ne remplacent pas les échelles pivotantes. Ce camion porte-échelle n° 2 appartient aux pompiers de Beckley, en Virginie-Occidentale. Équipé d'une cabine ouverte, il supporte derrière celle-ci une échelle d'un déploiement de 75 ft (22,86 m). Ce camion monté sur châssis International est doté d'un poste de conduite de type « Cincinnati ».

Catégorie de véhicule :	*Foam-Pumper*
Type de châssis :	*International Fleetstar 2010*
Année de construction :	*1976*
Débit de la pompe :	*1 000 gpm (3 785 l/mn)*
Capacité de la citerne :	–

Ce fourgon-pompe mousse n° 6 du Service d'incendie de la Bayway Refining Company de Linden, dans le New Jersey, est un véhicule particulier. Monté par National Foam sur un grand châssis International à trois essieux et capot avancé, il dispose, en son centre, d'une citerne à mousse de 750 gal (2 839 l) et d'une pompe rotative avec mélangeur. Il est en outre muni d'un bras d'extinction télescopique de 75 ft (22,86 m) ; en l'absence de citerne d'eau, il ne peut être alimenté qu'au moyen d'un porteur d'eau ou d'un raccordement au réseau.

Catégorie de véhicule :	*Foam-Pumper*
Type de châssis :	*International S 2500*
Année de construction :	*1978*
Débit de la pompe :	*1 000 gpm (3 785 l/mn)*
Capacité de la citerne :	–

Ce fourgon pompe-mousse construit par National Foam est employé par le Service d'Incendie de la raffinerie British Petroleum à Marcus Hook, en Pennsylvanie, sous la désignation « Engine 86-2 ». Monté sur un châssis International à trois essieux, il est équipé d'une réserve de mousse de 1 000 gal (3 785 l), d'un bras d'extinction articulé à deux éléments de 54 ft (16,46 m), ainsi que d'une pompe Midship avec mélangeur. Ce camion a lui aussi besoin d'un ravitaillement extérieur en eau.

Catégorie de véhicule :	*Foam-Pumper*
Type de châssis :	*International S 2500*
Année de construction :	*1981*
Débit de la pompe :	*1 000 gpm (3 785 l/mn)*
Capacité de la citerne :	–

Ce camion lourd International est doté d'un mât télescopique de 75 ft (24,60 m) en trois parties, pouvant projeter de la mousse. Équipé par National Foam, il est utilisé par le Service d'Incendie de l'usine de Philadelphie (Pennsylvanie) de la Sun Refining and Marketing Company. Conçu pour combattre les incendies de raffineries, il dispose d'une citerne de 1 000 gal (3 785 l) de mousse.

Catégorie de véhicule :	*Ladder 100 ft RM*
Type de châssis :	*Ford C 800*
Année de construction :	*1977*
Débit de la pompe :	–
Capacité de la citerne :	–

L'entreprise Seagrave Fire Apparatus Inc. de Clintonville, dans le Wisconsin, l'un des fabricants d'échelles pivotantes les plus anciens et les plus renommés des États-Unis, construisit cette échelle de 100 ft (30,48 m) utilisée en 1997 par les pompiers de Corvallis, dans le Wisconsin. Installée sur la partie arrière d'un camion Ford à deux essieux et cabine avancée du modèle C, elle porte le nº 151.

Catégorie de véhicule :	*Telesquirt*
Type de châssis :	*Ford L 800*
Année de construction :	*1973*
Débit de la pompe :	–
Capacité de la citerne :	–

Les pompiers de Lexington, dans le Kentucky, possédaient en 1999 ce camion Ford à capot-moteur doté d'une superstructure construite par l'entreprise Marion Body Works Inc. Il s'agissait à l'origine d'une plate-forme à bras télescopique (Service Ladder Truck) transformée en échelle pivotante nº 21 : le camion construit en 1973 et doté d'un double bras télescopique avec une lance d'extinction de 55 ft (16,76 m) fut repris et transformé par les pompiers en 1985. Le moteur est un diesel V8 de 290 chevaux.

Catégorie de véhicule :	*Ladder 105 ft RM*
Type de châssis :	*Ford LN 9000*
Année de construction :	*1994*
Débit de la pompe :	–
Capacité de la citerne :	–

Cet impressionnant véhicule du Service d'incendie de la ville de White Plains, au nord de New York, est lui aussi basé sur un lourd châssis Ford L à trois essieux et capot avancé. Il porte le nº 1 et est doté d'une échelle pivotante de 105 ft (32 m), montée à l'arrière, construite par la Smeal Fire Apparatus Company. Cette entreprise ne commença à produire des échelles pivotantes qu'en 1992.

Catégorie de véhicule :	*Snorkel*
Type de châssis :	*Ford L 9000*
Année de construction :	*1989*
Débit de la pompe :	*1 000 gpm (3 785 l/mn)*
Capacité de la citerne :	*1 250 gal (4 731 l)*

Ce camion détenu par les pompiers volontaires de Bradley Prosperity, en Virginie-Occidentale, est une combinaison d'engin-pompe et de camion-citerne disposant en plus d'un bras articulé de 55 ft (19,76 m). L'ensemble de la superstructure provient de Grumman Emergency Products Inc., de Roanoke, en Virginie. Cet engin immatriculé comme bras élévateur articulé nº 1 dispose d'une pompe Midship. Le lourd châssis à capot avancé est mû par un diesel V8 de 305 chevaux. La livrée noire, soulignée par des éléments en métal non vernis, confère une certaine élégance à ce véhicule, sans le rendre pour autant plus visible dans le trafic

Catégorie de véhicule :	*Ladder 100 ft RM*
Type de châssis :	*Seagrave H*
Année de construction :	*1986*
Débit de la pompe :	–
Capacité de la citerne :	–

Seagrave monta en 1963 la première échelle pivotante avec appui sur l'essieu arrière (Rear-Mounted-Ladder), qui fut aussi la première des États-Unis. Le camion porte-échelle ci-dessous était en 1995 au service des Pompiers de New York, plus précisément au poste d'intervention de St-Johns. L'échelle pivotante, déployable à 100 ft (30,48 m), repose sur un châssis de camion à trois essieux Seagrave. À la fin des années 1990, les pompiers de New York disposaient de 143 échelles pivotantes (Ladder Companies).

Catégorie de véhicule :	*Ladder 110 ft RM*
Type de châssis :	*Seagrave L*
Année de construction :	*1990*
Débit de la pompe :	–
Capacité de la citerne :	–

Le Service d'Incendie de New York mit en service en 1989 et 1990 deux grandes échelles Seagrave à appui arrière de 110 ft (33,53 m) de hauteur. Ce sont des véhicules massifs dont la superstructure repose sur un châssis Seagrave à trois essieux et cabine d'équipage surélevée. L'illustration présente l'échelle pivotante nº 38, stationnée dans le Bronx.

Catégorie de véhicule :	*Ladder 100 ft RM*
Type de châssis :	*Seagrave JB*
Année de construction :	*1991*
Débit de la pompe :	–
Capacité de la citerne :	–

Les pompiers de Highview portèrent aussi leur choix sur un camion porte-échelle Seagrave à deux essieux. Cette échelle pivotante de 100 ft (30,48 m), sur tourelle montée à l'arrière, provenait du même constructeur. Rabattue vers l'avant, elle repose au-dessus ce la spacieuse cabine de conduite à quatre portes de ce véhicule compact.

Catégorie de véhicule :	*Ladder 100 ft TT*
Type de châssis :	*Seagrave TB*
Année de construction :	*1994*
Débit de la pompe :	–
Capacité de la citerne :	–

Cette échelle pivotante nº 16 du Service d'Incendie de Washington DC, montée sur une semi-remorque, est particulièrement impressionnante. L'échelle et l'ensemble sont l'œuvre de Seagrave. Le tracteur est doté d'une grande cabine pouvant accueillir huit sapeurs. Les échelles pivotantes montées sur semi-remorques sont toujours très demandées aux États-Unis.

Catégorie de véhicule :	*Quint*
Type de châssis :	*International N 4900*
Année de construction :	*1994*
Débit de la pompe :	*1 250 gpm (4 731 l/mn)*
Capacité de la citerne :	*500 gal (1 893 l)*

Aux États-Unis, on observe ces dernières années une tendance visant à acheter davantage d'échelles pivotantes montées sur châssis de camions standard. Leur prix d'achat plus réduit semble jouer un rôle décisif. Deux véhicules identiques de ce type, construits sur des châssis à capot-moteur International et aménagés par l'équipementier Central States Fire Apparatus, ont été achetés comme engins d'intervention par les pompiers de Portsmouth, dans le New Hampshire. En plus de leur échelle de 50 ft (15, 24 m), ils possèdent une citerne d'eau, une réserve de mousse de 65 gal (246 l) et une grande cabine double.

Catégorie de véhicule :	*Ladder 100 ft RM*
Type de châssis :	*Seagrave*
Année de construction :	*1978*
Débit de la pompe :	–
Capacité de la citerne :	–

Le Service d'Incendie de New Cumberland, en Pennsylvanie, reçut en 1989 cette échelle pivotante utilisée auparavant par les pompiers de New York. Désormais affecté du nº 10, ce véhicule entièrement construit par Seagrave est doté d'une échelle, montée à l'arrière, pouvant atteindre 100 ft (30,48 m) ; il fut modernisé en 1989 par Interstate Mack, qui l'équipa d'une cabine Spartan.

Catégorie de véhicule :	*Squirt*
Type de châssis :	*Seagrave P (4 x 4)*
Année de construction :	*1972*
Débit de la pompe :	*1 250 gpm (4 731 l/mn)*
Capacité de la citerne :	*700 gal (2 650 l)*

Ce véhicule à transmission intégrale doté d'un bras d'extinction articulé de 54 ft (16,46 m) appartenait en 1997 aux pompiers volontaires de Landisville, dans le New Jersey. Portant le nº 1 112, il avait été construit par Pierce Manufacturing Inc. avec une cabine de conduite ouverte à l'arrière et possédait une pompe rotative ainsi qu'une citerne à eau.

Catégorie de véhicule :	*Telesquirt*
Type de châssis :	*Pierce Quantum*
Année de construction :	*1996*
Débit de la pompe :	*1 500 gpm (5 678 l/mn)*
Capacité de la citerne :	*500 gal (1 893 l)*

Cette échelle nº 37 construit par Pierce, dotée d'un mât télescopique articulé de 65 ft (19,81 m) équipé d'un dispositif d'extinction (Telesquirt), est basé en Virginie. Ce véhicule de bonne taille à deux essieux est équipé d'une puissante pompe Midship et dispose d'un réservoir supplémentaire pouvant contenir 60 gal (227 l) de mousse.

Catégorie de véhicule :	*Snorkel*
Type de châssis :	*Crown Firecoach*
Année de construction :	*1969*
Débit de la pompe :	–
Capacité de la citerne :	–

Les premières plates-formes élévatrices livrées par la Crown Firecoach Corporation étaient dotées de bras articulés produits dès le début des années 1960 par la Snorkel Fire Equipment Company. « Snorkel » prit dès lors le sens de « bras élévateur articulé », et l'entreprise Snorkel devint le leader sur ce marché. Vers la fin des années 1970, les bras élévateurs articulés cédèrent peu à peu la place aux échelles pivotantes à nacelle (Tower Ladder). Même si les classiques véhicules Crown Firecoach ne sont plus produits depuis 1985, on en trouve encore un grand nombre en service, ce qui confirme leur excellente qualité. Le Service d'Incendie d'Edmonds, État de Washington, en possède un exemplaire à trois essieux et cabine avancée, doté d'un bras élévateur articulé de 65 ft (19,81 m) et d'une puissante pompe Midship.

Catégorie de véhicule :	*Ladder 100 ft TT*
Type de châssis :	*Pierce Lance*
Année de construction :	*1989*
Débit de la pompe :	–
Capacité de la citerne :	–

Les pompiers de Clinton détenaient en 1995 une échelle pivotante montée sur semi-remorque (Tractor-Drawn Aerial Ladder) portant le nº 25. L'ensemble se composait d'un véhicule tracteur Lance et d'une semi-remorque Maxim supportant une échelle de 100 ft (30, 48 m), installée au-dessus de l'essieu arrière à roues orientables de la remorque. Un poste de pilotage et un siège étaient prévus à l'arrière de la remorque pour le « Tillerman » : chargé de manœuvrer les roues de la remorque, ce pilote doit avoir une bonne coordination avec le chauffeur pour diriger l'ensemble. Le tracteur date de 1989, et la semi-remorque de 1970.

Catégorie de véhicule :	*Ladder 110 ft TT*
Type de châssis :	*Pierce Lance*
Année de construction :	*1992*
Débit de la pompe :	–
Capacité de la citerne :	–

Cet attelage n° 1 du Service d'Incendie d'Eugene (Oregon), intégralement construit par Pierce Lance, se compose d'une semi-remorque portant une échelle Pierce de 33,53 m et d'un lourd tracteur à trois essieux – un choix permettant de réduire la charge par essieu sur certaines voies urbaines ou ponts à charge limitée.

Catégorie de véhicule :	*Tower-Ladder 102 ft RM*
Type de châssis :	*KME*
Année de construction :	*1991*
Débit de la pompe :	*1 250 gpm (4 731 l/mn)*
Capacité de la citerne :	*100 gal (379 l)*

Cette puissante échelle pivotante à nacelle n° 1, entièrement construite par l'entreprise KME Fire Apparatus sur un châssis à 3 essieux doté d'une grande cabine, est au service des pompiers de Moon (Pennsylvanie). Peinte joliment en bleu et blanc et montée à l'arrière, elle peut atteindre 102 ft (31,10 m). Le véhicule emporte une pompe et une réserve d'eau.

Catégorie de véhicule :	*Quint*
Type de châssis :	*KME*
Année de construction :	*1994*
Débit de la pompe :	*2 000 gpm (7 570 l/mn)*
Capacité de la citerne :	*500 gal (1 893 l)*

Ce pompe-tonne/échelle pivotante à nacelle de 102 ft (31,10 m), construit par KME, sert sous le n° 19 à l'aéroport international du comté d'Allegheny (Pennsylvanie). Ce véhicule polyvalent dont l'échelle est montée sur les essieux arrière dispose d'une puissante pompe et d'une citerne d'eau.

Catégorie de véhicule :	*Quint*
Type de châssis :	*KME Renegade*
Année de construction :	*1993*
Débit de la pompe :	*1 500 gpm (5 678 l/mn)*
Capacité de la citerne :	*750 gal (2 839 l)*

Ce fourgon mixte n° 12 du Service d'incendie de Washington DC est équipé d'une échelle de 55 ft (16,76 m). Fourni par l'entreprise KME, il emporte de l'eau, une pompe centrifuge placée au milieu et 30 gal (114 l) de mousse de type AFFF.

Catégorie de véhicule :	*Ladder 100 ft MM*
Type de châssis :	*Sutphen*
Année de construction :	*1983*
Débit de la pompe :	*1 250 gpm (4 731 l/mn)*
Capacité de la citerne :	–

Le Service d'Incendie de Wheeling (Virginie-Occidentale) employait encore en 1999 cette échelle pivotante de 100 ft (30,48 m), montée au centre du camion à trois essieux. Sutphen fut le premier à mettre en 1963 ce type d'échelles sur le marché, et continue de les commercialiser depuis, presque sans modifications. Ce véhicule n° 1 est aussi équipé d'une pompe.

Catégorie de véhicule :	*Quint*
Type de châssis :	*KME Renegade (6 x 6)*
Année de construction :	*1998*
Débit de la pompe :	*1 000 gpm (3 785 l/mn)*
Capacité de la citerne :	*1 000 gal (3 785 l)*

Ce pompe-tonne F 10 étincelant de tous ses chromes est également employé par le Service d'Incendie de l'aéroport international de Philadelphie. Entièrement construit par KME, ce camion à trois essieux et transmission intégrale dispose d'un bras d'extinction articulé Firestix de 55 ft (16,76 m), d'une citerne d'eau, de 200 gal (757 l) de mousse et de 500 lbs. (227 kg) de poudre, ce qui le rend apte à combattre tous les types d'incendie.

Catégorie de véhicule :	*Quint*
Type de châssis :	*Sutphen*
Année de construction :	*1976*
Débit de la pompe :	*1 000 gpm (3 785 l/mn)*
Capacité de la citerne :	*300 gal (1 136 l)*

Photographié en 1995 à Syracuse, État de New York, ce fourgon-pompe/porte-échelle Sutphen typique repose sur un châssis massif Sutphen à trois essieux et cabine avancée. L'échelle montée au centre peut se déployer à 100 ft (30,48 m). Outre une petite citerne d'eau, ce « Spare-Tower 7 » affecté au service de réserve emporte 100 gal (379 l) de mousse concentrée.

Catégorie de véhicule :	*Ladder 95 ft RM*
Type de châssis :	*E-One Hurricane*
Année de construction :	*1989*
Débit de la pompe :	–
Capacité de la citerne :	–

Cette échelle pivotante E-One n° 26 de 95 ft (28,96 m) montée à l'arrière appartient au Service d'Incendie du poste de South Glen Burnie, comté d'Anne Arundel (Maryland).

La plate-forme élévatrice repose sur un châssis à trois essieux E-One-Hurricane.

Catégorie de véhicule :	*Ladder 100 ft RM*
Type de châssis :	*Spartan Gladiator*
Année de construction :	*1993*
Débit de la pompe :	–
Capacité de la citerne :	–

Le Service d'Incendie de Portland (Oregon) porta son choix sur un châssis Spartan à trois essieux pour y monter une nouvelle échelle de 100 ft (30,48 m), fournie par LTI. L'embase pivotante est placée sur le double essieu arrière, comme cela se pratique couramment en Europe, et l'échelle repliée vers l'avant, au-dessus de la vaste cabine. Ce montage est le plus répandu actuellement.

Catégorie de véhicule :	*Aerialscope*
Type de châssis :	*Mack CF*
Année de construction :	*1989*
Débit de la pompe :	–
Capacité de la citerne :	–

Fondée en 1902 à Brooklyn, la Mack Brothers Company, l'un des plus importants constructeurs d'utilitaires aux États-Unis, proposa très tôt des véhicules d'incendie complètement équipés. Cette marque créa la surprise en lançant en 1964 un système de mât télescopique (Aerialscope) en quatre parties, avec plate-forme fixe et conduite d'alimentation en eau. Ces mâts conçus par Mack étaient construits par la Compagnie Baker Equipment de Richmond, en Virginie. Les pompiers de Hazlet (New Jersey) utilisaient en 1995 un modèle de 75 ft (22,86 m) supporté par un châssis Mack à trois essieux.

Catégorie de véhicule :	*Aerialscope*
Type de châssis :	*Mack CF*
Année de construction :	*1991*
Débit de la pompe :	–
Capacité de la citerne :	–

Les pompiers de New York, premiers et principaux acquéreurs de plates-formes élévatrices Mack/Baker, possèdent plus de 170 de ces engins parfaitement adaptés à leur mission. Voici, sur châssis Mack à trois essieux, un « Ladder 121 » Saulsbury doté d'un mât télescopique de 95 ft (28,96 m).

Catégorie de véhicule :	*Squirt*
Type de châssis :	*Grumman*
Année de construction :	*1991*
Débit de la pompe :	*1 750 gpm (6 624 l/mn)*
Capacité de la citerne :	*500 gal (1 893 l)*

Ce véhicule très compact doté d'une grande cabine double et d'un bras d'extinction articulé de 55 ft (16,76 m) est au service des pompiers de Cherry Hill. L'ensemble est l'œuvre de Grumman. Comme de coutume, cet engin dispose d'une citerne à eau et d'une pompe.

Catégorie de véhicule :	*Ladder 100 ft TT*
Type de châssis :	*Spartan Gladiator*
Année de construction :	*1994*
Débit de la pompe :	–
Capacité de la citerne :	–

Les pompiers d'Atlanta, en Géorgie, acquirent une échelle pivotante de 100 ft (30,48 m) montée sur une semi-remorque LTI à essieu unique et tractée par un camion à deux essieux et grande cabine. Ce type dit « Tilled Aerial » est très apprécié pour la grande maniabilité que confère l'essieu à roues orientables de la semi-remorque. Cet ensemble porte le nº 21.

Catégorie de véhicule :	*Snorkel*
Type de châssis :	*Maxim F*
Année de construction :	*1965*
Débit de la pompe :	*1 000 gpm (3 785 l/mn)*
Capacité de la citerne :	*300 gal (1 136 l)*

Le Service d'Incendie de Winchester (Tennessee) fit l'acquisition de ce bras élévateur articulé Pierce/Pitman nº 5 de 75 ft (22,86 m), monté sur châssis Maxim à trois essieux. Ce camion à cabine ouverte dispose aussi d'une réserve d'eau et d'une pompe Midship.

Catégorie de véhicule :	*Ladder 100 ft TT*
Type de châssis :	*Kenworth*
Année de construction :	*1969*
Débit de la pompe :	–
Capacité de la citerne :	–

Les échelles pivotantes montées sur des châssis de série sont déjà rares, mais quand il s'agit de véhicules avec semi-remorque, cela devient exceptionnel. Cette échelle Maxim de 100 ft (30,48 m) nº L 316 montée à l'arrière de la remorque, véhicule de réserve des pompiers de Seattle en 1997, a été réformée. La superstructure provenait de Curtis-Heiser, fournisseur traditionnel de ce service.

Catégorie de véhicule :	*Squirt*
Type de châssis :	*Spartan Gladiator*
Année de construction :	*1993*
Débit de la pompe :	*1 500 gpm (5 678 l/mn)*
Capacité de la citerne :	*500 gal (1 893 l)*

Les pompiers volontaires de Merck & Co. Inc. à Rahway, dans le New Jersey, firent l'acquisition de ce véhicule d'incendie spécial combiné avec un bras d'extinction articulé. La superstructure Chubb et National Fcam reposait sur un châssis Spartan à trois essieux. L'équipement comprenait une pompe rotative centrale dotée d'un mélangeur, une citerne d'eau, et un réservoir de 750 gal (2 839 l) de mousse concentrée.

Catégorie de véhicule :	*Ladder 85 ft MM*
Type de châssis :	*American LaFrance 700*
Année de construction :	*1956*
Débit de la pompe :	–
Capacité de la citerne :	–

Cet honorable vétéran de plus de 40 ans (nº 515) servait encore en 1997 au district 1 de Lane Rural, dans l'Oregon. Le châssis à cabine avancée ouverte à l'arrière (type ALF 700), le premier de ce genre à avoir été produit en grande série pour des voitures d'incendie, servit de modèle à d'autres constructeurs. L'échelle pivotante 85 ft (25,91 m) avait été montée au centre par American LaFrance. Le grand avantage de ce type d'échelle (Front-Mounted Ladder) résidait dans sa position basse.

Catégorie de véhicule :	*Ladder 100 ft MM*
Type de châssis :	*Maxim F*
Année de construction :	*1970*
Débit de la pompe :	–
Capacité de la citerne :	–

Cette échelle pivotante Maxim de 100 ft (30,48 m), montée au centre et repliée vers l'arrière du véhicule, était encore employée en 1994 par les pompiers de Smyrna (Delaware) sous le nº 44-7.

Catégorie de véhicule :	*Ladder 100 ft RM*
Type de châssis :	*American LaFrance ALF Century*
Année de construction :	*1977*
Débit de la pompe :	–
Capacité de la citerne :	–

American LaFrance produisit de 1973 à 1985 son fameux modèle à cabine avancée Century, équipé d'un moteur Detroit Diesel. Ce châssis très apprécié et caractéristique fut durant des années le modèle standard de ce constructeur. Une échelle pivotante de ce type était utilisée en 1994 sous le nº 1 par les pompiers de Tamaqua (Pennsylvanie). Livrée par le même constructeur, l'échelle fixée à l'arrière peut s'élever à 100 ft (30,48 m).

Catégorie de véhicule :	*Quint*
Type de châssis :	*American LaFrance Century*
Année de construction :	*1981*
Débit de la pompe :	*1 500 gpm (5 678 l/mn)*
Capacité de la citerne :	*300 gal (1 136 l)*

Ce fourgon d'incendie 531 du Service d'Incendie de Dryden (État de New York) est doté d'une échelle pivotante 75 ft (22,86 m) American LaFrance montée à l'arrière sur une plate-forme ALF-Century. Il dispose d'une puissante pompe rotative Midship et d'une petite réserve d'eau. De nos jours, en raison des restrictions budgétaires, ces camions polyvalents (pompe-tonne/échelle) sont utilisés par des services d'incendie de toutes tailles.

Catégorie de véhicule :	*Quint*
Type de châssis :	*American LaFrance Eagle*
Année de construction :	*1999*
Débit de la pompe :	*1 750 gpm (6 624 l/mn)*
Capacité de la citerne :	*500 gal (1 893 l)*

Les pompiers de Valley Hill, en Caroline du Nord, sont depuis longtemps clients d'American LaFrance. Ce camion porte-échelle n° 1 basé à Hendersonville est leur troisième ALF Eagle. Équipé d'une échelle pivotante Aerial Innovations de 75 ft (22,86 m) installée à l'arrière, il présente quelques spécificités techniques telles que l'essieu arrière directionnel. Aerial Innovations ne construisant que des échelles, la carrosserie provient de R. D. Murray Fire Apparatus.

Catégorie de véhicule :	*Heavy Rescue Truck*
Type de châssis :	*Freightliner*
Année de construction :	*1986*
Débit de la pompe :	*250 gpm (946 l/mn)*
Capacité de la citerne :	*300 gal (1 136 l)*

Il existe des fourgons de secours (véhicules de sauvetage et de transport de matériel) lourds ou légers. Alors que ces derniers sont montés sur des pick-up ou des voitures de livraison, on utilise pour les autres des châssis de camions. Ce fourgon de secours lourd du Service d'Incendie d'Odessa (Delaware), a été réalisé par Saulsbury Fire & Rescue Apparatus, compagnie leader dans son secteur, sur un châssis Freightliner à capot avancé. Le compartiment de charge accessible depuis la cabine renferme, outre de nombreux équipements techniques, un groupe électrogène, des outils de levage, différents écarteurs, des appareils respiratoires, des installations d'éclairage, une pompe centrifuge et une citerne d'eau. Ce camion peut ainsi intervenir en toute autonomie sur les incendies, de véhicules par exemple.

Catégorie de véhicule :	*Rescue Truck*
Type de châssis :	*Freightliner FL 70*
Année de construction :	*1998*
Débit de la pompe :	–
Capacité de la citerne :	–

Ce fourgon de sauvetage moyen, équipé d'une vaste cabine, est immatriculé sous le n° 2 auprès des pompiers du comté de Cobb (périphérie d'Atlanta, Géorgie). La superstructure provient de Hackney & Sons. Spécialisé dans les camions de transport de boissons, ce constructeur propose depuis les années 1980 des carrosseries adaptées aux véhicules de sauvetage. Ce fourgon sert aussi aux secours médicaux d'urgence.

Catégorie de véhicule :	*Ambulance*
Type de châssis :	*Freightliner FL 60*
Année de construction :	*1996*
Débit de la pompe :	–
Capacité de la citerne :	–

Les pompiers de Plantation, en Floride, utilisent comme ambulance ce fourgon de secours n° 25 réalisé par Medic-Master. Le vaste compartiment arrière franchissable est monté sur châssis mi-lourd Freightliner.

Catégorie de véhicule :	*Heavy Rescue Truck*
Type de châssis :	*Western Star 4942*
Année de construction :	*1987*
Débit de la pompe :	–
Capacité de la citerne :	–

Ce fourgon de sauvetage brillant de tous ses chromes (Rescue Squad 20), utilisé par les pompiers volontaires de Marlboro (Maryland) avait été monté par le fournisseur spécialisé Marion Body Works Inc. (Wisconsin) sur un châssis à capot-moteur Western Star. Ce véhicule dispose d'un treuil frontal et de matériels d'assistance technique variés. La cloche chromée placée à droite du pare-chocs est encore d'usage sur de nombreux véhicules d'incendie américains.

Catégorie de véhicule :	*Heavy Rescue Truck*
Type de châssis :	*Brockway 359*
Année de construction :	*1970*
Débit de la pompe :	–
Capacité de la citerne :	–

Cet imposant fourgon de sauvetage sur châssis Brockway de série à capot-moteur, fut acquis en 1993 comme engin de réserve par les pompiers de Baltimore. La superstructure de ce camion doté d'un treuil frontal provenait de l'entreprise Providence Body. Comme pour beaucoup de camions de secours américains construits à cette époque, le compartiment fourgon était accessible par une porte placée à l'arrière. Ce véhicule unique en son genre fut réformé après 30 ans de service. L'entreprise Brockway, fabricant de poids lourds renommé, ferma ses portes en 1977.

Catégorie de véhicule :	*Heavy Rescue Truck*
Type de châssis :	*Spartan Gladiator*
Année de construction :	*1991*
Débit de la pompe :	–
Capacité de la citerne :	–

Ce lourd fourgon de secours et de transport de matériel (Squad 4) du Service d'Incendie d'Atlanta est à tous égards impressionnant. Sa superstructure et sa grande cabine « Command-Cab » sont l'œuvre de Hackney & Sons, et le châssis à trois essieux est celui d'un Spartan Gladiator.

Catégorie de véhicule :	*Heavy Rescue Truck*
Type de châssis :	*Spartan Gladiator*
Année de construction :	*1993*
Débit de la pompe :	–
Capacité de la citerne :	–

Afin d'étendre leur capacité d'intervention technique, quelques camions de sauvetage sont exceptionnellement équipés d'une grue. Le Service d'incendie d'Aberdeen (Maryland) dispose ainsi d'un fourgon grande puissance nº 251 équipé par Saulsbury d'une grue télescopique JLG et d'un treuil frontal sur un châssis de Spartan-Gladiator à trois essieux. La grue est installée au centre du camion, sa flèche orientée vers l'arrière.

- Catégorie de véhicule : ***Heavy Rescue Truck***
- Type de châssis : ***GMC 6500***
- Année de construction : ***1978***
- Débit de la pompe : –
- Capacité de la citerne : –

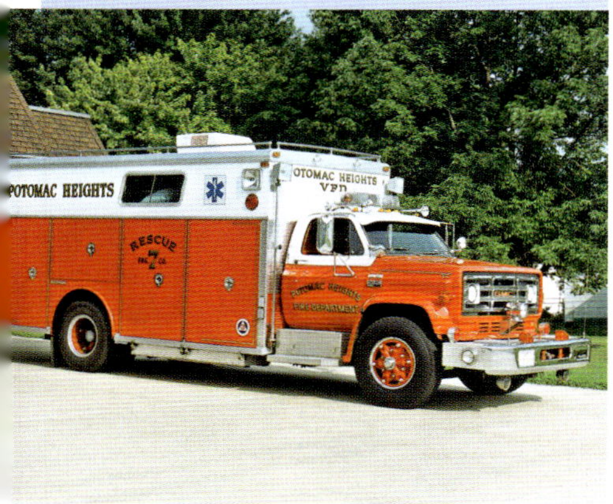

Ce véhicule en très bon état est doté d'un grand compartiment fourgon franchissable et accessible par l'arrière, construit par Saulsbury sur un châssis à capot-moteur GMC. Utilisé sous le nº 7 par les pompiers volontaires de Potomac Heights (Maryland), il sert aussi d'ambulance.

- Catégorie de véhicule : ***Rescue Truck***
- Type de châssis : ***Ford L 8000***
- Année de construction : ***1985***
- Débit de la pompe : –
- Capacité de la citerne : –

Ce fourgon de sauvetage nº 1 des pompiers de Wheeling (Virginie-Occidentale), réalisé par Saulsbury, repose sur un châssis mi-lourd Ford à capot-moteur et empattement de 3 660 mm. Les couleurs orange et blanc sont plutôt inhabituelles.

- Catégorie de véhicule : ***Rescue Engine***
- Type de châssis : ***Sutphen***
- Année de construction : ***1995***
- Débit de la pompe : ***2 000 gpm (7 570 l/mn)***
- Capacité de la citerne : ***500 gal (1 893 l)***

Ce fourgon de sauvetage nº 602 du Service d'incendie de Fort Thomas (Kentucky), réalisé par la Sutphen Corporation d'Amlin (Ohio), est en fait un pompe-tonne doté d'une pompe centrale très puissante, d'une lance Monitor sur le toit et d'un réservoir de mousse de 60 gal (227 l), ainsi que d'une grande quantité de matériel et d'outillage.

- Catégorie de véhicule : ***Heavy Rescue Truck***
- Type de châssis : ***Ford LN 9000***
- Année de construction : ***1985***
- Débit de la pompe : –
- Capacité de la citerne : –

Les pompiers du district de Columbia (Washington DC) acquirent trois de ces véhicules de sauvetage Ford, au spacieux compartiment de charge Emergency One. Comme on le voit sur ce Squad 3, leur livrée s'inspirait des couleurs de la ville. Par la suite, les fourgons furent classiquement peints en rouge, avec une bordure blanche sous le toit.

Catégorie de véhicule :	***Heavy Rescue Truck***
Type de châssis :	***Mack CF***
Année de construction :	***1970***
Débit de la pompe :	–
Capacité de la citerne :	–

Le compartiment de charge de ce lourd fourgon de sauvetage nº 1 photographié en 1994 au Service d'Incendie de Dover (Delaware) provenait de l'entreprise Swab Wagon d'Elizabethville. Le châssis à cabine avancée Mack est équipé d'un moteur six cylindres à essence de 11 225 cm^3 et 237 chevaux. La superstructure originale et très plaisante, accessible dans sa plus grande partie, est dotée sur le haut de fenêtres laissant pénétrer la lumière du jour.

Catégorie de véhicule :	***Rescue Engine***
Type de châssis :	***Mack R 600***
Année de construction :	***1976***
Débit de la pompe :	***1 500 gpm (5 678 l/mn)***
Capacité de la citerne :	***500 gal (1 893 l)***

Par souci d'économie, ce pompe-tonne premier secours (Engine 16-4) nº 1 de la municipalité de Scott (Pennsylvanie), œuvre de la Gendale Hose Company, fut complètement réaménagé par E-One, en 1994, sur un ancien camion datant de 1976 ; contrairement à la pratique habituelle, la cabine d'équipage fut intégrée à la superstructure. Ce camion de 240 chevaux est équipé de différents matériels d'assistance technique et d'une lance Monitor sur le toit.

Catégorie de véhicule :	***Heavy Rescue Truck***
Type de châssis :	***Mack R***
Année de construction :	***1978***
Débit de la pompe :	–
Capacité de la citerne :	–

Cet impressionnant fourgon de sauvetage nº 240 construit par Saulsbury sur un lourd châssis de camion Mack à capot avancé était en service, en 1995, auprès des pompiers de Tolland (Connecticut). Doté d'un moteur de 325 chevaux, ce véhicule était équipé d'une cabine de série et d'un vaste compartiment de charge.

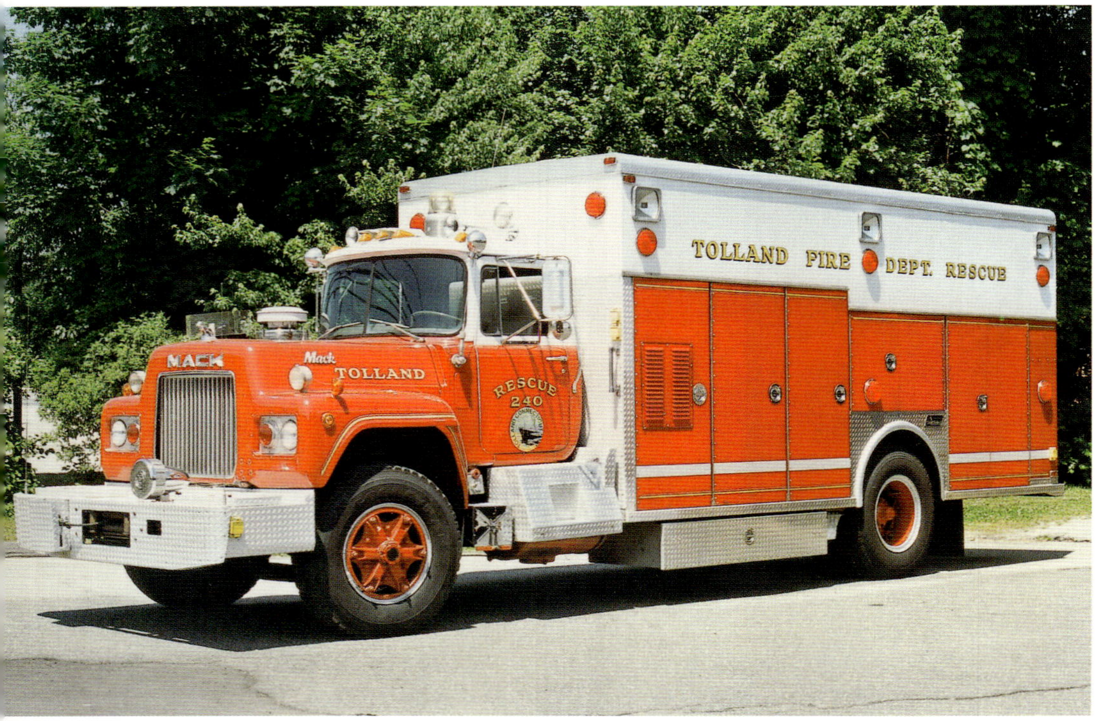

Catégorie de véhicule :	***Heavy Rescue Truck***
Type de châssis :	***International Paystar 5000 (4 x 4)***
Année de construction :	***1974***
Débit de la pompe :	–
Capacité de la citerne :	–

Un lourd châssis de camion International servit à monter ce fourgon de secours de réserve des pompiers de Syracuse (État de New York). Doté d'un treuil frontal et d'un spacieux compartiment de charge, accessible par l'arrière, fourni par Saulsbury, ce camion était entraîné par un diesel V8 de 240 chevaux.

Catégorie de véhicule :	***Rescue Engine***
Type de châssis :	***International Loadstar 1700 (4 x 4)***
Année de construction :	***1977***
Débit de la pompe :	***1 000 gpm (3 785 l/mn)***
Capacité de la citerne :	***400 l gal (1 514 l)***

Ce pompe-tonne chargé de matériels d'assistance technique était utilisé en 1995 par les pompiers de Scottdale, en Pennsylvanie. Ce « Rescue Engine 58-3 » très compact, équipé d'un treuil frontal et construit par le carrossier Hamerly sur un châssis tout terrain International à capot-moteur est entre autres équipé d'une pompe Midship, de dévidoirs d'intervention rapide et de projecteurs.

Catégorie de véhicule :	***Air Unit***
Type de châssis :	***Chevrolet Kodiak***
Année de construction :	***1991***
Débit de la pompe :	–
Capacité de la citerne :	–

Ce fourgon compresseur d'air est employé par les pompiers de Salem (Oregon). La superstructure équipée de fermetures à rideaux coulissants modernes a été réalisée par la Super Vacuum mfg Corporation de Loveward, dans le Colorado. Cette entreprise créée en 1954 s'est spécialisée depuis 1971 dans la construction de véhicules d'incendie. Ce camion est équipé d'un compresseur permettant de remplir les bonbonnes d'air alimentant les appareils respiratoires.

Catégorie de véhicule :	***Rescue Truck***
Type de châssis :	***International Cargostar 1850 B***
Année de construction :	***1978***
Débit de la pompe :	–
Capacité de la citerne :	–

Ce fourgon de secours moyen n° 35 de la Deer Park Fire Company de Cherry Hill (New Jersey), construit sur châssis International à cabine avancée, dispose d'un important compartiment de charge accessible depuis l'arrière, réalisé par le carrossier Reading.

Catégorie de véhicule :	***Fire Medic Unit***
Type de châssis :	***AM General Hummer (4 x 4)***
Année de construction :	***1996***
Débit de la pompe :	***200 gpm (757 l/mn)***
Capacité de la citerne :	***300 gal (1 136 l)***

Ce véhicule léger de transport militaire Hummer, construit par American Motor Corporation, a acquis sa notoriété depuis la guerre du Golfe. Ce petit camion tous usages n'a pas seulement fait ses preuves au service des forces armées, mais aussi en assumant des tâches civiles très diverses, sans oublier le symbole de réussite sociale qu'il représente chez les personnes aisées. Le Hummer tout terrain n° 34 B présenté ci-contre est équipé d'un moteur V8 de 170 chevaux. Servant à l'aide médicale d'urgence, il appartient au Service d'Incendie de Jupiter Island, en Floride. Polyvalent et rapide, il a été équipé par Fire Attacker et dispose d'une petite pompe et d'une citerne d'eau.

Catégorie de véhicule :	*Tactical Support Unit*
Type de châssis :	*International Navistar 4800 (4 x 4)*
Année de construction :	*1998*
Débit de la pompe :	–
Capacité de la citerne :	–

Les pompiers de New York possèdent deux véhicules d'assistance à transmission intégrale utilisés lors d'interventions lourdes ou d'opérations de sauvetage aquatique. Ils sont équipés d'un générateur de 28 kVA, d'un mât et de matériel d'éclairage, d'outils hydrauliques, d'une petite grue, d'un treuil de 12 tonnes et d'un canot. La superstructure a été construite par Saulsbury et la grue provient de chez Auto Crane.

Catégorie de véhicule :	*Air & Light Unit*
Type de châssis :	*International N 4700*
Année de construction :	*1994*
Débit de la pompe :	–
Capacité de la citerne :	–

Ce véhicule d'assistance respiratoire et d'éclairage est utilisé par le Service d'Incendie d'Alexandria, en Virginie. Ce camion spécial équipé par Emergency One d'un vaste fourgon sur un châssis à capot-moteur International transporte une large palette de matériel d'éclairage, des appareils respiratoires et un compresseur de remplissage des bouteilles d'air.

Catégorie de véhicule :	*Pumper Hose Unit*
Type de châssis :	*FWD F 1000 T*
Année de construction :	*1953*
Débit de la pompe :	*1 000 gpm (3 785 l/mn)*
Capacité de la citerne :	–

Ce camion dévidoir (Hose Wagon) nº 12 doté d'une pompe centrale et monté sur un châssis de camion FWD à capot avancé, appartient au Service d'Incendie de McMinnville, dans l'Oregon ; deux dévidoirs placés l'un derrière l'autre permettent d'établir les tuyaux durant la marche du véhicule. La transformation de cet ancien engin-pompe est en grande partie l'œuvre des pompiers.

Catégorie de véhicule :	*Hose Wagon*
Type de châssis :	*Ford C 700*
Année de construction :	*1978*
Débit de la pompe :	–
Capacité de la citerne :	–

Les camions dévidoirs (Hose Units) sont les véhicules d'incendie spéciaux les plus courants aux USA. Ce véhicule nº 9, unique en son genre, fut aménagé en 1983 par les pompiers du district rural de Seal Rock, dans l'Oregon. L'immense dévidoir, beaucoup trop lourd pour être manœuvré à la main, est entraîné par un moteur électrique.

Catégorie de véhicule :	*Rapid Intervention Vehicle RIV*
Type de châssis :	*International S 1800*
Année de construction :	*1981*
Débit de la pompe :	–
Capacité de la citerne :	–

Des fourgons d'incendie sont stationnés sur les pistes d'aviation des garde-côtes américains. Le Service d'Incendie de l'héliport de New York (U.S. Coast Guard Station Floyd Bennet Field), à Brooklyn, emploie ce camion monté par Fire & Technical Equipment Inc. sur un châssis International toutes roues motrices. Ce véhicule d'intervention rapide dispose de 200 gal (757 l) d'AFFF (mousse aqueuse formant film) et de 500 lbs. (227 kg) de poudre.

Catégorie de véhicule :	*Rapid Intervention Vehicle RIV*
Type de châssis :	*Ford F 600 (4 x 4)*
Année de construction :	*1979*
Débit de la pompe :	*250 gpm (946 l/mn)*
Capacité de la citerne :	*250 gal (946 l)*

Pour les zones aéroportuaires ont été conçus des véhicules d'intervention rapide, dont la tâche est d'attaquer le feu avant l'intervention de fourgons lourds. Ils possèdent une bonne capacité d'accélération, une vitesse de po nte élevée, une grande maniabilité et une transmission intégrale. Le Service d'Incendie de Tumwater, État de Washington, en utilise un exemplaire monté par Fire-Tec sur un châssis de Pick-Up Ford. Ce camion dispose d'une citerne d'eau, de 40 gal (151 l), de mousse et de 500 lbs. (227 kg) de poudre.

Catégorie de véhicule :	*Rapid Intervention Vehicle RIV*
Type de châssis :	*GMC 7000 (4 x 4)*
Année de construction :	*1985*
Débit de la pompe :	*300 gpm (1 136 l/mn)*
Capacité de la citerne :	*500 gal (1 893 l)*

Ce véhicule d'intervention rapide était utilisé en 1997 par les pompiers de l'aéroport international de Spokane, État de Washington. Construit par l'entreprise Pierreville sur un châssis GMC à capot-moteur et transmission intégrale, il est équipé d'un diesel six cylindres de 240 chevaux. Outre sa citerne à eau, il dispose de 200 gal (757 l) de mousse concentrée et de 500 lbs. (227 kg) de halon pouvant être projetés par la lance Monitor placée sur le toit et les dispositifs d'intervention rapide.

Catégorie de véhicule :	*Rapid Intervention Vehicle RIV*
Type de châssis :	*GMC 2500 (4 x 4)*
Année de construction :	*1994*
Débit de la pompe :	–
Capacité de la citerne :	–

Un châssis léger GMC à capot-moteur et transmission intégrale servit pour la construction de ce véhicule d'intervention rapide nº 1 des pompiers de l'aéroport régional de Rhode Island T. F. Green State Airport, à Warwick. Les entreprises E-One et Fire-Combat fournirent les appareils et le matériel d'extinction. Ce véhicule se caractérise par une pompe Midship, des dévidoirs d'intervention rapide, une lance Monitor et 500 lbs. (227 kg) de poudre.

Catégorie de véhicule :	*Rapid Intervention Vehicle RIV*
Type de châssis :	*Colet Jaguar K 15 (4 x 4)*
Année de construction :	*1996*
Débit de la pompe :	*1 250 gpm (4 731 l/mn)*
Capacité de la citerne :	*1 530 gal (5 791 l)*

L'aéroport international WmB Hartsfield d'Atlanta, en Géorgie, mit en service en 1996 une toute nouvelle génération de véhicules d'intervention rapide. L'entreprise californienne Colet, peu connue jusqu'alors, se chargea de la construction de ces engins à la ligne futuriste, équipés d'une caméra infrarouge, de trois caméras de recul et d'un bras d'extinction télescopique de 40 ft (12,20 m). Entraînés par un moteur Detroit Diesel de 595 chevaux, ils possèdent un réservoir de 100 gal (379 l) de mousse, un autre de 500 lbs. (227 kg) de poudre ainsi qu'une citerne d'eau. On voit ici le camion Y-10.

Catégorie de véhicule :	*Rapid Intervention Vehicle RIV*
Type de châssis :	*International Loadstar 1700 (4 x 4)*
Année de construction :	*1969*
Débit de la pompe :	–
Capacité de la citerne :	–

Ce véhicule d'intervention rapide « Crash 1 », monté par les entreprises Marion Body Works et Ansul sur un châssis International et livré aux pompiers de Cincinnati (Ohio), est un vétéran de plus de 30 ans. Il dispose d'une lance Monitor sur le toit, de dévidoirs d'intervention rapide, de 200 gal (757 l) de mousse et de 350 lbs. (159 kg) de poudre.

Catégorie de véhicule :	*Hazmat*
Type de châssis :	*Ford C 8000*
Année de construction :	*1979*
Débit de la pompe :	–
Capacité de la citerne :	–

Ce n'est que dans les années 1980 que des véhicules anti-pollution (Hazmats) apparurent chez les pompiers américains. Ils étaient tout simplement inconnus auparavant. Le nombre croissant de transports de matières dangereuses par la route et le rail, et des accidents en résultant, obligèrent les services d'incendie à investir dans ces matériels. Ce fourgon anti-pollution des pompiers de Boston vit le jour en 1987, après transformation d'un camion civil à carrosserie fermée par les entreprises Hesse et Resco.

Catégorie de véhicule :	*Support Unit*
Type de châssis :	*Hahn*
Année de construction :	*1982*
Débit de la pompe :	–
Capacité de la citerne :	–

Ce fourgon d'assistance (Support Unit) construit par l'entreprise Providence appartient au Service d'Incendie de Trumbal (district de Nichols, Connecticut). Cet imposant camion, monté sur un châssis Hahn, fournit un appui technique lors de sinistres importants.

Catégorie de véhicule :	*Hazmat*
Type de châssis :	*Mack R*
Année de construction :	*1980*
Débit de la pompe :	–
Capacité de la citerne :	–

Ce véhicule équipé pour lutter contre les risques chimiques, les conséquences d'effondrements de bâtiments ou les sinistres très importants est utilisé par les pompiers de Providence, capitale de l'État de Rhode Island. Il dispose d'un grand compartiment fourgon construit par Ranger, entièrement accessible et doté d'une porte à l'arrière.

Catégorie de véhicule :	*Hazmat*
Type de châssis :	*International N 4900*
Année de construction :	*1992*
Débit de la pompe :	–
Capacité de la citerne :	–

Très typique, ce véhicule d'assistance anti-pollution construit par Hackney & Sons sur un châssis International à capot-moteur, est utilisé par le poste 34 (Oakton) du Service d'Incendie et de Secours du comté de Fairfax, en Virginie. Ce fourgon est l'œuvre d'un constructeur spécialisé à l'origine dans les camions de transport de boissons.

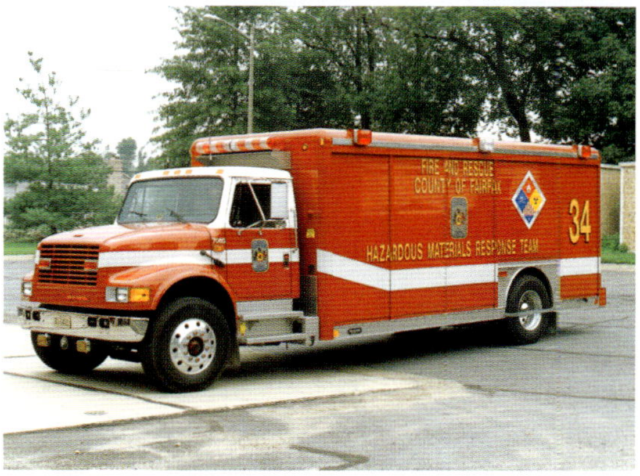

Catégorie de véhicule :	*Hazmat*
Type de châssis :	*Pemfab*
Année de construction :	*1987*
Débit de la pompe :	*1 250 gpm (4 731 l/mn)*
Capacité de la citerne :	*400 gal (1 514 l)*

Les pompiers du poste de Jones (comté d'Anne Arundel, Maryland) disposent de ce véhicule anti-pollution construit par l'équipementier American Eagle Company de Gainsville (Floride). La spacieuse superstructure contient tous les équipements de lutte contre les différentes matières dangereuses, une pompe rotative et une citerne d'eau. La vaste cabine d'équipage sert aussi de poste de commandement.

Catégorie de véhicule :	*Hazmat*
Type de châssis :	*Simon-Duplex*
Année de construction :	*1990*
Débit de la pompe :	–
Capacité de la citerne :	–

Le Service d'Incendie de Raleigh (Caroline du Nord), opta lors de l'achat d'un camion anti-pollution pour une superstructure Emergency One et un châssis Simon-Duplex. Ce modèle est doté d'une grande cabine « Command-Cab » et d'un vaste compartiment de charge accessible sur toute sa longueur et doté d'une porte à l'arrière.

Catégorie de véhicule :	*Hazmat*
Type de châssis :	*Ford LS 8000*
Année de construction :	*1992*
Débit de la pompe :	–
Capacité de la citerne :	–

Ce véhicule anti-pollution du Service d'Incendie de Warwick (Richmond), est l'œuvre de l'équipementier spécialisé Saulsbury de Tully (New York). La partie fourgon est accessible par une porte latérale. Ce camion à capot-moteur d'aspect massif est équipé d'un diesel V8 de 305 chevaux.

Catégorie de véhicule :	*Hazmat*
Type de châssis :	*Ford LN 8000*
Année de construction :	*1991*
Débit de la pompe :	–
Capacité de la citerne :	–

L'équipementier Hesse signa la superstructure de ce véhicule de lutte contre la pollution des pompiers de Portland (Oregon). Le vaste compartiment fourgon, abritant à l'avant un poste de commandement, fut construit sur un lourd châssis Ford à capot-moteur.

Catégorie de véhicule :	*Dry-Chemical-Unit*
Type de châssis :	*Mack MC*
Année de construction :	*1982*
Débit de la pompe :	–
Capacité de la citerne :	–

Ce fourgon spécial contenant 3 000 lbs. (1 361 kg) de poudre appartient au Service d'Incendie de la firme Brooklyn Union Gas. Il fut réalisé par l'entreprise Gibson Fire Apparatus sur un lourd châssis de camion Mack à trois essieux et cabine avancée.

Catégorie de véhicule :	*Foam-Pumper*
Type de châssis :	*Spartan (6 x 6)*
Année de construction :	*1980*
Débit de la pompe :	*1 000 gpm (3 785 l/mn)*
Capacité de la citerne :	–

Les fourgons pompes-tonnes spéciaux, peu répandus aux USA, sont surtout utilisés par les Services d'Incendie d'entreprise ; les pompiers municipaux ne possèdent que rarement ces véhicules combinant l'eau, la mousse et/ou la poudre. Ce pompe-tonne mousse des pompiers de la Brooklyn Union Gas à Brooklyn (New York) fut construit par l'entreprise Gibson Fire Apparatus de Lawrence (Massachusetts), suivant les indications du client, sur un châssis à trois essieux moteurs Spartan. Ce puissant camion transporte 3 000 gal (11 355 l) de mousse concentrée, une pompe rotative, une lance Monitor sur le toit et des dispositifs d'intervention rapide.

Catégorie de véhicule :	*Foam-Pumper*
Type de châssis :	*Mack MB 400*
Année de construction :	*1978*
Débit de la pompe :	*1 500 gpm (5 678 l/mn)*
Capacité de la citerne :	–

Les pompiers de la raffinerie Sun Refining Company à Philadelphie (Pennsylvanie), possèdent cet autre fourgon-pompe mousse doté d'une superstructure Chubb-National Foam. Ce camion, qui emporte 2 500 gal (9 463 l) de mousse concentrée, ne peut fonctionner qu'avec un apport d'eau extérieur. Son lourd châssis Mack à trois essieux est équipé d'un diesel V8 de 325 chevaux.

Catégorie de véhicule :	*Foam-Pumper*
Type de châssis :	*International Loadstar 1800*
Année de construction :	*1975*
Débit de la pompe :	*1 000 gpm (3 785 l/mn)*
Capacité de la citerne :	–

Un châssis International mi-lourd à capot-moteur sert de base à ce fourgon-pompe mousse du Service d'Incendie de la raffinerie Sun Refining Company de Philadelphie (Pennsylvanie). La superstructure provient de Chubb-National Foam. Ce camion est équipé d'une lance Monitor sur le toit, d'une pompe rotative centrale et d'un réservoir de 1 000 gal (3 785 l) de mousse concentrée. Il ne dispose pas de citerne d'eau.

Catégorie de véhicule :	*Foam-Pumper*
Type de châssis :	*Spartan Gladiator*
Année de construction :	*1973*
Débit de la pompe :	*1 250 gpm (4 731 l/mn)*
Capacité de la citerne :	*400 gal (1 514 l)*

Ce fourgon-pompe mousse n° 25 du Service d'Incendie de Clinton (Maryland) fut réalisé par la Maxim Motor Company à partir d'un ancien pompe-tonne déjà transformé, en 1991, par l'entreprise Mason Dixon qui le dota d'une cabine Spartan. Équipé d'une pompe Midship, il peut emporter de l'eau et 400 gal (1 514 l) d'AFFF (mousse aqueuse formant un film flottant).

Catégorie de véhicule :	*Foam-Pumper*
Type de châssis :	*Volvo-White*
Année de construction :	*1990*
Débit de la pompe :	*1 500 gpm (5 678 l/mn)*
Capacité de la citerne :	–

Ce grand pompe-tonne mousse Volvo-White à trois essieux portant le n° 3 est en service auprès des pompiers volontaires de Fairfax, en Virginie. La superstructure provient de l'entreprise Chubb-National Foam Inc. de Lionville (Pennsylvanie). Doté d'une réserve de mousse de 1 500 gal (5 678 l) et d'une pompe rotative installée au centre, ce véhicule qui ne dispose pas de citerne d'eau ne peut être utilisé qu'avec un raccordement au réseau de bouches d'incendie ou en liaison avec d'autres engins-pompes.

Catégorie de véhicule :	*Foam-Pumper*
Type de châssis :	*International S 1800*
Année de construction :	*1978*
Débit de la pompe :	*1 000 gpm (3 785 l/mn)*
Capacité de la citerne :	–

Ce pompe-tonne mousse réalisé par Chubb-National Foam appartient au Service d'Incendie de la raffinerie Sun Refining Company de Philadelphie. La réserve de mousse concentrée est de 1 000 gal (3 785 l) Ce camion qui repose sur un châssis mi-lourd à capot-moteur International dispose d'une lance Monitor et d'une pompe Midship.

Catégorie de véhicule :	*Special-Pumper*
Type de châssis :	*American LaFrance*
	ALF Century
Année de construction :	*1983*
Débit de la pompe :	*1 500 gpm (5 678 l/mn)*
Capacité de la citerne :	*500 gal (1 893 l)*

Cet engin-pompe 14 entièrement équipé par American LaFrance sur un châssis de Century à trois essieux de la marque fut photographié en 1997 chez les pompiers de Newport (Oregon). Ce camion transporte de l'eau, 3 000 lbs. (1 361 kg) de poudre, une pompe Midship, plusieurs lances Monitor et des dévidoirs d'intervention rapide. Il est surtout destiné à assurer la sécurité sur un petit aéroport régional.

Canada

La conception des véhicules de pompiers et l'organisation des services d'incendie du Canada, deuxième pays du monde par sa taille, sont fortement influencées par leur voisin méridional, les États-Unis d'Amérique. Quelques grands fabricants américains tels que American LaFrance et Seagrave ont découvert très tôt le marché canadien, et y ont créé des filiales. Seagrave, par exemple, fonda en 1900 la W. E. Seagrave Apparatus Company à Walkerville dans l'Ontario, tandis que American LaFrance établissait sa première filiale canadienne à Toronto en 1914. D'autres constructeurs les imitèrent. Du fait de la faible densité de la population et par suite des besoins limités en véhicules et matériels, l'industrie canadienne de véhicules d'incendie ne s'est développée que très lentement en comparaison des États-Unis. Les premiers constructeurs locaux furent la Bickle Fire Engine Ltd. (devenue ultérieurement la Bickle-Seagrave) de Woodstock dans l'Ontario, et la Pierre Thibault Ltd. de Pierreville, province du Québec. Ce dernier fabricant et équipementier, qui réalisa en 1918 le premier fourgon-pompe canadien, devint le leader du pays dans ce domaine avant de cesser son activité en 1989. La Carl Thibault Fire Trucks Inc, nouvellement fondée, a repris depuis le flambeau. Des variations du taux de change entre le dollar US et le dollar canadien, ainsi que des problèmes liés au système d'imposition ont à certains moments freiné la vente de véhicules américains au Canada, favorisant ainsi le développement de l'industrie locale de matériels d'incendie. Alors que la Bickle Fire Engine Company ou Bickle-Seagrave Ltd. avaient cessé leur production dès 1956, de nombreux fournisseurs apparurent sur le marché à partir des années 1970. Citons ainsi la Anderson Engineering Ltd. de Langley, en Colombie Britannique – bien qu'elle ait cessé son activité en 2000 –, la HUB Fire Engine & Equipment Ltd. de Abbotsford, la société Pierreville Fire Trucks fondée en 1968 et liquidée en 1985, et la Superior Emergency Equipment Ltd., toujours en activité. Il existait et existe encore un grand nombre de constructeurs moins importants. Dans le domaine des véhicules de sauvetage avec grues, le fabricant allemand Magirus a enregistré jusque dans les années 1960 de bons résultats avec ses échelles pivotantes traditionnelles, de même que le fournisseur finlandais Bronto Skylift.

Les débits de pompes et capacités de citernes indiqués dans ce chapitre sont en partie donnés, comme au Canada, en gallons impériaux UK, correspondant à 4,546 litres.

Catégorie de véhicule :	*Pumper*
Type de châssis :	*Chevrolet*
Année de construction :	*1969*
Débit de la pompe :	*866 gpm (3 936,8 l/mn)*
Capacité de la citerne :	*500 gal (2 273 l)*

Ce fourgon pompe-tonne 49 fabriqué par la société Pierre Thibault Ltd., Pierreville/Québec, et monté sur un châssis Chevrolet à cabine avancée démodé, fut photographié en 1995 devant le Service d'Incendie de Longueuil, province du Québec.

Catégorie de véhicule :	*Pumper*
Type de châssis :	*Freightliner FLL*
Année de construction :	*1989*
Débit de la pompe :	*2 000 gpm (7 570 l/mn)*
Capacité de la citerne :	*800 gal (3 636,8 l)*

Ce fourgon pompe-tonne 219 des Services d'Incendie de la Ville de Montréal dispose également d'un châssis Freightliner. Dans cette province habitée essentiellement par des immigrants d'origine française, le français est devenu langue officielle depuis 1977. La superstructure de ce fourgon d'incendie emportant en outre 100 gal (379 l) de mousse avait été réalisée par la firme Phoenix Fire Apparatus de Drummondville, fondée en 1985, et qui cessa son activité en 1992.

Catégorie de véhicule :	*Pumper*
Type de châssis :	*Freightliner FLL*
Année de construction :	*1990*
Débit de la pompe :	*1 050 gpm (4 773,3 l/mn)*
Capacité de la citerne :	*500 gal (2 273 l)*

Ce fourgon pompe-tonne des pompiers de Montréal, réalisé sur un châssis Freightliner, dispose d'une grande cabine rehaussée. La superstructure de ce véhicule équipé d'une pompe centrale intégrée fut montée par l'entreprise Anderson Engineering Ltd. en 1990.

Catégorie de véhicule :	*Pumper*
Type de châssis :	*Freightliner FLL*
Année de construction :	*1987*
Débit de la pompe :	*1 500 gpm (5 678 l/mn)*
Capacité de la citerne :	*300 gal (1 363,8 l)*

Au niveau de la superstructure et de l'aspect, du débit des pompes et de la capacité des citernes, les différences entre les fourgons pompes-tonnes canadiens et leurs homologues américains sont minimes. Dans les deux pays, le Pumper est le véhicule d'incendie le plus répandu. Le Service d'Incendie de Vancouver, en Colombie Britannique, utilisait ainsi en 1997 ce pompe-tonne acquis dix ans plus tôt auprès du constructeur de superstructures Anderson Engineering Ltd. La superstructure est montée sur un châssis Freightliner à cabine avancée.

Catégorie de véhicule :	***Pumper***
Type de châssis :	***Kenworth K 100***
Année de construction :	***1976***
Débit de la pompe :	***850 gpm (3 864,1 l/mn)***
Capacité de la citerne :	***500 gal (2 273 l)***

Dans le parc du même Service d'Incendie se trouve également ce pompe-tonne 45 doté d'une cabine Custom ouverte à l'arrière. Ce véhicule équipé par Hustler a un châssis de camion Kenworth à cabine avancée et un moteur diesel six cylindres de 280 chevaux.

Catégorie de véhicule :	***Pumper***
Type de châssis :	***Spartan***
Année de construction :	***1980***
Débit de la pompe :	***1 050 gpm (4 773,3 l/mn)***
Capacité de la citerne :	***500 gal (2 273 l)***

Le fourgon pompe-tonne 46 de ce Service d'Incendie dispose pour sa part d'une superstructure Thibault avec cabine Custom. Cet équipementier avait utilisé ici un châssis à cabine avancée de l'entreprise Spartan.

Catégorie de véhicule :	***Pumper***
Type de châssis :	***Spartan Monarch***
Année de construction :	***1989***
Débit de la pompe :	***1 750 gpm (6 624 l/mn)***
Capacité de la citerne :	***300 gal (1 363,8 l)***

Le Service d'Incendie de Burnaby, en Colombie Britannique, avait choisi en 1989 un châssis Spartan pour faire monter par l'équipementier Pierre Thibault un nouveau pompe-tonne : le camion n° 5 représenté ici, également doté d'une cabine Custom et d'une pompe centrale. La partie arrière de la superstructure était fermée par des rideaux coulissants. Ce modèle s'est répandu auprès de nombreux services d'incendie canadiens. Une lance Monitor est placée sur le toit, au-dessus du poste de commande de la pompe.

Catégorie de véhicule :	*Pumper*
Type de châssis :	*Scot*
Année de construction :	*1977*
Débit de la pompe :	*1 050 gpm (4 773,3 l/mn)*
Capacité de la citerne :	*300 gal (1 367,8 l)*

Ce pompe-tonne 4 assemblé par l'entreprise Pierreville Fire Trucks de St. François-du-Lac, province du Québec, faisait en 1997 partie du parc de véhicules du Service d'Incendie et de Secours de Richmond en Colombie Britannique. Ce véhicule Custom, équipé d'une citerne supplémentaire de 30 gal (114 l) de mousse, était monté sur un châssis à cabine avancée Scot. Ce fabricant de la province de Nova Scotia a produit quelquefois des châssis spéciaux équipés de moteurs Cummins ou Detroit Diesel.

Catégorie de véhicule :	*Pumper*
Type de châssis :	*Amertek CM 1*
Année de construction :	*1985*
Débit de la pompe :	*1 750 gpm (6 624 l/mn)*
Capacité de la citerne :	*250 gal (1 136,5 l)*

Le Service d'Incendie et de Secours de Burnaby (Colombie Britannique) possédait ce fourgon pompe-tonne 25 assemblé par la société Amertek Inc. de Woodstock, dans l'Ontario. Ce véhicule équipé au centre d'une pompe centrale et d'un dispositif d'attaque rapide était monté sur un Châssis Amertek doté d'une spacieuse cabine Custom avancée. L'entreprise Amertek ne fabriqua des véhicules de pompiers que durant huit ans.

Catégorie de véhicule :	*Pumper*
Type de châssis :	*Pacific*
Année de construction :	*1989*
Débit de la pompe :	*1 500 gpm (5 678 l/mn)*
Capacité de la citerne :	*300 gal (1 363,8 l)*

Ce fourgon pompe-tonne 10 du Service d'Incendie de la ville de Vancouver (Colombie Britannique), fabriqué par la Anderson Engineering Ltd., dispose également d'une cabine Custom, d'une pompe centrale, d'une lance Monitor sur le toit et d'une caisse fermée par des rideaux coulissants. Le chargement supplémentaire se compose de 45 gal (170 l) de concentré de mousse.

Catégorie de véhicule :	*Ladder 100 ft MM*
Type de châssis :	*GMC 7000*
Année de construction :	*1964*
Débit de la pompe :	–
Capacité de la citerne :	–

Le Service d'Incendie de St. Lambert, province du Québec, possédait en 1995 dans son parc de véhicules cette échelle aérienne 30 m n° 304, montée au centre du camion par Thibault. La conception basse du châssis impliquait que ces échelles se replient vers l'arrière du plateau.

Catégorie de véhicule :	***Ladder 100 ft MM***
Type de châssis :	***Spartan***
Année de construction :	***1981***
Débit de la pompe :	–
Capacité de la citerne :	–

L'échelle aérienne nº 13 du Service d'Incendie de Longueuil dans le Québec a été montée par Thibault sur un châssis à cabine avancée Spartan. Cette échelle de 30 m, placée à l'arrière du véhicule, se replie par-dessus la cabine.

Catégorie de véhicule :	***Ladder 110 ft RM***
Type de châssis :	***Freightliner FLL***
Année de construction :	***1991***
Débit de la pompe :	–
Capacité de la citerne :	–

Cette échelle pivotante Seagrave 110 ft (33,50 m), enregistrée auprès du Service d'Incendie de Montréal sous le nº 419, est gigantesque. Montée par Anderson sur un châssis trois essieux Freightliner à cabine avancée, elle est placée à l'arrière du camion, sa tourelle reposant au-dessus des essieux arrière. Le véhicule, qui dispose également d'une grande cabine de conduite et d'équipage, comporte un nombre surprenant de rideaux coulissants.

Catégorie de véhicule :	***Snorkel***
Type de châssis :	***Mack R***
Année de construction :	***1986***
Débit de la pompe :	***1 250 gpm (4 731 l/mn)***
Capacité de la citerne :	–

Non moins impressionnant est ce bras articulé Simon Snorkel SS 300, d'une hauteur utile de 103 ft (31,40 m), monté par Simon sur un châssis à trois essieux et capot avancé Mack-R pour le Service d'Incendie du District North Vancouver, en Colombie Britannique. La superstructure et la pompe centrifuge centrale ont été fournies par l'équipementier HUB Fire Engines & Equipment Ltd. de Abbotsford, dont l'activité remonte à 1959. Le châssis est équipé d'un moteur diesel huit cylindres en V de 14 174 cm³ pour 325 chevaux.

Catégorie de véhicule :	***Ladder 100 ft RM***
Type de châssis :	***Amertek CMC 1***
Année de construction :	***1986***
Débit de la pompe :	***1 750 gpm (6 624 l/mn)***
Capacité de la citerne :	***150 gal (568 l)***

Cette échelle aérienne nº 6 de 100 ft (30,48 m) du Service d'Incendie de Burnaby, en Colombie Britannique, a été équipée par Thibault d'une nacelle de sauvetage et montée sur un châssis à cabine avancée Amertek. Outre une pompe centrifuge centrale très puissante, ce véhicule impressionnant emmène aussi une petite réserve d'eau.

Catégorie de véhicule :	*Snorkel*
Type de châssis :	*Freightliner FLL*
Année de construction :	*1990*
Débit de la pompe :	–
Capacité de la citerne :	–

Le parc du Service d'Incendie de Montréal comprend aussi ce bras élévateur articulé à trois éléments du type Bronto Skylift 27-3, portant le nº 716. Ce mât dont la tourelle est située à l'arrière du véhicule se replie au-dessus de la spacieuse cabine de conduite et d'équipage et peut se déployer à la hauteur de 88 ft (27 m). La caisse fermée par rideaux coulissants et la cabine ont été fabriquées par la société Anderson.

Catégorie de véhicule :	*Rapide Intervention Vehicle RIV*
Type de châssis :	*Walter (4 x 4)*
Année de construction :	*1982*
Débit de la pompe :	*420 gpm (1 590 l/mn)*
Capacité de la citerne :	*420 gal (1 590 l)*

Du fait de l'immensité du pays, l'aviation civile du Canada s'est développée très tôt et a atteint le même niveau d'excellence qu'aux États-Unis. De nos jours encore, de nombreux villages éloignés, notamment dans le Nord, ne sont pratiquement accessibles que par voie aérienne. Ce véhicule d'intervention rapide est utilisé sur la base militaire aérienne de Bordon, dans l'Ontario. Très compact, ce VIR conçu par Walter dispose d'un chargement de 500 lbs (227 kg) de poudre et de 45 gal (170 l) de mélange d'eau et de mousse AFF.

Catégorie de véhicule :	*Rapide Intervention Vehicle RIV*
Type de châssis :	*Amertek RIV C-1*
Année de construction :	*1987*
Débit de la pompe :	*500 gpm (1 893 l/mn)*
Capacité de la citerne :	*550 gal (2 500 l)*

Ce véhicule d'intervention rapide VIR 4 construit par Amertek était basé en 1997 à l'aéroport international de Vancouver, en Colombie Britannique. Outre la réserve d'eau, le chargement se compose de 77 gal (350 m) de concentré de mousse et de 225 lbs (102 kg) de poudre. Ce fourgon faisait partie d'une commande groupée de l'ancienne société des aéroports canadiens. C'est pourquoi d'autres aéroports du pays, comme l'aéroport international Alberta à Calgary notamment, disposent de véhicules presque identiques.

Catégorie de véhicule :	*Rapide Intervention Vehicle RIV*
Type de châssis :	*Foremost Marauder II (4 x 4)*
Année de construction :	*1985*
Débit de la pompe :	*750 gpm (2 839 l/mn)*
Capacité de la citerne :	*1 000 gal (3 785 l)*

Le véhicule d'intervention rapide figurant sur cette photo appartient au Service d'Incendie de l'aéroport international d'Edmonton dans l'Alberta. Il a été monté sur un châssis articulé 4 x 4 Foremost par un constructeur de véhicules tout terrain super-lourds et de chenilles destinés à l'industrie pétrolière. Le véhicule est équipé de rcues jumelées à l'arrière, ainsi que d'une superstructure Thibault dans laquelle est intégrée une citerne de 127 gal (481) de mousse.

Catégorie de véhicule :	*Crash Fire Rescue Vehicle*
Type de châssis :	*American LaFrance, ALF 900 (6 x6)*
Année de construction :	*1960*
Débit de la pompe :	*750 gpm (2 839 l/mn)*
Capacité de la citerne :	*1 000 gal (3 785 l)*

Ce fourgon grande puissance aéroport un peu plus ancien, enregistré sous le matricule CFR 5 et construit par l'équipementier American LaFrance, faisait également partie, en 1997, du parc de véhicules du Service d'Incendie de l'aéroport international de Vancouver. Ce châssis 6 x 6 à trois essieux très bien entretenu embarquait en sus du chargement d'eau 165 gal (750 l) de mousse AFFF, un agent d'extinction synthétique formant un film flottant. Depuis, ce véhicule aéroportuaire est devenu une pièce de musée.

Catégorie de véhicule :	*Crash Fire Rescue Vehicle*
Type de châssis :	*Foremost Marauder II (6 x 6)*
Année de construction :	*1981*
Débit de la pompe :	*1 125 gpm (4 258 l/mn)*
Capacité de la citerne :	*2 000 gal (7 570 l)*

Ce gigantesque fourgon grande puissance à roues surdimensionnées du Service d'Incendie de l'aéroport international de Vancouver a été réalisé sur un châssis articulé Foremost. La superstructure provient de l'entreprise Canadian Foam-Boss. Ce véhicule transporte également une réserve de 160 gal (606 l) de mélange eau et mousse AFFF.

Catégorie de véhicule :	*Crash Fire Rescue Vehicle*
Type de châssis :	*Oshkosh TI-3000 (6 x 6)*
Année de construction :	*1999*
Débit de la pompe :	*1 620 gpm (6 132 l/mn)*
Capacité de la citerne :	*2 500 gal (9 463 l)*

Ce fourgon pompe-tonne grande puissance trois essieux portant le n° CFR 2, entièrement fabriqué par le constructeur américain Oshkosh, appartient aux pompiers de l'aéroport international de Calgary dans l'Alberta. Outre une réserve d'eau, il transporte également 350 gal (1 591 l) de concentré de mousse et 500 lbs (227 kg) de poudre, mis en œuvre par les lances Monitor sur le toit et à l'avant ainsi que par le dispositif d'attaque rapide à l'arrière.

Catégorie de véhicule :	*Crash Fire Rescue Vehicle*
Type de châssis :	*Foremost Marauder II (4 x 4)*
Année de construction :	*1987*
Débit de la pompe :	*500 gpm (2 273 l/mn)*
Capacité de la citerne :	*1 000 gal (4 546 l)*

Un châssis spécial, un Foremost articulé à deux essieux, supporte ce véhicule aéroportuaire CFR 4 du Service d'Incendie de l'aéroport international de Montréal-Dorval. La superstructure de ce châssis aux remarquables qualités tout terrain a été réalisée par la société Thibault. 126 gal (572,8 l) de mousse complètent le chargement.

Ce fourgon grande puissance aéroport (CFR 2) des pompiers de l'aéroport international de Vancouver était presque flambant neuf quand il a été photographié en 1997. Le châssis est un Timoney-Titan HPR (High Performance Rescue – Secours hautes performances) 8 x 8 à quatre essieux. Le chargement composé, outre la réserve d'eau, de 320 gal (1 211 l) de mousse et de 500 lbs (227 kg) de poudre, permet de faire face à tous les types d'incendies pouvant survenir sur un aéroport de cette taille.

Catégorie de véhicule :	*Crash Fire Rescue Vehicle*
Type de châssis :	*Timoney-Titan HPR (8 x 8)*
Année de construction :	*1996*
Débit de la pompe :	*1 500 gal (5 678 l/mn)*
Capacité de la citerne :	*2 500 gal (11 365 l)*

Catégorie de véhicule :	*Crash Fire Rescue Vehicle*
Type de châssis :	*SMI Firemaster (4 x 4)*
Année de construction :	*1976*
Débit de la pompe :	*500 gpm (2 273 l/mn)*
Capacité de la citerne :	*1 000 gal (4 546 l)*

Le parc de véhicules des pompiers de l'aéroport international de Montréal-Dorval au Québec comportait aussi en 1995 ce fourgon pompe-tonne grande puissance n° 2. Les équipements de ce camion deux essieux maniable ont été fournis par le constructeur Canadian Foam-Boss, qui a également installé une citerne de mousse de 165 gal (750 l). Des dispositifs d'attaque rapide et une lance Monitor télécommandée sur le toit font aussi partie des équipements spéciaux du véhicule.

Amérique centrale et du Sud

Les débuts de la protection anti-incendie en Amérique Centrale et du Sud, dite aussi Amérique latine, remontent aux colons espagnols et portugais. Ainsi, dès 1573, le roi Philippe II d'Espagne décidait-t-il de lutter, lors de la création des villes, contre une architecture trop dense. Mais c'est surtout après 1619, année qui vit un gigantesque incendie dévaster Veracruz en Nouvelle-Espagne (l'actuel Mexique), que s'intensifièrent les efforts pour lutter contre les incendies urbains. Malheureusement, la majorité de ces idées très progressistes ne put être mise en œuvre. Ainsi, l'organisation de la lutte contre le feu demeura-t-elle des siècles durant d'autant plus insuffisante que cette partie du monde était particulièrement touchée par les tremblements de terre, les inondations, les cyclones et les éruptions volcaniques ainsi que par les attaques des Indiens indigènes. Entre 1582 et 1746, six tremblements de terre importants furent enregistrés sur les côtes du Chili, du Pérou et de l'Équateur. Le dernier détruisit à lui seul 19 000 bâtiments à Lima et Callao, tuant des centaines de personnes.

Si la construction légère des bâtiments facilitait la reconstruction, elle les rendait facilement inflammables, en particulier lors d'attaques des Indiens. Les feux de forêts provoqués par la sécheresse estivale et se propageant rapidement aux localités habitées continuent de représenter un réel danger. Au final, les lois et ordonnances de la période coloniale témoignent d'une bonne volonté qui resta souvent lettre morte. Ce n'est qu'au début du XIXe siècle, avec l'indépendance naissante des anciennes colonies, que de nouvelles impulsions furent données dans les parties espagnole et portugaise de l'Amérique. Ainsi, la capitale du Pérou, Lima, disposait-elle dès 1823 d'un poste d'incendie bien équipé et en 1845, de fourgons-pompes hippomobiles. La première unité de pompiers volontaires fut fondée en 1866 en Argentine. Le système de lutte contre les incendies se développa tout aussi rapidement au Chili. Dans d'autres États en revanche, l'évolution prit plusieurs décennies. Au Venezuela par exemple, il n'exista jusqu'en 1937 aucun système organisé de lutte contre le feu. La capitale du Paraguay, Asunción, ne fonda qu'en 1978 une caserne de pompiers volontaires, ne disposant à ses débuts que de 3 fourgons pompes-tonnes et 40 hommes !

L'organisation de la lutte contre le feu diffère énormément dans les divers pays d'Amérique centrale et du Sud. Les grands services d'incendie des villes font toutefois généralement partie d'une Police du feu d'État, et dépendent du ministère de l'Intérieur. Dans certains pays coexistent pompiers de métier et pompiers volontaires, l'organisation étant confiée aux communes. Il existe parfois aussi un mélange des deux formes d'organisation.

Comme il n'existe nulle part sur le continent d'industrie locale de véhicules utilitaires, et quasiment aucune d'équipements de lutte contre le feu, presque tous les fourgons et matériels d'incendie doivent être importés. Il n'est donc pas étonnant de trouver dans presque tous les pays une large variété de marques de châssis :

Chevrolet, Mack, Magirus-Deutz, Scania, MAN, Mercedes-Benz, Dodge et Ford mais aussi Berliet, Renault, Leyland et plus récemment aussi japonais. Il en est de même avec les superstructures : à côté des modèles assez peu nombreux construits par Tecin-Rosenbauer en Argentine ou Cimasa au Brésil, on rencontre partout un mélange coloré de fournisseurs étrangers tels Emergency One, Rosenbauer, American LaFrance, Pierce, Pirsch, Metz, Magirus, Simon et Camiva.

L'âge des véhicules est tout aussi disparate que les châssis et les superstructures. Outre les véhicules d'intervention très modernes que l'on rencontre souvent dans les grandes villes et les aéroports, il n'est pas rare de voir des modèles certes vétustes, mais généralement bien entretenus et opérationnels – en particulier dans les régions rurales et les petites villes, mais parfois aussi dans des services d'incendie plus importants. Ainsi, certains véhicules des années 1950 sont-ils encore en service. Cela est surtout vrai pour les échelles pivotantes, presque toutes importées, et pour certains fourgons-pompes spéciaux. On peut dire en résumé que de nombreux progrès ont été effectués, surtout au cours des dernières années, dans le renouvellement de ce parc de véhicules et d'équipements plutôt vétustes.

Catégorie de véhicule :	*fourgon-pompe spécial 25 C*
Type de châssis :	*Mercedes-Benz LAF 1113/42 (4 x 4)*
Année de construction :	*1968*
Débit de la pompe :	*2 500 l/mn*
Capacité de la citerne :	*3 000 l*

Les pompiers mexicains disposent principalement de matériel en provenance des États-Unis, composé pour l'essentiel de fourgons-pompes, de fourgons pompes-tonnes, d'échelles pivotantes et de bras élévateurs articulés. En raison du réseau de bouches d'incendie généralement inexistant, les fourgons pompes-tonnes sont très répandus. Ce fourgon-pompe spécial du constructeur allemand Metz à Karlsruhe fut livré au Service d'Incendie des Petróleos Mexicanos, Refinería Minatitlán du canton de Veracruz. Le châssis est un capot court Mercedes-Benz à toutes roues motrices, doté d'une cabine d'équipage accueillant six hommes. Le chargement se compose d'eau et d'une installation à poudre Minimax de 750 kg. Le véhicule possède une pompe centrale, deux dispositifs d'attaque rapide et une lance Monitor sur le toit.

Mexique, Équateur, Antigua

Catégorie de véhicule :	*fourgon-pompe spécial 25 A*
Type de châssis :	*Ford FK 3500*
Année de construction :	*1953*
Débit de la pompe :	*2 800 l/mn*
Capacité de la citerne :	*2 500 l*

Les services d'incendie de l'Équateur, avec une tradition de près de 150 ans, peuvent se vanter d'être les plus anciens d'Amérique latine. Ce fourgon-pompe spécial 25 A, livré par Metz aux pompiers de Quito, la capitale, est un vétéran qui n'est certainement plus en service. Le châssis Ford, doté d'un moteur à carburateur à huit cylindres en V de 95 chevaux, avait reçu des superstructures semi-ouvertes. Le véhicule disposait d'une pompe centrale MPH 30 avec mélangeur installée dans une caisse fermée, d'un tableau de commande de la pompe à ciel ouvert sur le côté, de deux dispositifs d'attaque rapide à l'arrière et d'un dévidoir sur le toit avec tuyau haute pression. Ce fourgon emportait, outre une réserve d'eau, 150 litres de mousse.

Catégorie de véhicule :	*Water Tender*
Type de châssis :	*Dennis Sabre*
Année de construction :	*2001*
Débit de la pompe :	*2 270 l/mn*
Capacité de la citerne :	*3 500 l*

Avec sa superstructure Carmichael, ce porteur d'eau moderne du Antigua & Barbuda Fire Service St. Johns, dans l'île caribéenne d'Antigua, ne peut renier ses origines britanniques. L'île fut en effet successivement colonie espagnole, française puis britannique à partir de 1667. L'indépendance vis-à-vis de la Grande-Bretagne n'ayant été acquise qu'en 1981, l'influence de ce pays demeure très forte. Le véhicule dispose d'une grande cabine de conduite et d'équipage pour sept personnes. La structure fermée par des rideaux coulissants abrite la citerne d'eau et une pompe centrifuge Godiva de fabrication britannique. Ce fourgon emporte des équipements supplémentaires de secours et d'assistance.

Brésil

Catégorie de véhicule :	*échelle pivotante EP 36*
Type de châssis :	*Mercedes-Benz N 5*
Année de construction :	*1930*
Débit de la pompe :	–
Capacité de la citerne :	–

Les pompiers brésiliens, qui dépendent de la Police militaire, disposent d'un grand nombre de véhicules produits dans leur pays. Cela tient à la présence du constructeur Cimasa, qui fabrique des fourgons-pompes, des fourgons pompes-tonnes ainsi que des camions lourds de sauvetage. Les engins de sauvetage avec grue doivent être importés. En 1930, les pompiers de Sao Paulo reçurent une échelle pivotante mécanique Metz (Escada Automática Metz) 36 m. L'échelle à cinq éléments était encore fabriquée en bois avec renforts en acier. Mercedes-Benz utilisa pour ce véhicule ouvert un châssis à cadre surbaissé N 5, entraîné par un moteur à carburateur six cylindres de 100 chevaux.

Catégorie de véhicule :	*échelle pivotante EP 45*
Type de châssis :	*Magirus M 40*
Année de construction :	*1938*
Débit de la pompe :	–
Capacité de la citerne :	–

La firme Magirus fit aussi affaire avec les Brésiliens. Dès 1924, ce constructeur allemand, très orienté sur l'exportation, avait vendu sa première échelle pivotante à Recife. D'autres commandes suivirent à la fin des années 1920. En 1938, ce fut le tour d'une échelle pivotante mécanique 45 m ouverte, à six éléments et système d'entraînement K 30. Le châssis équipé d'un moteur diesel (KHD) Deutz six cylindres de 90 chevaux pour une cylindrée de 7 540 cm^3 provenait aussi de Magirus. Avec l'échelle dépassant bien au-delà du capot-moteur, le véhicule atteignait sa charge utile maximale fixée à quatre tonnes.

Catégorie de véhicule :	*échelle pivotante EP 44*
Type de châssis :	*Mercedes-Benz L 1920/52*
Année de construction :	*1967*
Débit de la pompe :	–
Capacité de la citerne :	–

Cette EP 44 Metz à six éléments et entraînement hydraulique a été livrée en 1967 aux pompiers de Sao Paulo. La superstructure et la cabine double reposent sur un lourd châssis Mercedes-Benz à capot court. Ce châssis d'un poids total autorisé de 19 tonnes était purement destiné à l'export, et ne pouvait être conduit sur les routes de la République Fédérale d'Allemagne qu'avec une autorisation exceptionnelle. Le capot court, massif, abrite un diesel six cylindres à injection directe OM 346, d'une cylindrée de 10 810 cm^3 pour 210 chevaux. Ce véhicule photographié dans le périmètre de l'usine Metz est déjà équipé à l'arrière du dévidoir en bois. Le projecteur, sur le côté droit, n'a pas encore été placé.

Catégorie de véhicule :	*véhicule d'éclairage*
Type de châssis :	*Mercedes-Benz LS 315/36*
Année de construction :	*1955*
Débit de la pompe :	–
Capacité de la citerne :	–

Ce véhicule d'éclairage photographié en mai 1955 sur le périmètre de l'usine Metz à Karlsruhe avant d'être livré aux pompiers de Sao Paulo est un exemplaire unique et remarquable. Conçu en version semi-remorque, il transportait dans la remorque fermée un générateur électrique, des projecteurs et autres matériels d'éclairage variés nécessaires pour éclairer les zones d'importants sinistres. Le tracteur Mercedes-Benz était équipé d'un moteur diesel six cylindres avec chambre de précombustion de 8 280 cm³ et 145 chevaux.

Catégorie de véhicule :	*fourgon-pompe FP 30*
Type de châssis :	*Mercedes-Benz LF 6600/48*
Année de construction :	*1954*
Débit de la pompe :	*3 000 l/mn*
Capacité de la citerne :	–

Metz livra ce fourgon-pompe FP 30 aux pompiers de Sao Paulo en 1954. Ce véhicule imposant monté sur un lourd châssis à capot avancé Mercedes-Benz avait la ligne « bus » arrondie en vogue à l'époque. Il pouvait transporter jusqu'à onze hommes et était doté d'une pompe haute pression MHP 30 installée à l'arrière. Les barres de toit et les supports d'échelle témoignent des possibilités de chargement.

Catégorie de véhicule :	*autopompe/ambulance*
Type de châssis :	*Mercedes-Benz type 180*
Année de construction :	*1957*
Débit de la pompe :	–
Capacité de la citerne :	–

Une ambulance carrossée par la société Binz & Co de Lorch reçut de Metz en 1957 une pompe à l'avant et une sirène électrique. Cette combinaison peu courante fut créée à la demande d'une unité de pompiers brésiliens. Ce véhicule de transport fermé tout acier, construit sur un châssis Mercedes-Benz type 180, signa l'entrée de la société Binz sur le marché des ambulances.

Catégorie de véhicule :	*grande puissance aéroport*
Type de châssis :	*Iveco type MP 190 E 43 W (4 x 4)*
Année de construction :	*1999*
Débit de la pompe :	*6 000 l/mn*
Capacité de la citerne :	*5 700 l*

Magirus remporta une grosse commande des autorités de l'Aviation civile brésilienne, portant sur plus de 100 véhicules aéroportuaires du type Impact 6000. En 1999, les premiers de ces fourgons extrêmement compacts, reposant sur des châssis toutes roues motrices Iveco de 422 chevaux, quittèrent l'usine Magirus de Weisweil. Ce FPT grande puissance transporte de l'eau, 750 litres de mousse et 250 kg de poudre. Outre une pompe centrifuge puissante avec mélangeur, le véhicule de 18,5 tonnes est équipé sur le toit d'une lance Monitor mixte à eau, mousse et poudre, d'une lance Monitor frontale eau et mousse, ainsi que d'un treuil d'une puissance de 5,5 tonnes. L'Impact 6000, à transmission automatique, accélère de 0 à 80 km/h en 25 s, et peut atteindre jusqu'à 130 km/h.

Catégorie de véhicule :	*fourgon pompe-tonne FPT 15*
Type de châssis :	*Magirus-Deutz (KHD) S 3500*
Année de construction :	*1951*
Débit de la pompe :	*1 500 l/mn*
Capacité de la citerne :	*2 400 l*

L'Uruguay, pays niché au sud-est de l'Amérique du Sud et dont la capitale est Montevideo, compte parmi les plus petits États de ce continent. Les pompiers de métier du pays dépendent du ministère de l'Intérieur ; ce n'est qu'en 1977 que fut votée une loi pour la formation de pompiers volontaires supplémentaires. Outre les véhicules construits par Tecin-Rosenbauer et Cimasa, des vétérans acquis auprès de Magirus dans les années 1950 sont encore en service, ou en réserve ; ils devraient être prochainement remplacés. Cette photo prise en 1951 à l'usine Magirus montre quatre camions d'incendie produits pour Montevideo, dont trois fourgons pompes-tonnes et une échelle EP 22 à entraînement mécanique.

Uruguay

Catégorie de véhicule :	*camion-grue de sauvetage 7*
Type de châssis :	*Magirus-Deutz (KHD) S 6500*
Année de construction :	*1952*
Débit de la pompe :	–
Capacité de la citerne :	–

Ce camion-grue de sauvetage fabriqué pour les pompiers de Montevideo est d'un style comparable aux pompes-tonnes et d'une perfection intemporelle. Le véhicule prévu pour une équipe de sept hommes était équipé d'une grue de 7 tonnes à moteur électrique, ainsi que d'un treuil à tambour d'une puissance de 5,5 tonnes. En sus du générateur de 18 kVA logé sous la banquette-coffre de la cabine d'équipage, d'autres matériels d'assistance technique s'abritaient dans la superstructure. Les charges accrochées à la flèche pouvaient être transportées à petite vitesse par le véhicule grâce aux rouleaux situés à l'arrière.

Catégorie de véhicule :	*fourgon-pompe FP 25*
Type de châssis :	*Magirus-Deutz (KHD) S 6500*
Année de construction :	*1952*
Débit de la pompe :	*2 500 l/mn*
Capacité de la citerne :	*2 000 l*

En 1952, le parc de véhicules des pompiers de Montevideo fut entièrement modernisé. Magirus remporta cette grosse commande portant sur des fourgons-pompes, des camions-grues, des échelles pivotantes et plus tard des véhicules d'incendie aéroportuaires. Le fourgon-pompe FP 25 photographiée ci-dessus, livré au Cuerpo de Bomberos de Montevideo, en faisait aussi partie. Cet imposant véhicule transportant un équipage de neuf personnes était monté sur un châssis à capot rond équipé d'un diesel à huit cylindres en V de 170 chevaux. Il a été carrossé avec la ligne omnibus aux formes élégantes à la mode à l'époque.

Catégorie de véhicule :	*camion-citerne forêts CCF*
Type de châssis :	*Magirus-Deutz (KHD) F Mercur 125 A (4 x 4)*
Année de construction :	*1960*
Débit de la pompe :	*1 600 l/mn*
Capacité de la citerne :	*2 800 l*

Ce camion-citerne forêts toutes roues motrices fabriqué par Magirus fut remis en 1960 aux pompiers de Montevideo. La superstructure repose sur un châssis à capot rond Magirus avec une cabine d'équipage pour trois hommes, selon le modèle des FPT « TLF 16-T » déjà livrés au Land de Basse-Saxe.

Catégorie de véhicule :	*grande puissance aéroport 25 S*
Type de châssis :	*Magirus-Deutz (KHD) S 7500*
Année de construction :	*1957*
Débit de la pompe :	*2 500 l/mn*
Capacité de la citerne :	*8 000 l*

En 1957, Magirus livra un lot complet de véhicules d'incendie réalisé selon des directives uniformes aux pompiers de l'aéroport de Carrasco, l'aéroport civil de la capitale Montevideo. Les trois véhicules disposaient sur les deux côtés de dispositifs d'attaque rapide pour l'eau et la mousse, et étaient équipés sur le toit de lances Monitor eau-mousse. Cette photo montre l'un de ces véhicules – le plus long de cette livraison – en version semi-remorque. La remorque à deux essieux fabriquée par la société Kässbohrer possédait à l'arrière une pompe centrifuge entraînée par le moteur du tracteur. Le chargement était constitué d'eau, de 800 litres d'agent moussant et de 32 bouteilles de dioxyde de carbone (CO_2) de 28 kg chacune.

Catégorie de véhicule :	*fourgon tri-extincteur 25 V*
Type de châssis :	*Magirus-Deutz (KHD) F Mercur 125 A (4 x 4)*
Année de construction :	*1957*
Débit de la pompe :	*2 500 l/mn*
Capacité de la citerne :	*2 500 l*

Ici le fourgon de première intervention du lot de véhicules aéroportuaires 25 V. Monté sur un châssis à capot rond Magirus toutes roues motrices, il était entraîné par un moteur six cylindres à refroidissement par air d'une puissance de 125 chevaux. Outre une réserve d'eau, le véhicule transportait 250 litres de concentré de mousse et 170 kg de dioxyde de carbone (CO_2).

Le deuxième véhicule du lot était ce pompe-tonne aéroport 25 M qui, contrairement au premier, reposait sur un lourd châssis toutes roues motrices à capot rond doté d'un diesel de 170 chevaux. Le chargement comportait de l'eau, 350 litres de mousse et 250 kg de dioxyde de carbone (CO_2).

Catégorie de véhicule :	*fourgon tri-extincteur 25 M*
Type de châssis :	*Magirus-Deutz (KHD) A 7500 (4 x 4)*
Année de construction :	*1957*
Débit de la pompe :	*2 500 l/mn*
Capacité de la citerne :	*3 500 l*

Catégorie de véhicule :	*fourgon-pompe de commandement*
Type de châssis :	*Opel-Blitz 1,75 t*
Année de construction :	*1956*
Débit de la pompe :	*1 200 l/mn*
Capacité de la citerne :	*400 l*

Les pompiers d'Argentine dépendent du ministère de l'Intérieur et sont rattachés à la police nationale. Ils sont assistés par des pompiers volontaires répartis dans tout le pays et qui peuvent faire état d'une longue tradition de lutte contre le feu. Ce fourgon-pompe de commandement Metz monté sur châssis Opel-Blitz fut construit en 1956 pour la capitale Buenos Aires. Ce véhicule rapide et maniable est équipé d'un moteur six cylindres à carburateur d'une puissance de 62 chevaux, d'une pompe centrale, d'une citerne d'eau et d'une motopompe portable débitant 400 l/mn. Un banc découvert pouvant accueillir quatre hommes se trouve à l'arrière.

Argentine

Catégorie de véhicule :	*échelle pivotante EP 25*
Type de châssis :	*MAN 415 L 1*
Année de construction :	*1962*
Débit de la pompe :	*800 l/mn*
Capacité de la citerne :	–

Les services d'incendie argentins achetaient presque toutes leurs échelles pivotantes chez Metz à Karlsruhe, tout en donnant leur préférence à des châssis MAN. Les pompiers de Quilmes reçurent en 1962 cette EP mécanique 25 m à quatre pans, avec pompe intégrée. Le châssis mi-lourd à capot court MAN était doté d'un diesel 6 cylindres de 5 891 cm³ et 115 chevaux.

Catégorie de véhicule :	*échelle pivotante EP 52*
Type de châssis :	*MAN 1070 H*
Année de construction :	*1964*
Débit de la pompe :	*2 500 l/mn*
Capacité de la citerne :	–

Dans les années 1960 et 1970, l'Argentine devint avec le Chili l'un des marchés étrangers les plus importants pour Metz. Les pompiers de Buenos Aires achetèrent ainsi cette énorme échelle mécanique EP 52 à six éléments, dotée d'une pompe centrifuge FPM 25/8 ; elle était montée sur un lourd châssis MAN à capot court motorisé par un diesel six cylindres à injection directe de 172 chevaux, ce qui n'était pas excessif pour ce gabarit de véhicule. Sur les courroies inférieures de l'échelle se trouvait un monte-charge pour deux personnes.

Catégorie de véhicule :	*EPA 37*
Type de châssis :	*MAN 1080 H*
Année de construction :	*1967*
Débit de la pompe :	*1 600 l/mn*
Capacité de la citerne :	–

Ce modèle Metz EPA 37 à 5 pans et entraînement hydraulique, également destiné aux Services d'Incendie de Buenos Aires, disposait d'une grue. La superstructure reposait sur un lourd châssis MAN à capot long, doté d'une motorisation de 180 chevaux. La cabine était conçue pour un équipage de 6 personnes. Outre la pompe centrifuge fixe FP 16/8-II installée au centre du véhicule, une motopompe TS 8/8 était montée à l'avant de la tourelle.

Catégorie de véhicule :	*CGS 10*
Type de châssis :	*MAN 12-186 HA (4 x 4)*
Année de construction :	*1972*
Débit de la pompe :	–
Capacité de la citerne :	–

Les pompiers de Santa Fe en Argentine firent construire ce camion-grue de sauvetage 10 par Metz sur un châssis MAN lourd à capot court. Ce véhicule, doté d'une cabine double et d'un treuil à l'avant, dispose d'une grue 10 tonnes dont l'entraînement est assuré par un moteur électrique. Le châssis toutes roues motrices est mû par un diesel six cylindres à injection directe de 9 659 cm³ pour 186 chevaux.

Catégorie de véhicule :	*CGS 10*
Type de châssis :	*Mercedes-Benz LA 332/52*
Année de construction :	*1962*
Débit de la pompe :	–
Capacité de la citerne :	–

Ce véhicule désigné en interne comme R 10 fut livré par Metz en 1962. La superstructure, avec sa grue 10 tonnes entraînée par moteur électrique, est supportée par un châssis toutes roues motrices à capot lourd Mercedes-Benz, mû par un diesel six cylindres à chambre de précombustion de 172 chevaux. La caisse à matériels, au centre du véhicule, renferme outre les appareils et outils divers accessoires pour la grue. On reconnaît bien les supports hydrauliques latéraux ainsi que les rouleaux de support à l'arrière permettant de déplacer des charges. Le palan de la grue repose dans un réceptacle en acier situé sur le toit de la cabine.

Chili

Catégorie de véhicule :	*FPT 15*
Type de châssis :	*Mercedes-Benz L 5000*
Année de construction :	*1952*
Débit de la pompe :	*1 500 l/mn*
Capacité de la citerne :	*2 000 l*

Le Chili achète traditionnellement des véhicules de pompiers construits en Allemagne. L'équipement des fourgons provient d'Allemagne, mais aussi des États-Unis et de France. Les services d'incendie du pays se composent pour l'essentiel de volontaires rassemblés au sein d'une Fédération nationale. Ce fourgon pompe-tonne fabriqué en 1952 par Metz pour les pompiers de Conchali était équipé d'une pompe centrale fixe et d'un tableau de commande ouvert. Derrière la cabine de conduite également ouverte se trouvaient deux bancs transversaux et un caisson fermé abritant pompe et appareils. Le châssis était un Mercedes-Benz mi-lourd équipé d'un diesel de 112 chevaux.

Catégorie de véhicule :	*fourgon pompe-tonne spécial*
Type de châssis :	*Mercedes-Benz L 6600*
Année de construction :	*1953*
Débit de la pompe :	*2 800 l/mn*
Capacité de la citerne :	*3 500 l*

Également construit par Metz, ce fourgon-pompe spécial, d'une beauté inégalée en version cabriolet avec calandre chromée, fut livré en 1953 aux pompiers de Valparaiso. Cette pièce unique était équipée au milieu d'une pompe haute pression MHP 30 avec pupitre de commande ouvert, et de deux dispositifs d'attaque rapide comprenant chacun 30 m de tuyau haute pression. Ce véhicule embarquait de l'eau et un réservoir de mousse de 320 litres.

Catégorie de véhicule :	***véhic. transport d'échelles et de personnel***
Type de châssis :	***Mercedes-Benz OP 315***
Année de construction :	***1955***
Débit de la pompe :	–
Capacité de la citerne :	–

Avec son avant personnalisé et ses enjoliveurs, ce fourgon de transport d'échelle et de personnel, créé pour les pompiers chiliens par le carrossier de bus Vetter, produit un luxueux effet. La superstructure reposait sur un châssis surbaissé Mercedes-Benz 8 tonnes du type OP 315 avec essieu avant directeur ; également utilisé pour les autocars de tourisme, il disposait d'un moteur six cylindres à chambre de précombustion de 8 276 cm^3 et 145 chevaux. Le véhicule, ici encore sans ses échelles, était doté à l'arrière d'une motopompe Metz intégrée débitant 800 l/mn. Au centre de la superstructure se trouvaient des bancs à l'air libre pour l'équipage.

Catégorie de véhicule :	***échelle pivotante EP 25***
Type de châssis :	***Mercedes-Benz LF 322/42***
Année de construction :	***1960***
Débit de la pompe :	–
Capacité de la citerne :	–

La capitale Santiago du Chili fit en 1960 l'acquisition de cette échelle Metz 25 m à quatre pans. Le véhicule était construit sur un châssis Mercedes-Benz à capot court, et son entraînement assuré par un diesel six cylindres de 110 chevaux. Les enjoliveurs chromés, très décoratifs, indiquent un véhicule destiné à l'exportation.

مطار الشارقة الدولي
TF 597

Chubb

Asie

L'Asie est de loin le continent le plus grand et le plus peuplé du monde. Des étendues sauvages et glacées de la Sibérie du Nord aux zones équatoriales des îles indonésiennes, en passant par de vastes régions désertiques et des montagnes déchiquetées et en grande partie inaccessibles, cette immense région couvre tous les reliefs et zones climatiques. L'Asie possède avec l'Himalaya les sommets les plus hauts du monde ainsi que la majeure partie de la forêt vierge tropicale. La population s'entassant sur cet énorme continent dépassera dans un futur peu éloigné les quatre milliards d'individus. Près de 40 % de la population mondiale vit en Chine et en Inde. La République populaire de Chine est devenue une puissance économique et nucléaire de premier rang. Des zones quasiment inhabitées, comme les déserts de Mongolie ou la taïga et la toundra de Sibérie, alternent avec des zones présentant la plus forte densité de population au monde. Aux côtés de pays riches comme le Japon, qui occupe la cinquième place au classement du produit intérieur brut, on rencontre des pays à l'économie peu développée, dont la population vit à la limite du seuil d'existence minimum. Les richesses minières de l'Asie ont très tôt éveillé l'intérêt des grandes puissances. Les principales ressources pétrolières mondiales se trouvent au Proche-Orient, en Asie occidentale.
Nombre d'anciennes cultures d'Asie disposaient déjà de structures de lutte contre l'incendie. Au Japon, on peut en dater les débuts à l'an 644. En 1290, Marco Polo faisait aussi mention de services d'incendie organisés en Chine, l'Empire du Milieu. Les multiples efforts de l'époque se heurtaient aux faibles possibilités techniques ; les habitations légères en bois favorisaient aussi une extension rapide du feu. Trois grands incendies sont ainsi rapportés en 1657 dans la ville japonaise d'Edo, l'actuelle Tokyo ; ils auraient coûté la vie à plus de 100 000 personnes. De grandes parties de l'Asie furent ensuite colonisées par les grandes puissances européennes ; la Grande-Bretagne fut celle qui étendit le plus sa domination et son influence. Les puissances coloniales furent à l'origine de l'organisation de la lutte contre l'incendie dans les zones fortement peuplées et les villes. De nombreux pays asiatiques, au début du XXe siècle, utilisaient ainsi des fourgons de fabrication anglaise. Plus tard s'y ajoutèrent des véhicules de marques américaines, françaises, allemandes et plus tard encore japonaises. Dans certains pays

furent aussi lancées des fabrications sous licence – comme par exemple par Tata-Engineering en Inde, où étaient produits des véhicules sous licence Mercedes.
Chrysler (Fargo) et BMC sont représentés en Turquie avec la construction de fourgons de la marque, de même que Ford et Mercedes. Depuis les années 1930, le Japon dispose avec Hino, Isuzu, Mitsubishi, Nissan et Toyota, pour ne citer que les plus importants, d'une industrie automobile toujours plus performante, capable de se mesurer à n'importe quel concurrent européen ou américain,

et jouant un grand rôle à l'exportation. La République populaire de Chine, avec ses nombreux sites de fabrication et ses multiples marques comme Dong Feng, Huangho, Jiaotong, Jiefang et Jiang-Huai, a quasiment atteint l'autarcie dans ce domaine. Depuis quelques années, la Corée du Sud dispose aussi avec les marques Daewoo et Hyundai de sa propre production d'utilitaires ; l'industrie d'équipements de lutte contre l'incendie est en revanche relativement peu développée. À l'exception du Japon, de l'Inde, de la Turquie et de la République populaire de Chine qui parviennent presque à l'autosuffisance (sauf pour les véhicules de sauvetage élévateurs), la majorité des véhicules de pompiers doit être importée. Metz et Magirus continuent de s'imposer dans le domaine des échelles pivotantes : en dépit de l'existence du constructeur Morita, le Japon utilise surtout des échelles pivotantes allemandes.

Catégorie de véhicule :	*fourgon pompe-tonne*
Type de châssis :	*Mercedes-Benz L 701*
Année de construction :	*1949*
Débit de la pompe :	*1 500 l/mn*
Capacité de la citerne :	*2 400 l*

Dès le début du xxᵉ siècle, des relations d'affaires soutenues se développèrent entre la Turquie et l'industrie allemande d'équipements de lutte contre l'incendie. Magirus livra ainsi sa première échelle pivotante en 1933, suivi en 1938 par Metz avec une EP 30 + 2 destinée aux pompiers de la capitale, Ankara. Peu après la guerre, les pompiers turcs commandèrent de nouveau des véhicules allemands. En 1949, Metz dut livrer aux pompiers d'Ankara une commande portant sur sept FPT 15 avec tableau de commande ouvert à l'arrière et citerne d'eau découverte. Ces véhicules à cabine double étaient montés sur châssis Mercedes-Benz L701 : des Opel-Blitz de 3 tonnes fabriqués sous licence dans l'usine Daimler-Benz de Mannheim. Sous le pare-chocs avant se trouvait un dispositif d'aspersion permettant d'utiliser le fourgon comme arroseuse. La cloche placée du côté droit de la cabine servait encore dans de nombreux pays d'avertisseur supplémentaire. Cette photographie prise dans le périmètre de l'usine Metz en août 1949 présente un lot de ces véhicules avant livraison.

Turquie

Catégorie de véhicule :	*échelle pivotante EP 32*
Type de châssis :	*Südwerke LD 60*
Année de construction :	*1949*
Débit de la pompe :	–
Capacité de la citerne :	–

Cette EP Metz 32 m composée de 5 éléments était aussi destinée à Ankara. Elle était montée sur un châssis Südwerke à capot, ainsi que l'on nommait les camions Krupp construits après la guerre à Kulmbach. Cette pièce unique était équipée d'un diesel deux temps à quatre cylindres en ligne avec double piston, d'une cylindrée de 5 448 cm³ pour 125 chevaux. L'échelle possédait des vérins à vis et était dressée par roue et chaîne.

Catégorie de véhicule :	***échelle pivotante EP 17***
Type de châssis :	***Ford FK 3500***
Année de construction :	***1954***
Débit de la pompe :	–
Capacité de la citerne :	–

Les pompiers d'Izmir (Izmir Belediye Itfaiyesi) reçurent au printemps 1954 cette échelle pivotante mécanique Metz (Metz Merdiveni) 17 m à trois pans. Le châssis était celui d'un modèle de camion 3,5 tonnes des Kölner Ford Werke AG, avec un moteur à carburateur 8 cylindres en V. Outre une sirène électrique disposée sur l'aile gauche, on remarque une cloche actionnée à la main depuis le siège du passager.

Catégorie de véhicule :	***fourgon pompe-tonne***
Type de châssis :	***Ford-Otosan D 1210***
Année de construction :	***1983***
Débit de la pompe :	***1 600 l/mn***
Capacité de la citerne :	***5 000 l***

Ce fourgon pompe-tonne faisait partie en l'an 2000 du parc de véhicules des pompiers d'Antalya. La cabine d'équipage accueillant trois hommes repose sur un châssis Ford construit sous licence par le constructeur de superstructures EGE. On voit à l'avant, sur le toit de la superstructure, une lance manuelle eau-mousse. Outre sa réserve d'eau, le véhicule emporte 500 litres de mousse.

Catégorie de véhicule :	***EPA 44***
Type de châssis :	***Mercedes-Benz LF 332/52***
Année de construction :	***1962***
Débit de la pompe :	–
Capacité de la citerne :	–

Cette échelle Metz EP 44 m à six pans, destinée aux pompiers d'Ankara, reposait sur un châssis lourd 19 tonnes d'exportation Mercedes-Benz. Son entraînement était déjà hydraulique. Elle était à l'époque l'échelle la plus haute de la région et était mue par un diesel six cylindres à chambre de précombustion de 172 chevaux. Ce n'est qu'au début des années 1990 que ce véhicule fut donné à une plus petite caserne, et remplacé par un bras élévateur articulé.

Catégorie de véhicule :	*fourgon pompe-tonne*
Type de châssis :	*Fatih-BMC-110-08*
Année de construction :	*1996*
Débit de la pompe :	*1 600 l/mn*
Capacité de la citerne :	*2 000 l*

Ce fourgon pompe-tonne fabriqué sous licence sur un châssis BMC-Fatih à cabine avancée est utilisé par les pompiers de Manavgat. Ce véhicule fut réalisé par l'équipementier turc Vulkan, dont le siège se trouve à Izmir, et dont le programme inclut depuis 1974 des fourgons pompes-tonnes, des fourgons-pompes mousse ainsi que de petites échelles pivotantes. Ce fourgon embarque, outre l'eau, 300 litres de mousse.

Catégorie de véhicule :	*fourgon pompe-tonne/échelle 18*
Type de châssis :	*Fatih-BMC C 200-26*
Année de construction :	*1994*
Débit de la pompe :	*1 600 l/mn*
Capacité de la citerne :	*10 000 l*

Le fourgon pompe-tonne/échelle pivotante, souvent aussi équipé d'une citerne de mousse, est très répandu chez les pompiers turcs. Ce modèle reposant sur un châssis lourd Fatih-BMC à trois essieux est doté d'une citerne de 600 litres de mousse et d'une échelle pivotante hydraulique 18 m fournie par le constructeur turc Katmerciler. L'échelle à trois éléments, disposée vers l'avant, repose sur un chariot monté à l'arrière de la superstructure.

Catégorie de véhicule :	*camion-citerne forêts*
Type de châssis :	*Renault M 210 (4 x 4)*
Année de construction :	*1999*
Débit de la pompe :	*2 800 l/mn*
Capacité de la citerne :	*3 000 l*

Ce camion-citerne forêts toutes roues motrices est utilisé par l'Office des forêts de la région d'Antalya sous la désignation A4. La pompe centrifuge avec mélangeur ainsi, sans doute, que l'aménagement technique, proviennent de la société allemande Ziegler de Giengen. Ce modèle, équipé d'un arceau de protection contre les branches, possède un treuil à l'avant et deux dévidoirs d'attaque rapide à l'arrière. Outre la citerne d'eau, il abrite un réservoir de mousse de 300 litres.

Catégorie de véhicule :	*fourgon pompe-tonne*
Type de châssis :	*Ford-Otosan Cargo 1312*
Année de construction :	*1986*
Débit de la pompe :	*1 200 l/mn*
Capacité de la citerne :	*6 000 l*

Ce fourgon pompe-tonne, reposant sur un châssis Ford-Otosan à cabine avancée et visiblement construit en régie autonome, est aussi utilisé par les pompiers de Manavgat. Le véhicule représenté, avec une motopompe à l'avant, possède une cabine de camion de série et une citerne d'eau apparente avec support d'échelle.

Catégorie de véhicule :	***fourgon pompe-tonne/échelle 18***
Type de châssis :	***Ford-Otosan Cargo 2014***
Année de construction :	***2000***
Débit de la pompe :	***1 600 l/mn***
Capacité de la citerne :	***9 000 l***

Au moment de cette prise de vue, les pompiers de la ville méditerranéenne de Side venaient juste de mettre en service ce fourgon pompe-tonne/échelle. Contrairement au véhicule précédent, cette échelle pivotante hydraulique 18 m à nacelle et étais obliques a été fabriquée par le constructeur turc Pirsigen sur un châssis Ford à trois essieux. Le fourgon dispose aussi d'une citerne de mousse de 500 litres.

Catégorie de véhicule :	***FPT mousse***
Type de châssis :	***Mercedes-Benz Actros 3340/45 (6 x 6)***
Année de construction :	***2001***
Débit de la pompe :	***4 000 l/mn***
Capacité de la citerne :	***4 000 l***

Rosenbauer livra ce fourgon pompe-tonne mousse, monté sur un châssis à trois essieux Mercedes-Benz Actros de 394 chevaux, aux pompiers de Perkim. À l'arrière est disposé un mât d'extinction Putzmeister à trois éléments et supports hydrauliques, déployable à une hauteur de 20 m et portant à son extrémité une lance débitant 4 000 l/mn. La société Putzmeister est spécialisée dans la fabrication de pompes à béton. La pompe d'extinction, une pompe haute pression/pression normale avec mélangeur du type NH 40, débite 4 000 l/mn sous 10 bars ou 400 l/mn sous 40 bars. Ce véhicule, d'un poids de 27,5 tonnes, est équipé de deux citernes contenant chacune 4 000 litres d'eau ou de mousse.

Catégorie de véhicule :	***grande puissance aéroport Buffalo***
Type de châssis :	***Mercedes-Benz 2638 A 41 (6 x 6)***
Année de construction :	***1999***
Débit de la pompe :	***6 000 l/mn***
Capacité de la citerne :	***9 000 l***

Rosenbauer livra aux autorités de l'Aviation civile turque une importante commande portant sur 17 fourgons grande puissance aéroport Buffalo, destinés aux aéroports internationaux du pays. La superstructure repose sur un châssis Mercedes-Benz à trois essieux toutes roues motrices, avec cabine de conduite de série prévue pour accueillir 4 hommes. Ce véhicule doté d'une transmission automatique développe 381 chevaux et passe de 0 à 80 km/h en 40 secondes ; sa vitesse maximale est de 102 km/h. Les caractéristiques techniques essentielles sont une grande citerne d'eau, un réservoir de mousse de 1 000 litres, une pompe centrifuge avec mélangeur, une lance Monitor sur le toit, deux dévidoirs d'attaque rapide comprenant chacun 30 m de tuyau rigide et une lance à mousse. Le véhicule photographié est destiné à l'aéroport civil d'Antalya.

Catégorie de véhicule :	*plate-forme télescopique*
Type de châssis :	*MAN 26.321 DF*
Année de construction :	*1996*
Débit de la pompe :	–
Capacité de la citerne :	–

Le fabricant de mâts articulés Bronto monta sur un lourd châssis MAN de 26 tonnes, équipé d'un moteur de 321 chevaux, cette impressionnante plate-forme à mât articulé télescopique du type Skylift F 54 HDT 2000. Destinée aux pompiers d'Antalya, elle autorise une hauteur de travail de 54 m. Cette plate-forme, dotée d'une nacelle supportant 500 kg, est destinée à l'évacuation des grands hôtels modernes de cette destination de vacances très fréquentée.

Catégorie de véhicule :	*fourgon pompe-tonne échelle 18*
Type de châssis :	*Fatih-BMC 220-26*
Année de construction :	*2000*
Débit de la pompe :	*1 600 l/mn*
Capacité de la citerne :	*9 000 l*

Ce fourgon-pompe échelle appartient aussi aux pompiers d'Antalya. Il a été construit sur un châssis Fatih BMCC à trois essieux. L'échelle trois éléments fournie par le fabricant turc Katmet est équipée d'une nacelle et d'une lance Monitor à son extrémité. En plus de la pompe centrifuge avec mélangeur, le véhicule emmène une réserve de 400 litres de mousse.

Catégorie de véhicule :	*CGS*
Type de châssis :	*Iveco ML 135 E 24*
Année de construction :	*1997*
Débit de la pompe :	–
Capacité de la citerne :	–

Ce camion-grue de sauvetage monté sur un châssis Iveco avec grue hydraulique Hiab repl able à l'arrière est lui aussi en service chez les pompiers d'Antalya. Le compartiment de charge provenant de chez Magirus abrite une vaste gamme d'engins et d'équipements pour tous les types d'assistance technique – dont un groupe électrogène, un mât d'éclairage télescopique avec quatre projecteurs et un treuil.

Catégorie de véhicule :	*fourgon pompe-tonne à mât télescopique*
Type de châssis :	*Mercedes-Benz 2638/62 (6 x 4)*
Année de construction :	*2001*
Débit de la pompe :	*6 000 l/mn*
Capacité de la citerne :	*2 000 l*

Ce fourgon pompe-tonne à mât articulé télescopique construit pour les pompiers de l'usine de Tüpras Kirikale est inhabituel. Le châssis est un Mercedes-Benz 2638 d'un poids total autorisé de 37,6 tonnes, doté d'un diesel de 381 chevaux. Le bras articulé Ikarus Dire-Lift, à quatre supports, permet d'atteindre des hauteurs de travail de 42 m. La nacelle accueille une lance Monitor, et une échelle de secours est installée sur le côté du mât. Ce véhicule spécial embarquant de l'eau et 3 000 litres de mousse, dispose d'une lance frontale, de deux dispositifs d'attaque rapide, d'une pompe centrifuge puissante avec mélangeur et d'un générateur.

Israël

Catégorie de véhicule :	*camion-citerne forêts*
Type de châssis :	*Mercedes-Benz Unimog type 416 (4 x 4)*
Année de construction :	*1966*
Débit de la pompe :	*1 600 l/mn*
Capacité de la citerne :	*2 800 l*

Les services d'incendie d'Israël sont bien équipés et disposent d'une bonne force d'intervention. En raison du climat chaud et sec des mois d'été, les camions-citernes sont largement présents dans le parc de véhicules des pompiers israéliens. Ce camion-citerne forêts construit par Metz sur un châssis Unimog fut livré à Israël en 1966. Il dispose d'un dispositif d'attaque rapide et de plusieurs aspiraux rangés sur la superstructure. Le châssis toutes roues motrices est motorisé par un diesel six cylindres d'une puissance de 80 chevaux.

Catégorie de véhicule :	*fourgon pompe-tonne*
Type de châssis :	*Magirus-Deutz (KHD) 256 D 19 A (4 x 4)*
Année de construction :	*1983*
Débit de la pompe :	*2 800 l/mn*
Capacité de la citerne :	*5 000 l*

Ce fourgon pompe-tonne construit par un carrossier national sur un châssis Magirus-Deutz d'un poids total autorisé de 19 tonnes est équipé de deux dispositifs d'attaque rapide et d'une lance Monitor sur le toit. Il est la propriété des pompiers d'Elat, ville portuaire la plus au sud d'Israël. Ce véhicule pourvu, en raison du climat désertique, de filtres à air spéciaux, dispose d'un diesel huit cylindres en V à chambre de précombustion et refroidissement par air de 12 763 cm^3 et 256 chevaux.

Catégorie de véhicule :	*fourgon pompe-tonne*
Type de châssis :	*Mercedes-Benz 1419 (4 x 2)*
Année de construction :	*1978*
Débit de la pompe :	*2 800 l/mn*
Capacité de la citerne :	*4 500 l*

Ci-contre un fourgon pompe-tonne de la Beit-Alpha-Company des pompiers d'Elat, monté sur un châssis Mercedes-Benz mi-lourd à cabine avancée, d'un poids total autorisé de 14 tonnes. Il s'agit d'un modèle à propulsion doté d'un diesel six cylindres de 192 chevaux. Un raccord de lance à eau se trouve à l'avant du toit franchissable ; la superstructure est fermée par des rideaux coulissants et dispose à l'arrière de deux dispositifs d'attaque rapide.

Catégorie de véhicule :	*camion-grue de sauvetage*
Type de châssis :	*Mercedes-Benz LAF 1113 B (4 x 4)*
Année de construction :	*1976*
Débit de la pompe :	–
Capacité de la citerne :	–

Ce camion-grue de sauvetage des pompiers d'Elat est monté sur un châssis Mercedes-Benz à capot court avec quatre roues motrices débrayables. Il est doté d'une grue de chargement hydraulique à l'arrière et d'un treuil. La caisse abrite les outils et appareils pour divers types d'assistance technique. L'entraînement est assuré par un diesel six cylindres de 130 chevaux.

Catégorie de véhicule :	*fourgon pompe-tonne FPT 15 et échelle pivotante EP 25*
Type de châssis :	*Magirus-Deutz (KHD) S 3500*
Année de construction :	*1950*
Débit de la pompe :	*1 500 l/mn/ –*
Capacité de la citerne :	*2 400 l/ –*

Ces deux fourgons construits en novembre 1950 par Magirus pour les pompiers de Téhéran furent photographiés devant la cathédrale d'Ulm. À gauche se trouve un FPT 15/48 avec cabine double et pupitre de commande ouvert à l'arrière. À côté est garée une EP 25 mécanique ; on aperçoit la cabine double et la pompe à l'avant. Les deux véhicules sont montés sur châssis Magirus-Deutz S 3500, équipé d'un diesel quatre cylindres de 85 chevaux à chambre de précombustion refroidi par air.

Iran

Catégorie de véhicule :	*fourgon pompe-tonne*
Type de châssis :	*Benz type 3 CN*
Année de construction :	*1925*
Débit de la pompe :	*1 200 l/mn*
Capacité de la citerne :	*2 000 l*

L'Iran se situant dans une région du monde politiquement instable, on ne dispose que de peu d'informations sur les services d'incendie du pays. Celui-ci n'a pas d'industrie de véhicules utilitaires propre, et les fourgons de pompiers doivent donc être importés. Dès le début du XXe siècle, les pompiers de Téhéran, la capitale, comptaient parmi les clients des équipementiers allemands Metz et Magirus. Après la révolution et la chute du Shah en 1979, de nombreux véhicules en provenance de RDA entrèrent dans le pays au cours des années 1980. Ce fourgon pompe-tonne Metz sur châssis Benz-Gaggenau 3,5 tonnes est pour sa part un vétéran produit en 1925 pour les pompiers de Téhéran. Le châssis déjà équipé de pneumatiques possédait un moteur quatre cylindres à carburateur de 6 270 cm³ et 40/45 chevaux. La pompe centrifuge était située à l'arrière du véhicule.

Catégorie de véhicule :	*échelle pivotante EP 37*
Type de châssis :	*Mercedes-Benz L 315/52*
Année de construction :	*1958*
Débit de la pompe :	–
Capacité de la citerne :	–

Le Royaume d'Arabie saoudite, d'une superficie équivalente à celle de l'Europe de l'Ouest, couvre la majeure partie de la péninsule arabique. Plus de 95 % du pays sont désertiques. L'Arabie saoudite possède les gisements de pétrole et de gaz naturel les plus importants du monde, ainsi que de grandes raffineries et installations pétrochimiques. Du fait de l'absence totale d'une industrie locale de poids lourds et d'équipements d'extinction, les véhicules d'incendie spéciaux indispensables sur ces sites doivent être importés, de même que tous les autres fourgons. Les châssis sont d'origine européenne et américaine ; Mercedes-Benz occupe une place de choix. Les premières échelles pivotantes fabriquées en Allemagne furent fournies à l'Arabie saoudite vers la fin des années 1950. La société Metz livra en mars 1958 à ce royaume des bords de la Mer Rouge deux EP 37 sur lourds châssis Mercedes-Benz à capot long, équipés de moteurs diesel de 145 chevaux. Ces échelles pivotantes équipées d'un monte-charge sur les montants inférieurs étaient probablement destinées aux pompiers de la capitale, Riad. Les services d'incendie d'Arabie saoudite étant sous la responsabilité de la police, il n'a pas été possible de collecter plus d'informations sur la destination et l'histoire de ces puissants véhicules.

Catégorie de véhicule :	*bras élévateur articulé BEA 28*
Type de châssis :	*Mercedes-Benz LA 2624 (6 x 6)*
Année de construction :	*1983*
Débit de la pompe :	*4 000 l/mn*
Capacité de la citerne :	–

Ce bras élévateur articulé BEA 28 m, monté sur un lourd châssis Mercedes-Benz 6 x 6 à trois essieux et capot court, était destiné à la Protection civile. La société autrichienne Rosenbauer fournit le plateau et la caisse de ce véhicule à cabine climatisée, et installa également la citerne à mousse de 1 000 litres et la pompe centrifuge centrale FP 40/12 avec mélangeur. La propulsion est assurée par un diesel six cylindres à injection directe de 11 580 cm^3 et 240 chevaux.

Arabie saoudite

Catégorie de véhicule :	*échelle pivotante automatique à nacelle 44*
Type de châssis :	*Mercedes-Benz L 1924/52*
Année de construction :	*1984*
Débit de la pompe :	–
Capacité de la citerne :	–

En 1984, cinq échelles à nacelle EPAN 44 de Metz furent simultanément livrées à l'Arabie saoudite. Ces véhicules traditionnellement peints en citron, étaient les premiers modèles d'échelles pivotantes automatiques Metz pourvues d'une nacelle amovible de sauvetage et de travail pour deux personnes et d'un monte-charge sur les montants supérieurs. Ils disposent également d'un treuil à l'avant et de vérins hydrauliques verticaux et horizontaux pourvus de capteurs de pression pour assurer la stabilité de l'échelle. La cabine prévue pour six personnes est équipée d'une climatisation fonctionnant grâce au moteur. Le châssis est un lourd 19 tonnes Mercedes-Benz export à capot court, dont le moteur diesel six cylindres développe 240 chevaux.

Émirats arabes unis

Catégorie de véhicule :	*fourgon mousse grande puissance FMOGP*
Type de châssis :	*Reynolds Boughton Barracuda (6 x 6)*
Année de construction :	*1992*
Débit de la pompe :	*7 200 l/mn*
Capacité de la citerne :	*9 700 l*

Les Émirats arabes unis, fondés en 1971 à la fin de la domination britannique, constituent l'unique Fédération du monde arabe. La capitale est Abu Dhabi. Ce pays extrêmement riche enregistre le revenu par habitant le plus élevé de l'ensemble des pays arabes. C'est un grand exportateur de pétrole et de gaz naturel, lesquels fournissent l'essentiel des revenus d'exportation. Cinq émirats disposent d'aéroports internationaux, celui de Dubaï étant le plus fréquenté. Les camions de pompiers disposent d'un équipement à la pointe du progrès technique. Comme le climat est désertique et très chaud, et que le pays ne dispose pas de réserves d'eau notables, des véhicules d'incendie dotés de citernes de grande capacité sont indispensables. Ce fourgon grande puissance photographié en novembre 1999 sur l'aéroport de Sharjah a un poids en charge autorisé de 29,3 tonnes et a été construit par la société Major Foam Appliance (M.F.A.). Outre une réserve d'eau, ce véhicule à trois essieux transporte également 1 200 litres de mousse. La pompe centrifuge Godiva avec mélangeur du type GVB 6500 fournit un débit de 7 200 l/mn. La lance Chubb-FB télécommandée placée sur le toit permet un débit de 4 500 l/mn. Une échelle du type Sky King 36 d'une hauteur de 10,97 m et d'une charge maximale de 136 kg, rangée sur le côté de la superstructure, complète l'équipement.

Catégorie de véhicule :	*fourgon mousse grande puissance FMOGP*
Type de châssis :	*Gloster Saro Javelin (6 x 6)*
Année de construction :	*1983*
Débit de la pompe :	*6 000 l/mn*
Capacité de la citerne :	*10 000 l*

Ce fourgon grande puissance, également équipé par M.F.A. et monté sur un châssis à trois essieux Gloster, fait aussi partie des véhicules de l'aéroport international de Sharjah. Un diesel de 553 chevaux propulse ce lourd véhicule à une vitesse de 106 km/h. Outre de l'eau, celui-ci transporte un chargement de 1 200 litres de mousse. La lance Monitor sur le toit permet d'atteindre un débit de 4 540 l/mn. L'échelle 10,50 m intégrée peut supporter une charge de 136 kg et dispose d'une nacelle.

Catégorie de véhicule :	*fourgon mousse grande puissance FMOGP*
Type de châssis :	*Thornycroft Nubian Major (6 x 6)*
Année de construction :	*1976*
Débit de la pompe :	*5 500 l/mn*
Capacité de la citerne :	*6 525 l*

En février 1998, ce fourgon grande puissance aéroport équipé par Major Foam Appliance, un peu plus ancien mais très bien entretenu, était encore utilisé par les pompiers de l'aéroport de Sharjah. Le véhicule transporte un chargement supplémentaire de 500 litres de mousse et dispose sur le toit d'une lance Monitor dont le débit atteint 3 600 l/mn. La pompe Godiva est équipée d'un mélangeur. Le châssis Thornycroft à trois essieux 6 x 6 possède une boîte automatique et un moteur diesel six cylindres Cummins de 300 chevaux.

Catégorie de véhicule :	*fourgon mousse grande puissance FMOGP*
Type de châssis :	*Reynolds Boughton Barracuda (6 x 6)*
Année de construction :	*1995*
Débit de la pompe :	*7 200 l/mn*
Capacité de la citerne :	*9 700 l*

Le Service d'Incendie de l'aéroport international de Ras al-Khaimah possède dans son parc ce fourgon grande puissance à trois essieux, photographié au printemps 2004. Le chargement de ce véhicule équipé par Major Foam Appliance se compose d'eau et de 1 200 litres de mousse. Contrairement à celui de Sharjah, il ne possède pas d'échelle. Une pompe Godiva avec mélangeur et une lance Monitor Chubb d'un débit de 4 500 l/mn complètent l'équipement.

Catégorie de véhicule :	*porteur d'eau*
Type de châssis :	*Bedford (4 x 4)*
Année de construction :	*1978*
Débit de la pompe :	–
Capacité de la citerne :	*5 000 l*

Comme nous l'avons vu, les fourgons pompes-tonnes et les porteurs d'eau jouent un rôle important dans les Émirats arabes unis, extrêmement pauvres en eau. Ce camion-citerne des pompiers de Dhayad, monté sur un châssis Bedford à cabine avancée, permet d'acheminer de l'eau jusqu'aux points d'intervention trop éloignés du réseau public de bouches d'incendie. Le véhicule est équipé à l'arrière d'une motopompe portable.

Catégorie de véhicule :	*échelle pivotante automatique à nacelle EPAN 30*
Type de châssis :	*Magirus-Deutz (KHD) 232 D 15*
Année de construction :	*1972*
Débit de la pompe :	–
Capacité de la citerne :	–

Cette échelle Magirus-Deutz EPAN 30 à quatre éléments et nacelle amovible avait été achetée par les pompiers d'Ajman en 1972. Laqué en vert citron et équipé d'une cabine prévue pour une équipe d'intervention de six personnes, ce véhicule était monté sur un châssis Magirus-Deutz à cabine avancée mû par un diesel huit cylindres en V refroidi par air, de 11 309 cm³ et 232 chevaux. Un groupe électrogène est installé au pied de l'échelle. La nacelle prévue pour deux personnes supporte 170 kg.

Catégorie de véhicule :	*plate-forme télescopique*
Type de châssis :	*Mercedes-Benz 3538 (8 x 8)*
Année de construction :	*1997*
Débit de la pompe :	–
Capacité de la citerne :	–

Ce mât télescopique articulé du type Bronto Skylift F 54 DHT, d'une hauteur utile de 54 m, était utilisé par les pompiers de Sharjah. La structure fut montée sur un châssis lourd à quatre essieux 8 x 8 Mercedes-Benz, équipé d'un diesel de 381 chevaux. Ce genre de véhicule est indispensable à l'évacuation des très nombreux grands immeubles. La nacelle est prévue pour supporter 500 kg.

Catégorie de véhicule :	*porteur d'eau*
Type de châssis :	*GGMC Brigadier*
Année de construction :	*1990*
Débit de la pompe :	–
Capacité de la citerne :	*24 000 l*

Un porteur d'eau semi-remorque faisait en 2004 partie du parc de véhicules du Service d'Incendie de Dubaï. La propulsion du tracteur GMC américain à trois essieux est assurée par un gros V8 à essence de 320 chevaux. Une petite pompe de remplissage est logée sur la remorque à deux essieux.

Pakistan, Népal, Thaïlande

Le Pakistan faisait partie des Indes Britanniques avant de devenir en 1947 République musulmane indépendante, et en 1988 une puissance atomique. L'économie du pays repose essentiellement sur son énorme industrie textile, considérée comme l'une des plus importantes au monde. Les pompiers du pays sont sous la responsabilité des forces armées et aucune information concrète à leur sujet n'a pu être obtenue. Comme il n'existe pas dans le pays d'industrie automobile ou d'équipements de lutte contre le feu, les véhicules doivent être importés. En 1957, la société Metz de Karlsruhe a obtenu une commande du Ministère national de l'aéronautique portant sur la livraison de six véhicules d'incendie aéroportuaires sur châssis lourds Mercedes-Benz à capots avancés et toutes roues motrices. Ces puissants engins possédaient des pompes centrales à haute et basse pression avec mélangeurs, ils étaient équipés sur les deux côtés de dispositifs d'attaque rapide avec tuyaux haute pression au-dessus du poste de commande ouvert, et de deux lances à mousse orientables. Outre la réserve d'eau, le chargement comportait 300 litres de mousse et un dispositif d'extinction à poudre de 300 kg. Du côté passager de la grande cabine prévue pour six personnes se trouvait une coupole en plexiglas. Ces véhicules étaient probablement destinés à des aéroports militaires pakistanais.

Catégorie de véhicule :	*fourgon tri-extincteur FTE*
Type de châssis :	*Mercedes-Benz LAKo 315/52*
Année de construction :	*1957*
Débit de la pompe :	*3 000 l/mn*
Capacité de la citerne :	*3 000 l*

Catégorie de véhicule :	*fourgon mousse grande puissance FMOGP*
Type de châssis :	*Gloster Saro Protector (6 x 6)*
Année de construction :	*1982*
Débit de la pompe :	*6 000 l/mn*
Capacité de la citerne :	*9 500 l*

Peu d'informations sont disponibles sur les véhicules de pompiers du Royaume du Népal, situé entre la Chine et l'Inde dans le Sud de l'Himalaya. Ici aussi les services d'incendie dépendent des importations pour tous leurs véhicules d'intervention. Ce fourgon grande puissance aéroport a pu être photographié en 1997 auprès du Service d'Incendie de l'aéroport civil international de la capitale népalaise, Katmandou. Monté sur un châssis à trois essieux Simon/Gloster Saro Protector, il possède une boîte automatique et un moteur diesel seize cylindres en V de 600 chevaux. En plus de la réserve d'eau, il transporte une citerne de mousse de 1 150 litres.

Catégorie de véhicule :	*camion-citerne grande capacité CCGC*
Type de châssis :	*Nissan Big Thumb 6*
Année de construction :	*1993*
Débit de la pompe :	*–*
Capacité de la citerne :	*10 000 l*

Ce fourgon à grande tonne monté sur un châssis à trois essieux et cabine avancée Nissan appartient au parc de véhicules des pompiers de métier de Bangkok. Le châssis Nissan Big Thumb 6 utilisé ici, déjà fabriqué avec succès en grandes quantités depuis le début des années 1980, est équipé d'un diesel six cylindres de 300 chevaux. Le véhicule dispose d'une cabine de série de camion et n'est équipé pour le remplissage que d'une motopompe portative à l'arrière.

Catégorie de véhicule :	*fourgon pompe-tonne*
Type de châssis :	*Hino Econo Diesel*
Année de construction :	*1995*
Débit de la pompe :	*2 800 l/mn*
Capacité de la citerne :	*4 800 l*

Le Royaume de Thaïlande, situé entre l'Océan Indien et le Pacifique, existe depuis le XIIIe siècle. La ville de Bangkok est la capitale et le centre économique du pays. Les services d'incendie thaïlandais sont tous équipés de matériels modernes et utilisent souvent des véhicules utilitaires de marques japonaises pour la réalisation de leurs fourgons. Ce pompe-tonne du service d'incendie n° 2 de l'aéroport international de Bangkok est monté sur un châssis Hino à cabine avancée équipé d'un moteur diesel six cylindres de 191 chevaux. Il dispose d'une superstructure Ziegler fabriquée dans les ateliers indonésiens de la firme. Ziegler a également fourni la pompe centrifuge équipée d'un mélangeur. Le chargement se compose d'eau et d'une citerne de 300 litres de mousse. La filiale Hino-Trucks, qui fait partie du groupe Toyota, est un des leaders incontestés du marché asiatique.

Catégorie de véhicule :	*grande puissance aéroport*
Type de châssis :	*Kronenburg (6 x 6)*
Année de construction :	*1983*
Débit de la pompe :	*2 800 l/mn*
Capacité de la citerne :	*6 000 l*

Ce beau fourgon Kronenburg grande puissance fait également partie des véhicules d'incendie de l'aéroport international de Bangkok. Ce châssis à trois essieux propulsé par un moteur diesel huit cylindres en V de 330 chevaux transporte de l'eau, 1 200 litres de mousse, une pompe centrifuge avec mélangeur et une lance Monitor sur le toit.

Catégorie de véhicule :	*véhic. mousse aérodrome VMA*
Type de châssis :	*Walter (6 x 6)*
Année de construction :	*1985*
Débit de la pompe :	*2 400 l/mn*
Capacité de la citerne :	*3 000 l*

Ce véhicule d'intervention rapide VIR fabriqué par Walter fait partie du parc de l'aéroport international de Bangkok. Le toit franchissable de la superstructure, chargée d'eau et de 300 litres de mousse, porte une lance Monitor. Ce véhicule aéroportuaire dispose d'une pompe centrifuge avec mélangeur et d'une protection antichoc à l'avant du véhicule.

Catégorie de véhicule :	*fourgon mousse grande puissance FMOGP*
Type de châssis :	*Oshkosh T 3000 (6 x 6)*
Année de construction :	*1994*
Débit de la pompe :	*5 600 l/mn*
Capacité de la citerne :	*11 500 l*

Ce fourgon grande puissance du type Oshkosh T 3000 figure parmi les dernières acquisitions du Service d'Incendie de l'aéroport international de Bangkok. Ce puissant véhicule, entièrement fabriqué par ce constructeur, dispose d'une lance Monitor à l'avant et sur le toit, d'une puissante pompe centrifuge avec dispositif mélangeur, d'eau et d'une citerne de 1 500 litres de mousse.

Catégorie de véhicule :	*grande puissance aéroport*
Type de châssis :	*Chubb Protector*
Année de construction :	*1987*
Débit de la pompe :	*9 000 l/mn*
Capacité de la citerne :	*9 000 l*

Ce véhicule aéroportuaire n° 3 du constructeur britannique Chubb Fire Security Ltd. fait également partie du parc de l'aéroport de Bangkok. Il dispose d'une puissante lance Monitor sur le toit, télécommandée à partir de la cabine, d'une échelle 12 m intégrée à la superstructure et d'une solide protection antichoc à l'avant, lui permettant le cas échéant d'opérer en dehors de l'enceinte de l'aéroport. Outre la réserve d'eau, il transporte également 1 100 litres de mousse.

République populaire de Chine

La Chine, dont la superficie occupe la majeure partie de l'Asie de l'Est, est limitrophe de 14 autres pays. Un cinquième de la population mondiale vit dans ce pays qui a longtemps été totalement fermé aux étrangers. La Chine reste de nos jours un pays très contrasté. Elle comporte tout autant des régions fortement industrialisées que des régions agricoles très pauvres, avec des hameaux et petits villages oubliés de la modernité. Pendant de longues années, seules quelques bribes d'information sur les services d'incendie ont franchi les frontières. De nos jours encore, ils relèvent du domaine de la sécurité d'État et sont sous la responsabilité des forces armées. Les pompiers de métier sont donc organisés de façon très militaire. Les pompiers volontaires, dont le nombre dépasse les 10 millions, ainsi que les services d'incendie des grandes entreprises complètent le dispositif de lutte anti-incendie du pays.

Durant les dernières décennies, une importante industrie de construction de véhicules utilitaires et d'équipements de lutte contre le feu a vu le jour. Plus de 20 entreprises sont sous le contrôle de la China Dire Fighting Protection and Fire Fighting Equipment Corporation, dont le siège social est à Pékin. L'industrie locale est capable de couvrir les besoins des services d'incendie, à l'exception de certains véhicules spéciaux qui sont toujours importés. Le véhicule standard des pompiers chinois est un fourgon pompe-tonne sur châssis Jie-Fang, une copie du modèle soviétique ZIL 164, lui-même inspiré du modèle K International Harvester. Les superstructures sont également fabriquées sur place. Des véhicules d'incendie plus grands, avec citerne de mousse intégrée et tonne d'eau plus importante, des échelles pivotantes et quelques autres structures spéciales viennent s'ajouter à la production locale. Les services d'incendie plus importants disposent aussi de bras élévateurs articulés et de véhicules spéciaux divers.

Catégorie de véhicule :	***autopompe avec échelle remorquable***
Type de châssis :	***Magirus M 30 S***
Année de construction :	***1933***
Débit de la pompe :	***1 500 l/mn***
Capacité de la citerne :	–

La Chine est le plus ancien et le plus important client asiatique des équipementiers allemands spécialisés. Depuis le début du xxe siècle ont été livrés à l'Empire du Milieu des échelles pivotantes, des motopompes, des échelles remorquables, des fourgons de sauvetage, entre autres. Cette autopompe Magirus, modèle Canton, équipée d'une pompe centrifuge et d'une échelle remorquable 20 m à trois éléments entièrement en acier, fut livrée à la Chine en 1933.

Catégorie de véhicule :	***camion-citerne***
Type de châssis :	***MAN Z 1***
Année de construction :	***1936***
Débit de la pompe :	–
Capacité de la citerne :	***3 000 l***

Ce camion-citerne servant également d'arroseuse fut livré à la Chine en 1936. Le véhicule était équipé d'une citerne et d'un dispositif d'aspersion installé devant le pare-chocs, lui permettant d'être utilisé à d'autres fins que la lutte anti-incendie. Il transportait également une petite pompe. Le châssis de camion Z 1, fabriqué depuis 1933, avait une charge utile de 3 tonnes et était mû par un diesel six cylindres de 6 754 cm³ et 70/75 chevaux.

Catégorie de véhicule :	*fourgon pompe-tonne*
Type de châssis :	*Jie-Fang type CA 102*
Année de construction :	*1975*
Débit de la pompe :	*1 600 l/mn*
Capacité de la citerne :	*2 400 l*

Des milliers d'exemplaires de ce fourgon pompe-tonne de série, monté sur un châssis Jie-Fang éprouvé et équipé par les équipementiers locaux sont encore en service aujourd'hui, essentiellement auprès des innombrables services de pompiers volontaires. Ces véhicules très solides et faciles à conduire, d'une charge utile de 4 tonnes, disposent d'un moteur à essence six cylindres de 195 chevaux. Ils sont équipés d'une grande cabine pour l'équipe d'intervention, d'une pompe centrifuge centrale et d'une tonne à eau. La photo montre un véhicule photographié à Pékin dans les années 1980.

Catégorie de véhicule :	*échelle pivotante EP 52*
Type de châssis :	*Krupp L 8 Tg 5 Tiger*
Année de construction :	*1955*
Débit de la pompe :	–
Capacité de la citerne :	–

Vers le milieu des années 1950, a République populaire de Chine commanda plusieurs échelles d'une hauteur de déploiement exceptionnelle auprès de Metz à Karlsruhe. Ces échelles 52 m à six éléments et 172 échelons disposaient sur les montants inférieurs de monte-charges pour deux personnes. Elles pouvaient être déployées mécaniquement sur la totalité de leur longueur en 60 secondes. Tandis que la première de ces échelles construite en 1954 était montée sur un lourd châssis 14 tonnes Mercedes-Benz doté d'une puissance de 145 chevaux (voir photo des pages 296-297), les cinq autres échelles construites la même année furent montées sur des châssis encore plus lourds et puissants. L'une d'elles fut montée sur un châssis MAN, et les quatre autres sur des châssis Krupp Tiger d'un poids total autorisé de 16 tonnes. Propulsés par des moteurs diesel cinq cylindres à deux temps avec ventilateurs Roots, ils affichaient 7 260 cm^3 de cylindrée pour 185 chevaux à 1 850 tr/mn. Ces cinq échelles étaient équipées d'une puissante pompe à l'avant du véhicule. Avec un tel poids sur l'essieu avant et l'absence de direction assistée, les chauffeurs avaient beaucoup de mal à diriger ces véhicules, surtout sur les routes sinueuses. Aucune information n'est connue sur l'affectation et l'histoire de ces engins imposants.

Catégorie de véhicule : *fourgon tri-extincteur FTE*
Type de châssis : *Steyr 26 3/28 P 43 (6 x 4)*
Année de construction : *1990*
Débit de la pompe : *6 000 l/mn*
Capacité de la citerne : *9 000 l*

Ce fourgon tri-extincteur de la société autrichienne Rosenbauer fut livré à la Chine en 1990, où il devait être utilisé par le service d'incendie d'un grand complexe industriel. La superstructure de ce véhicule équipé de la citerne d'eau, de 1 000 litres de mousse et de 1 000 kg de poudre, a été réalisée sur un lourd châssis à trois essieux et cabine avancée de Steyr, propulsé par un moteur d'une puissance de 280 chevaux. Il est pourvu à l'extérieur d'une pompe centrifuge avec mélangeur, de deux dispositifs d'attaque rapide avec lance à mousse lourde, ainsi que d'une lance Monitor à eau et mousse sur le toit, commandée grâce à un joystick de l'intérieur de la cabine. Une lance manuelle à poudre et deux dispositifs d'attaque rapide permettent l'utilisation de la poudre.

Catégorie de véhicule : *EP 60 + 2 m*
Type de châssis : *Kaelble KD 680 LF/52 (6 x 2)*
Année de construction : *1957*
Débit de la pompe : *3 500 l/mn*
Capacité de la citerne : –

Après les nombreuses expériences positives avec les échelles pivotantes 52 m, la République populaire de Chine commanda à la société Metz une échelle pivotante 60 m. Metz avait déjà fait breveter au début des années 1950 les plans d'une échelle de cette longueur, mais personne ne s'y était intéressé. Cette échelle aérienne, la plus haute jamais construite, avait une longueur utile de 60 m plus une rallonge manuelle de 2 m. L'entraînement mécanique de ce monstre à sept éléments se faisait par roue et chaîne. Un monte-charge pour deux personnes circulait sur les montants inférieurs jusqu'à l'extrémité supérieure de l'échelle. La stabilité était assurée par quatre vérins à vis à commande centralisée. La cabine d'équipage comprenait six personnes. Cette échelle pouvait être redressée à 78 en 60 secondes et être déployée sur la totalité de sa longueur en 120 autres secondes. Cela correspond à la hauteur d'un immeuble de 20 étages. Le châssis était un modèle Kaelble super-lourd à trois essieux, d'un empattement de 5 200 mm. Un moteur diesel six cylindres en ligne d'une cylindrée de 14 300 cm^3 pour 180 chevaux était juste suffisant au déplacement de ce colosse de 24,5 tonnes. Ce modèle unique aurait dit-on fait partie du parc de véhicules des pompiers de Pékin.

Catégorie de véhicule : *grande puissance aéroport*
Type de châssis : *Dragon KR 23.585 (6 x 6)*
Année de construction : *1996*
Débit de la pompe : *6 000 l/mn*
Capacité de la citerne : *12 000 l*

La société Rosenbauer se chargea en 1996 d'une autre commande importante de 13 véhicules d'incendie aéroportuaires pour la Civil Aviation Administration China (CAAC – Direction de l'Aviation Civile de Chine). Cette commande comportait entre autres cinq Crash-Tender du type « Dragon », montés sur des châssis à trois essieux 6 x 6 équipés de moteurs de 585 chevaux. Ce dragon anti-incendie peut atteindre une vitesse de 105 km/h grâce à sa boîte automatique. Il transporte une grande réserve d'eau et 1 500 litres de concentré de mousse. L'équipage se compose de trois personnes. La pompe centrifuge est pourvue d'un système mélangeur Foamatic. Une lance Monitor frontale et une autre sur le toit, deux dispositifs d'attaque rapide et des buses d'aspersion du sol pour l'autoprotection complètent l'équipement de ce véhicule

Catégorie de véhicule :	*échelle pivotante automatique à nacelle EPAN 53*
Type de châssis :	*Mercedes-Benz Actros 2631 (6 x 4)*
Année de construction :	*2000*
Débit de la pompe :	*4 000 l/mn*
Capacité de la citerne :	–

Dans les années 1990, la République populaire de Chine commanda simultanément plusieurs échelles pivotantes Metz à nacelle EPAN 53 m, d'un poids total autorisé de 26 tonnes. Ce véhicule fut remis aux pompiers de Dongchuan. Le châssis du véhicule est un modèle Actros à trois essieux Mercedes-Benz avec cabine de camion et moteur diesel de 313 chevaux. Le monte-charge rabattable est prévu pour une charge de 180 kg. À l'extrémité supérieure de l'échelle à six éléments se trouve une lance Monitor réglable commandée électriquement, et une lance à mousse lourde. La pompe centrifuge Rosenbauer a été installée au centre de la superstructure.

Catégorie de véhicule :	*FPTMO*
Type de châssis :	*Mercedes-Benz Actros 2636 A 41 (6 x 6)*
Année de construction :	*1986*
Débit de la pompe :	*6 000 l/mn*
Capacité de la citerne :	*6 000 l*

Ce fourgon pompe-tonne mousse du type Preventer a été livré par la société Albert Ziegler de Giengen à la République populaire de Chine pour la protection des raffineries. Le véhicule a été monté sur un châssis Mercedes-Benz 25 tonnes à trois essieux toutes roues motrices, avec cabine de série et moteur diesel dix cylindres en V de 355 chevaux refroidi par eau. Une pompe centrifuge avec dispositif mélangeur est installée à l'arrière. Outre la réserve d'eau, ce véhicule transporte 6 000 litres de mousse. Cette quantité est suffisante pour produire 100 000 litres de mélange à 6 %. La pompe à mousse d'un débit de 600 l/mn est entraînée par un moteur diesel supplémentaire. La lance d'incendie combinée de Ziegler peut projeter la mousse à 75 m et son débit peut être réglé à 2 000 ou à 4 000 l/mn. Ce fourgon possède également un dispositif d'autoprotection.

Catégorie de véhicule :	*grande puissance aéroport*
Type de châssis :	*Freightliner CFR/FL (4 x 4)*
Année de construction :	*1999*
Débit de la pompe :	*5 000 l/mn*
Capacité de la citerne :	*5 600 l*

Ce fourgon Rosenbauer du type « Panther », version 4 x 4, est destiné à l'aéroport international de Pudong à Shanghai. Ce véhicule peut atteindre une vitesse de 115 km/h et a un poids autorisé en charge de 19 tonnes. Il est équipé d'un moteur diesel Cummins à turbocompresseur de 500 chevaux, qui lui permet d'accélérer de 0 à 100 km/h en 25 secondes. La pompe fonctionnant sous 10 bars est équipée d'un mélangeur. Le chargement se compose d'eau et de 680 litres de mousse. En dehors d'une lance Monitor frontale et d'une seconde sur le toit, le fourgon est également pourvu de deux dispositifs d'attaque rapide pouvant être équipés d'une lance à mousse. Il transporte cinq personnes dans la cabine climatisée.

Catégorie de véhicule :	*grande puissance aéroport*
Type de châssis :	*Freightliner CFR/FL (6 x 6)*
Année de construction :	*1999*
Débit de la pompe :	*6 000 l/mn*
Capacité de la citerne :	*12 000 l*

Ce premier « Panther » 6 x 6 faisant partie d'une commande de 40 véhicules pour la République populaire de Chine a été fabriqué en août 1999. Ces véhicules de 31 tonnes disposent de moteurs de 600 chevaux, passent de 0 à 100 km/h en 32 secondes, atteignent une vitesse maximale de 115 km/h et sont équipés de boîtes automatiques. La pompe centrale Rosenbauer avec mélangeur, du type R 600, fonctionne à une pression de 12 bars et est entraînée par le moteur du véhicule via un dispositif spécial (Power Devider). Le chargement se compose d'une réserve d'eau et de 1 500 litres de mousse.

Japon

Le Japon regroupe quatre grandes et 3 000 petites îles dans le Pacifique Nord au large des côtes est-asiatiques ; c'est un pays de vieilles traditions culturelles conjuguées à d'excellentes performances économiques. Bien que le Japon soit fortement dépendant des importations de pétrole, c'est un pays hautement industrialisé. Il dispose depuis les années 1920 d'une importante industrie de poids lourds qui fabriquait dans ses débuts des véhicules sous licence. Ce secteur industriel est surtout présent sur les marchés asiatique et australien. Les équipementiers ont atteint un niveau technique très élevé et le pays possède la plus importante industrie de véhicules d'incendie d'Asie : de ce fait, les pompiers japonais ne dépendent pas des importations. La société Morita, fondée en 1907, est la plus ancienne et la plus importante des entreprises japonaises spécialisées dans la fabrication de ces véhicules. Morita produit tous les types de véhicules d'incendie, et ses échelles pivotantes atteignent des hauteurs de 40 m. Parmi les plus grands constructeurs de matériels de lutte contre le feu, citons également la Nihon Kikai Kogyo Company Ltd., appelée communément NIKKI, dont le siège social est à Tokyo. Cette entreprise produit les superstructures pour les châssis Hino, Mitsubishi, Nissan, Isuzu, Toyota et autres. Elle construit non seulement presque tous les modèles de fourgons et fourgons spéciaux, mais également des échelles pivotantes et bras articulés. Comme la fabrication d'échelles aériennes n'a pris son essor au Japon qu'au début des années 1960, les véhicules de sauvetage élévateurs de marque allemande demeurent assez courants dans le parc de véhicules des pompiers japonais.

Catégorie de véhicule :	*échelle pivotante EP 32*
Type de châssis :	*Mercedes-Benz Lko 325*
Année de construction :	*1954*
Débit de la pompe :	–
Capacité de la citerne :	–

Les pompiers de métier de Tokyo firent en 1954 l'acquisition d'une échelle très spéciale auprès de la société Metz de Karlsruhe. Il s'agissait d'une échelle pivotante mécanique EP 32 m montée sur un châssis semi-lourd Mercedes-Benz équipé d'un diesel de 125 chevaux et d'une cabine ouverte prévue pour le conducteur et une équipe d'intervention de cinq personnes. Une pompe centrifuge du type MP 25 était installée au centre du véhicule. La stabilité de l'échelle à cinq éléments était assurée par des stabilisateurs à vis. Ce véhicule est resté en service jusqu'en 1975 avant de rejoindre un musée de pompiers où il est préservé pour la postérité.

Catégorie de véhicule :	*échelle pivotante EP 40,9*
Type de châssis :	*Mitsubishi K 201*
Année de construction :	*1975*
Débit de la pompe :	*2 270 l/mn*
Capacité de la citerne :	–

Cette échelle pivotante, montée par Morita sur un châssis bas Mitsubishi à trois essieux, fait partie du parc du Service d'Incendie de Kawasaki et dispose d'une hauteur utile maximale de 40,90 m pour un angle de redressement de 75°. Comme dans le cas des structures européennes, l'échelle est montée au dessus des essieux arrière. Les cinq éléments de l'échelle sont équipés d'un monte-charge de 160 kg. Comme la cabine est disposée devant l'essieu avant et surbaissée, la hauteur totale du véhicule est relativement faible. Une lance Monitor d'un débit de 1 030 l/mn est installée à l'extrémité supérieure de l'échelle. La pompe centrifuge Morita du type ME7, débitant 770 gpm (2 914 l/mn), est installée au centre. Le châssis est propulsé par un diesel huit cylindres en V de 210 chevaux.

Catégorie de véhicule :	*fourgon pompe-tonne*
Type de châssis :	*Hino KR 325*
Année de construction :	*1979*
Débit de la pompe :	*2 914 l/mn*
Capacité de la citerne :	*4 000 l*

La photo présente un fourgon pompe-tonne des pompiers de Kawasaki, assemblé par l'équipementier Noguchi sur un châssis à cabine avancée Hino. Le véhicule dispose d'une cabine d'équipage de six personnes et d'une pompe centrifuge centrale avec poste de commande latéral ouvert, comme sur les modèles américains. Le châssis est pourvu d'un moteur diesel six cylindres de 177 chevaux.

Catégorie de véhicule :	*fourgon pompe-tonne*
Type de châssis :	*Mitsubishi-Fuso FM 3165*
Année de construction :	*1981*
Débit de la pompe :	*2 270 l/mn*
Capacité de la citerne :	*4 000 l*

Ce fourgon pompe-tonne appartenant au Service d'Incendie de Kawasaki a été assemblé par l'équipementier Noguchi sur un châssis Mitsubishi-Fuso à cabine avancée. Ce véhicule équipé d'une cabine double et d'une pompe centrale ressemble beaucoup à celui de la photo ci-dessus.

Catégorie de véhicule :	*grande puissance aéroport*
Type de châssis :	*Morita MAF 125*
Année de construction :	*2000*
Débit de la pompe :	*6 000 l/mn*
Capacité de la citerne :	*12 500 l*

Le Service d'Incendie de l'aéroport civil international de Nagoya compte dans son parc de véhicules ce fourgon grande puissance Morita. Ce véhicule très compact, monté sur un châssis à trois essieux 6 x 6, est équipé d'une boîte automatique et peut atteindre la vitesse de 100 km/h. Son chargement se compose d'eau et de 800 litres de mousse ainsi que de 300 kg de poudre. L'eau et la mousse sont projetées grâce à deux lances Monitor, installées respectivement à l'avant et à l'arrière du véhicule, et deux dispositifs d'attaque rapide ; une lance à poudre et deux autres dispositifs d'attaque rapide permettent l'utilisation de la poudre.

Catégorie de véhicule :	*grande puissance aéroport*
Type de châssis :	*Kronenburg KR33.500 / 55 x 2 (6 x 6)*
Année de construction :	*1993*
Débit de la pompe :	*6 000 l/mn*
Capacité de la citerne :	*8 500 l*

Ce fourgon grande puissance « Panther » à trois essieux Rosenbauer a été acquis pour le Service d'Incendie de l'aéroport civil international d'Osaka, Kansai. Ce véhicule, propulsé par un diesel Mercedes-Benz OM 442 de 503 chevaux placé à l'arrière, dispose d'une pompe centrifuge fonctionnant sous 12 bars, équipée d'un mélangeur. Il transporte de l'eau, 600 litres de mousse et une installation haute pression comportant 500 kg de poudre. Une lance Monitor frontale et une seconde sur le toit, ainsi que des dispositifs d'attaque rapide et une installation d'autoprotection sont d'autres caractéristiques de ce véhicule.

Catégorie de véhicule :	*grande puissance aéroport*
Type de châssis :	*MAN 36.1000 VFAEG (8 x 8)*
Année de construction :	*1998*
Débit de la pompe :	*7 000 l/mn*
Capacité de la citerne :	*12 500 l*

L'aéroport d'Obihiro sur l'île d'Hokkaido a obtenu après celui d'Osaka un fourgon grande puissance du type « Panther », mais dans la version quatre essieux. Avec son diesel MAN douze cylindres en V de 1 000 chevaux, la motorisation de ce puissant véhicule est suffisamment dimensionnée. Il possède également une boîte automatique Renk, l'ABS et des blocages de différentiel. Entièrement équipé, le véhicule pèse 40 tonnes ; il est prévu pour un équipage de trois personnes. L'eau, 800 litres de mousse et 250 kg de poudre constituent les agents d'extinction embarqués. Le groupe motopompe installé à l'arrière se compose d'une pompe à pression normale de 10 bars et d'un moteur de pompe séparé de 340 chevaux. Le système mélangeur Foamatic permet différentes concentrations de mélange. La lance Monitor télécommandée, sur le toit, débite 6 000 l/mn et a une portée de 80 m. La lance Monitor frontale dispose d'un débit de 800 l/mn. Deux dispositifs d'attaque rapide pourvus chacun de 45 m de tuyau haute pression pour la projection d'eau et de mousse, ainsi qu'un troisième avec 30 m de tuyau pour la poudre, assurent la mise en œuvre des produits d'extinction.

Catégorie de véhicule :	*véhicule d'intervention rapide VIR*
Type de châssis :	*Freightliner FL 22.500 (4 x 4)*
Année de construction :	*2003*
Débit de la pompe :	*6 000 l/mn*
Capacité de la citerne :	*6 100 l*

L'aéroport international de Tokyo, Narita, est l'un des plus grands aéroports du monde. Il dispose depuis septembre 2003 d'un véhicule d'intervention rapide du type « Panther ». Ce fourgon Rosenbauer est prévu pour une équipe de trois personnes logée dans une cabine en aluminium. Le poids d'intervention du véhicule est de 20 tonnes et il est propulsé par un diesel d'une puissance de 500 chevaux. Son chargement se compose d'eau, de 400 litres de mousse et de 200 kg de poudre. La pompe centrifuge centrale fonctionne sous 10 bars et alimente entre autres les deux dispositifs d'attaque rapide pivotants pourvus chacun de 50 m de tuyau haute pression rigide. Tandis que la lance Monitor frontale a un débit de 800 l/mn pour une portée de 40 m, celle du toit atteint 3 000 ou 4 000 l/mn pour une portée de 80 m. Le véhicule atteint une vitesse de 105 km/h et est équipé de cinq buses d'aspersion du sol constituant une autoprotection efficace. Une caméra de recul, des locaux de pompe et d'outillages chauffés et une lance-canon sur le toit complètent l'équipement.

TION.
NZFP Pulp & Paper Limited
WHAKATANE BOARD MILL
INTERNATIONAL
DARLEY

INTERNATIONAL
C 1800
FZ 7626

Australie et Nouvelle-Zélande

Seul un pour cent de la population mondiale – Nouvelle-Zélande, Nouvelle-Guinée et Océanie comprises – vit sur ce continent très peu peuplé. La population de l'Australie se concentre au niveau des zones urbaines côtières de l'Est et du Sud-Est. De grandes surfaces à l'intérieur du pays sont inhabitées et d'énormes feux de forêt, attisés par des vents chauds, s'étendent parfois pendant des semaines sans être combattus. Le risque d'incendie est particulièrement élevé pendant les mois d'été, chauds et secs.

Les débuts de la lutte contre l'incendie dans ces régions sont à mettre au crédit de la colonisation britannique, qui favorisa l'installation de nombreux Anglais et Irlandais au XIVe siècle, parmi lesquels de nombreux forçats. Il apparut très tôt que les zones habitées devaient être protégées des incendies dus à la sécheresse. Mais les méthodes de lutte, qui jusqu'à la moitié du XIXe siècle, reposaient sur la force animale et humaine, restaient insuffisantes. L'acquisition des premières autopompes, qui provenaient quasiment toutes de Grande-Bretagne, date du début du XIXe siècle. De même choisit-on jusque dans les années 1950 des modèles de fourgons d'incendie britanniques. Un certain nombre de véhicules anglais ou américains âgés achevèrent ainsi leur service dans cette région du bout du monde. Ce n'est qu'en 1960 que commença une vague d'achat de nouveaux véhicules mieux adaptés aux besoins locaux que les modèles standard d'importation.

De nos jours, les pompiers sont bien organisés et généralement bien équipés. Les services d'incendie australiens et néo-zélandais peuvent se mesurer sans complexe aux services américains ou européens. Certains pompiers du sud de l'Europe seraient même heureux de posséder un parc aussi moderne et performant, les véhicules de plus de 20 ans constituant l'exception.

Les fourgons d'intervention forment un mélange varié d'unités importées ou produites dans le pays. L'industrie de véhicules utilitaires nationale, en dehors d'International-ACCO, implanté à Melbourne et appartenant désormais au groupe Iveco, étant peu présente, les châssis de fourgons d'incendie doivent souvent être importés. Les plus répandus sont les modèles américains ou britanniques, mais on trouve aussi, en moindre quantité, des modèles allemands, avant tout pour les échelles pivotantes. Au cours des dernières années, les marques japonaises et suédoises ont réussi à accroître leur part de marché. On trouve par ailleurs des véhicules de pompiers sur châssis ACCO dans tout le Pacifique Sud. Les fourgons-pompes possèdent en général une pompe centrale avec pupitre de commande latéral, ou plus rarement, une pompe centrifuge installée à l'arrière selon le modèle européen. En raison de la forte sécheresse, les fourgons pompes-tonnes et les porteurs d'eau jouent un rôle important. Une transmission intégrale est obligatoire pour nombre de ces véhicules en raison de la difficulté du terrain. Les véhicules élévateurs continuent d'être importés, bien qu'existent à présent des constructeurs locaux. Dès le début du XXe siècle, les sociétés allemandes Metz et surtout Magirus occupèrent une

position dominante sur le marché des échelles pivotantes. La superstructure de ces dernières reposait toutefois en général sur des châssis britanniques ou américains, et parfois allemands.

L'Australie et la Nouvelle-Zélande ont aussi développé leur propre industrie d'équipements de lutte contre le feu, qui reste toutefois surtout limitée au niveau régional. Il faut ainsi citer la société Austral de Brisbane, rachetée à la fin des années 1990 par le Groupe Varley, ainsi que l'Australian Fire Company (AFC) de Gepps-Cross, dans le sud de l'Australie, qui devint en l'an 2000 la Skilled Equipment Manufacturing Company. La Nouvelle-Zélande était jadis surtout représentée par les sociétés Wormald et Mills-Tui, cette dernière ayant cessé son activité depuis peu.

L'Australie est le sixième pays du monde par la taille. L'intérieur des terres se compose de déserts brûlants, les côtes jouissant d'un climat tropical ou de type méditerranéen. La majorité des Australiens vit dans les régions côtières, où l'on trouve toutes les capitales des régions fédérées. Canberra, la capitale fédérale, est la seule à être à l'intérieur des terres. Dans les débuts, où l'on importait surtout des véhicules d'incendie complets, l'influence britannique était forte. On eut plus tard recours à des fabrications locales mieux adaptées aux conditions du pays. Presque tous les véhicules élévateurs continuent d'être importés. C'est le cas de ces impressionnantes plates-formes télescopiques Bronto, en service auprès de la New South Wales Brigade de Sydney, montées sur différents châssis à quatre essieux. Le véhicule représenté à gauche est un Bronto Skylift 28-2 T 1 de 1987 sur châssis Kenworth L 700 A, avec une hauteur de travail de 28 m. Ce grand véhicule 8 x 4 dispose d'une transmission automatique ; un diesel de 300 chevaux assure une propulsion suffisante. Le plateau et le coffre à outillage proviennent du fabricant australien Perrie. La pompe centrifuge centrale débitant 3 400 l/mn a été livrée par le constructeur britannique Godiva. À droite de la photo, on voit un Bronto-Skylift 33-2 T 1 réalisé lui aussi en collaboration avec la société Alexander Perrie. Ce véhicule de 354 chevaux date de 1991 ; monté sur un châssis Mercedes-Benz 2435-8 x 4, il peut opérer jusqu'à une hauteur de 33 m.

Australie

Catégorie de véhicule :	*fourgon-pompe à bras élévateur articulé, Pumper*
Type de châssis :	*International ACCO 2 250 D*
Année de construction :	*1991*
Débit de la pompe :	*3 750 l/mn*
Capacité de la citerne :	*800 l*

Ce Pumper équipé d'un bras hydraulique 15 m Abbey-Skyjet SJ-50 et utilisé par les pompiers d'Acélaïde (South Australian Metropolitan Fire Service), a été construit en 1991. Il repose sur un châssis International ACCO fabriqué en Australie. Ce véhicule polyvalent est pourvu d'une pompe centrifuge centrale Darley débitant 1 000 gpm, d'une citerne d'eau et de deux dispositifs d'attaque rapide.

Catégorie de véhicule :	*EPAN 30 PLC*
Type de châssis :	*Scania P 93 M (4 x 2)*
Année de construction :	*1995*
Débit de la pompe :	–
Capacité de la citerne :	–

Les pompiers de Fremantle (West Australian Fire Service) commandèrent cette EPAN 30 m PLC Metz sur châssis Scania à cabine avancée. Le châssis de cette échelle à surveillance électronique et pilotage par ordinateur, est entraîné par un diesel de 250 chevaux. L'échelle à cinq éléments est dotée d'une nacelle rabattable et d'un plateau franchissable.

Catégorie de véhicule :	*bras élévateur articulé BEA*
Type de châssis :	*International S 2670 (6 x 4)*
Année de construction :	*1991*
Débit de la pompe :	–
Capacité de la citerne :	–

Ce bras élévateur articulé du type Abbey-Simon Skymonitor SM 350/26, reposant sur un châssis à capot International à trois essieux, atteint une hauteur de travail de 26 m. Il est utilisé par la brigade d'Adélaïde, qui fait partie du South Australian Metropolitan Fire Service. Cette organisation est chargée de l'organisation des secours et de la lutte contre l'incendie dans la grande ville d'Adelaïde et sa périphérie, ainsi que dans certaines villes des environs. Le plateau et la cabine six places de ce véhicule équipé d'un diesel Cummins de 350 chevaux ont été construits par le fabricant australien Grummet, qui a cessé son activité.

Catégorie de véhicule :	*EPAN 23/12 Vario CC*
Type de châssis :	*Iveco EuroMover MH 190 E (4 x 2)*
Année de construction :	*2001*
Débit de la pompe :	–
Capacité de la citerne :	–

Cette échelle hydraulique Magirus EPAN 23/12 Varia CC à quatre pans, pilotée par ordinateur, a été montée en 2001 par le fabricant sur châssis Iveco pour la New South Wales Brigade.

Ce châssis extrêmement moderne est équipé d'un diesel Cursor 8 de 298 chevaux, associé à une transmission automatique Allison. L'essieu arrière à suspension pneumatique assure un confort de conduite exceptionnel dans cette classe de charge utile. La cabine offre un espace de rangement supplémentaire pour l'équipement et les appareils de communication. Il faut aussi mentionner la hauteur de construction réduite (seulement 3,10 m) ainsi que le dispositif d'assistance respiratoire à air comprimé qui s'étend jusqu'à la nacelle RK 270 pour trois personnes. Parmi les options, il convient de noter un dispositif détectant les lignes haute tension.

Catégorie de véhicule :	*fourgon pompe-tonne*
Type de châssis :	*International ACCO 1 810 C*
Année de construction :	*1978*
Débit de la pompe :	*3 400 l/mn*
Capacité de la citerne :	*1 800 l*

La filiale australienne du constructeur américain de camions International Harvester lança dans les années 1960 ses propres châssis poids lourds, également adaptés aux superstructures de fourgons d'incendie. Il s'agit des ACCO (Australian-C-Line-Cab-over) types 1610, 1710 et 1810, disponibles avec propulsion et transmission intégrale. Au début des années 1980 suivit le IH ACCO 1950 C en Super Pumper avec pompe centrale. Entre 1986 et 1987, pour des raisons financières mais surtout en raison de la mauvaise qualité des finitions, l'ère des modèles ACCO cessa brutalement. Leur manque de fiabilité et leurs coûts d'entretien élevés firent activement rechercher une solution de remplacement. Cet ACCO 1810 C à cabine avancée réalisé par l'équipementier Alexander Perrie est en service auprès de la New South Wales Fire Brigade. Le véhicule dispose d'un espace pour l'équipage adossé à la cabine du conducteur, d'une pompe centrifuge Godiva et de deux dispositifs d'attaque rapide.

Nouvelle-Zélande

La Nouvelle-Zélande, située au sud-est de l'Australie, se compose d'une île du Nord et d'une île du Sud. La majorité de la population vit dans l'île du Nord. Cette ancienne colonie britannique a obtenu son indépendance en 1947. L'histoire des services d'incendie néo-zélandais est comparable à celle des services australiens ; les premiers efforts véritables remontent à 1840. La protection contre l'incendie se heurtait au manque d'équipements et de formation des intervenants. La plupart des lances d'incendie manuelles étaient de plus la propriété des sociétés d'assurance, qui ne les mettaient en oeuvre que pour leurs assurés. Il fallut attendre les années 1860 pour que la situation s'améliore grâce à la création, par les sociétés d'assurance, de services indépendants de pompiers volontaires. De nouvelles conduites d'eau dans les villes ainsi qu'un équipement amélioré optimisèrent sensiblement la lutte contre l'incendie jusqu'au tournant du siècle. À partir de 1906, les pompiers de Christchurch, Wellington et Auckland obtinrent leurs premiers véhicules motorisés. En 1912, la première échelle rotative de Nouvelle-Zélande, une EP 27 m de Braun à Nuremberg sur châssis électrique, fut livrée aux pompiers d'Auckland. Alors que l'importation d'échelles pivotantes se poursuivait, le pays lança dans les années 1930 sa propre production de véhicules d'incendie. Les entreprises les plus réputées furent la société Wormald, active jusqu'en 1983, ainsi que le constructeur Mills-Tui, actif depuis 1969, et qui se retira de ce domaine il y a peu. Il y eut aussi quelques autres sociétés plus petites produisant des superstructures.

Le New Zealand Fire Service dirige l'ensemble des services de lutte contre le feu du pays, divisé en six régions. L'acquisition des véhicules et des équipements est centralisée. Ceci permet l'uniformisation du parc ainsi qu'une diminution sensible des coûts d'acquisition.

Ce fourgon pompe léger (Light Pump) construit sur un châssis Bedford, stationné à la caserne de Turakina dans le Rangitikii District Council, dispose à l'arrière d'une pompe Godiva ainsi que de deux dévidoirs d'attaque rapide. Une motopompe portative est installée au centre de la superstructure.

Catégorie de véhicule :	*Light Pump*
Type de châssis :	*Bedford J2*
Année de construction :	*1961*
Débit de la pompe :	*2 270 l/mn*
Capacité de la citerne :	*900 l*

Catégorie de véhicule :	*Heavy Pump*
Type de châssis :	*ERF 84 PF*
Année de construction :	*1971*
Débit de la pompe :	*2 270 l/mn*
Capacité de la citerne :	*1 350 l*

Ci-dessous un fourgon-pompe (Heavy Pump) construit par la société Wormald Ltd., sise à Wellington, sur la base d'un châssis britannique à cabine avancée ERF. La cabine est en fibre de verre. Ce véhicule était équipé, pour remédier aux défauts structurels de ces cabines, d'une grille de protection de la calandre lui valant son surnom de Bull Bar. D'abord basé à la caserne de Christchurch, il fut ensuite attribué à la brigade de Kaikohe (New Zealand Fire Service Ashburton). Outre une pompe centrifuge Godiva montée à l'arrière, le véhicule est équipé d'une citerne d'eau ainsi que de deux dispositifs d'attaque rapide sur chaque côté.

Catégorie de véhicule :	*Medium Pump*
Type de châssis :	*Mitsubishi FP 418 JR FB 2*
Année de construction :	*1987*
Débit de la pompe :	*2 270 l/mn*
Capacité de la citerne :	*1 350 l*

Ce Medium Pump Mills-Tui type 6/2 reposant sur un châssis à cabine avancée Mitsubishi, un fourgon d'incendie standard selon la terminologie de la commission NZFS, est stationné chez les pompiers de Rotorua. Le véhicule dispose d'une cabine de sécurité mise au point par le constructeur. Cette vaste Safety Cab correspond à peu près par sa taille à une cabine européenne double de six hommes. Ce type de cabines relativement coûteux fut obligatoire pendant une certaine période, les cabines construites partiellement en fibres de verre et sans structure d'acier s'étant révélées fragiles. La pompe centrifuge Waterous et le pupitre de commande sont disposés au centre, sur le modèle américain. La superstructure plate avec support d'échelle obéit au même modèle.

Catégorie de véhicule :	*Medium City Pump*
Type de châssis :	*International ACCO 1810 C*
Année de construction :	*1982*
Débit de la pompe :	*2 270 l/mn*
Capacité de la citerne :	*1 350 l*

Ce Medium City Pump sur un châssis à cabine avancée International ACCO dispose lui aussi, en sa qualité de fourgon-pompe spécial pour les interventions urbaines, d'une cabine de sécurité à quatre portes. Les véhicules avec cabine de sécurité étaient classifiés sous la désignation 6/31. Bien que ces nouvelles cabines aient fait leurs preuves, leur production fut arrêtée en raison de coûts de fabrication trop élevés : la construction se faisait quasiment sur mesure pour chaque véhicule. Cet exemplaire des pompiers d'Auckland dispose d'une pompe centrifuge Darley SEH 500 montée au centre.

Catégorie de véhicule :	*Water Bowser*
Type de châssis :	*Ford D 1314*
Débit de la pompe :	*1975*
Débit de la pompe :	–
Capacité de la citerne :	*10 000 l*

Les simples porteurs d'eau sont indispensables aux pompiers de Nouvelle-Zélande pour organiser le ravitaillement en eau lors des interventions éloignées du réseau public de bouches d'incendie. Ce camion-citerne ou Water Bowser (WrBwr) est exploité et a été conçu par la Cambridge Fire Brigade à partir d'un ancien camion-citerne à essence. Ce véhicule n'est pas équipé d'une pompe centrifuge fixe mais uniquement d'une pompe de remplissage portable débitant 500 l/mn.

Catégorie de véhicule :	*Medium Compact Pump*
Type de châssis :	*International ACCO 1820 C*
Année de construction :	*1973*
Débit de la pompe :	*5 675 l/mn*
Capacité de la citerne :	*1 350 l*

Ce Medium Compact Pump en service chez les pompiers de Waipukurau est l'œuvre de l'équipementier Wormald. Il repose sur un châssis International ACCO et est doté, outre une cabine à six places, d'une pompe Darley à l'arrière et de deux dispositifs d'attaque rapide.

Catégorie de véhicule :	*Medium Compound Pump*
Type de châssis :	*International ACCO C 1800*
Année de construction :	*1971*
Débit de la pompe :	*5 675 l/mn*
Capacité de la citerne :	*1 350 l*

Ce Medium Compound Pump, construit par Mills-Tui, revêt une couleur inhabituelle. Il était en service en 2001 chez les pompiers du Pulp & Paper Limited Fire Service de Whakatane. Outre une grande cabine à deux portes, le véhicule possède une pompe centrifuge Darley avec pupitre de commande ouvert, et des dispositifs d'attaque rapide des deux côtés.

Catégorie de véhicule :	*Light 4 x 4 Pump*
Type de châssis :	*Bedford MK 3 (4 x 4)*
Année de construction :	*1979*
Débit de la pompe :	*2 270 l/mn*
Capacité de la citerne :	*3 000 l*

Ce fourgon-pompe léger toutes roues motrices, reposant sur un châssis à cabine avancée Bedford, appelé Light 4 x 4 Pump ou Rescue Pump, est utilisé dans le secteur Nord du New Zealand Fire Service. Ce véhicule à transmission intégrale, utilisé essentiellement en zone rurale pour les feux de forêts (Rural Task Force), possède une cabine ouverte vers l'arrière, offrant deux places assises pour l'équipage, ainsi qu'une pompe centrale Darley.

Catégorie de véhicule :	*Hydraulic Elevating Platform*
Type de châssis :	*Mack CF 685*
Année de construction :	*1984*
Débit de la pompe :	*5 400 l/mn*
Capacité de la citerne :	*1 350 l*

Ce bras télescopique du type Teleboom 50 (Hydraulic Elevating Platform) avec une hauteur de travail de 17 m est en service chez la Hamilton Fire Brigade. Cette plate-forme élévatrice, classée 6/11 en Nouvelle-Zélande, a été réalisée par Mills-Tui sur un châssis Mack à cabine avancée. Outre la pompe Darley montée au centre, la superstructure abrite une citerne d'eau. Ce châssis, très utilisé dans le monde pour les véhicules d'incendie, accueille un moteur diesel six cylindres de 11 225 cm³ et 237 chevaux.

Catégorie de véhicule :	*Hydraulic Elevating Platform*
Type de châssis :	*Scania 93 M*
Année de construction :	*1991*
Débit de la pompe :	*3 785 l/mn*
Capacité de la citerne :	*1 350 l*

L'équipementier Mills-Tui fut chargé de la fabrication de ce fourgon pompe-tonne à bras élévateur hydraulique sur châssis à cabine avancée Scania. Ce véhicule doté d'un Abbey Skyjet d'une hauteur de 15 m héberge une pompe centrifuge Darley centrale avec pupitre de commande ouvert, ainsi qu'une citerne d'eau dans le compartiment arrière fermé par des rideaux coulissants. L'entraînement du véhicule est assuré par un diesel Scania de 250 chevaux.

Index

A

B

C

D

G

H

I

J

K

L

M

N

O

P

Q

R

S

Crédits photographiques :

Bachert : 203 (h) ; BAI : 166 (b) ; Dirk Biemer (collec.) : p. 203 (mg), 203 (b), 324, 325 (m), 328 (md en bas) ; Daimler-Chrysler : p. 23 (h), 49 (b), 111 (b), 111 (m), 112 (h), 153 (b), 285 (h), 305 (b) ; dpa : p. 7, 8, 9, 10, 11, p. 12 (b) ; Emergency One, Inc. : p. 49 (m), 221 (mh), 222 (h) ; Iveco-Magirus : p. 18 (bg), 20 (m), 21 (h) , 23 (b), 111 (mg), 126 (h), 158, 161 (mg), 166 (h), 166 (m), 170 (h), 174 (bg), 179 (hd), 193, p. 194 (h), 195, 200, 202 (h), 280/281, 285 (md), 286 (md), 287, 288 (h), 288 (b), 289, 313, 325 (h) ; Klaus Lamm : p. 170 (bd), 171 (mh), 171 (mg), 171 (b), p. 178 (b), 180 (mg), 181 (h), 181 (b), 182 (g), 182 (d), 186 (b), 187 (m), 187 (d), 188 (h), 188 (m), 307, 308, 309, 318 (mg) ; Liebherr : p. 105 (bd), 106 (h), 106 (mg) ; Thomas Lunte : p. 18 (h), 18 (bd), 19, 120 (hg), 120 (hd), 120 (m), 121 (h), 121 (mg en bas), 121 (b), 122 (bg), 122 (bd), 123 (m), 123 (b), 124 (hd), 124 (bg), 124 (bd), 127 (mg en haut), 127 (bg), 128 (b), 129, 130, 131 (h), 131 (b), 135 (md), 136 (h), 145 (h), 145 (mh), 146 (h), 146 (mg), 149 (b), 150 (hg), 150 (b), 151 (bd), 156 (m), 165 (hg), 165 (bg), 179 (hg), 180 (h), 181 (m), 182 (h), 182 (b), 183, 184 (h), 184 (d), 184 (b), 185, 186 (g), 187 (h), 187 (g), 187 (b), 189 (m), 189 (b), 190, 191, 192, 213 (mb), 233 (mg), 237 (mg), 240 (bg), 247 (b), 261 (b), 265 (b) ; MAN : p. 110 (md en bas) ; Metz : p. 20 (h), 21 (mg), 23 (m), 49 (h), 50 (h), 110 (b), 138 (m), 139 (bd), 140 (h), 152 (h), 162, 175 (md), 180 (md), 180 (b), 194 (m), 194 (b), 196/197, 201 (h), 201 (m), 202 (b), 204, 205 (bd), 284 (h), 284 (bg), 285 (b), 286 (h), 286 (mg), 286 (b), 290, 291, 292, 293, 298, 299 (h), 299 (md), 303 (h), 306 (h), 306 (b), 310 (h), 314, 315 (hd), 316 (mg) ; Manfred Nonnenbroich : p. 27 (h), 47 (b) ; Louis Rabet : p. 20 (b), 21 (b), 21 (mg), 22 (h), 22 (bg), 22 (mb), 27 (b), 56 (h), 60 (h), 65 (mg), 69 (b), 71 (b), 72, 144, 146 (md), 146 (b), 147 (mg), 147 (md), 148 (h), 148 (m), 148 (bg), 149 (h), 149 (mh), 150 (hd), 151 (hd), 151 (m), 152 (md), 152 (mg), 152 (b), 154 (m), 156 (h), 157 ; Rosenbauer : p. 110 (m), 131 (m), 175 (b), 188 (b), 201 (b), 205 (h), 205 (mg), 301 (md) , 301 (b), 302 (bd), 306 (m), 315 (hg), 315 (b), 316 (md), 316 (b), 319 ; Saval-Kronenburg : p. 48 (md en bas) ; Norbert Schmitt : p. 168, 165 (hd), 171 (hg), 171 (md), 178 (h), 178 (m), 179 (mh), 179 (mg), 179 (b), 186 (h) ; Liucijus Suslavicius : p. 167 (b), 168 (h), 168 (m), 168 (md en bas), 168 (b), 169 ; Suslavicius (collec.) : p. 167 (h), 167 (m), 168 (md en haut), 172, 173 (h), 173 (b), 174, 175 (h), 175 (mg), 176, 177 ; Keith Wardell : p. 32 (bg), 38 (b), 163, 314 (h), 322/323, 325 (b) ; Dirk Wieczorek : p. 13, 22 (bd), 24 (g), 25, 26, 27 (mg), 27 (md), 30, 31, 32 (h), 32 (md), 32 (m), 32 (bd), 33, 34, 35, 36, 37, 38 (h), 38 (m), 39, 40 (h), 40 (mh), 40 (mb), 41, 43 (h), 43 (bg), 43 (mb), 44 (b), 45, 46 (h), 46 (m), 47 (h), 47 (mg), 47 (md), 48 (b), 48 (md en haut), 48 (m), 48 (b), 51 (mh), 51 (b), 52 (mb), 52 (mg), 52 (b), 53 (h), 54 (m), 54 (b), 56 (mg), 57 (h), 57 (m), 58 (h), 58 (m), 59 (b), 60 (mg), 60 (m), 60 (bg), 60 (bd), 61, 62 (mg), 64, 65 (h), 65 (md), 65 (b), 66, 67, 68 (h), 68 (b), 69 (h), 69 (m), 70, 71 (h), 71 (mh), 71 (mb), 134 (mg), 135 (h), 135 (mg), 135 (b), 139 (h), 139 (mg), 140 (bg), 141 (hg), 141 (hd), 142 (b), 143 (m), 143 (b), 148 (bd), 150 (mb), 153 (h), 153 (m), 154 (md), 154 (b), 155, 156 (b), 159 (h), 159 (mg), 159 (m), 159 (bd), 160, 161 (h), 161 (md), 161 (b), 206/207, 210, 211, 212, 213 (hg), 213 (hd), 213 (mh), 213 (b), 214, 215, 216, 217, 218, 219, 220, 221 (hd), 221 (mg), 221 (b), 222 (m), 222 (bg), 222 (bd), 223, 224, 225, 226, 227, 228, 229, 230, 231, 232, 233 (h), 233 (md), 233 (b), 234, 235, 236, 237 (h), 237 (bg), 237 (bd). 238, 239, 240 (h), 240 (mg), 240 (bd), 241, 242, 243, 244, 245, 246 (h), 247 (h), 247 (g), 247 (d), 248, 249, 250, 251, 252, 253, 254, 255, 256, 257, 258, 259, 260, 261 (h), 261 (g), 261 (d), 262, 263, 264, 265 (h), 265 (mg), 265 (md), 266, 267, 268, 269, 270, 271, 272, 273, 274, 275, 276, 277 (h), 277 (b), 278 (b), 279 (hd), 279 (bg), 279 (bd), 284 (bd), 299 (bg), 300, 301 (h), 302 (h), 302 (mg), 302 (md) ; Dirk Wieczorek (collec.) : p. 40 (b), 44 (h), 44 (md), 46 (b), 53 (m), 53 (b), 147 (b), 246 (b), 277 (m), 278 (h), 279 (mh), 279 (mg) , 303 (b), 304, 310 (b), 311, 312, 318 (h), 318 (md), 318 (b), 320/321, 326, 327, 328 (h), 328 (md en haut), 328 (bg) ; Ziegler : p. 100 (h), 100 (md), 100 (mg), 111 (h), 165 (bd), 203 (md), 320 (h).

Toutes les autres photographies proviennent des archives de l'auteur.